中国地质调查局地质调查专报 CGS2014－32 号
“全国矿产资源潜力评价磁测资料应用” 项目系列丛书之四

航磁异常找矿案例

主　编：范正国　周道卿
副主编：熊盛青　黄旭钊

地质出版社
·北　京·

内 容 提 要

本书是“全国矿产资源潜力评价磁测资料应用”研究专项成果之一，共收录了涉及航磁异常查证及找矿效果等方面的论文33篇，由参加全国矿产资源潜力评价磁测资料应用研究工作的技术骨干执笔编写。这些论文总结了近十几年来航磁异常（包括部分地磁异常）查证见矿的经验，也总结了航磁异常查证未见到目标体（矿体）的经验，对今后的航磁异常查证工作具有借鉴意义；介绍了对磁异常进行综合研究的方法，特别是定量解释方法，以及综合研究成果指导矿产勘探的经验，对提高找矿效果具有参考意义。

本书以经验总结为主，方法介绍为辅，可供从事航磁异常研究及矿产调查等方面的工作者和相关院校师生参考与借鉴。

图书在版编目（CIP）数据

航磁异常找矿案例/范正国等主编．—北京：地质出版社，2015.6

ISBN 978-7-116-09209-9

Ⅰ.①航… Ⅱ.①范… Ⅲ.①航空磁法勘探-应用-找矿-案例 Ⅳ.①P624

中国版本图书馆CIP数据核字（2015）第062350号

责任编辑：白 铁 杨 艳 吕 静 韩 博
责任校对：张 冬
出版发行：地质出版社
社址邮编：北京海淀区学院路31号，100083
电　　话：（010）66554642（邮购部）；（010）66554625（编辑室）
网　　址：http://www.gph.com.cn
传　　真：（010）66554686
印　　刷：北京地大天成印务有限公司
开　　本：889 mm×1194 mm 1/16
印　　张：17
字　　数：530千字
版　　次：2015年6月北京第1版
印　　次：2015年6月北京第1次印刷
定　　价：120.00元
书　　号：ISBN 978-7-116-09209-9

（如对本书有建议或意见，敬请致电本社；如本书有印装问题，本社负责调换）

全国矿产资源潜力评价领导小组

组　长：	徐绍史	国土资源部党组书记、部长
副组长：	汪　民	国土资源部党组成员、副部长
		中国地质调查局党组书记、局长
成　员：	张洪涛	国土资源部总工程师
		中国地质调查局副局长、总工程师
	彭齐明	国土资源部地勘司司长
	刘连和	国土资源部矿产开发管理司司长
	贾其海	国土资源部矿产资源储量司司长
	韩和平	国土资源部财务司副司长
	姜建军	国土资源部科技与国际合作司司长
	鞠建华	国土资源部规划司副司长
	钟自然	中国地质调查局副局长（正局级）

前　　言

“全国矿产资源潜力评价”是国土资源部近期开展的三项矿情调查之一，“全国矿产资源潜力评价磁测资料应用”是该项矿情调查的重要手段之一，该项工作隶属于“全国物探化探遥感自然重砂综合信息评价”工作项目（项目编号：1212010633904（2006年）、1212010733804（2007—2010年）和1212011121038（2011—2013年））。《航磁异常找矿案例》是“全国矿产资源潜力评价磁测资料应用”的重要工作成果之一。

我国航空物探工作始于20世纪50年代，在矿产资源调查和地质构造研究中发挥了重要作用，特别是在铁矿找矿勘探中普遍应用了航空磁力勘探方法、“几乎90%的磁铁矿是根据磁异常发现的”（姚培慧等，1993）。据初步统计，截至2011年，全国发现航磁局部异常46017个，其中甲类异常（已知矿体和/或围岩引起的异常）1693个（占3.7%）、乙类异常（具有找矿意义的异常）8581个（占18.6%）、丙类异常（性质不明的异常）7563个（占16.4%）。以航磁异常为线索发现的各类矿床1227个（大部分为铁矿），其中大中型及以上规模的矿床273处。为了提高航磁异常查证技术水平和找矿效果，于1975年、1979年和1982年分别出版了《航空磁测和地面异常见矿实例》（第一集、第二集和第三集），收集论文70篇，其中与沉积变质型铁矿有关论文13篇，与接触交代型铁（铜）矿有关论文27篇，与火山岩型铁（铜）矿有关论文9篇，与热液型多金属矿有关论文10篇和综合性论文11篇。

《航磁异常找矿案例》是对全国矿产资源潜力评价磁测资料应用研究工作中收集的部分航磁异常查证及找矿资料的再加工与总结。本书共收录论文33篇，其中与沉积变质型铁矿有关论文13篇，与接触交代型铁（铜）矿有关论文10篇，与岩浆型铁（铜）矿有关论文4篇，与热液型多金属矿有关论文3篇，综合性论文2篇和找矿经验总结1篇，由参加全国矿产资源潜力评价磁测资料应用研究工作的技术骨干执笔编写。这些论文总结了近十几年来航磁异常（包括部分地磁异常）查证见矿的经验，也总结了航磁异常查证未见到目标体（矿体）的经验，对今后的航磁异常查证工作具有借鉴意义。此外，在多篇论文中介绍了对磁异常进行综合研究的方法，特别是定量解释方法，以及以综合研究成果指导矿产勘探的经验，对提高找矿效果具有参考意义。

通过找矿案例分析，我们得到了如下几点启示：一是，低缓航磁异常和规模较大的航磁异常往往可能是深部隐伏铁矿的反映，应在深部找矿中引起足够的重视；二是，相当一部分铁矿的发现是在对以往中低精度航磁资料的深入研究后通过验证发现的，说明老资料中蕴含有丰富的信息，通过采用新的理论和方法去分析研究这些资料仍然可以有新的发现，尤其是对找铁矿而言，不要过分地追求获取高精度资料；三是，运用先进的成矿地质理论建立找矿地质模型，采用先进技术加强对航磁异常的定量解释，能有助于对异常源的定性，有助于提高矿产资源的发现率；四是，有的异常是通过多次研究、多次钻探后发现的（如山东济宁铁矿等），说明航磁异常是客观存在的，但对异常的认识是不断深化的；五是，加强地面查证，尤其是钻探验证工作是提高见矿率的最有效方法，目前我国已发现近5万处航磁异常，其中有近1/4的异常推断是有找矿意义的，但大部分异常尚未进行地面查证或深入的查证，而钻探验证的异常就更少了，因此可以预料，在加强对这类异常分析的基础上，加大异常查证尤其是钻探工作力度，对提高矿产资源的发现率将起到事半功倍的成效；六是，直升机高分辨率航磁技术可在一定程度上克服地面干扰，尤其是老矿山的机械设备和采场的干扰，能快速、准确地获得高精度、高分辨率的磁异常数据，结合利用已有勘探资料、采用2D/3D人机交互解释技术、对航磁异常进行精细定量解释，能为钻孔布设通过直接依据；七是，采用综合方法对航磁异常的研究和查证，对发现与铁矿共生或伴生的多金属矿产也存在巨大潜力，应引起各界的高度重视。总之，我们认为航磁异常是一个巨大的“宝库”，有待地质找矿工作者进一步去发掘。

《航磁异常找矿案例》由中国国土资源航空物探遥感中心（简称航遥中心，下同）编辑完成。主编范正国、周道卿，副主编熊盛青、黄旭钊。编辑工作具体分工为：范正国负责总体策划、前言编写和稿件审核、统编与定稿，周道卿负责具体策划、组稿和稿件审核，熊盛青负责技术指导和总体把关，黄旭钊负责部分稿件审查与出版协调。此外，姚正煦、徐昆、梁月明和王德发教授级高级工程师分别对部分原始稿件进行了审查，刘前坤、曹宝宝参与了组稿工作，杨雪参与了出版协调工作，李书芹负责部分图件整饰。

《航磁异常找矿案例》是全体作者的研究成果，更是全国物探工作者数十年共同努力的成果，是集体劳动成果的结晶。本书的编辑工作得到了航遥中心总工办、信息中心、物探部办公室等，以及全国矿产资源潜力评价项目办和全国同仁的大力支持与帮助，尤其是得到了叶天竺、王全明等研究员的悉心指导，航遥中心主任王平教授对编辑工作给予了亲切关怀，在此谨表谢意。由于本书涉及面广、资料复杂多样，掌握的找矿信息不全面，以及我们工作能力与经验有限，遗漏与错误在所难免，敬请各位读者批评指正。

目　录

河北省中关铁矿找矿实例

张亚东　龚红蕾　刘俊长　潘佩璋
（河北省地球物理勘查院，河北 廊坊 065000）

摘　要：介绍了冀 C－59－195 航磁异常的发现经过及异常特征，采用航磁、地磁、电测深等不同的方法对异常进行推断解释，完整揭示了中关铁矿的异常发现、查证方法、解释推断及见矿过程。

关键词：河北省；磁异常特征；电法异常特征；隐伏矿体；推断解释

航空及地面磁测是寻找铁矿最有效、最直接、应用最广的物探方法。河北省有着良好的铁矿成矿环境，铁矿资源非常丰富，矿床类型多样，在寻找铁矿及研究找矿方法方面具有得天独厚的条件。

河北省磁测工作开展得较早，覆盖面积较大，工作程度较高。1997 年完成了对已收集到的已编号航磁异常的登记建档工作，异常总数达到 2400 多处。在已知的各种类型、不同规模的磁性铁矿上都有强度较高的航磁异常显示；在一些原来本无已知矿的异常区，通过对航磁异常的地面检查、深部验证及进一步勘探，找到了多处规模可观的磁铁矿床。

下面以中关铁矿（冀 C－59－195）为例，阐述异常的发现过程、推断解释情况、验证及勘探结果等。

1　发现过程

冀 C－59－195（中关航磁异常）位于沙河市白塔乡中关村西，异常中心地理坐标为东经 114°15′00″，北纬 36°53′30″。1959 年，地质部航测大队 907 队进行太行地区 1∶10 万航空磁测时首次发现该异常，编号为 59－195，航磁异常 ΔT 剖面平面图如图 1 所示，推断为隐伏较深的铁矿体引起，理论计算铁矿体埋藏深度在 400～600 m 之间。

1960 年，邯郸综合地质大队物探队开展 1∶10000 磁法测量，圈定地磁异常面积 37.8 km^2；1∶2000 磁法测量，圈定地磁异常面积 1 km^2，建议验证该异常。1965 年，冶金物探队又作了 1∶10000磁法 13.5 km^2 及电测深工作，物探公司进行了重力测量工作，再次认为异常由铁矿引起。同年，冶金 518 队上钻验证，第一钻 CK1 孔在第四系及石炭系之下的中奥陶统石灰岩与闪长岩的接触带上于 303.98～513.60 m 深度见到了 200 多 m 厚的铁矿，揭开了中关异常的秘密。接着于 1972—1974 年，冶金 518 队投入勘探，提交储量 6959.5×10^{4}t。后由地质二队进行补勘，储量增至 9249.8×10^{4}t，探明为中型富铁矿床。1972 年，冶金航测队又开展了 1∶25000 航空磁测；1974 年，河北物探队进行了大面积的 1∶10000 地面磁测，都有明显得异常重现。

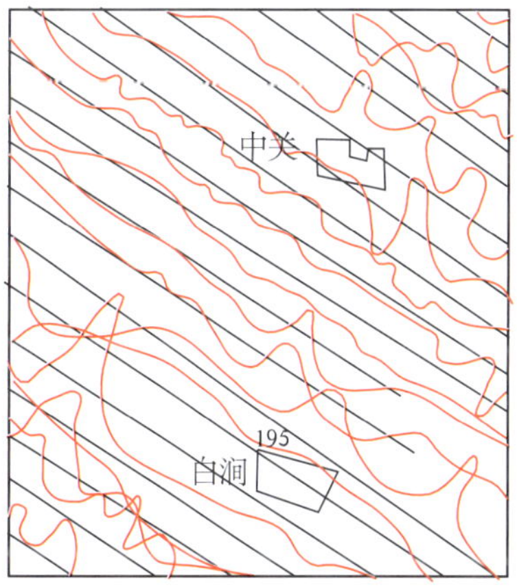

图 1　59－195 异常 ΔT 剖面平面图

2　异常区地质及岩（矿）石磁性特征

2.1　地质特征

矿区大部分为第四系覆盖，有少量奥陶系（23 m）灰岩出露。据钻探资料证明，覆盖层之下有石炭系含煤碎屑岩建造，中奥陶统马家沟组灰岩以及隐伏的闪长岩和磁铁矿体。

本区第四系厚约0~120 m，石炭系本溪组砂岩、页岩，平行不整合于中奥陶统灰岩之上，接触面除见到山西式铁矿或含钴黄铁矿外，局部见“G”层铝土矿；太原统为砂页岩互层，除夹1~3层灰岩透镜体外见有两层底积煤。中奥陶统马家沟组灰岩，受闪长岩影响，均有不同程度的重结晶，形成结晶灰岩或大理岩。

矿区主要构造线为NNE向，岩层大都为向东南倾斜，倾角为5°~15°的单斜层构造，常见的断裂构造为构造破碎带及构造角砾岩带。深部隐伏的闪长岩体沿NE向断裂带分布，并沿层面侵入于奥陶、石炭、二叠系地层中，形成复杂岩床，主岩体北浅南深，向东缓倾斜，主要岩石为闪长岩—闪长玢岩，局部有向碱性岩过渡的正长闪长岩相。

由于深部隐伏岩体与碳酸盐岩接触，广泛发育着宽度不等的接触交代岩石，并具有不太完整的分带性，即自岩体向围岩依次为：蚀变闪长岩带—夕卡岩带—矿化带—夕卡岩化结晶灰岩、大理岩或白云质结晶灰岩带。与成矿关系密切者为第二、三带，一般距岩体不超过200 m范围。

2.2 岩（矿）石磁性特征

异常区无基岩出露，仅以邻近的新城地区岩（矿）石的磁参数列于表1。从表1可以看出，磁铁矿磁性最强，闪长岩和夕卡岩只有不太强的磁性，灰岩仅有磁称测不出来的极微磁性。故铁矿与围岩具有明显得磁性差异。

表1 中关地区岩（矿）石磁性参数表

岩矿石名称	标本数/个	$\kappa/10^{-6}4\pi$SI		$Jr/\ (10^{-3}\mathrm{A\cdot m^{-1}})$	
		变化范围	平均值	变化范围	平均值
磁铁矿	48	1020~174000	51600	398~104000	17400
闪长岩	28	0~2110	164	0~975	128
蚀变闪长岩	38	0~3830	54	0~355	85
夕卡岩	3	45~213	113	68~90	76
夕卡岩化闪长岩	14		弱		弱
结晶灰岩	69		微		微

3 磁异常特征及推断解释情况

3.1 航磁异常特征

1959年完成的1∶10万航磁测量，航磁异常出现在两条线上，相对异常值140 nT，已知飞行高度100 m，曲线平缓、峰值不甚突出，推断为隐伏较深的铁矿引起。

1972年完成的1∶25000航磁测量，航磁异常反映更为清楚（图2），300 nT等值线封闭呈葫芦状异常叠加在正磁场之上，走向NNE向，长1700 m，宽900 m，极大值650 nT。ΔT异常处在矿山村岩体与綦村岩体之间NNE向的赵册—邑城异常带上，推断在中关的深部似有火成岩分布，中关异常即为火成岩背景上出现的叠加异常，按本区地层对比看中奥陶统比较稳定，故在深部应有接触带存在，具有成矿的有利地质条件。

3.2 地磁异常

3.2.1 地磁异常特征

地磁ΔZ异常为一低缓异常，曲线变化平缓，整个异常在100 nT以上等值线光滑规整，近S－N向拉长，异常南宽北窄，两端大，中间收缩，呈似鞋底状，整个异常规模较大，长2100 m，宽700 m。600 nT等值线呈两个极大值圈闭，南部局部异常范围较大，强度较高，极大值840 nT。异常东西两侧近于对称、且两侧均出现明显得较宽的负值，极小值为－50 nT，ΔZ极大/ΔZ极小的比值略小于10，而极小值之间最大距离1700 m，零值之间距离为1200 m（图3）。

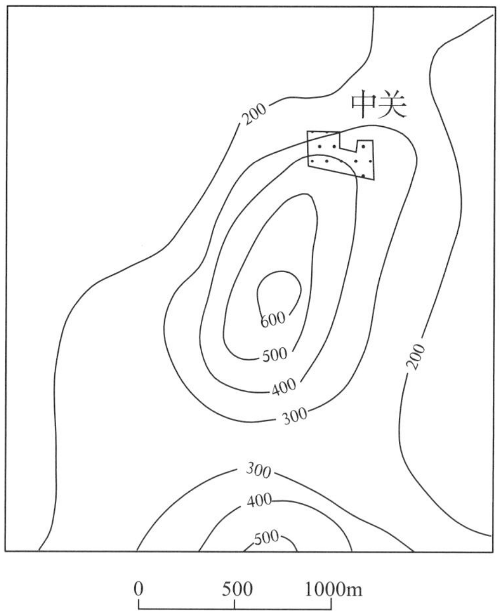

图 2　冀 C－59－195 航磁 ΔT 平面等值线图

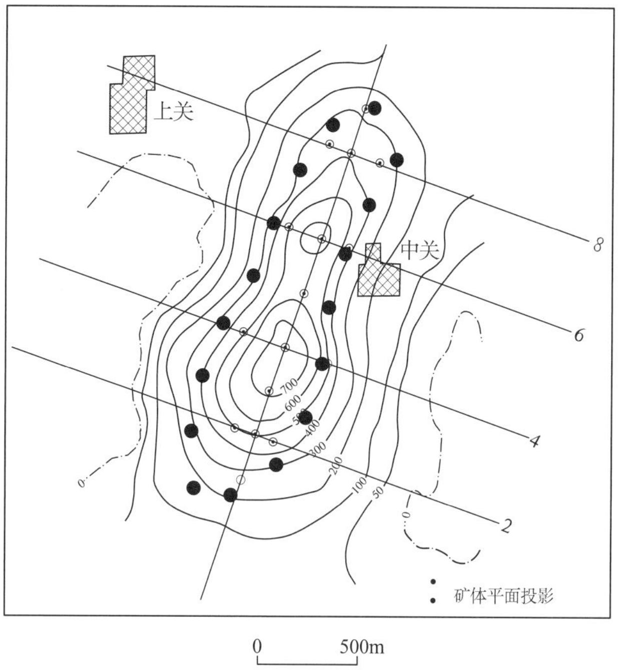

图 3　中关地磁 ΔZ 异常等值线图

这些特点说明磁性体走向长度大，宽度和延深小，而埋深比较大，磁性体近于垂直磁化，表明磁性体形状是近于 S－N 向的水平圆柱体或水平板状体。本区岩体的形状为厚板状体，向下延深很大，即使在倾斜磁化的条件下也只能在一侧引起负异常，因此，中关磁异常特征与矿体磁异常特征相同，而与岩体上磁异常特征则不同。

3.2.2　*磁异常的解释推断*

（1）磁性体所处位置

通过以上分析，中关磁性体的形状近于水平圆柱或水平薄板 $b<h$，对这种形状的物体用实测曲线求宽度 $2b$ 是不可能的，只能求出其顶端深度 h 与中心深度 R，并由 $R-h$ 求出其延深之半，从而近似地估计出磁性体延深的大小来。对 4、6 剖面的定量计算结果如下（表 2，表 3）。从表 2 可以看出，平均 h 为 250 m，即磁性体顶端深度为 250 m 左右；从表 3 可以看出，平均 R 为 452 m，$R-h$ 结果可见磁性体的最大延深不超过 400 m。

表 2　顶端深度计算结果

顶端深度 h/m		所用方法
6 剖面	4 剖面	
287	284	切线法 $h=\dfrac{d_0}{k_1}$
228	246	多点法 $h=\lvert x_i\rvert\sqrt{\dfrac{Z_i}{Z_{\max}-Z_i}}$
238	203	比值法 $h=\dfrac{\sqrt{Z_{h+\Delta h}}}{\sqrt{Z_h}-\sqrt{Z_{h+\Delta h}}}\Delta h$

由电测深推断中奥陶统灰岩顶板埋深在 100 m 左右，而 O_2 的总厚度在 680 m 以上，由此可见磁性体位于 O_2 灰岩之中，处于成矿有利的地质环境中。

表 3　中心深度结果

中心深度 R/m		所用方法
6 剖面	4 剖面	
497	506	积分法 $R=\frac{Q_c}{Z_{max}}$
350	430	不同高度特征点交点法
520	455	比值法 $R=\frac{\sqrt{Z_{h+\Delta h}}}{\sqrt{Z_h}-\sqrt{Z_{h+\Delta h}}}\Delta h$

（2）向下延拓结果

引起中关磁异常的磁性体是近于垂直磁化的，当向下延拓到场源时判断磁性体的相对体积和产状特点是可能的，故对 4、6 剖面的地磁 ΔZ 曲线作了下延深度为 −100、−200、−300 m 的计算（图 4，图 5），从不同深度的地磁 ΔZ 曲线可见，向下延拓时地磁 ΔZ 极大值急剧增大，梯度变陡，快到场源时（−300 m）异常在正值两侧出现较强的负值，这是薄板状矿体上磁场空间分布的特点。

从垂直断面上看，不同深度的地磁 ΔZ 曲线相交于两点，这两点就是磁性体场源的奇点，对于水

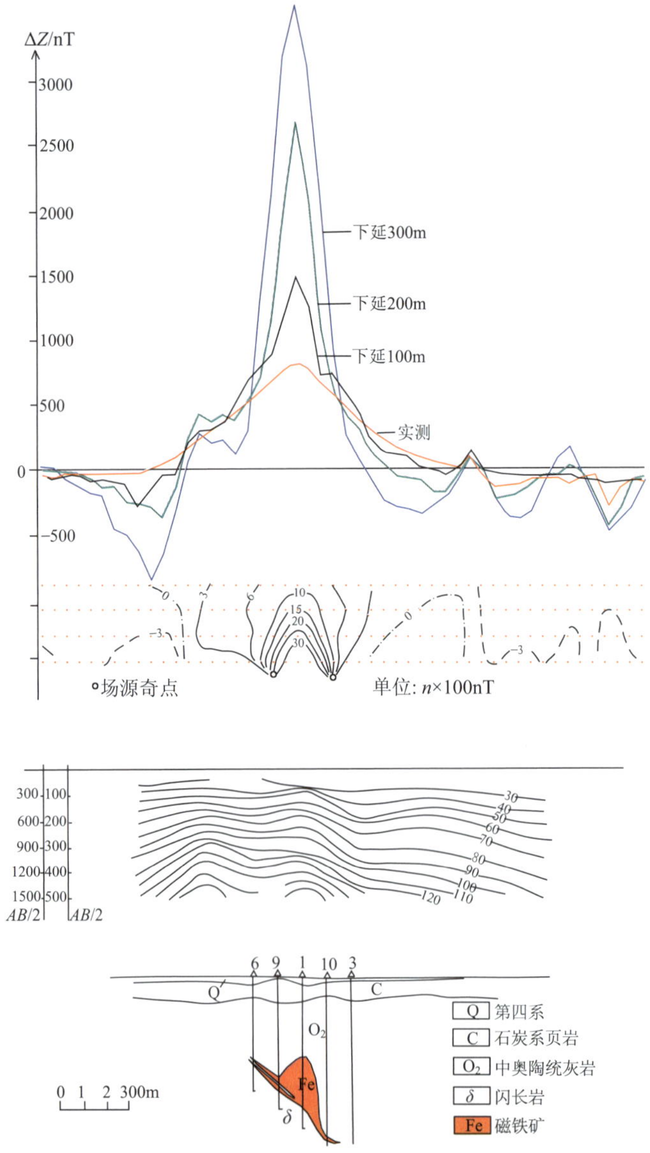

图 4　中关 4 线综合剖图

平薄板奇点在矿体的两端，用两点间的距离可估计磁性体的宽度 $2b$，奇点的深度可估计磁性体的深度。由此推断在 4、6 剖面处磁性体的水平宽度为 300 ~ 400 m，埋深在 350 m 左右。在延拓曲线上强的负值在两侧出现，可以认为磁性体延深是不大的。

综上所述，根据磁异常推断中关异常由隐伏铁矿体引起，赋存在奥陶系灰岩之中，顶端埋深 300 m左右，水平宽度在 400 m 左右，矿体总体形状为水平圆柱（图 4）或水平薄板（图 5），中心埋深在 450 m 左右。

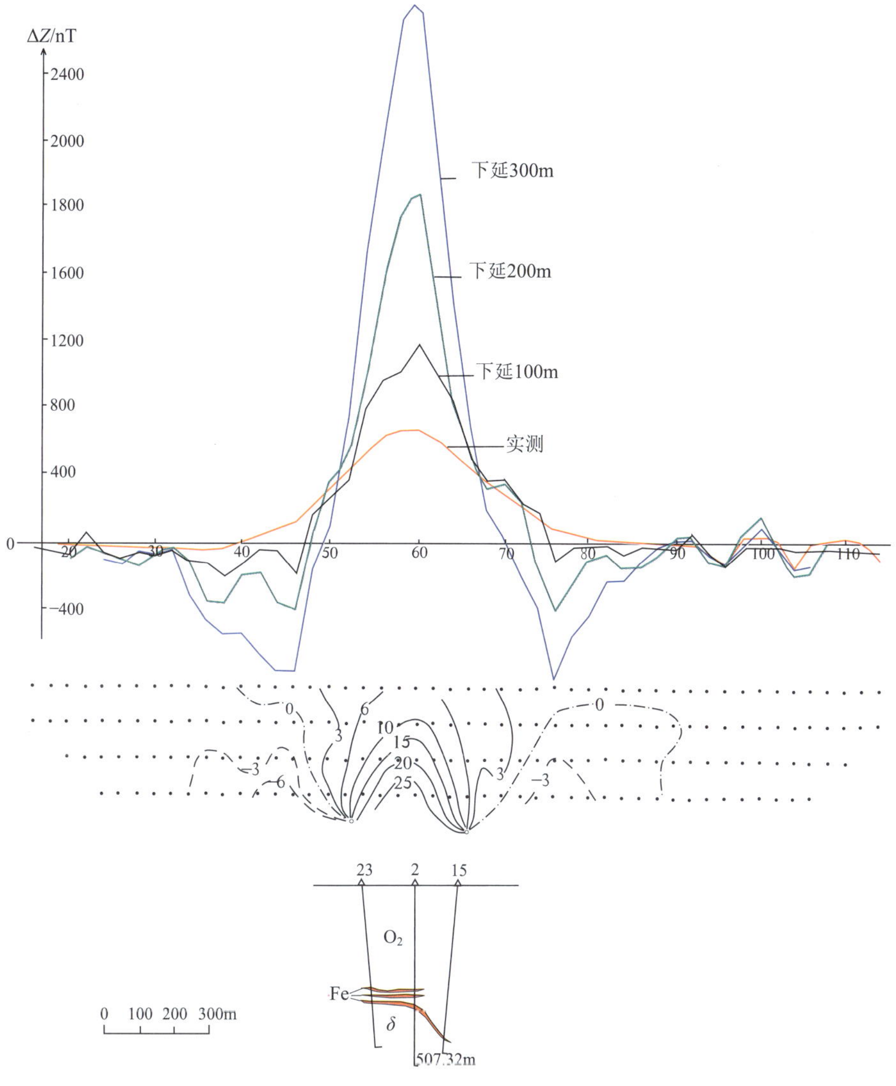

图 5　中关 6 线综合剖图

4　电法异常特征

垂向电测深$\frac{AB}{2}$最大为 1500 m，电测深结果在确定磁性体所处的层位方面起了间接评价磁异常的作用。

中关地区电测深曲线总的来说是 H 形曲线，相应的地电剖面分为三个地电层：

第一层，黄土夹砾石，电阻率在 30 ~ 300Ω · m 左右。

第二层，黏土及石炭系地层，电阻率在 30Ω · m 以下。

第三层，中奥陶统灰岩，电阻率在 150Ω · m 以上。

由于石灰岩的电阻率比黏土及石炭系地层电阻率大得多，测深曲线末支呈 45° 上升，推断石灰岩顶板深度在 100 m 左右，而磁性体的最浅埋深在 250 m 左右，即磁性体位于石灰岩中，处于成矿有利的深度，与根据磁异常的推断是一致的。

在ρ_s断面上并没有出现与磁异常对应的低阻带，其特征是在矿体位置上ρ_s等值线突然变稀，而向上下两边“拉开”，使上下两边的ρ_s等值线被挤密，如纵剖面（图6）上CK4—CK2的80～100 Ω·m的ρ_s等值线在$\frac{AB}{2}=250 \sim 350$ m的范围内互相拉开变稀，上下两边被挤变密。同样在4剖面（图4）上CK1孔处的ρ_s为110 Ω·m等值线呈平缓向下倾斜，而与100 Ω·m、120 Ω·m等值线向上弯曲的规律相反，而使110 Ω·m与100 Ω·m的等值线拉开，两边的等值线则被挤密。

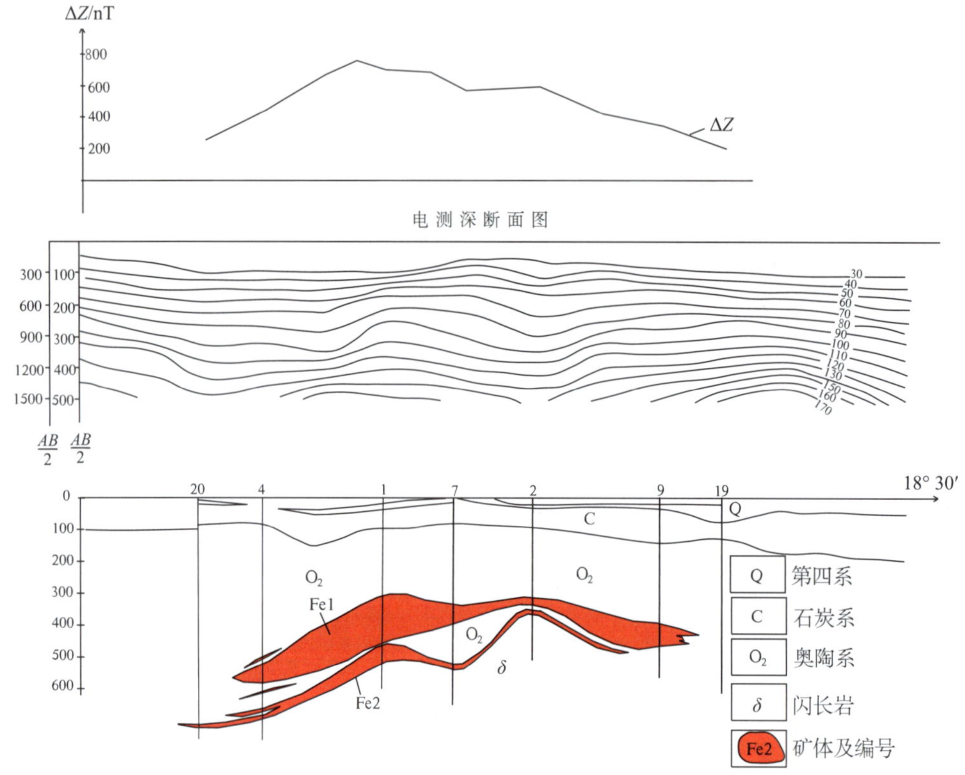

图6　中关纵剖面（0剖面）综合图

5　钻探验证结果

通过原冀C－59－195中关航磁异常的综合推断解释，得出该异常由隐伏铁矿体引起，矿体走向NE向（图3），矿体总体形状为水平圆柱或水平薄板，北东部水平宽度约300 m（6剖面，图5），南西部水平宽度约450 m（4剖面，图4），顶面埋深300 m左右，中心埋深在450 m左右。

验证和勘探结果都证明物探推断是正确的。探明了矿区主要由18个矿体组成一倾斜平缓的矿带（图6），矿体水平投影总长1850 m，南部宽800 m，北部宽300 m。主要有4个矿体，其中Ⅰ、Ⅲ、Ⅳ号矿体赋存于接触带上部的碳酸盐岩石中，距接触带10～200 m，最近1 m；Ⅱ号矿体则赋存在接触带上，多数与蚀变闪长岩直接接触。矿体形态一般呈似层状、板状，局部为帽顶状和透镜状（图3，图4）。

矿体走向NE10°～14°，倾向南东，倾角一般5°～15°，局部30°～40°。埋深300～550 m，最深700 m，有北浅南深，西浅东深之势，但最西侧又有下倾现象，形成一个背斜状，矿体大部在背斜的东翼 。

通过钻探验证，该矿石的金属矿物主要有磁铁矿、黄铁矿、黄铜矿，其次是镜铁矿、假象赤铁矿等。矿石主要为原生磁铁矿石，有少部分赤铁矿石。矿石构造有致密块状、团块状、稠密浸染和稀疏浸染状、斑点状、角砾状、环带状等。

矿石类型按工业指标及硫的含量分为四个工业类型，即高炉高硫富铁、高炉低硫富铁、高硫贫铁和低硫贫铁。全铁平均品位45.14％。

通过定量方法分析了钴、镍、铜、硒、碲、镓、铟、锗、金、银、锆等11种伴生元素；用光谱半定量分析了钒、锡、稀土、硼、铍等20种伴生元素。目前有工业价值的有钴、镍、铜、硒、碲等。单矿物分析表明，钴主要富集在黄铁矿等硫化物中，且与硫铜的关系为正相关，即硫铜高钴则高，而硫铜低钴也低。

矿床的成因类型属于邯邢式接触交代含钴铁矿床。

6 结束语

冀C－59－195航磁异常为一规模不大，峰值不甚突出的相对平缓异常，在1∶25000航磁异常图上，航磁异常长1700 m、宽900 m、极大值650 nT。验证矿体顶面埋深300～550 m，中心埋深450 m左右，提交储量9000余万t，赋存于接触带上部的碳酸盐岩中。

该异常由1∶10万航磁异常首次发现，后经1∶10000和1∶2000磁法面积验证，以及开展电测深和重力测量工作，最终钻探验证见矿。为了取得该异常完整的资料，又作了1∶25000航空磁测，以及大面积的1∶10000地面磁测，为该类规模不大、相对平缓的异常在寻找隐伏的邯邢式接触交代型铁矿提供了完整的找矿方法实例，该异常的见矿对于寻找埋深相对较大的隐伏矿体有重要意义，在找矿程度不断提高的今天，加强对这类异常的研究会成为今后新的找矿方向。

参考文献

磁法普查邢台项目组. 1971. 河北省邢台—沙河磁法普查成果报告[R]. 河北省地质局物探大队.

董杰，等. 1994. 河北省区域岩石物性调查成果报告[R]. 河北省地矿局物探大队

河北省地矿局. 2000. 河北省北京市天津市区域地质志[M]. 北京：地质出版社.

李子英，等. 1960. 太行五台恒山吕梁地区航空物探磁及放射性工作结果报告[R]. 地质部航测大队.

刘俊长，张亚东，等. 2012. 河北省铁矿资源潜力评价磁测资料应用研究报告[R]. 河北省地球物理勘查院.

潘佩璋，等. 1984. 河北省1∶50万物化探编图及物化探异常找矿远景研究报告[R]. 河北省地矿局物探大队.

潘佩璋. 2007. 河北省航磁异常研究报告[R]. 河北省地球物理勘查院.

王凤俊，等. 1975—1979. 河北省邯邢地区铁矿磁法普查报告[R]. 河北省地质局物探大队.

《中国矿床发现史·物探化探河北分卷》编纂委员会. 2002. 中国矿床发现史：物化探卷[M]. 北京：地质出版社.

The effect of Aeromagnetic anomalies on prospecting mine in Hebei Province one instance of Zhongguan iron deposit

Zhang Yadong Gong Honglei Liu Junzhang Pan Peizhang

Hebei Institute of Geophysical Exploration

Abstract: It is described about the course of detection, anomaly character and is interpreted on aeromagnetics, geomagnetism, electrical sounding etc. of No. C—59—195 Aeromagnetic anomaly in Hebei. Through these work, Zhongguan iron deposit is found. Further more, it is depicted about nomaly detection, investigation method, interpretation and estimation, the course of mine discovery of the iron deposit.

Key: hebei Province; Aeromagnetic anomaly character; electrical field nomaly character; concealed ore body; interpretation and estimation

论山西省河津市义唐航磁异常见矿意义

赵楠　薛生升　张双奎

（山西省地球物理化学勘查院，山西 运城 044004）

摘　要：热液型磁铁矿在山西省虽有分布，但多数尚未进行勘探评价，此次山西省河津市义唐航磁异常见矿为山西省寻找此类型铁矿提供了经验，同时为山西省低缓异常找矿积累了宝贵的经验，也为落实“攻深找盲”的战略方针做出了榜样。

关键词：义唐；热液型；磁铁矿；低缓异常

热液型磁铁矿在山西省虽有分布，但多数尚未进行勘探评价，过去只有新绛县北董地表有出露，闻喜县户头异常钻探验证为该类型铁矿，认为该类型铁矿主要产于涑水杂岩中，一般矿脉较薄，但品位较富，夹石厚，规模小是其特点，单个磁铁矿脉很薄，当某些地段矿体相对集中分布时，磁性较强，在航磁图上有明显规律的异常显示。

1978 年，地质部航测大队 903 队对晋南地区进行 1∶5 万航空磁测，将主要分布在河津、稷山、乡宁、闻喜一带的 32 个局部异常（包括河津义唐异常）均划归热液充填型铁矿成矿靶区内。

该类型铁矿的航磁异常主要特征是：当矿脉相对集中、有一定埋深时，航磁异常形态规则，曲线圆滑，多呈椭圆状，北侧多伴生明显得负异常；当埋深浅时，异常曲线有明显得叠加现象或者多峰叠加在区域背景场上，强度可达 2000 nT。地磁异常可达数千纳特，并出现锯齿状跳跃，已检查的史店异常和北董异常都具有以上特点。

1966 年，我队以 1∶5 万比例尺地面磁测检查了河津义唐异常，地磁异常极为规律，走向 NE70°，长 3 km，宽 2 km，呈椭圆形，曲线北陡南缓，北侧伴有明显负值，强度 700 nT，推断为向南倾的厚板状矿体引起，埋深在 740 m 以下。后来在异常中心布孔验证，进尺 640 m 因故障停钻，终孔于下寒武统地层中。

之后，我院有关技术人员对该异常进一步分析研究后，于 2007 年再次提出了对该异常进行磁测及钻探验证工作。经上级批准，2009 年在该区进行普查找矿工作，同时于 765 m 见矿。所施工的 ZK01 孔，孔深 2037.26 m，创造了我省金属钻探最深孔记录。该孔中圈定工业矿体 19 个，边界矿体 8 个，矿体总体厚度为 118.63 m。最高品位 TFe = 44.79%，最低品位 TFe = 25.06%，初步预测该区为大型 - 特大型铁多金属矿床。

1　区域地质特征

该矿区大地构造位置位于“鄂尔多斯台拗”（Ⅱ级构造单元）的“河东断凹”（Ⅲ级构造单元）与“桑汾地堑系”的“临汾断陷”（Ⅲ级构造单元）交界处（赵善付等，1989），区域上从本普查区西部的陕西阳山庄，到南东部的闻喜户头，均分布有形态各异、强度不等的航磁矿致异常，区域上具备形成铁等多金属矿产的成矿条件。

本区位于临汾运城新裂陷所形成的断陷盆地内，新生界沉积厚度约 700 m，其褶皱和断裂构造均被掩盖。根据以往施工的钻孔资料显示本区是个基底隆起构造，且地层是向南倾。

岩浆岩在本区较少，出露的岩浆岩主要为西阳河期的辉绿岩、辉绿玢岩。以岩脉状呈 NE 向展布，一般长几十米到几百米不等，宽数米至数十米，主要侵入于涑水杂岩中。

本区矿产主要为煤，其次有黏土矿、铁矿、石灰岩、白云岩等矿产。

2 航磁异常特征

义唐航磁异常位于河津市赵家庄乡义唐一带，ΔT 平面等值线图上以 300 nT 等值线自行封闭（图 1），走向 NEE，长 2.5 km，宽 2 km，最大强度 550 nT。异常形态规则，北侧伴有负值，最大强度为 -250 nT，反映了磁性体为斜磁化异常特征。ΔT 曲线北陡南缓，250 nT 等值线与区域异常连为一体，可见该异常相对异常强度约 300 nT 左右。地表广为第四系黄土覆盖，厚约 690 m 左右。

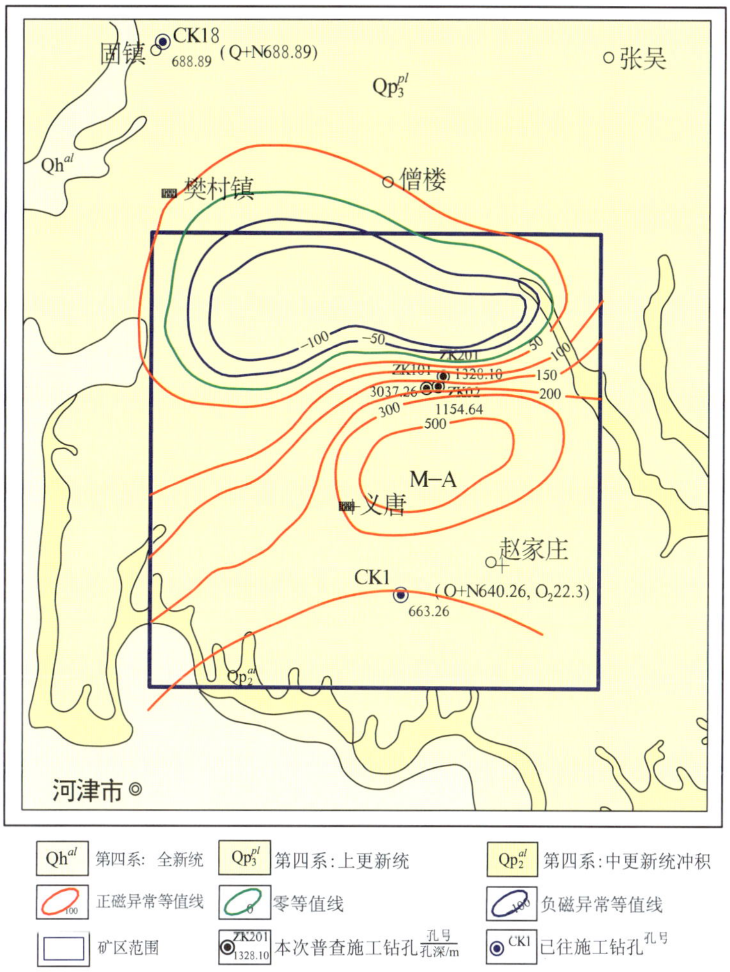

图 1 山西省河津市义唐铁矿区地质与航磁异常叠加图

3 地磁异常特征

再来看地磁异常情况，由图 2 可以看出：地磁异常与航磁异常形态相近，地磁异常以 400 nT 等值线自行封闭，长约 2.46 km，宽 1.83 km，最大强度 700 nT，异常形态与航磁异常一样，北侧伴有负值，属正负伴生异常，异常梯度南缓北陡，地磁异常以 300 nT 等值线与区域异常相连。可见地磁异常相对强度约 400 nT。地磁只比航磁异常增加 100 nT 的强度。

地磁 ΔT 化极上延 100～200 m 等值线平面图显示，该异常上延后异常幅值减小缓慢、并不尖灭或消失，说明异常具有一定规模。磁测剖面资料显示该磁性体产状南西倾。根据钻探验证，该磁异常为规模较大的磁性铁矿体引起。

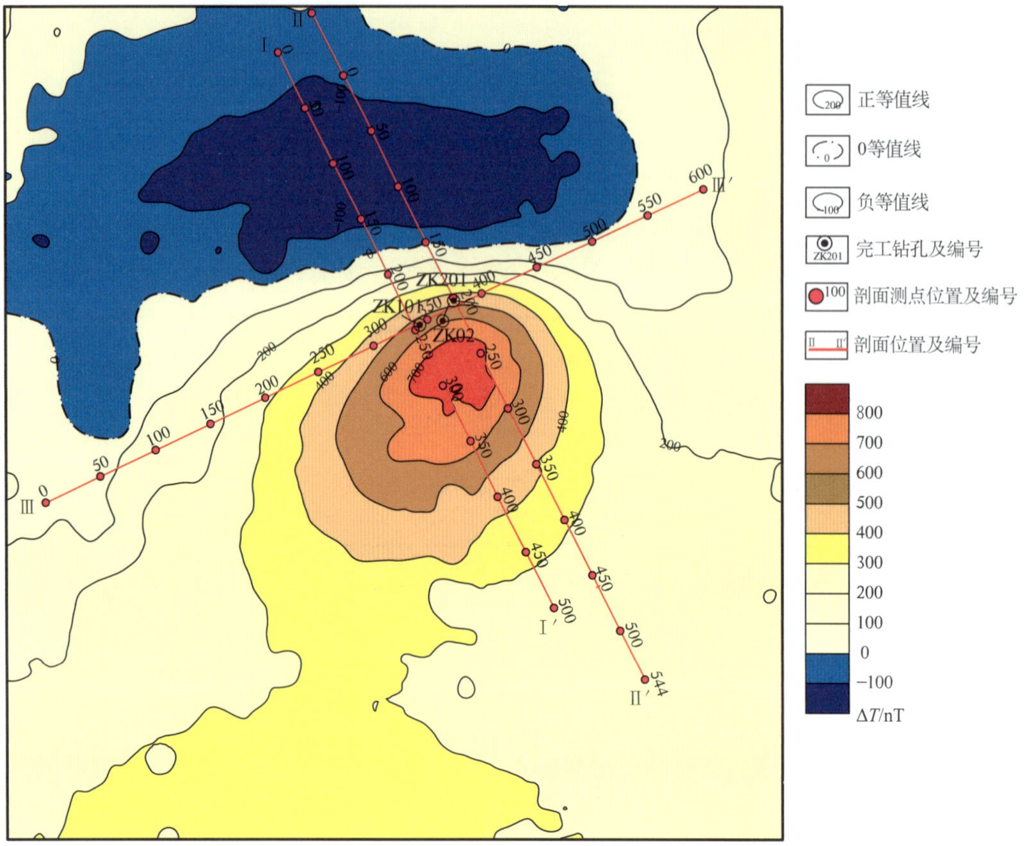

图 2　山西省河津市义唐铁矿区高精度地面磁测 ΔT 等值线图

4　物性特征及综合异常分析

由于工区被大面积深厚的新生界沉积物覆盖，本次工作对钻孔中各类岩性均进行了物性统计，结果见表 1 ~ 表 3。

从表 1 ~ 表 3 统计结果可以看出，铁矿体是低电阻率、高极化率、高密度、高磁化率的地质体，具有“三高一低”的特点，与岩体和沉积盖层有较大差异。所以在本区用磁法、电法及重力等物探方法寻找铁矿具有良好的地球物理前提。

表 1　义唐铁矿区岩石密度统计表

岩性	测量数/块	密度/（g·cm^{-3}）	
		变化范围	均值
泥质白云岩	5	2.53 ~ 2.67	
石英岩状砂岩	3	2.64 ~ 2.74	
二长花岗岩	20	2.55 ~ 2.85	2.69
花岗闪长岩	7	2.63 ~ 2.75	2.69
磁铁矿化花岗闪长岩	24	2.64 ~ 3.38	2.88
铁矿石	26	2.93 ~ 4.65	3.44

表 2　义唐铁矿区岩石磁化率统计表

岩性	测量数/块	磁化率/（$\times 4\pi \times 10^{-6}$SI）	
		变化范围	均值
泥质白云岩	4	4.75 ~ 6.5	
石英岩状砂岩	4	0.75 ~ 2.75	
二长花岗岩	148	2 ~ 38050	454.38
花岗闪长岩	22	45 ~ 5712.5	387.35
二长岩	2	896.5 ~ 992	
磁铁矿化花岗闪长岩	219	28.75 ~ 63212.5	3512.35
铁矿石	51	1290.75 ~ 46950	12636.14

表 3　义唐铁矿区岩石电物性统计表

岩性	测量数/块	视极化率/%		视电阻率/（Ω · m）	
		变化范围	均值	变化范围	均值
泥质白云岩	1	0.34		548.95	
石英岩状砂岩	3	0.42 ~ 2.80		2151.29 ~ 6933.04	
二长花岗岩	29	0.16 ~ 11.83	1.10	340.87 ~ 15525.34	1996.06
花岗闪长岩	7	0.51 ~ 11.55	2.03	267.97 ~ 4811.79	1141.54
磁铁矿化花岗闪长岩	55	0.12 ~ 32.99	2.65	29.32 ~ 6090.25	1164.37
铁矿石	15	0.99 ~ 20.05	4.15	30.89 ~ 4788.30	748.16

5　矿体形态及规模

该矿区先后在磁异常中心及外围施工了三个钻孔，编号分别为 ZK201、ZK02 和 ZK101，终孔深度分别为 1154.64 m、1328.10 m、2037.26 m，其中只有 ZK101 钻孔穿透了铁矿体（图 3）。通过钻探验证，该区新生界松散覆盖层厚度约 654 ~ 693 m，其下为寒武系泥质白云岩和石英岩状砂岩，厚度 21.27 ~ 102.80 m 不等。寒武系地层沉积接触于古元古代二长花岗岩 - 花岗闪长岩杂岩体之上，铁矿就赋存于该杂岩体中。本矿区铁矿为山西省铁矿的一个新类型，表现在中酸性含矿杂岩体普遍有磁铁矿化现象。铁矿体与铁矿化体之间，铁矿化体与非矿化体之间往往呈渐变过渡关系，除团块状铁矿体外，没有明显界线。

6　结束语

该区内新生界沉积厚度较大，铁矿埋藏深度大，地表没有露头，因此航磁与地磁异常是主要的找矿标志。

另外，铁矿体通常反映出低电阻率，高极化率的特点，可综合利用 AMT 反演结果圈定铁矿体的范围。

此次山西省河津市义唐见矿进一步说明了磁测方法找矿的有效性，为山西省寻找热液型磁铁矿提供了经验，同时为山西省的低缓异常找矿积累了宝贵的经验，也为贯彻“攻深找盲”的战略方针做出了榜样。

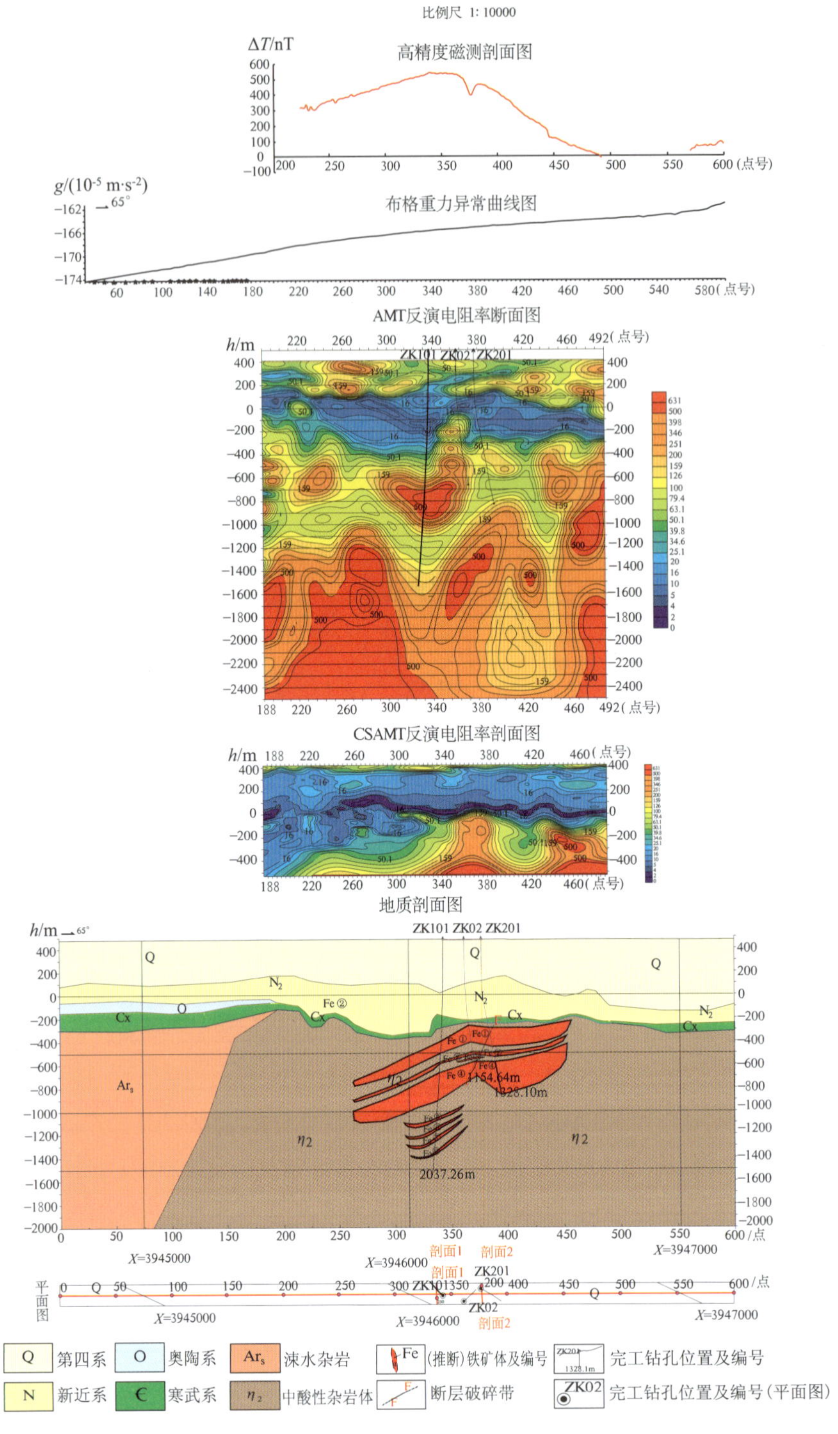

图 3　山西省河津市义唐铁矿区Ⅲ—Ⅲ′线综合剖面图

参考文献及资料

地质部航测 903 队. 1978. 晋南临汾地区航空磁力测量成果报告[R].

吴宏武, 陈钦智. 1983. 山西省航磁异常查证程度图编制及航磁异常建卡小结[R].

中国地质调查局发展研究中心. 2009. 中国重磁电数据处理软件使用手册[R].

山西省原平市下常乐铁矿普查区见矿总结

赵楠

（山西省地球物理化学勘查院 山西 运城 044004）

摘　要：以往各种不同的磁测工作为区内寻找沉积变质型铁矿提供了重要的找矿信息，应对这些磁异常逐一进行详细的分析，并进行野外查证，投入更细致的工作。根据物性资料，该区铁矿的磁性强度高于围岩两个数量级，其磁性差异较大，所以在五台山区用磁法寻找沉积变质型鞍山式铁矿具有良好的地球物理基础。

关键词：铁矿；沉积变质型；航磁；异常查证

1　引言

五台区域成矿地质背景良好，矿产较为丰富，以往工作程度较高。与寻找沉积变质铁矿有关的区域性普查找矿工作主要有山西省地矿局区调队 1963 ~ 1966 年开展的 1∶20 万平型关幅区域地质矿产调查和 1982 ~ 1987 年开展的 1∶5 万崞阳幅区域地质矿产调查；山西省地矿局晋北铁矿研究队 1979 ~ 1981 年开展的五台山铁矿研究工作等。

这些工作从不同角度研究总结了该区的地层、构造、岩浆岩、变质作用以及矿化蚀变等特征，对区内的矿产分布及其成矿规律进行了总结，为本次工作提供了系统性基础地质资料。磁测工作主要有原地矿部航空物探大队 907 分队 1964 ~ 1966 年在恒山—五台—吕梁地区开展的 1∶10 ~ 1∶20 万航空测量；山西省冶金物探指挥部第二物探队 1970 年在山西省原平市崞阳—代县八塔开展的 1∶1 万地磁测量；冶金部航测大队 1975 年在五台山地区开展的 1∶5 万航磁测量；1978 年地质部航空物探 903 队又进行了 1∶5 万航磁测量。我院（原名物探队）先后在 1966 年、1973 年、1979 年及 1983 年对全省航磁异常及查证资料进行过较为系统的整理和总结，并于 1980 年在山西省原平市孙家庄—代县八塔一带进行了地磁检查。以往各种不同的磁测工作为区内寻找沉积变质型铁矿提供了重要的找矿信息，本次查证的磁异常也是根据我院 1980 年的查证成果而确定的。

通过以往的磁测工作，本区发现的铁矿主要有代县的山羊坪、八塔、张仙堡、白峪里、黑山庄、赵村、山碰及原平市的令狐、章腔、郭家庄铁矿等，累计探求各类铁矿资源量 12×10^8t 以上。本文介绍的是近年来在原平市下常乐地区开展的航磁异常查证及铁矿勘查成果。

2　矿区地质概况

航磁异常查证及铁矿勘查区属于山西省原平市苏龙口镇管辖，区内新生界沿滹沱河及其两岸广泛分布，约占区域面积的 80%，厚度多在 30 ~ 170 m 之间；西部沟谷中零星出露新近系（N）。基岩主要出露于勘查区的东部，南部零星出露。地层主要为上太古界五台群，为一套经受低—中级区域变质作用的火山岩类和泥砂质岩类，其中含金刚库组和柏枝岩组 2 层含铁建造（含矿层），勘查区铁矿体即赋存于柏枝岩组含铁建造中。其中矿区中间位置已有采矿权的登记，建矿且投产。在勘查区北侧与之紧邻相接的为原平市皇家庄—郭家庄勘查区，也是我院申请的省厅价款项目。

3 地球物理特征

航磁异常查证及铁矿勘查区正常地磁场特征：磁倾角 56°12′，磁偏角 −4°40′，正常场值为 54250 nT。

根据各种岩（矿）石的物性测定统计（表1），黑云斜长片麻岩、斜长角闪岩、角闪片岩、黑云变粒岩、绢云石英片岩及二云石英片岩磁化率为（257～399）$\times 10^{-5}$SI，为弱磁性；磁铁矿为强磁性，磁化率为 132029 $\times 10^{-5}$SI。

由此可见，铁矿的磁性强度高于围岩两个数量级，其磁性差异较大，所以在五台山区用磁法寻找沉积变质型铁矿具有良好的地球物理基础。

表1　下长乐铁矿区钻孔岩（矿）心磁性参数测定统计表

序号	块数/块	岩性	磁化率 $\kappa/10^{-5}$SI			剩磁 $J_r/(10^{-3}\text{A}\cdot\text{m}^{-1})$		
			最大值	最小值	均值	最大值	最小值	均值
1	89	磁铁石英岩	292953	26224	132029	138361	6272	44100
2	29	二云石英片岩	742	188	399	386	40	143
3	27	黑云变粒岩	600	133	296	326	33	94
4	40	黑云石英片岩	943	128	311	227	26	75
5	33	花岗片麻岩	619	134	281	370	32	140
6	31	绢云石英片岩	658	142	308	283	15	77
7	25	黑云斜长片麻岩	923	146	397	369	48	112
8	28	斜长角闪片岩	1007	134	391	419	36	97
9	27	斜长角闪岩	2503	87	257	668	22	79

4 下长乐航磁异常特征

该勘查区内有南北两个航磁异常，编号分别为 M24 和 M22−1。北部 M24 磁异常走向为 NE 向，异常中心强度在 1500 nT；南部 M22−1 磁异常走向近 E−W 向，与区外 M22−2 异常连为一体，异常中心强度在 750 nT，详见图 1。因该处地层为弱磁，故推断磁异常是由鞍山式铁矿引起。

5 下长乐高精度地面磁测磁异常特征

通过 1∶1 万高精度磁测扫面工作，在勘查区内发现了 4 个铁矿带，圈定了 11 个铁矿体。矿体赋存于上太古界五台群石嘴亚群金岗库组中，赋矿岩性为磁铁石英岩。矿床类型属沉积变质型。

在研究平面磁异常特征的基础上，通过剩余磁力异常划分了四个磁异常体，圈定了十个局部磁异常（图2），编号依次为①、②、③、④、⑤、⑥、⑦、⑧、⑨、⑩。由①号局部磁异常组成勘查区北部下长乐Ⅰ号磁异常带；由②、③号局部磁异常组成上长乐西北部Ⅱ号磁异常带；由④号局部磁异常组成Ⅲ号磁异常带；由⑤、⑥、⑦、⑧、⑨、⑩号磁异常组成永乐村以南Ⅳ号磁异常带。

对主要磁异常分述如下：

（1）①号局部磁异常推断解释

①号局部磁异常位于勘查区北部下长乐Ⅰ号磁异常带。在磁力剩余异常图上，0 nT 等值线圈闭呈椭圆形，长约 1000 m，宽 580 m，最大值 4500 nT，为面积最大的局部异常。该磁异常表现出南缓北陡的正异常，根据测井成果，所处钻孔 ZK101 孔在 138 m 附近见矿，矿体视厚度约 13 m；钻孔

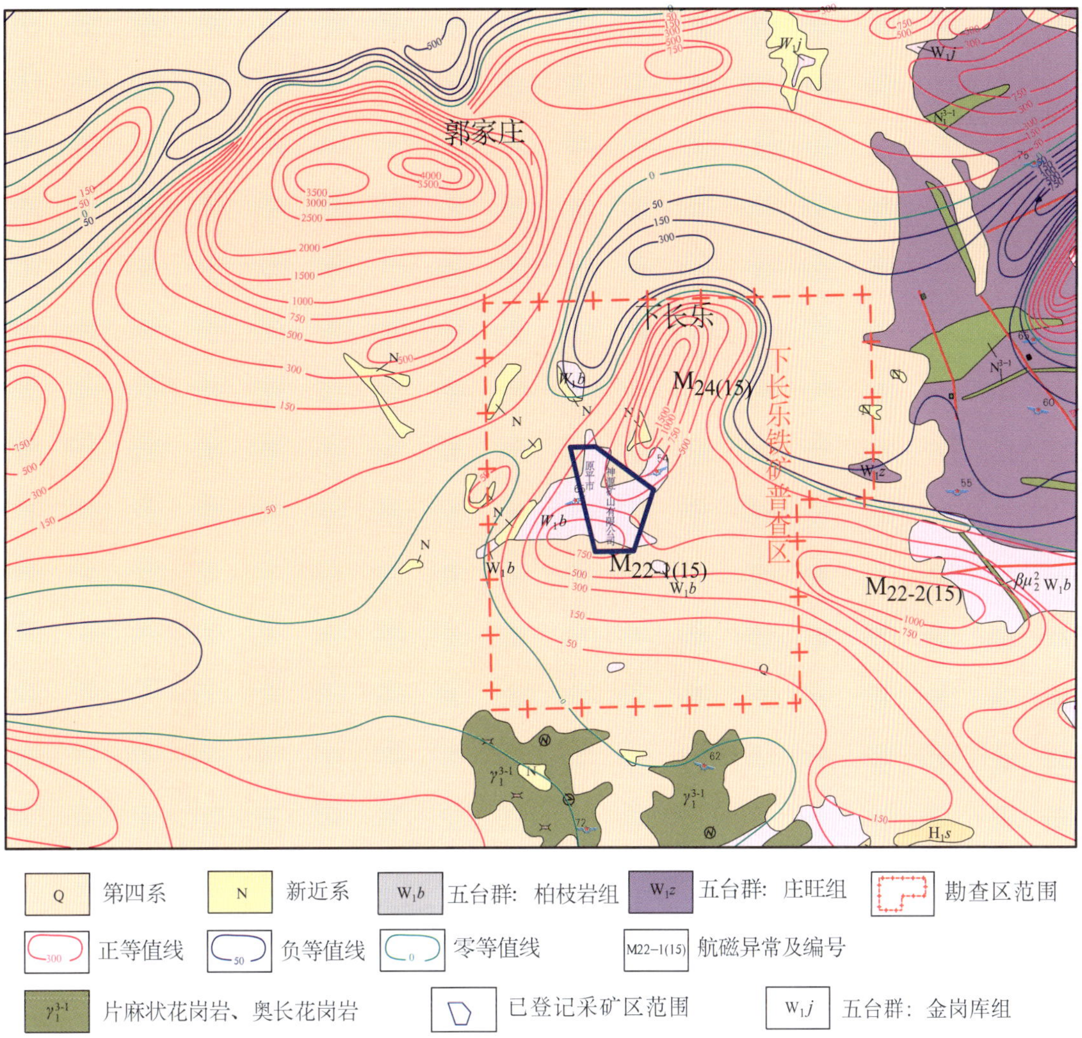

图1 下常乐铁矿勘查区区域地质及航磁异常复合图

ZK201 孔分别在 237 m、254 m 和 279 m 附近见矿，矿体视厚度分别约为 7 m、13 m 和 12 m；钻孔 ZK202 孔分别在 440 m、495 m 和 523 m 附近见矿，矿体视厚度分别约为 20 m、10 m 和 9 m；钻孔 ZK401 孔分别在 279 m、290 m、307 m、315 m、327 m 和 334 m 附近见矿，矿体视厚度分别约为 4 m、10 m、8 m、6 m、2 m 和 6 m。

（2）②号局部磁异常推断解释

②号局部磁异常位于勘查区中部Ⅱ号磁异常带。在磁力剩余异常图上，该异常 0 nT 等值线圈闭，走向 E－W 向，长约 600 m，宽约 370 m，最大值 5600 nT。该异常地表出露第四系薄层黄土覆盖，局部出露古近—新近系黏土层夹钙质层和碎石层、砂砾层。该异常幅度大，根据测井成果所处钻孔 ZK1301 分别在 105 m 和 221 m 附近见到两层厚度较大的矿体，视厚度分别约为 14 m 和 16 m，另外还有多个铁矿体薄层；钻孔 ZK1302 在 425 m 附近见矿，矿体视厚度约为 2 m；钻孔 ZK1501 在 40 m 附近见矿，矿体视厚度约为 34 m；钻孔 ZK1502 分别在 99 m、137 m 和 149 m 附近见矿，矿体视厚度分别约为 23 m、5 m 和 14 m。

（3）③号局部磁异常推断解释

③号局部磁异常位于勘查区Ⅱ号磁异常带。在磁力剩余异常图上，该异常 0 nT 等值线圈闭，呈卵形，走向 NEE 向，长约 600 m，宽约 300 m，最大值 4700 nT。根据周边地质资料，局部出露古近—新近系黏土层夹钙质层和碎石层、砂砾层。该异常地表出露第四系薄层黄土覆盖，局部出露五台

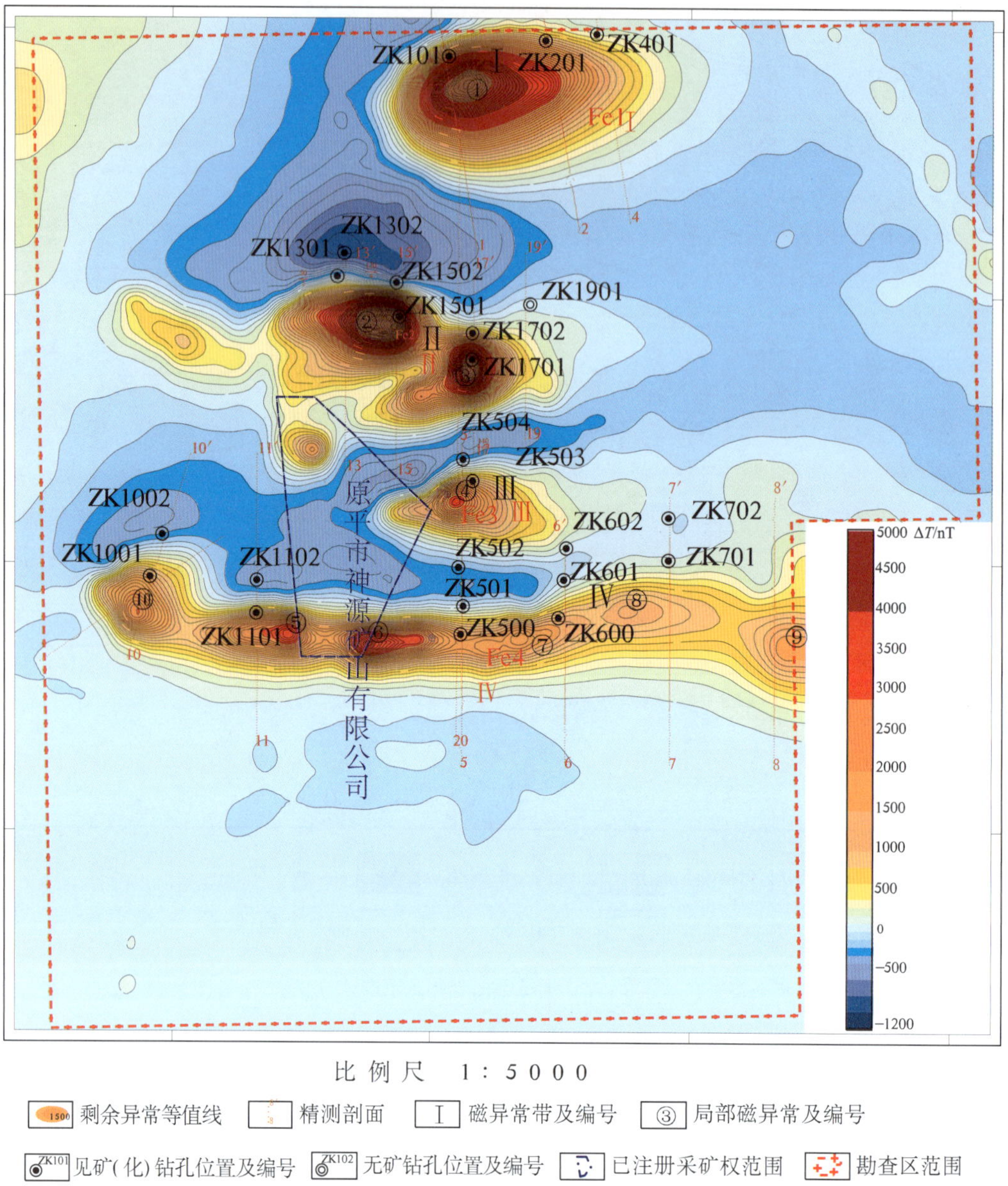

图2 山西省原平市下长乐铁矿区高精度磁测剩余异常等值线平面图

群金岗库组斜长角闪（片）岩、黑云变粒岩、磁铁石英岩。磁异常 ΔT 化极最大值约为 7500 nT，异常幅度大，磁异常处于相邻的正在开采的铁矿的北面，根据测井成果所处钻孔 ZK1701 分别在 50 m、61 m、70 m 附近见矿，矿体视厚度分别约为 10 m、4 m、3 m；钻孔 ZK1702 在 110 m 附近见矿，矿体视厚度约为 17 m；钻孔 ZK1901 也见到两段 1 ~ 2 m 的磁铁矿体薄层。

（4）④号局部磁异常推断解释

④号局部磁异常位于Ⅲ号磁异常带。在磁力剩余异常图上，该异常 0 nT 等值线圈闭，近视椭圆形，长约 650 m，宽约 270 m，最大值 2100 nT，走向 NEE 向。根据周边地质资料，该异常地表出露第四系薄层黄土覆盖，局部出露五台群金岗库组绿泥石化斜长角闪（片）岩、黑云变粒岩、磁铁石英岩。同时④号磁异常处于相邻的正在开采的铁矿的东面，根据测井成果所处钻孔 ZK503 在 85 m 附近见矿，矿体视厚度约为 20 m；钻孔 ZK504 在 141 m 附近见矿，矿体视厚度约为 10 m。

⑤ ~ ⑩号磁异常不再赘述。

6 结论

1）以往各种不同的磁测工作为区内寻找沉积变质型铁矿提供了重要的找矿信息，应对这些磁异常逐一进行详细的分析，并进行野外查证，投入更细致的工作。

2）根据物性资料，该区铁矿的磁性强度高于围岩两个数量级，其磁性差异较大，所以在五台山区用磁法寻找沉积变质型鞍山式铁矿具有良好的地球物理基础。

3）在黄土覆盖区，航磁、地磁异常是重要的找矿标志，西部一带有民采及矿体露头也可作为直接的找矿标志。

参考文献及资料

郭海戌，寇兰红. 2008. 山西省原平市下长乐铁矿普查地质报告(中间报告)[R].
郭海戌,寇兰红. 2012. 山西省原平市下长乐铁矿普查地质报告[R].
中国地质调查局发展研究中心. 2009. 中国重磁电数据处理软件使用手册[R].

三分量磁测井在山西省找矿勘探中的应用

王年喜

（山西省地球物理化学勘查院，山西 运城 044004）

摘　要：黄土覆盖区，经高精度磁测扫面和剖面测量存在高强度的磁异常，地质解释是由磁铁矿引起，4勘探线剖面通过4个钻孔的施工未打到磁铁矿体，这时对三分量磁测井的分析和研究就显得十分重要。经实测分析，认为磁性体存在，并确定其位置，钻探验证发现矿体。本文通过对三分量磁测井在找矿勘探中的应用实例，说明三分量磁测井在寻找盲矿体中的指导意义。

关键词：磁铁矿；钻孔；三分量磁测井；盲矿体

1　引言

山西省原平市皇家庄—郭家庄铁矿普查区，第四系黄土覆盖严重，覆盖厚度为200~300余m，之下为五台群金刚库组地层，铁矿就赋存于该地层中，属沉积变质铁矿。因此布置了高精度磁测扫面和高精度磁测剖面工作。经1∶1万高精度磁测扫面，圈出5个规模较大的地磁异常，其中①、②、③号磁异常对应Fe Ⅰ矿带，并布置了4条地质－高精度磁测剖面，2006~2008年在4－4′剖面上施工了ZK0400、ZK0401、ZK0402 、ZK0404四个钻孔，均没见到磁铁矿体，那么该区磁异常是非矿异常？我们对平面和剖面磁异常进行了再次的分析，认为就是磁铁矿引起，那么，矿在哪里？这时钻孔三分量磁测资料的分析和研究就显得十分重要，因此我们对4剖面上钻孔的三分量磁测井资料进行了研究，认为铁矿体就存在于ZK0401孔和ZK0404孔之间，所以又施工了ZK0403孔，结果见到一层视厚度65.12 m的磁铁矿，一层8.51 m的金矿体和2.2 m的铜矿体。因此三分量磁测井在磁铁矿勘查找矿中具有重要的指导意义。

2　磁性特征

本区正常地磁场特征：磁倾角56°12′，磁偏角－4°40′，正常场值为53685.97 nT。

根据在工区内采集的25块地面定向标本和293块岩（矿）心标本的磁性参数测定结果统计（表1，表2）：本区沉积变质铁矿为强磁性，一般磁化率（κ）值在（13670~311610）$\times10^{-5}$SI之间，剩余磁化强度（Jr）一般在（4475~1386456）$\times10^{-3}$A/m。五台群变质岩及火成岩为弱磁性或无磁性，磁化率值（κ）一般在（0~几百）$\times10^{-5}$SI，剩余磁化强度（Jr）为（0~几百）$\times10^{-3}$A/m。因此，铁矿的磁性强度高于围岩两个数量级，其磁性差异较大，在本区用磁法寻找沉积变质型铁矿具有良好的地球物理基础。

表1　高精度磁测磁参数测定统计表

岩性名称	定向标本					ZH－1磁化率仪测试		标本数/块
	$\kappa/10^{-5}$SI		$Jr/(10^{-3}A\cdot m^{-1})$		Ir/(°)	$\kappa/10^{-5}$SI		
	分布范围	常见值	分布范围	常见值		分布范围	常见值	
二云片岩	78~191	113	140~200	170		25~63	44	18
铁矿石	50240~105504	94652	6200~16100	12000	54.35	64056~106760	89176	7

表 2　钻孔矿心磁化率、剩磁测定成果表

序号	块数	岩（矿）石名称	磁化率 $\kappa/10^{-5}$SI			剩磁 $Jr/$（10^{-3}A·m^{-1}）		
			最大值	最小值	均值	最大值	最小值	均值
1	26	含榴斜长角闪岩	663	160	345	943	74	197
2	27	黑云石英片岩	522	49	255	404	88	199
3	83	磁铁矿石	301085	101975	178440	1386456	4475	447049
4	18	二云石英片岩	263	30	111	217	86	
5	20	黑云黑粒岩	1039	13	197	820	89	204
6	11	黑云角闪变粒岩	265	10	77	421	71	181
7	22	黑云角闪片岩	428	118	247	380	68	165
8	17	黑云斜长角闪片岩	278	54	134	629	129	228
9	6	角闪变粒岩	273	23	141	189	99	146
10	17	绿泥片岩	357	55	136	338	75	180
11	8	斜长角闪片岩	265	87	158	242	129	187
12	38	斜长角闪岩	530	21	138	525	40	150

3　磁异常特征

本区通过1∶1万高精度磁测扫面，圈出5个规模较大的地磁异常，其中①、②、③号磁异常对应FeⅠ矿带，④号磁异常位对应FeⅡ矿带，⑤号磁异常对应FeⅢ矿带。这里与本次研究关系密切的是①号磁异常，所以现就将①号磁异常介绍如下。

3.1　①号磁异常平面特征

①、②、③号磁异常呈串珠状E－S向展布，①号磁异常在磁异常图上为500 nT等值线封闭，呈椭圆形，长1400 m，宽425 m，最大值1400 nT，磁异常等值线为北陡南缓，是面积最大的局部异常（图1）。在上延100 m图上仍反映明显；下延150 m图上表现为两个正异常带。以上特征显示该异常为明显得强磁性体引起，并且表现为产状陡立的磁性体的特征。

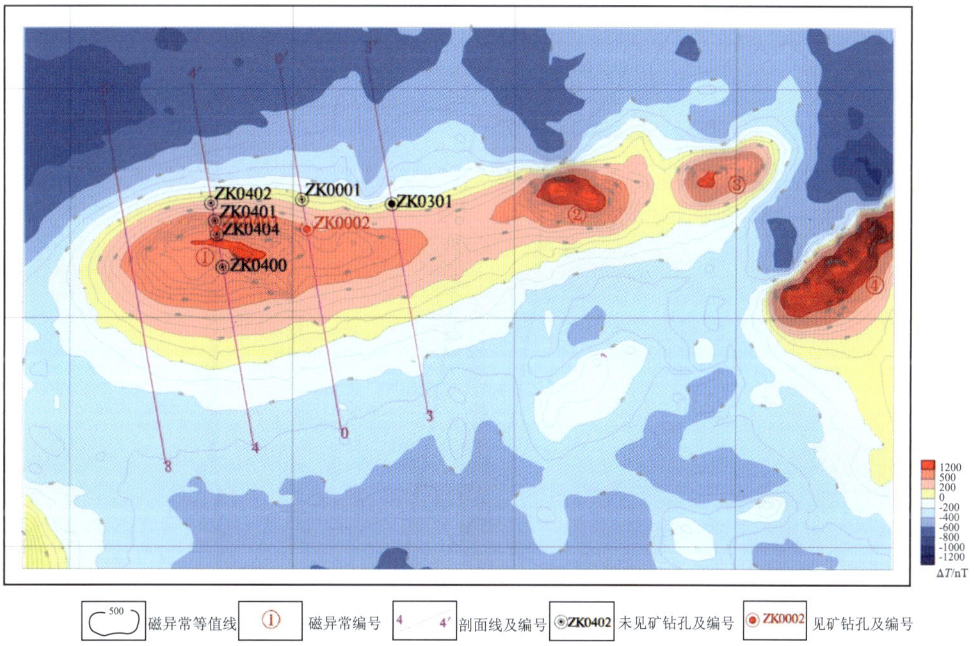

图1　皇家庄—郭家庄铁矿普查区①、②、③磁异常等值线平面图

3.2 ①号磁异常剖面特征

从4号剖面图上可见（图2），磁异常曲线北陡南缓，最高值在90点，磁场强度为1440 nT，显示该异常是由磁铁矿引起。

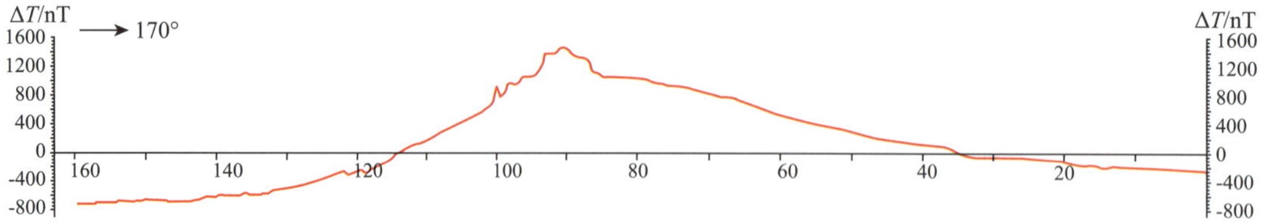

图2　4线 ΔT 磁测剖面图

4　三分量磁测井曲线特征及矿体推断解释

4.1 ZK0404孔三分量井中磁测曲线特征

根据ZK0404孔三分量井中磁测 ΔZ、ΔH 曲线图及 ΔT 矢量图（图3），257～314 m的异常由于上部套管异常的影响曲线不完整，但根据变化趋势可以推断出异常形态，在 ΔZ 曲线图上呈不完整的反"S"状，在 ΔH 曲线图上呈反"C"状，在 ΔT 矢量图上267 m处有明显得矢量汇聚交点，在314 m处有矢量发散交点，符合旁侧异常特征。而且此段岩性为黑云变粒岩，未见磁铁石英岩，据此推断该段异常可能主要由旁侧盲矿体引起。根据异常曲线形状推断该旁侧盲矿体位于钻孔的北侧，且矿体北倾。由公式计算得盲矿体近井端埋深大概在262 m左右，由于曲线图形不完整，推断旁侧盲矿体距离钻孔大约在18 m左右。

314～382 m的异常（图3）在 ΔZ 曲线上形态也呈反"S"形，在 ΔH 曲线图上呈反"C"状，在 ΔT 矢量图上347 m处呈明显得异常汇聚交点，符合旁侧异常特征，而且此段岩性为黑云变粒岩，未见磁铁石英岩，据此推断该段异常可能主要由旁侧盲矿体引起。根据异常曲线形状推断该旁侧盲矿体在钻孔的北侧，且矿体北倾。由公式计算得盲矿体近井端埋深大概在343 m的位置，且旁侧盲矿体距离钻孔大约在12 m。

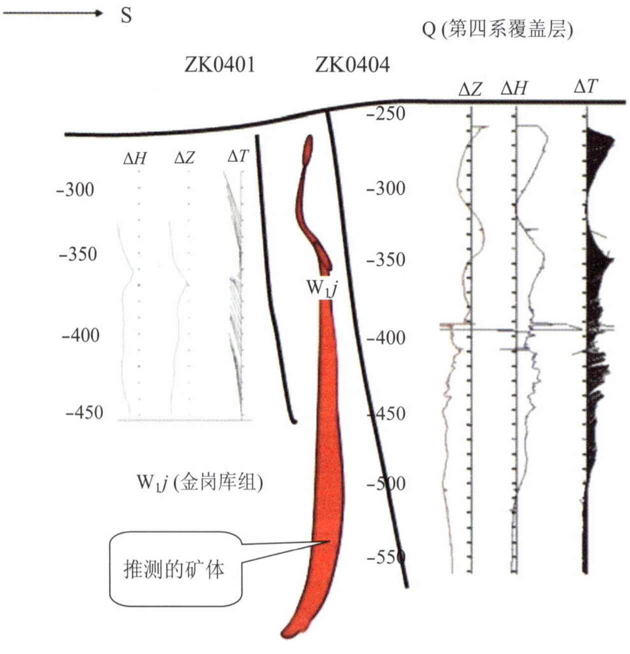

图3　4剖面ZK0401和ZK0404孔三分量磁测井曲线特征及矿体推测图

4.2 ZK0401 孔三分量磁测井曲线

ZK0401 孔位于 ZK0404 孔的北部，根据 ZK0401 孔三分量磁测井 ΔZ、ΔH 曲线图及 ΔT 矢量图（图 3），在 ZK0401 孔的底部，ΔZ 曲线为负张口，ΔT 矢量方向向负上，显示矿体在钻孔底部北倾。而且此段岩性为含黄铁矿斜长角闪岩，已进入含矿层位。

4.3 4 号剖面磁异常解释推断及拟合

根据平面磁异常特征和剖面磁异常特征，以及三分量磁测曲线推测在 ZK0401 和 ZK0404 孔之间存在磁铁矿，矿体倾向北，呈陡立的“S”形（图 3），因此我们给出如图 4 所示的地质模型进行拟合，使用软件为 RGIS2009—重磁电处理解释软件，采用多边形模型正演方法对高精度磁测 4 剖面进行了拟合，拟合曲线与磁测原始曲线基本一致，说明推测的矿体就是引起地面磁异常的地质体，因此，在 ZK0401 和 ZK0404 孔之间布置了 ZK0403 孔（图 4）。

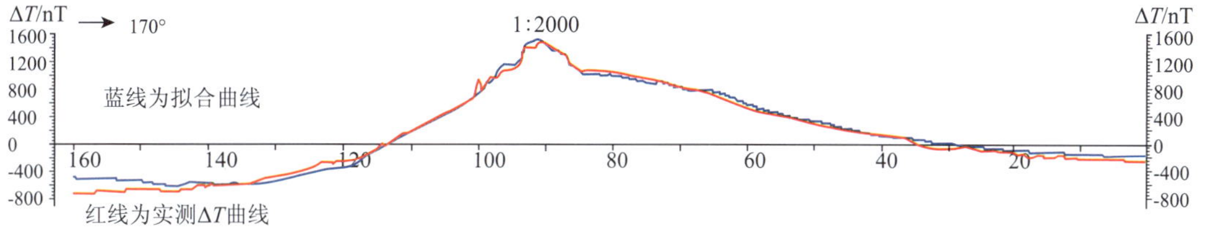

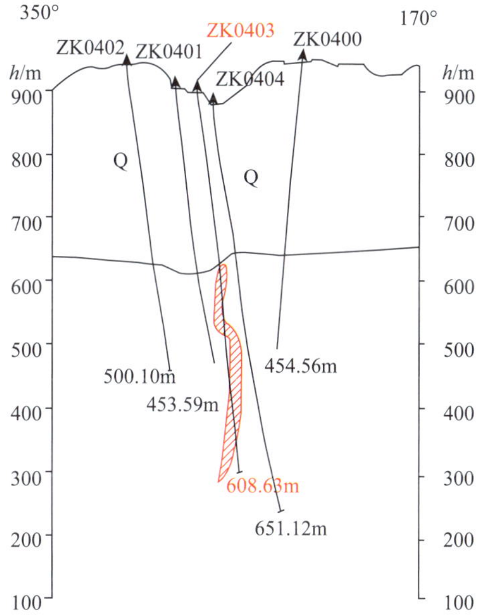

图 4　4 号剖面磁异常拟合图

5　验证结果

经 ZK0403 孔验证，结果在 503. 25 ~568. 37 m 见到视厚度 65. 12 m 的磁铁矿，TFe =37. 55%，mFe =29. 30%；在 568. 37 ~576. 88 m 见到视厚度 8. 51 m 的金矿体，Au =1. 15g/t，Ag =6. 09g/t；在 571. 38 ~573. 58 m 见到视厚度 2. 2 m 的铜矿体，Cu =0. 25%。控制的矿体基本与推测的矿体一致（图 5、6）。

6　结论

平面磁异常和剖面磁异常均显示地下有隐伏的磁铁矿，但在 4 线施工的 ZK0400、ZK0401、ZK0402、ZK0404 四个钻孔都未见矿的情况下，通过对三分量磁测井资料进行认真的分析后，指出铁

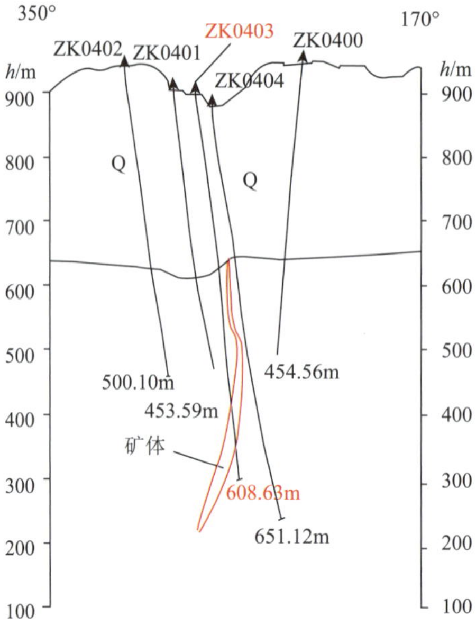

图5　4 勘探线剖面图

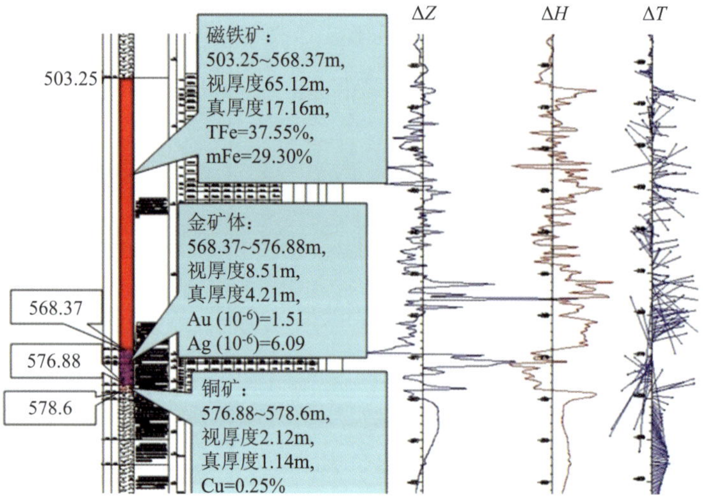

图6　ZK0403 孔钻孔柱状图

矿体就存在于 ZK0401 孔和 ZK0404 孔之间，并经过 ZK0403 孔的验证打到了视厚度 65.12 m 的磁铁矿，说明三分量磁测井在找矿勘探中具有重要的指导意义。

参考文献

李庆春，陈小龙，等. 2008. 山西省原平市皇家庄—郭家庄铁矿高精度磁测成果报告[R]. 山西省地球物理化学勘查院.

龙国富，龙景江. 2006. 山西省原平市皇家庄—郭家庄铁矿高精度磁测成果报告[R]. 山西省地球物理化学勘查院.

秦永军，王年喜. 2009. 山西省原平市皇家庄—郭家庄铁矿普查设计变更方案[R]. 山西省地球物理化学勘查院.

张建文，秦永军. 2007. 山西省原平市皇家庄—郭家庄铁矿磁异常普查地质报告[R]. 山西省地球物理化学勘查院.

邹长春. 2009. 井中三分量磁测数据处理与解释[R]. 中国地质大学(北京).

应用物化探综合方法对中条山地区郭家沟航磁异常的研究

张双奎　赵楠　薛生升

（山西省地球物理化学勘查院，山西 运城 044004）

摘　要：镁铁质－超镁铁质岩带一般与重力高异常、磁力高异常相关联。对中条山地区区域重力数据和航磁数据求取剩余异常，并对 1∶20 万水系沉积物地球化学测量数据采用多重分形法进行弱信息提取，圈定了郭家沟找矿靶区。根据地质物化探剖面综合调查，进而有效指导后续的找矿工作。

关键词：中条山；郭家沟；航磁；重力；化探

中条山地区是我国重要的铜多金属成矿带，拥有著名的晚太古代“变斑岩型”铜矿峪大型铜矿床和元古宙“层控型”胡家峪－篦子沟铜矿床（张东红，2003）。自 20 世纪 50 年代末期见矿以来，作为我国主要铜矿产地之一，为我国的铜矿事业做出了巨大贡献（张守林，2004）。当前，中条山地区已探明的铜矿资源将近采完，但又没有发现新的中大型铜资源，中条山矿区面临资源危机。

我院开展的“山西省大中条地区区域资料二次处理与成矿预测研究”，应用新的技术手段对以往资料进行处理和分析，结合已知矿床的分布规律和成矿规律，发现一批新的找矿靶区，郭家沟找矿靶区就是新圈定的找矿靶区之一。

1　区域地质特征

区内出露地层自老至新主要有中太古代涑水杂岩（Ar*s*）、新太古代绛县群（Ar*j*）、中元古代中条群（Pt*zh*）以及变基性杂岩脉。

涑水杂岩（Ar*s*）岩性主要有斜长片麻岩、钾长片麻岩、变二长花岗岩、斜长角闪岩等；绛县群（Ar*j*）主要出露岩性包括石英岩、绢英片岩等；中条群（Pt*zh*）主要出露岩性为片岩、板岩和大理岩等；变基性杂岩主要有斜长角闪岩、角闪石岩、辉石角闪石岩、辉绿岩、辉长岩等，基性岩脉走向多为南 S－N 或 NE 向。

区域构造走向为 NE 向。郭家沟异常区位于 NW 向的同善－落家河－王屋断裂附近，NE 向中条山背部剥离断层北侧，其东侧为早元古代多期变形变质褶皱形成的上玉坡短轴背斜。

区内岩浆岩自太古代涑水期至中生代燕山期均有分布。尤其涑水期及绛县期岩浆活动强烈，分布广泛。区内铜、铁等多种金属矿产的形成多与不同期次岩浆活动关系密切。涑水期岩浆岩在区内分布最为广泛，主要由变二长花岗岩、北峪奥长花岗岩、片麻岩、基性杂岩脉组成。基性岩体带分布于陈家沟－李四沟－赵家沟－杨家一线长约 30 km，宽 2 ~ 3 km 范围内，共发现了 30 多个基性岩体。本次发现的与铁铜矿有关的基性—超基性岩体群，为该带东北方向延伸部分。

2　岩石物性特征及岩体识别标志

岩石密度自超基性－基性－酸性逐渐降低的特点。超基性岩密度最大。故高密度为重力圈定超基性岩提供了物性依据。

超基性岩的磁化率平均比基性、中酸性侵入岩、沉积岩的磁化率高，但比一些磁铁矿、变质岩的磁化率低或相近。具有一定规模的超基性岩，可引起航磁异常。

重力场和磁场同时出现高异常的地球物理特征，一般与镁铁质 - 超镁铁质岩带相关联（赵斌，2012）。

3 平面物化探异常特征

3.1 地球物理异常特征

从图 1 可以看出，1∶5 万航磁化极平面图（图 1 - b），在矿区中部有 NE 向走向分布磁异常带，与地质图上对应的位置出露的是变基性杂岩带。3 个局部的弱磁异常，中心强度从 25 nT 至 125 nT 不等。推断磁异常是由磁性体或者基性杂岩引起。出露地层属涑水群，东南侧是横岭关亚群，为负磁场区。

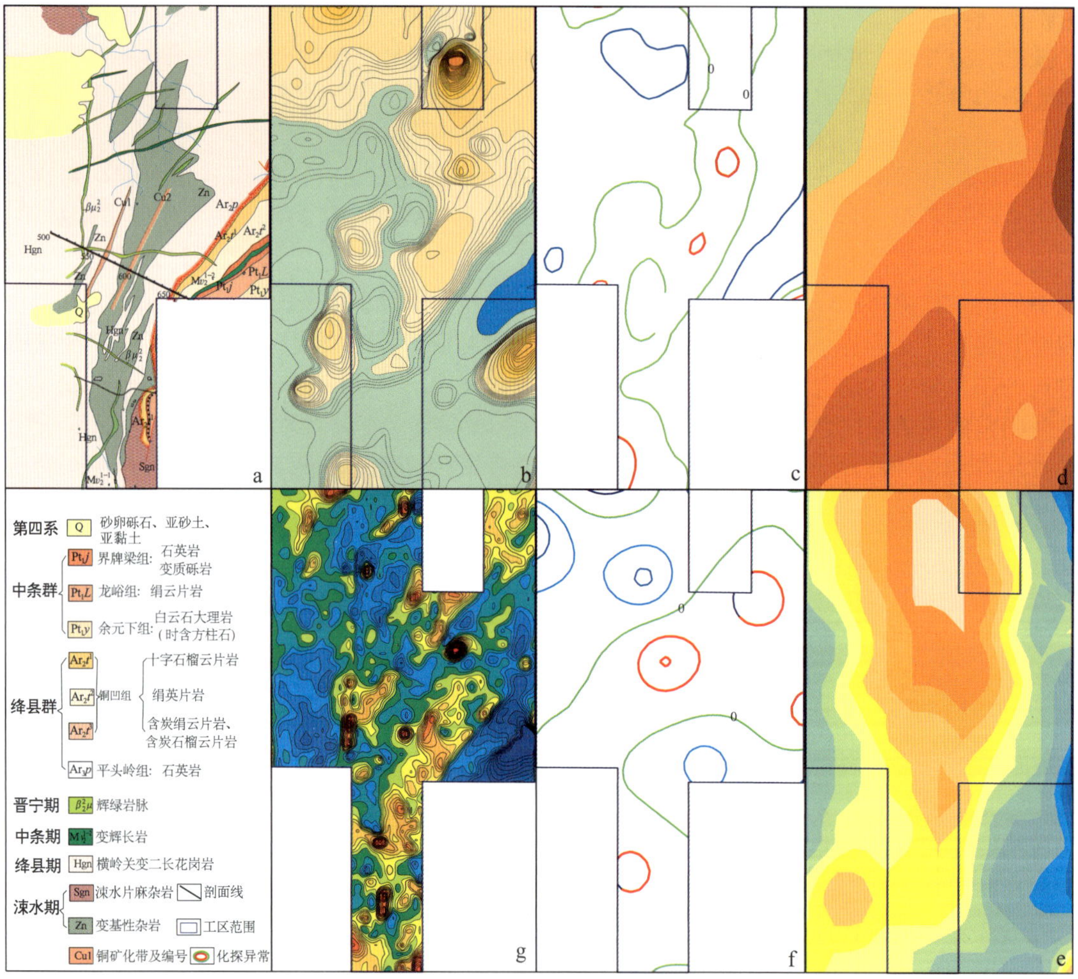

图 1 山西省闻喜县郭家沟地质与物探剖析图

a—地质图，原比例尺 1∶5 万；b—航磁化极异常图，数据比例尺 1∶5 万；c—航磁化极剩余异常图，数据比例尺 1∶5 万；d—化探累频图，数据比例尺 1∶20 万；e—化探 S - A 法分形图，数据比例尺 1∶20 万；f—剩余重力异常图，数据比例尺 1∶20 万；g—地磁化极异常图，数据比例尺 1∶1 万

图 1 - g 为 1∶1 万的高精度地面磁测，整体上与航磁异常对应较好，局部异常较航磁异常显得清晰，经过踏勘验证，高精度地面磁测圈定的 9 个磁异常地表均发现铁、铜矿化反映。

为了消除区域场的影响，对化极航磁数据求取了剩余异常，在图 1 - c 上显示了 2 个局部异常（红色）；对重力进行剩余异常处理，在图 1 - f 上显示了 3 个相对局部重力高异常（红色）。航磁异常与局部重力高异常对应较好的地区是重要的找矿靶区。

3.2 地球化学异常特征

在1∶20万铜地球化学图（累频）上（图1－d），郭家沟工区位于垣曲铜异常的边缘，郭家沟地区异常较弱，按常规的找矿方法，该地区不会被划为化探异常区；但在1∶20万铜分形图（S－A法）上（图1－e），郭家沟地区有较好的铜异常。

4 剖面物探异常特征与推断解释

根据航磁异常和化探异常，在郭家沟地区布设了一条NW向的剖面。

4.1 剖面地磁异常特征与推断解释

高精度磁法测量曲线上共出现两处连续的磁异常，分布在535点到565点之间和655点到660点之间（图2－c）。535点到565点磁异常对应的岩性野外定名为黄铁矿化中粒闪长岩、钾长片麻岩等，闪长岩岩石发育斑状结构，块状构造；手标本上发育一定的黄铁矿化，后经室内仔细观察定名为辉长岩，该岩脉出露宽度不到50 m，与磁异常的高值（500 nT）位置较吻合；钾长片麻岩中磁异常在200～300 nT之间变化。在基性岩连续出露的区域磁法无明显异常。

4.2 剖面重力异常特征与推断解释

郭家沟重力异常曲线（图2－b）变化特别大，呈上下“跳跃状”分布，整体分布在－18 mGal到－9 mGal之间。已知矿化点564点到570点位之间为局部重力高，该异常延续到585点，对应地质体为角闪石岩；594点到600点之间也存在着一局部重力高，该异常对应地质体为角闪石岩，在野外该段有黄土覆盖，基岩出露较少，因此未发现有意义的矿化露头；610点到625点也存在一个较连续的局部重力高，该异常对应的地质体主要为钾长片麻岩，中间穿插有斜长角闪岩和辉绿岩等岩脉。剖面650以后岩性比较稳定，主要为云母片岩，因此这个区间的重力异常曲线比较平稳。

4.3 剖面电法AMT异常特征与推断解释

在1.5 kmAMT反演图（图2－a）中可以观察到从560点到600点、标高800～900 m的位置发育一低阻体，该低阻体呈椭球状水平展布；除此之外在581点－600点位置、800 m标高往下延伸发育一宽度约200 m的近于垂直低阻带，该低阻带在800 m标高以上，与近于水平分布的层状低阻体相接，层状低阻体在615～630 m处延伸至地表。

分析认为该低阻带为含硫化物的基性岩浆上侵通道。另外在630～644点之间的850 m标高处，同样也存在一个小椭球状低阻体，该椭球状低阻体呈封闭状分布在高阻体中间。

在AMT反演图中，低阻体出现的位置与基性岩的侵位位置基本吻合，竖直的低阻带可能是基性岩岩浆的侵位通道，由于含有硫化物，因此显示低阻；在800 m标高位置出现的呈水平展布的椭球状低阻体，可能是Cu－Ni硫化物熔浆在流出岩浆通道后，由于空间位置变大，使其含矿熔浆减速而导致硫化物的沉积形成低阻体。

5 野外踏勘及发现

斜长片麻岩、钾长片麻岩、花岗质片麻岩是剖面中出露最多的岩性，地层整体向南东倾。基性岩脉主要出露在剖面中部560点到610点之间，岩性以斜长角闪岩、辉长岩、角闪石岩、变闪长岩等为主，斜长角闪岩发育粒状变晶结构，块状构造、片麻状构造，细中粒—中粗粒，呈脉状侵入片麻岩中（图3），在基性侵入岩接触带或附近片麻岩大多数发生钾化蚀变，在角闪石岩中发育铜矿化。

角闪石岩中发现了孔雀石、磁铁矿以及蓝铜矿等矿化，角闪石岩受变质程度较弱，宽度在100～200 m之间。

剖面上蚀变最多的为钾化，根据野外观察可判断其成因与基性岩侵入关系密切，从基性岩到斜长片麻岩，钾化逐渐减弱。除钾化外，硅化、绿帘石化、绿泥石化等蚀变亦发育，同时还有极少数的绢

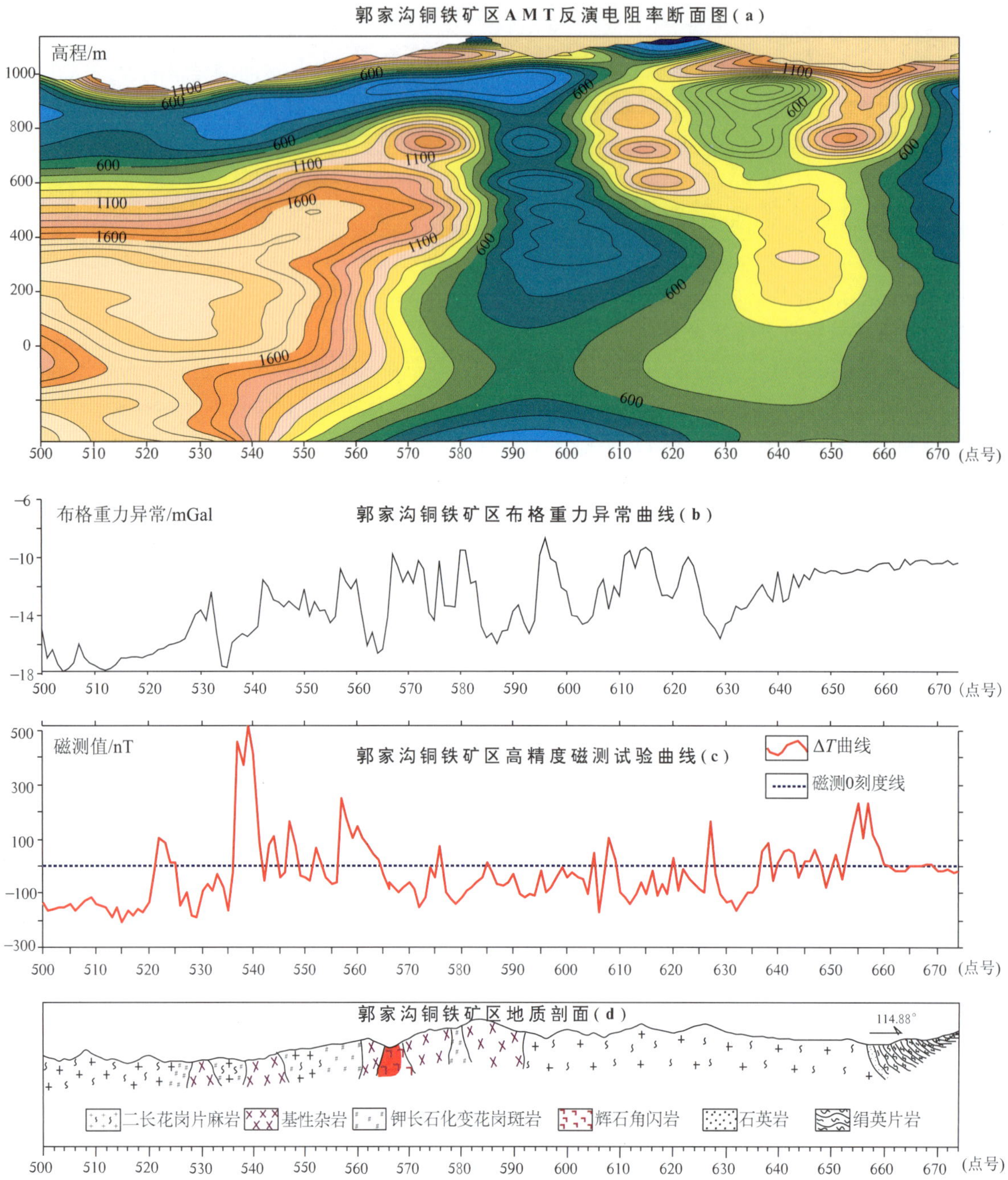

图2　郭家沟地质－地球物理综合剖面图

英岩化。

矿化主要以磁铁矿化、铜矿化、褐铁矿化、黄铁矿化为主。磁铁矿化比较普遍，在野外从斜长片麻岩、斜长角闪岩中经常能用磁笔吸出小颗粒磁铁矿；铜矿化主要以孔雀石和蓝铜矿为主（图4），产在角闪石岩中；褐铁矿化一般产在断裂带附近，呈土黄色；黄铁矿化一般以稀疏浸染状为主。

6　结果与讨论

通过对地质、物探、化探综合信息处理及对比分析，认为引起郭家沟异常的主要物化探因素是与铁、铜矿有关的基性－超基性岩体群。

图3　野外基性岩脉侵入片麻岩

图4　基性岩表面发育的 Cu、Fe 矿化

1）对区域重磁数据重新进行处理，并依据重力高异常与磁力高异常的特点，推断了中条山地区火成杂岩的分布范围。已知的义唐、回坑、三路里矿区，包括本次新发现的郭家沟异常，都与圈定的火成杂岩区有着很好的对应关系。

2）在传统的 1∶20 万铜地球化学图（累频）上，按常规的找矿方法，该地区不会被划为异常区；但在 1∶20 万铜分形图（S－A 法）上，郭家沟地区有较好的铜异常反映。

根据航磁和化探异常设置的郭家沟剖面，通过实测综合物探异常，基本控制了基性岩的侵位位置、宽度及其走向，并在辉长岩岩体上发现了 Cu 矿化，说明本区存在着由基性岩、超基性岩岩体形成的岩浆矿床。

3）在化探剖面图上，564 点～570 点的 Cu 和 Co 异常与矿体吻合，有效地验证了多重分形方法的可靠性和可应用性。

4）在 AMT 图上，在辉长岩侵入位置的 800 m 标高处存在一个长 200 m 呈水平方向展布的椭球状低阻体，并且还存在一个竖直的低阻带，推测该低阻带为含硫化物基性岩浆的侵位通道，上述椭球状低阻体为硫化物矿体，具有很好的找矿前景。

参考文献

张东红．2003．中条山主要铜矿床的地质特征及找矿方向[J]．太原理工大学学报．34(4)：452～454

张守林．2004．秦岭造山带岩浆岩地球物理场特征[J]．物探与化探．28(6)：482～484

赵斌．2012．中条山涑水杂岩的同位素年代学研究及其地质意义[J]．地质科学与环境学报(1)：1～8．

磁法在内蒙古朝不楞铁锌多金属矿床勘查中的作用

贾金富　顾宁　侯学敏

（内蒙古国土资源勘查开发院 内蒙古自治区 呼和浩特 010020）

摘　要：朝不楞铁锌多金属矿位于内蒙古自治区中东部中蒙边境附近，1976 年区域地质调查时发现铁矿点，随后在铁矿露头处布置了磁法草测，获得了重要的磁异常信息。在 1977 ~ 1978 年间开展的航空磁测及较为详细的地面磁法普、详查工作中，全面快速地查清了该矿床的磁异常特征，并指导了矿床勘探工作。

关键词：朝不楞铁锌多金属矿床；磁法；钻探；三分量测井

1　该矿床发现过程及勘探简介

朝不楞铁锌多金属矿床是一个以铁锌为主的多金属夕卡岩型矿床，地处北部边疆区域，距中蒙国境线很近。矿区分南、北两个矿带，由 4 个大致平行的次一级矿带组成，每个矿带均与较强的磁异常相对应。该矿床矿种较多，其中铁、砷矿为大型；锌、硫、银、锡、铟、镉为中型矿；钨、金、镓为小型矿。

1957—1960 年，内蒙古呼和浩特区测队在本区进行过 1∶100 万区域地质调查工作；1958 ~ 1960 年，内蒙古地质局 126 地质队在该矿区西南 64 km 的查干敖包铁锰矿床做过矿点检查工作，并估算了铁锰储量；1977 ~ 1978 年，冶金部河北铁矿指挥部地质队曾对该地区进行过地质工作，结果不详；1976 年 9 月，内蒙古地矿局第一区测队在进行 1∶20 万区域调查中发现了朝不楞铁锌矿点，并在南矿带进行了 1∶5000 磁法草测，发现成矿条件良好，是一处很有希望的铁铜矿床；1977 年，为了全面地、迅速地评价朝不楞矿床，内蒙古地矿局物探队在该区首先开展了 1∶25000 地面磁法普查测量 204 km^2 和部分 1∶5 万化探土壤测量，圈出了矿区整体磁异常形态、规模及分布范围。通过磁法普查，扩大了朝不楞矿床南矿带的规模，新发现了北矿带和西矿带。磁异常长约 21.2 km、宽约 1.9 ~ 7.1 km，异常强度一般为几千 nT，最高可达 20000 nT。根据磁测异常，当年施工验证钻孔 8 个，都见到了磁铁矿或多金属矿体。为进一步开展大比例尺物探工作提供了依据，指明了方向（《中国矿床发现史・物化探卷》编委会，2002）。

根据上一年磁法普查工作成果，1978 年转入了详查阶段。内蒙古物探队在该区完成了 1∶5000 磁测 63.24 km^2、1∶2000 磁测 0.85 km^2、电法剖面 31.5 km、重力剖面 35.88 km、磁法剖面 22 km，此外还进行了汞气测量。根据物探推断成果，1977 ~ 1978 年共施工 41 个钻孔验证物探异常，其中 37 个钻孔见铁多金属矿体，见矿率 90% 以上，推断矿体顶面埋深的准确率达 70%（《中国矿床发现史・物化探卷》编委会，2002）。

为迅速查明朝不楞矿区外围成矿远景，实现“区域展开、重点突破”的方针，内蒙古地矿局物探队于 1978 年在该地区开展了 1∶5 万航空磁力测量，在本区发现异常 45 处，其中 C105、C106、C107 与朝不楞矿床相对应，C64 为已知查干敖包铁锰异常，另 41 处为新发现的航磁异常，为进一步研究提供了靶区。

内蒙古 109 队还开展了井中磁测，对确定矿体边界位置和矿体形态，判断矿体走向和矿体的延续性，寻找井底、井旁新的盲矿体起到了很好的作用。该队 1982 年提交了详查地质报告，各矿种的探明储量获得了批准。

2 地质、地球物理、地球化学概况

2.1 地质概况（张彤等，2010）

2.1.1 成矿地质环境

按照传统大地构造观点，矿区属天山—内蒙古地槽褶皱系，内蒙古华力西中期褶皱带，二连—东乌旗复背斜的东部北翼；据地质力学观点、按构造体系划分，矿区属北疆—兴蒙弧形构造带的东南翼。该区褶皱构造比较发育，主要褶皱期有加里东中、晚期，华力西早、晚期及燕山早期，其中以华力西早期的构造最发育；断裂构造也较发育，大致可分为NE向、NNE向和NW向三组，其中以NE向最发育，多发生在加里东和华力西期，而NNE向和NW向多发生在燕山期。燕山早期第二次黑云母花岗岩（$\gamma_5^{2(2)}$）侵入到中泥盆统塔尔巴格特组下岩段（D_2t^1）地层中（图1），在成矿有利的外接触带内，形成夕卡岩型铁、锰、多金属矿床，沿断裂破碎带的某些地段有时发生热液型磁铁矿化作用，矿带、矿体的分布与NE向断裂破碎带有关。

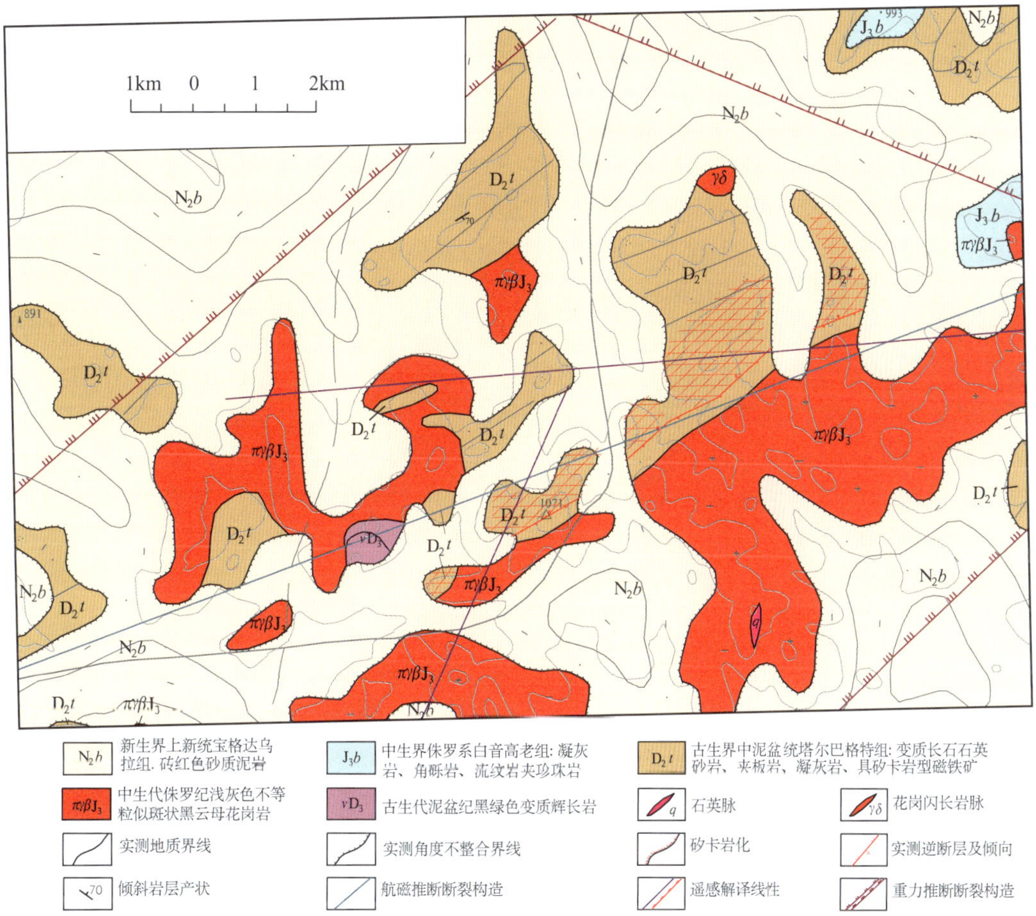

图1 内蒙古自治区东乌珠穆沁旗朝不楞多金属矿区域地质图

2.1.2 含矿建造或赋矿地层

古生界中泥盆统（D_2）：为一套浅海相泥砂质岩石夹灰岩及火山碎屑岩，除受不同程度的区域变质作用外，更主要不同程度地受热接触变质和接触交代变质作用的影响，1∶20万区调把该地层划为中泥盆统塔尔巴格特组，分下岩段和上岩段。①下岩段（D_2t^1），主要由大理岩、砂质板岩、变质粉砂岩、变质砂岩、变质长英砂岩和变质砂砾岩等组成，厚度大于920 m，与花岗岩体接触交代变质作用形成夕卡岩型铁、多金属矿床的直接围岩地层；②上岩段（D_2t^2），仅出露于矿区东北端，主要为变质长英砂岩夹变质粉砂岩及灰黑色板岩等，厚度不详。

中生界侏罗系（J）：①中—下侏罗统（J_{1-2}）出露于矿区西南部的朝不楞花岗岩体之西，由一套陆相湖盆沉积的粉砂岩、砂岩并夹有薄层砂砾岩、砾岩及板岩等组成，厚度大于300 m；②上侏罗统（J_3）包括查干诺尔组和布拉根哈达组，由酸性—基性火山熔岩及其碎屑岩组成。

上新统（N_2）和第四系全新统（Qh）：上新统未出露，在钻孔中见到红黏土；第四系覆盖面积大，主要由腐殖土、风成砂土等组成。

2.1.3 岩浆岩

区内岩浆岩较发育，侵入岩和喷出岩均有出露，侵入岩主要有华力西期的辉长岩和燕山早期的黑云母花岗岩、石英闪长岩、闪长岩及其派生脉岩等；喷出岩有中泥盆世的海相火山碎屑岩和早侏罗世的陆相火山岩。

侵入岩包括：①黑云母花岗岩（朝不楞花岗岩体）（$\gamma_5^{2(2)}$）：规模最大，又是成矿母岩，出露面积约90 km^2，岩体顶部凹凸不平，现代侵蚀面呈不规则的“E”字形，在“E”字形中间的中泥盆老地层被侵蚀成残留顶盖，地层与花岗岩体外接触带内，赋存有接触交代（夕卡岩）型铁、多金属矿床。②石英闪长岩（δo）：多分布在矿区东北部。③闪长岩（δ）：多分布在矿区东北部。④蚀变辉长岩（ν）：出露于矿区中南部及东北部，为本区最早生成的侵入岩。⑤辉绿岩（μ）：零星出露于矿区东北部。

喷出岩主要为晚侏罗世喷出岩，在岩性上从斜长流纹岩→安山岩→玄武岩→中酸性凝灰熔岩→英安岩→石英斑岩、流纹岩，反映出由酸性→中基性→中酸性→酸性似有规律变化。

2.1.4 矿体赋存特征

矿体赋存部位有如下特点：①南北矿带分布在花岗岩体形成的“似港湾状”里面的老地层与花岗岩体NE走向的外接触带内。②花岗岩体的部分岩体超覆在中泥盆统塔尔巴格特组下岩段地层之上的地段，常有矿体存在。③花岗岩体与围岩老地层接触面呈凹兜状和窑洞状的地方，也是赋存矿体的有利部位。④花岗岩体与厚大的大理岩层接触带上，有时也有矿体存在。⑤区域性NE走向的大理岩层与变质粉砂岩层的接触层面及其附近，有时有矿体存在。⑥矿体几乎全部产于夕卡岩体内。而蚀变强烈、矿物成分复杂的夕卡岩对成矿有利。矿物成分简单、浅色致密块状的石榴子石夕卡岩对成矿不利。⑦铜、锌、铋等金属硫化物多分布在铁矿体及其周围的夕卡岩体内，而角岩和大理岩中含量很少。

2.1.5 矿床成因类型

根据矿床产于燕山早期黑云母花岗岩体与泥盆系塔尔巴格特组下岩段老地层的外接触带内；矿带走向与花岗岩体边缘基本平行；矿石中的脉石矿物和矿体围岩几乎全是夕卡岩矿物和夕卡岩以及其他近矿围岩地层受热接触变质作用而形成大理岩和角岩等情况，说明朝不楞铁锌矿属接触交代（夕卡岩）型铁、多金属矿床。

矿床的形成过程，较早生成的主要是夕卡岩，然后是磁铁矿，再后又被含多种金属硫化物的气液沿铁矿液上升时的裂隙通道充填交代，叠加在铁矿及其附近的夕卡岩体之上，致使铁矿石物质成分相当复杂。

成矿过程中的地质构造活动和成矿气液作用时强时弱、时断时续地进行，表现为成矿作用的多期性、继承性和差异性。

2.2 地球物理概况

2.2.1 岩（矿）石磁性特征

矿区岩石与矿石的磁性差异明显。其中磁铁矿石和含磁铁矿夕卡岩具强磁化率和强剩磁特征，与其他岩石的磁性差异巨大；矿化夕卡岩的磁化率、剩余磁化强度也很高，与磁铁矿无明显界限，其含铁量达20%以上即为矿体。它伴生铁矿而出现，与铁矿作为同一磁性体反映出来。因此，唯有磁铁矿及含磁铁矿夕卡岩具有磁性最强，所以在本区是引起磁异常的唯一因素。磁测工作在该区铁矿勘查中具有良好的地球物理应用前提（表1）。

表1　朝不楞矿区岩（矿）石磁性参数统计表

岩石名称	标本块数	磁化率/10^{-5}SI		剩磁/（10^{-3}A·m^{-1}）		备注
		变化范围	平均值	变化范围	平均值	
条带状磁铁矿	39	59030～985960	53506	21900～3900000	329000	地面采集
致密块状磁铁矿	39	43081～－744808	203472	25800～3960000	1220000	地面采集
似斑状花岗岩	43	125～－8290	1759	800～27200	2700	地面采集
细粒花岗岩	38	377～2890	380	500～37000	1100	地面采集
火山碎屑岩	13	126～－880	377	400～－1200	500	地面采集
磁铁矿	54	4260～262629	83535	1020～602000	41793	钻孔采集
磁铁矿化夕卡岩	71	0～80500	14163	1030～9250	3927	钻孔采集
夕卡岩	167	0～229329	2415		2094	钻孔采集
蚀变辉长岩	67	0～1420	74	0～9530	426	地面采集
镜铁矿	4	104926～189746	117200	12600～71900	22000	钻孔采集
角岩	402	0～32780	346		128	钻孔采集
蚀变玄武岩	66	0～12063	1764	0～2940	280	钻孔采集
硅化灰岩	3	0	0		0	地面采集
细粒花岗岩	108	0～7728	124	0～1360	23	钻孔采集
粗粒花岗岩	295	0～－8859	490	0～1490	74	钻孔采集
大理岩	152	0	0	0	0	钻孔采集
次生石英岩	2	0	0	0	0	钻孔采集
辉长岩	15	0	0	0	0	地面采集

（据赵宗珩等，1977；宋振家等，1978）

2.2.2　岩（矿）石密度特征

密度统计结果表明：磁铁矿密度为3.95 g/cm^3，矿化夕卡岩和夕卡岩密度3.37 g/cm^3。其余岩石均在2.3～2.7 g/cm^3之间（含铁蚀变花岗岩例外）。磁铁矿、矿化夕卡岩、夕卡岩属本区高密度体与围岩有明显得密度差，当它们具有一定规模时，可以引起重力异常（表2）。

表2　朝不楞工区钻孔中、地面岩（矿）石密度参数（g/cm^3）一览表

岩石名称	块数	变化范围	常见值	平均值	标准离差
钻孔岩心密度参数					
磁铁矿	191	3.15～4.73	3.95		0.22
矿化夕卡岩	64	2.97～3.96	3.37		0.22
夕卡岩	176	2.78～3.95	3.37		0.2
粗粒花岗岩	296	2.41～2.86	2.6		0.02
细粒花岗岩	107	2.5～－2.66	2.58		0.08
透辉石角岩	184	2.51～3.05	2.82		0.1
黑云母硅质角岩	98	2.48～2.89		2.7	0.05
黑云母角岩	22	2.73～3.04		2.93	
大理岩	129	2.61～2.91	2.73		0.04
蚀变玄武岩	54	2.42～3.04	2.79		0.1
变质粉砂岩	12	2.67～2.8		2.73	
蚀变花岗岩	6	2.55～3.05		2.66	
花岗闪长岩	6	2.73～3.29		2.87	
蚀变辉长岩	8	2.74～2.84		2.77	

续表

岩石名称	块数	变化范围	常见值	平均值	标准离差
钻孔岩心密度参数					
酸性岩脉	4	2.59～2.71		2.64	
辉长玢岩	2	2.31～2.42		2.37	
辉绿玢岩	2	2.55～2.6		2.58	
流纹斑岩	3	2.53～2.68		2.57	
含铁蚀变花岗岩	2	3.19～3.24		3.32	
地面岩矿石密度参数					
矿化夕卡岩	13	3.39～3.97		3.53	
粗粒花岗岩	101	2.48～2.6	2.55		0.03
细粒花岗岩	55	2.5～2.62	2.55		0.25
透辉石角岩	15	2.88～3.19		2.92	
角岩	27	2.5～3.18		2.7	
蚀变花岗岩	67	2.74～3.19	2.92		0.14
花岗闪长岩	39	2.58～2.73	2.66		0.03
变质砂岩砂砾岩	41	2.5～2.65	2.61		0.025
变质砂岩	20	2.57～2.75		2.66	
褐铁矿化角砾岩	7	2.69～2.86		2.69	
千枚状板岩	6	2.63～2.69		2.65	
闪长玢岩	4	2.85～2.90		2.87	
流纹斑岩	17	2.57～2.67		2.64	
夕卡岩	34	3.12～3.66	3.44		0.015

（据陈信民等，2010）

2.2.3 岩（矿）石电性特征

通过表3可知：①致密块状磁铁矿 η 为52%，条带状磁铁矿 η 为38%。它们具有很高的二次场效应，是引起激电异常的主要因素。②矿化夕卡岩具有17%的极化率。能引起一定强度的异常。它是近矿围岩，与矿体相随而存在，所以它不至于干扰矿异常。③其他岩石的极化率均在3%以下，不足引起异常，只表现为背景出现。

表3 朝不楞矿区岩（矿）石电性参数一览表

岩石名称	标本块数	η/%			ρ_j	备注	说明
		η_{max}	η_{min}	η_j			
致密状磁铁矿	31	88.2	8.64			标本架法	
条带侵染状磁铁矿	81	73.4	2.28			标本架法	
矿化夕卡岩	41	47.5	0.69			标本架法	
夕卡岩	89	41.1	0.69			标本架法	
角岩	180	46	0.2			标本架法	
大理岩	76	12.4	0.37			标本架法	
花岗岩	104	5.93	0.2			标本架法	η_j、ρ_j 为平均值
蚀变玄武岩	37	13.4	0.44			标本架法	
火山碎屑岩	46	2.68	0.5			标本架法	
蚀变辉长岩	6	2.52	0.93	1.56		标本架法	
酸性岩脉	3	3.45	1.47	1.82		标本架法	
细粒花岗岩	17	33.4	0.6	3.24		标本架法	
花岗岩	26				3086	露头四极测深	
泥盆系地层	20				443	露头四极测深	

2.3 地球化学概况

本矿区分布着较多的、较富集的多金属和稀有分散元素。这些有益元素多存在于铁矿及与铁矿有关的夕卡岩中，即南北矿带中，含量较高。在不同岩（矿）石中含量也很不一样，这些有益元素的分布，与铁矿和夕卡岩的存在有直接的关系，即主要见于磁铁矿、矿化夕卡岩和夕卡岩中，且基本按表中顺序，含量有递减的趋势（表4，表5）。

综观本区这些多金属和稀有分散元素的出现，与铁矿生成时间上和空间上都有着密切的关系。

表4 土壤测量各元素含量（$w_B/\%$）概况一览表

元素名称	元素代号	含量变化范围			大于边界品位的样品				备注
		最大值	最小值	平均值	边界品位	样品数/个	占百分比	平均值	
铜	Cu	2.000	0.001	0.08060	0.2	31	10.4	0.522	据299个样品数据统计
铅	Pb	≥1.500	0.0015	0.06120	0.3	13	4.4	0.623	
锌	Zn	≥3.000	0.01	0.43100	0.5	61	20.5	1.542	
钼	Mo	0.300	0.0001	0.01030	0.02	26	8.8	0.0614	
钆	Gd	≥1.800	0.001	0.00420	0.001	210	70	0.007	据302个样品数据统计
锗	Ge	0.600	0.001	0.00270	0.001	134	44.4	0.006	
铋	Bi	1.500	0.001	0.06100	0.2	34	11.3	0.465	
银	Ag	0.067	0.0001	0.00051	0.0005	34	11.3	0.0064	
钨	W	0.300	0.01	0.00890	0.08	8	2.7	0.3125	
砷	As	>1.000	0.1	0.06170	0.2	30	10	0.554	
镓	Ga	0.002	0.001	0.00004	0.001	12	4	0.0011	
铟	In	0.050	0.01	0.00154	0.0005	34	11.3	0.0137	
锡	Sn	0.100	0.08	0.00232	0.1	7	2.3	0.1	
镉	Cd	0.200	0.01	0.00216	0.002	21	6.9	0.031	
钴	Co	0.080	0.002	0.00040	0.02	3	1	0.04	
铈	Ce	0.800	0.1	0.02750	0.5	15	4.3	0.553	

（据宋振家等，1978）

表5 不同岩（矿）石中各种元素含量（$w_B/\%$）对比表

元素名称	元素代号	磁铁矿	矿化夕卡岩	夕卡岩	角岩	大理岩	花岗岩
铜	Cu	0.106	0.125	0.01800	0.003	—	—
铅	Pb	0.0666	0.0930	0.0308	0.0037	—	—
锌	Zn	0.540	0.41	0.39700	0.074	—	—
钼	Mo	0.016	0.0045	0.00160	0.006	—	—
钆	Gd	0.011	0.002	0.00160	0.101	—	—
锗	Ge	0.006	0.0016	0.00050	0.0005	—	—
铋	Bi	0.090	0.05	0.02000	—	—	—
银	Ag	0.001	0.0004	—	—	—	—
钨	W	0.007	—	0.10000	—	—	—
砷	As	0.120	0.08	0.07000	—	—	—
镓	Ga	0.001	0.001	0.00100	—	—	—
铟	In	0.003	0.0015	0.00400	—	—	—
锡	Sn	0.003	0.0063	—	—	—	—
镉	Cd	0.003	0.003	0.00500	—	—	—
钴	Co	0.0013	0.001	—	—	—	—
铈	Ce	0.090	0.03	—	—	—	—

3　物（化）探工作及成果

3.1　野外面积性工作

3.1.1　地面磁测普查（赵宗珩等，1977）

根据朝不楞地区属于边疆荒芜草原，人员稀少，气候多变，没有道路，交通极为不便，地表大部分为第四系覆盖，岩石裸露很少等特点，为了迅速评价朝不楞地区的铁矿远景情况，布置了204 km^2 1∶2.5万磁法普查及少量的土壤测量。经过该项工作，以最快的速度（仅用一个月零12天）、以最经济的方法取得了较好的地质效果。

通过地面磁测普查工作得出结论：①工区内只有铁矿是强磁性，其他岩石均为弱磁或无磁性，因此，用磁测在该区寻找和评价该矿床，前提条件是充分的。②全面反映出了该区磁异常范围及磁异常分布特点，从而全面地控制了该区成矿及矿体的重要目标靶区，为今后的工作起到了重要的前导作用。③发现了南北两个磁异常带，局部异常共14处，编号分别为 C_{1-1} ~ C_{1-7}、C_{2-1} ~ C_{1-7}。当年经钻探验证磁异常，见矿非常好，验证8个钻孔仅有一个钻孔未见矿（图2）。④该区磁异常的分布，严格受NE50°走向为主的断裂构造控制，并可能与复合构造有关。今后应考虑沿该构造线往外围扩大远景。⑤通过主要磁异常C1－2地段小面积土壤测量（图3）。发现了该类型矿床与铁的生成有密切关系的多种有益组合元素，如铜、铅、锌、锰、锡、钼、铋、铬、镍、钛、钒、砷、银等，为今后评价这些有益共伴生矿种提供了重要线索和依据。

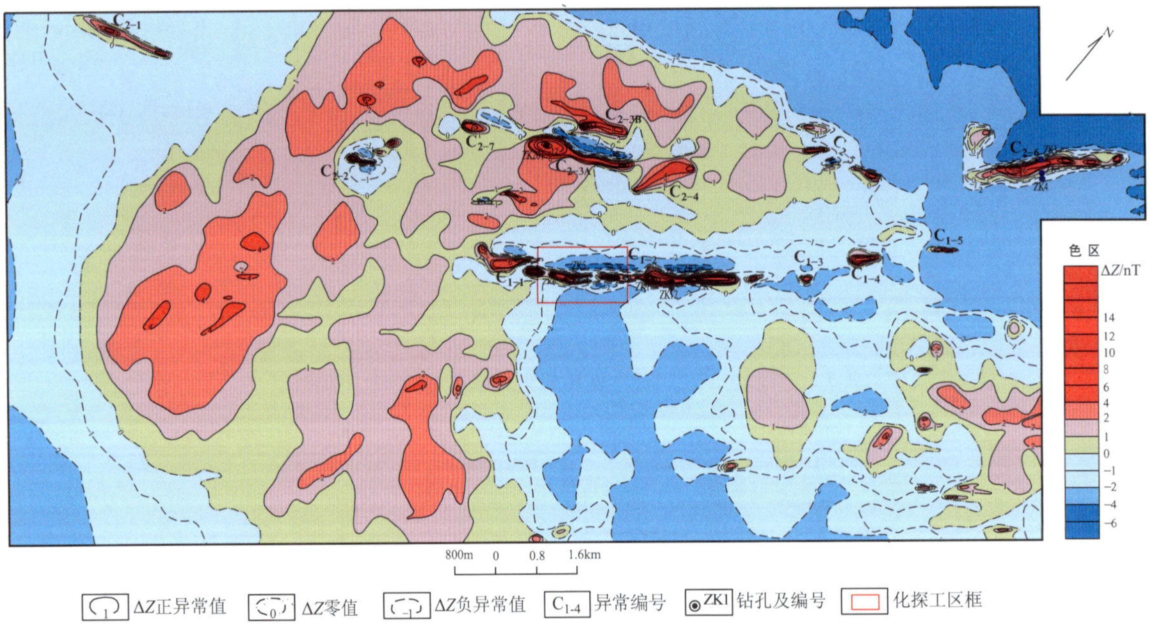

图2　内蒙古自治区朝不楞多金属矿普查工区地磁ΔZ异常等值线平面图

注：本图根据原工作比例尺1∶5000缩绘，等值线注记×100 nT。

3.1.2　地面磁测详查（宋振家等，1978）

在1977年普查的基础上，为进一步深入研究异常特征，确定矿体规模及矿体空间位置分布情况，指导钻探工作，1978年又进行了1∶5000磁法详查面积性工作60.74 km^2（图4）。通过地面磁测详查，异常分布特征基本和普查相似，但局部异常反映得更加清晰细致，充分反映了接触交代型矿床的磁异常特征，分带特征明显，连续性较一般的特点，说明了该类矿床矿体的多变不稳定性（张彤等，2010）。

3.1.3　航空磁力测量

朝不楞地区是寻找富铁矿重点区之一，为迅速查明该区外围成矿远景，实现“战略展开，重点

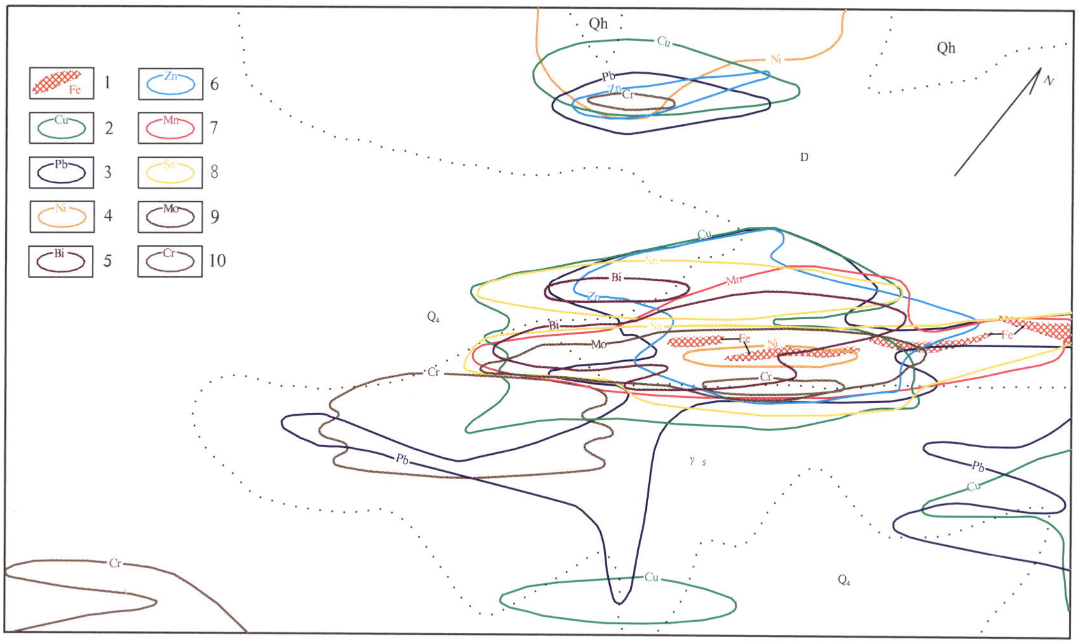

图 3　朝不楞矿区 C1－2 异常土壤测量综合异常图

突破”的方针，1978 年在该地区开展了 1∶5 万航空磁力测量。朝不楞矿区航磁异常也非常的明显（图 5，图 6）。航磁异常强度高、梯度大，异常规整，连续性好，又具有一定的规模。南带异常 C105 较北矿带 C106 更加突出，可能与矿体规模小和埋深等有关系，有待进一步研究（陈信民等，2010）。

3.2　异常解释推断与钻探验证工作（宋振家等，1978）

为了验证磁异常的性质，部署和指导钻探工作，对大部分地面局部磁异常进行了推断解释工作。其主要方法，一是对磁异常进行反演，了解矿体空间分布，指导钻探工作；二是对经钻探验证的磁异常进行正演，求取剩余异常，对异常进一步解释，判断有无盲矿体的存在，对引起异常的磁性体做出理论上的解释，从而达到全面解释磁异常的目的。该项工作对指导钻探工作起着举足轻重的作用，有时候可以避免不必要的钻探工作量，达到多快好省的目标。1977～1978 年根据磁异常推断解释布置了 41 个钻孔进行验证，见矿率超过 90%。充分证明磁法工作在朝不楞铁锌矿上的应用是非常重要、非常有效的方法。下面列举解释推断地面磁异常的结果。

3.2.1　C_{2-3}地磁异常解释推断与钻探验证工作

C_{2-3}地磁异常处于朝不楞磁异常北带中段，是在南带异常发现后，通过地面磁法普查发现的成矿带。异常走向 NE 向，又分为南北平行两个亚带（A、B 带），其中 A 带异常规模较大，连续性也较好，强度较高，极大值大于 5000 nT，北西侧伴有负磁异常（图 7）。根据对该异常的加密测量结果，异常长 600 m、宽约 250 m，长轴/短轴＝2/1，$\Delta Z_{max}/\Delta Z_{min}=31.9$。采用特征点法对该异常加密测量的剖面曲线进行计算（图 8），$X_2/X_1=0.5$，所以 $b/h>0.5$，因此，推断磁性体为走向无限延长，向下无限延伸的厚板状体。

推断结果认为，该异常是磁铁矿引起，并计算了矿体的产状，其顶板埋深 $h=52.5$ m，顶板宽度 $2b=112$ m，倾角 $\beta=103°15'$。经提交 109 队地质队施钻（ZK201 孔）验证结果（图 9）如下：

在孔深 43.55～45.27 m，见第一层磁铁矿假厚度 1.72 m，目估品位 20%～30%。在孔深 53.53～111.99 m，见第二层磁铁矿，假厚度为 53.46 m，目估品位 60%～70%，局部为 30%～40%；另外该层铁矿中，还见有黄铜矿约 1%～10%，斑铜矿、方铅矿、闪锌矿、辉钼矿、软锰矿、磁黄铁矿 3%～5%，萤石矿等。在孔深 111.9～184.97 m 处，见以磁铁矿为主的第三层矿，目估品位 30%～

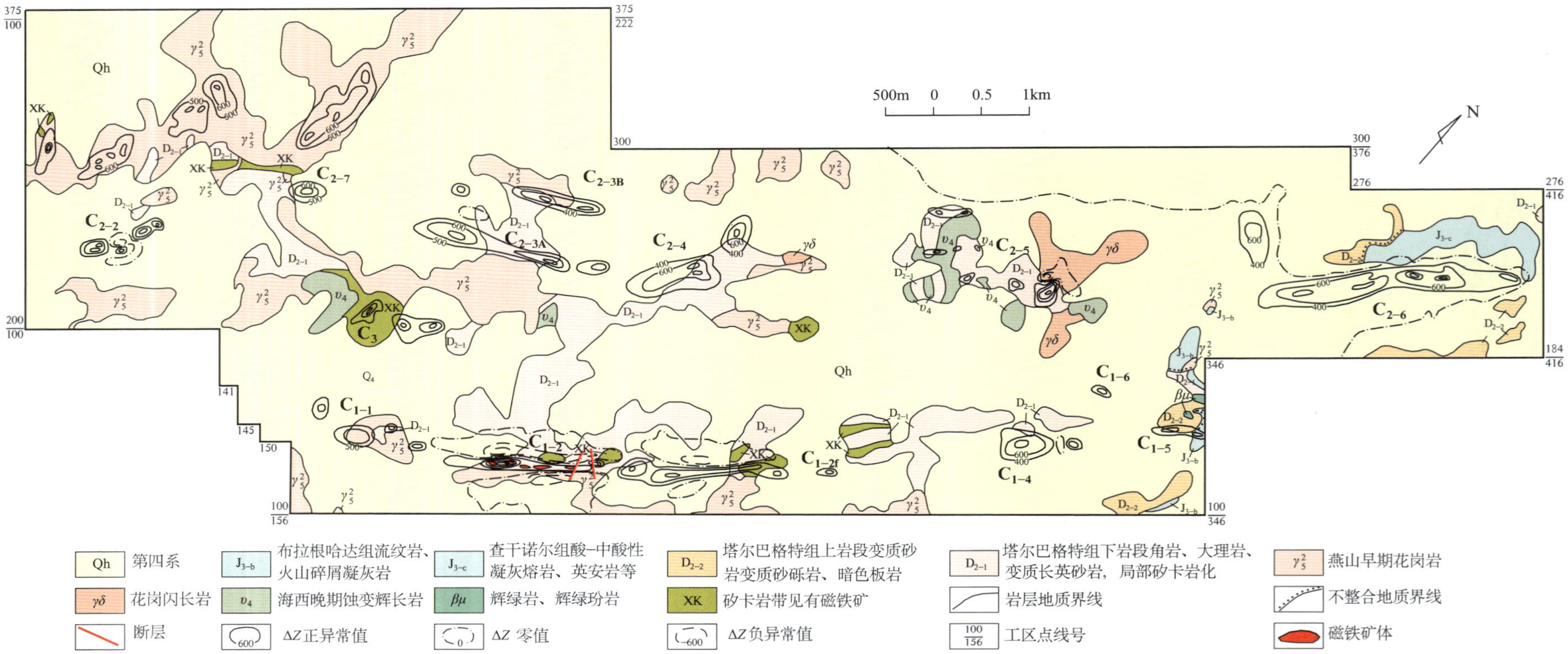

图4 内蒙古自治区朝不楞多金属矿详查工区地质及地磁异常叠合图

(本图根据原工作比例尺1:5000缩绘)

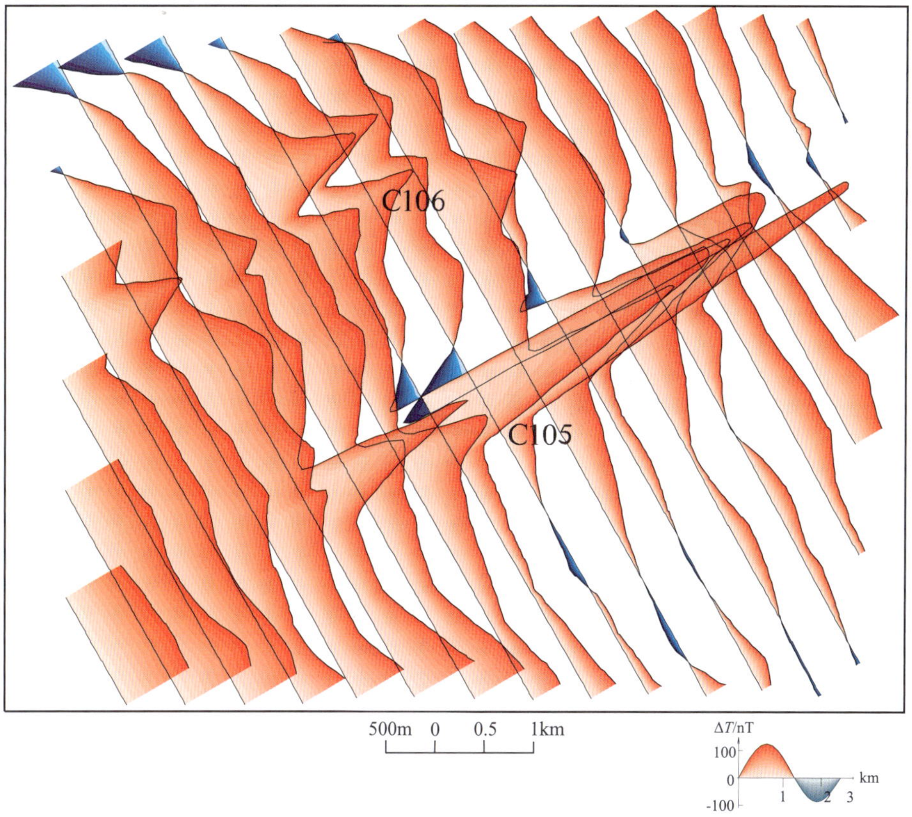

图 5　内蒙古自治区朝不楞多金属矿航磁 ΔT 剖面平面图

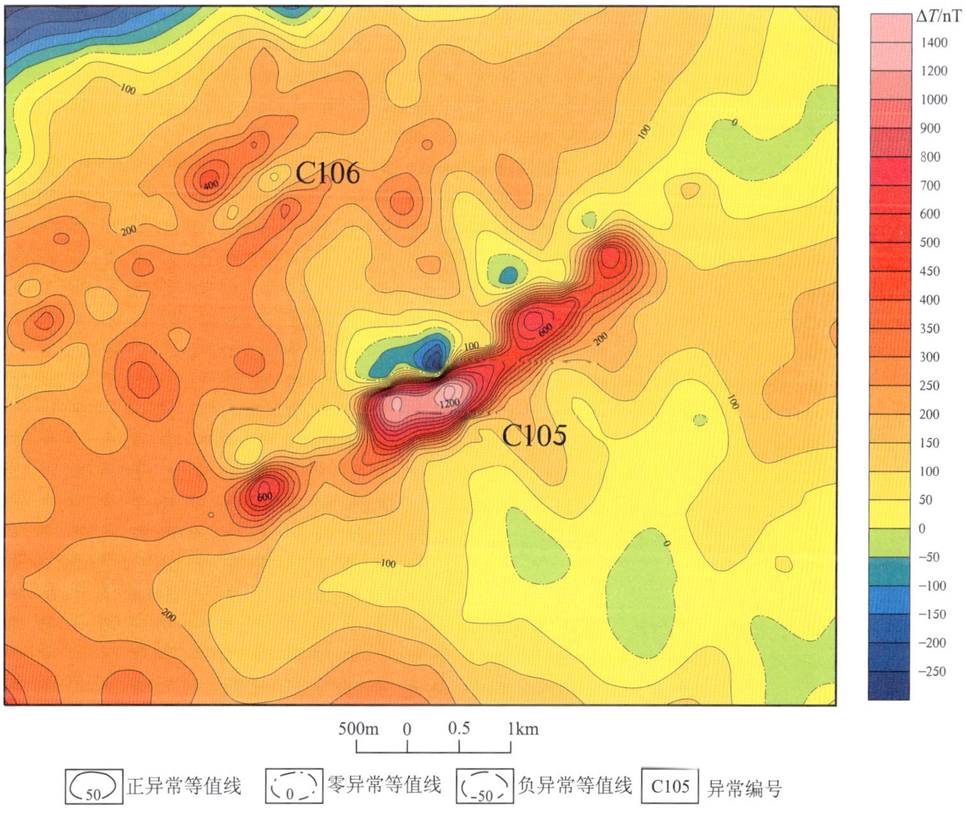

图 6　内蒙古自治区朝不楞多金属矿航磁异常等值线平面图

60%，中部较富；其矿层的顶部，都见有夕卡岩薄夹层，而中间为磁铁矿和镜铁矿互层；铁矿层假厚度为67.60 m。在孔深184.97～204.91 m处，以夕卡岩为主，中间夹有薄层镜铁矿，假厚度为1.37 m，底部见有次生石英岩。全孔所见铁矿层总厚度为129.15 m。主矿层见矿深度为53.53 m，与推断深度52.50 m相符合。

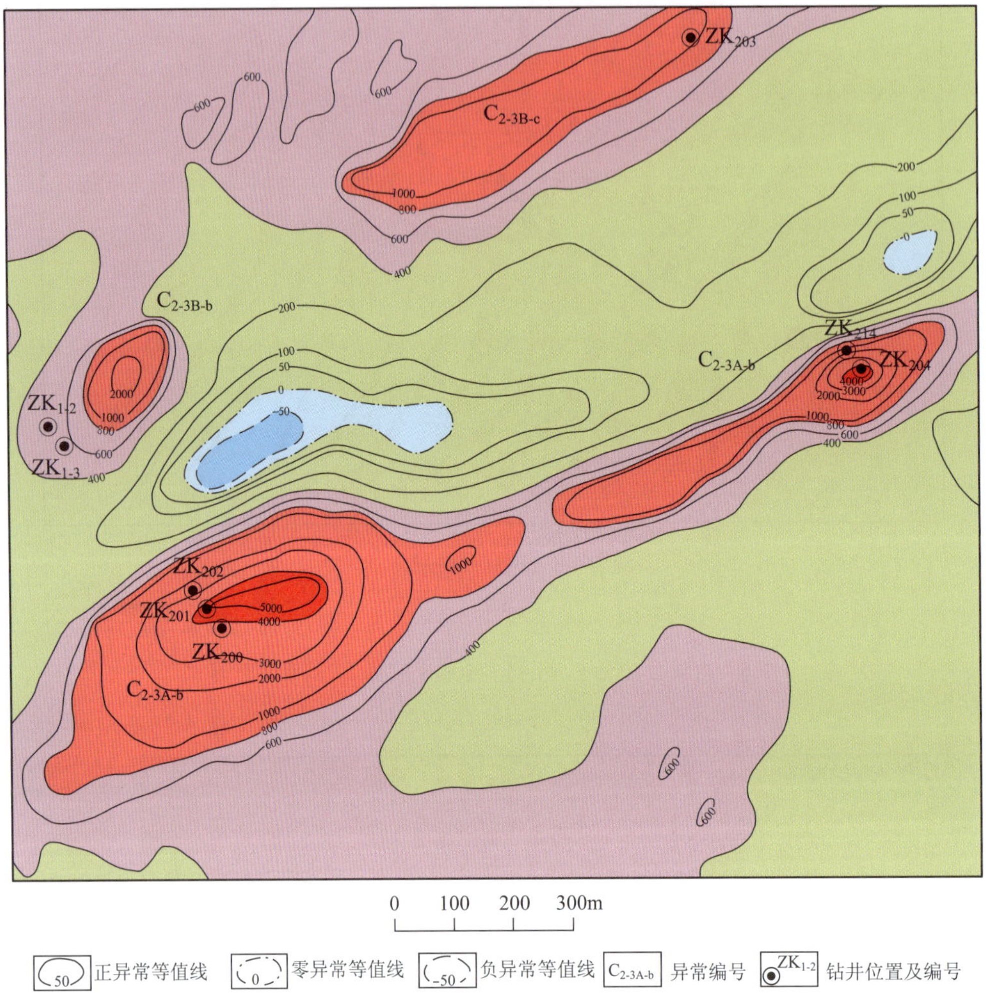

图7　内蒙古自治区朝不楞多金属矿C2－3异常等值线平面图

3.2.2　C_{1-1}和C_{1-2}地磁异常解释推断与钻探验证工作

该异常带处于朝不楞磁异常区南带的中西段，由10个异常组成。呈极其明显得带状分布，断续长约5.5 km，宽一般为80～100 m，走向大致为NE50°，异常西端稍向北弯曲，略呈弧形，为本区规模最大的异常带（图10），其中C_{1-2c}和C_{1-2e}为该异常带中范围较大异常。该异常带等值线密集，尤其中部矿体出露地表，等值线更加密集，仪器超格点较多，异常中段南北两侧伴随有负异常，负异常强度为－2000～－4000 nT。异常带之东段C_{1-2e}和中段C_{1-2c}连续性较好，但由于后期断裂的破坏使异常发生错动。西段异常不连续，呈多个椭圆形异常断续分布，其大小也不尽相同，规模都不大。C_{1-1b}和C_{1-2c}处于泥盆系与花岗岩接触带上，接触带南侧为燕山早期花岗岩，北侧为中泥盆统塔尔巴格特下岩段（D_2t）角岩，局部有夕卡岩。夕卡岩为透辉石石榴子石夕卡岩为主。局部地段含有磁铁矿，为成矿有利地带。南矿带之矿体即沿该接触带断续分布。C_{1-2d}和C_{1-2e}异常主体位于第四系中。在该异常带上共施工18个钻孔，有14个钻孔见到了磁铁矿体。

由于该异常带钻探工程验证较多，矿体控制也较详尽，磁法解释推断多以正演方法为主。下面列举几个正演结果。

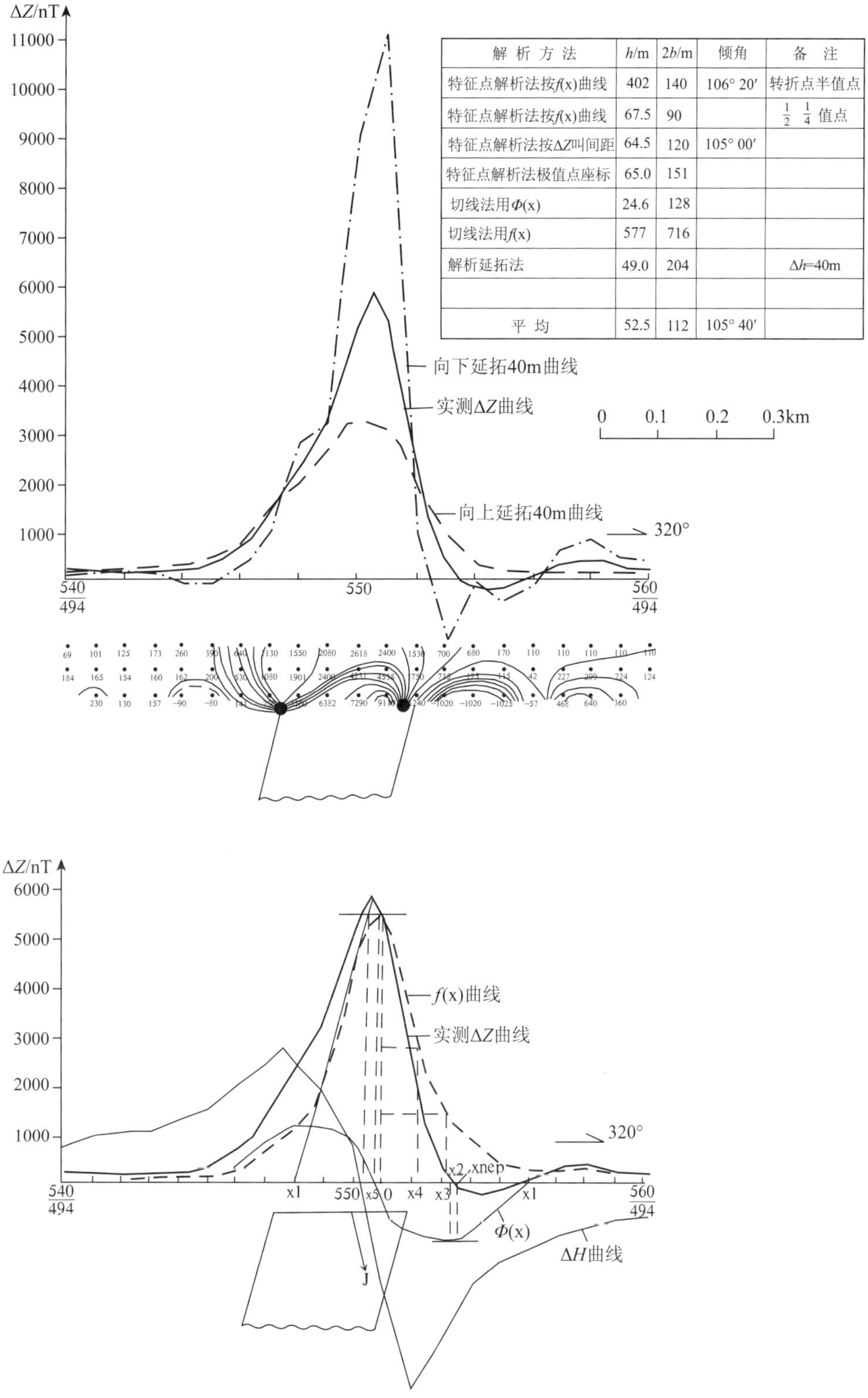

解析方法	h/m	$2b$/m	倾角	备注
特征点解析法按f(x)曲线	402	140	106°20′	转折点半值点
特征点解析法按f(x)曲线	67.5	90		$\frac{1}{2}$ $\frac{1}{4}$ 值点
特征点解析法按ΔZ叫间距	64.5	120	105°00′	
特征点解析法极值点座标	65.0	151		
切线法用Φ(x)	24.6	128		
切线法用f(x)	577	716		
解析延拓法	49.0	204		Δh=40m
平均	52.5	112	105°40′	

图8　内蒙古自治区朝不楞多金属矿 C2－3 异常剖面解释图

（1）Is 剖面（C_{1-2e}异常）的正演计算

该剖面位于C_{1-2e}异常之西端，已经为 ZK10、ZK12、ZK11 三个钻孔所验证，平均在 40 m 左右见矿，根据钻探控制矿体情况正演计算（图 11）。

由C_{1-2e}异常 Is 推断解释剖面图可以看出，理论曲线与实测曲线基本吻合，没有剩余异常出现，证明再没有盲矿体存在，磁异常得以解释。

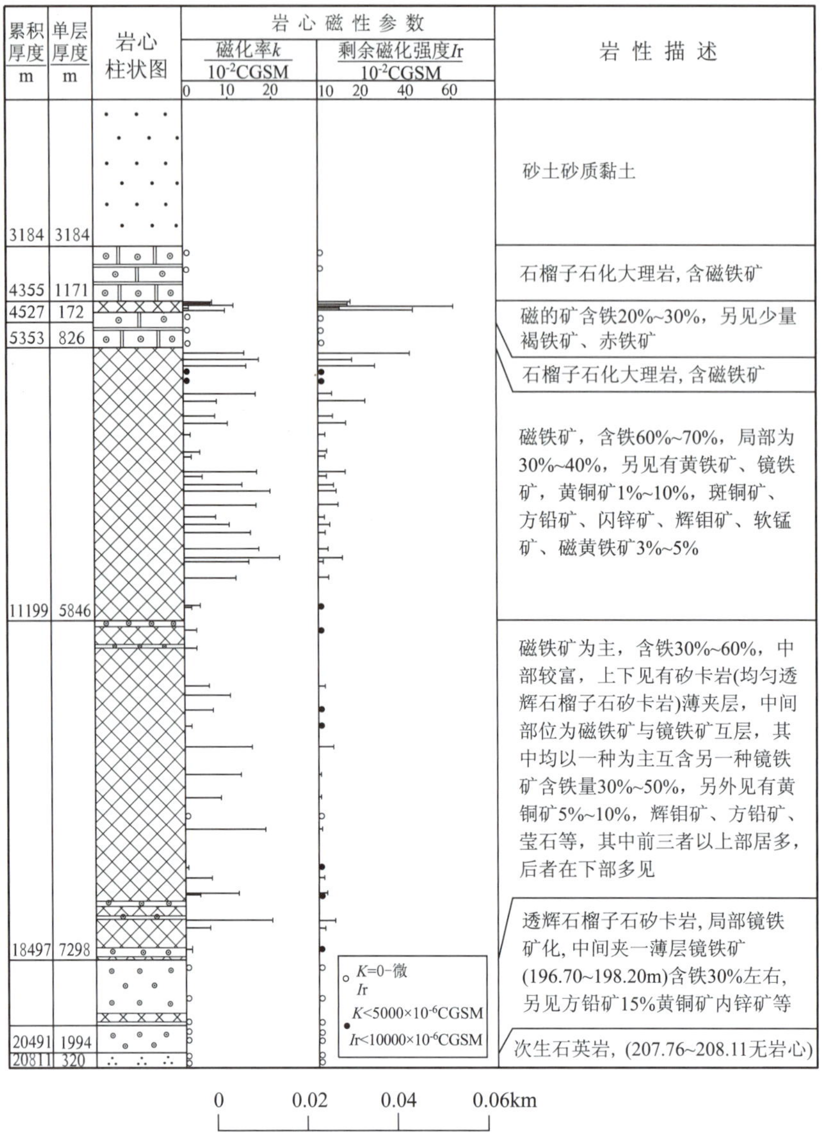

图 9 ZK 201 钻孔岩心磁性参数柱状图

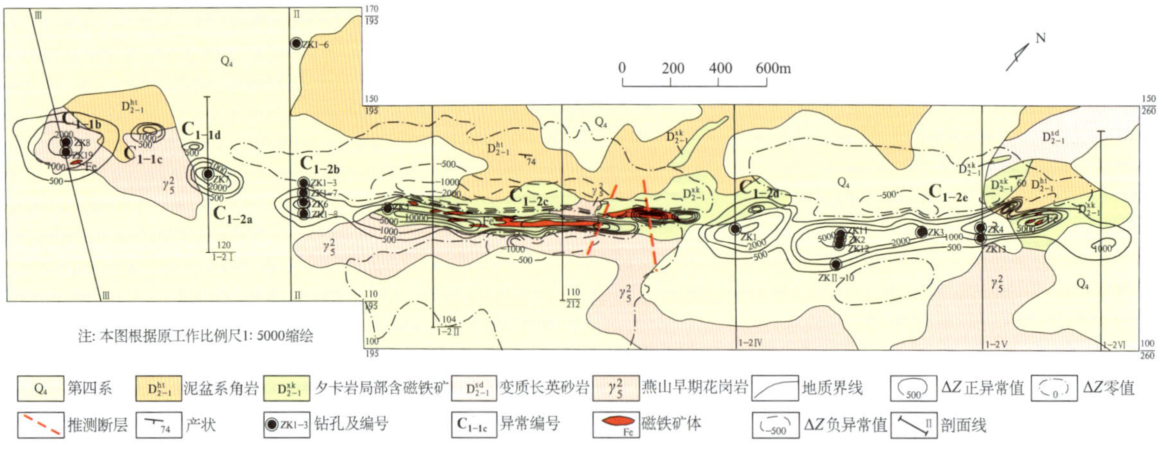

图 10 内蒙古自治区朝不楞多金属矿 C1－1、C1－2 异常综合平面图

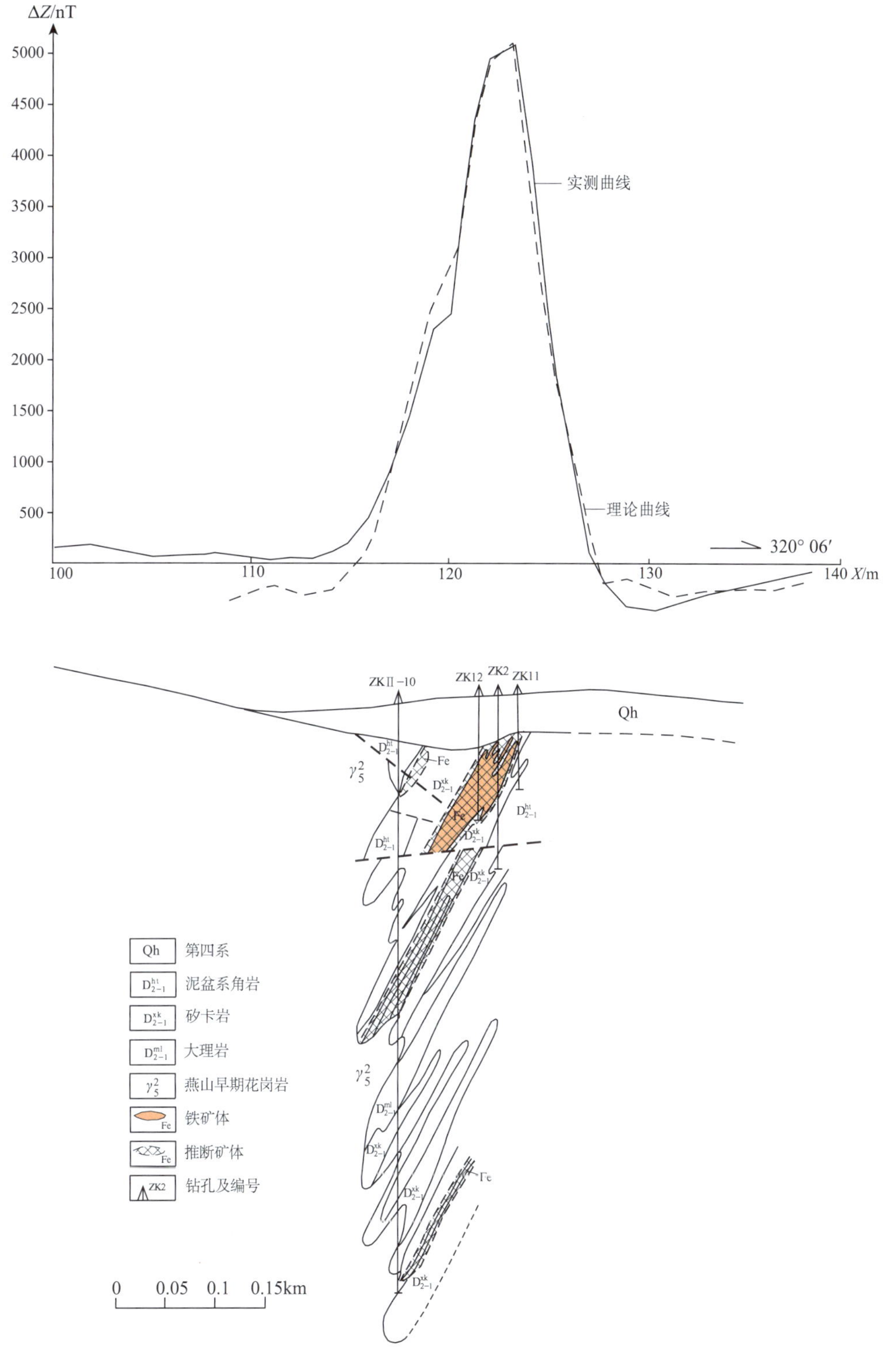

图 11　内蒙古自治区朝不楞多金属矿 C1－2 异常 *I*s 解释剖面图

（2）V 剖面正演计算

该剖面处在 C_{1-2e}异常的东端，已为 ZK4、ZK13 钻孔验证，用钻孔控制之矿体资料正演计算如下：

ΔZ 曲线近于对称，北侧有负值，$\Delta Z_{max}=8000$ nT，$\Delta Z_{min}=-600$ nT。$T_0=0.57$Oe，$I_0=64°30'$，$A=30°25'$（剖面），$i=75°30'$。

$h=20$ m，$\theta=70°$（矿体向南倾）；磁化场与矿体夹角为 35°30′。$K=0.0843$CGSM，$Ir=0.089$CGSM。

$N_{沿矿体}=0$ $N_{垂直矿体}=4\pi$ $T_{沿矿体}=0.57\times\cos35°30'=0.47Oe$

$T_{垂直矿体}=0.57\times\sin35°30'=0.32Oe$。

经计算得：

$J_{沿矿体}=(0.0843\times0.47)/(1+N\cdot K)=0.039CGSM$，

$J_{垂直矿体}=(0.0843\times0.32)/(1+4\pi\cdot K)=0.013CGSM$，

$J's$ = 根号 $(0.039^2+0.013^2)=0.04CGSM$

$Js=0.04+0.089=0.129CGSM$ $\beta'=18°$

用米可夫量板，依据上述之参数正演结果，如图 12 所示，从图中可知，理论曲线与实测曲线相吻合，也表明异常得到解释。

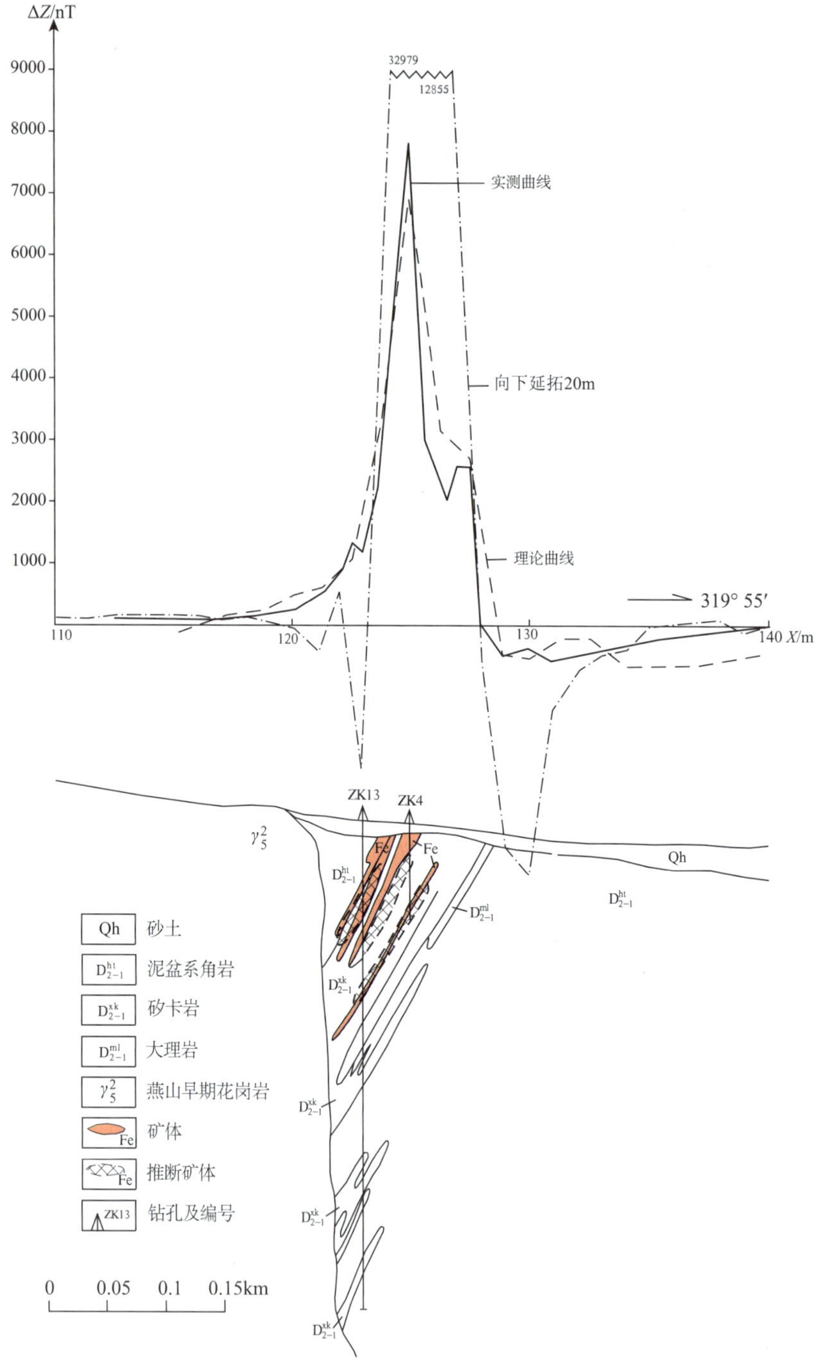

图 12　内蒙古自治区朝不楞多金属矿 C1 -2 异常 V 剖面综合剖面图

3.2.3 *磁法推断解释对发现盲矿体的应用*

在该区磁法解释推断中，对大部分磁异常均进行了正（反）演，取得了显著地地质效果。现举例如下：

C_{2-3}异常A带西段，经ZK200、ZK201、ZK202三个钻孔控制了矿体形态，但其规模与异常规模不相适应。为了搞清楚其邻近是否有盲矿体赋存，对通过该异常的C_{2-3}I剖面用选择法进行推断解释。

根据磁法勘探理论关于圆柱体磁场特征的讨论所指出：当异常有明显得走向，半极值点的等值线长短轴之比约为2.2时，可视为二度体。该异常长短轴之比为2.44，满足上述要求，因此用二度体量板解释异常。

已知：矿体倾角为110°，计算剖面与正北夹角为NW15°，$Z_0=0.51\mathrm{Oe}$，$H_0=0.25\mathrm{Oe}$，$I_0=65°$。实测磁参数（ZK201）：磁铁矿 $K_{平均}=0.0795\mathrm{CGSM}$，$Ir_{平均}=0.0446\mathrm{CGSM}$，其他围岩为无磁或弱磁，计算式不考虑围岩的影响，但考虑到消磁作用的影响，做了粗略的消磁改正。

H_0 在剖面上的投影 $H'_0=H_0\cdot\sin15°=0.240\mathrm{Oe}$，

总磁化强度 $T_0=(Z_0^2+H_0'^2)^{1/2}=0.564\mathrm{Oe}$，

沿矿体与垂直矿体的磁化强度为：$J_{沿矿体}=0.0398\mathrm{CGSM}$，$J_{垂直矿体}=0.0398\mathrm{CGSM}$；

设矿体为水平圆柱体，截面长轴之半 $a=100$ m，短轴之半 $b=15$ m，沿矿体与垂直矿体的消磁系数 $N_{沿勘探}=1.63$，$N_{垂直矿体}=11.8$。

$Ji_{沿矿体}=0.0279\mathrm{CGSM}$，$Ji_{垂直矿体}=0.0163\mathrm{CGSM}$；

总感应磁化强度为 $Ji=0.0324\mathrm{CGSM}$；

Ji 与 Ir 方向一致时 $Js=0.0770\mathrm{CGSM}$。

矿体与磁化方向的夹角为：$\mathrm{tam}\beta=Ji_{垂直矿体}/Ji_{沿矿体}=0.584$，$\beta=36°$。

磁化强度的倾角为 $110°-36°=74°$。

正演表明：在极大值处理论曲线比实测曲线（ΔZ）高1200 nT，右支曲线对应很好，左支曲线出现一强度为2500 nT的剩余异常，如图13所示。物性参数测定表明，围岩不能引起如此强度的异常。为此，设置了推断铁矿体，其形状和空间位置等如图13所示，其参数与已知矿体相同。将已知和推

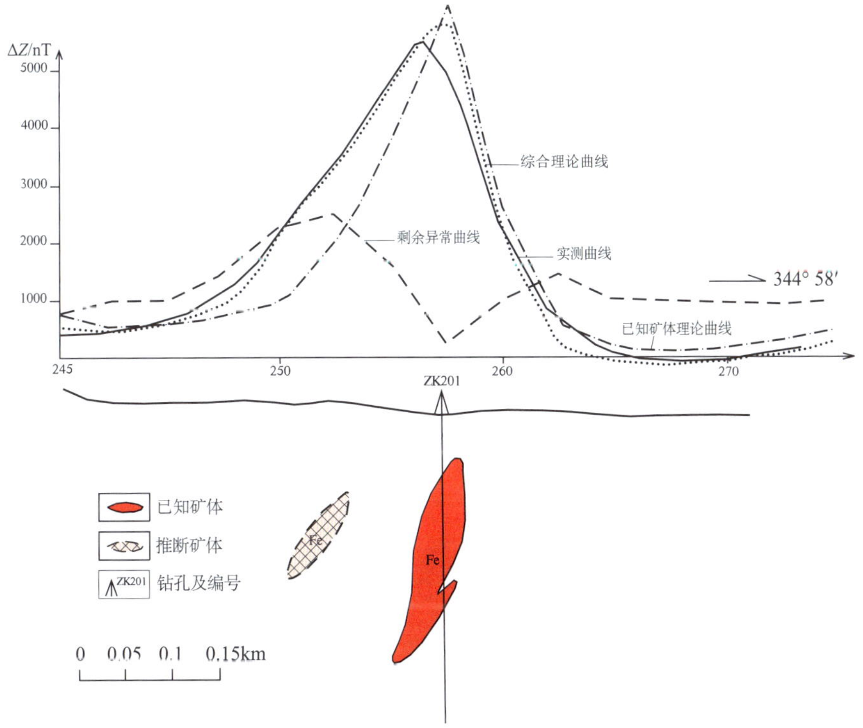

图13 内蒙古自治区朝不楞多金属矿C2－3I剖面定量解释图

断的矿体用米柯夫量板进行计算，计算结果表明理论曲线与实测曲线重合很好。

为进一步研究异常，将2－3I剖面数据做电算处理，过程如下：

1）把已知矿体分成六个薄板，以 $Js=0.0782$CGSM，$i=75°$，矿体倾角110°进行计算，结果在异常南侧有一3250 nT的剩余异常，其形态与手算结果一致。

2）依据 ΔZ 曲线转换出 ΔH 曲线，并绘制了参量图（图14）。参量图表明磁化方向较陡，约为80°，与推算的75°很接近。

3）ΔZ 曲线向下延拓采用20 m间隔，向下延拓四层。在距异常中心100 m处，下延60 m、80 m深度出现一明显得异常，其位置与推断的盲矿体位置相对应，如图15所示。计算机处理结果也使异常解释推断的可信度得到提高。

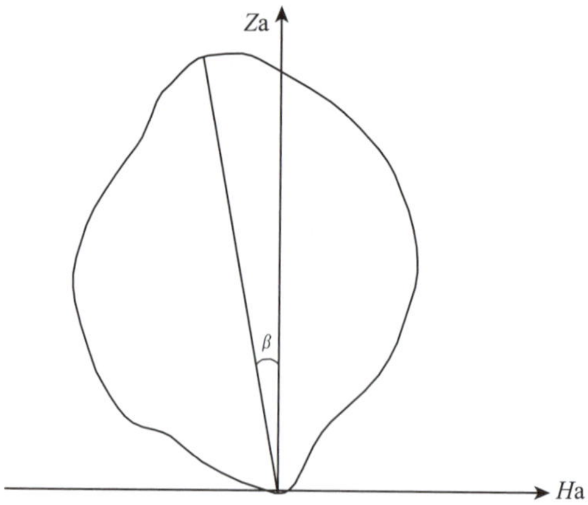

图14　内蒙古自治区朝不楞多金属矿 C2－3I 参量图

在ZK201钻孔的南侧120 m施钻验证（ZK217），当时未得到预期效果，原因在于计算剖面与钻

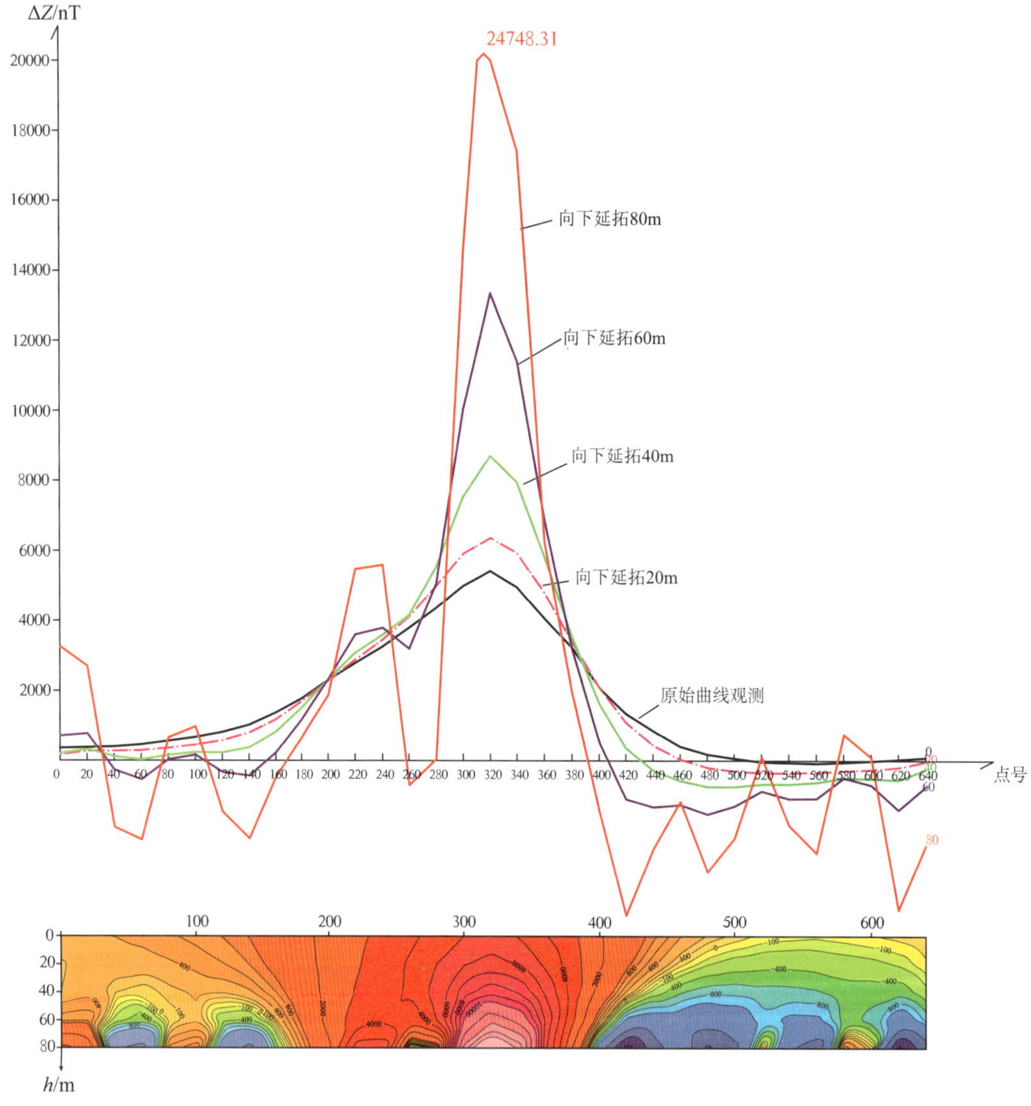

图15　内蒙古自治区朝不楞多金属矿 C2－3I 解析延拓断面图

探剖面有25°夹角，验证孔不在计算剖面上，孔位有偏移，所以还不能排除南侧有赋存另一盲矿体的可能性。经过对ZK217钻孔进行井中磁三分量测井，发现在其北侧有盲矿体异常，与上述推断结果一致，详见图16所示。

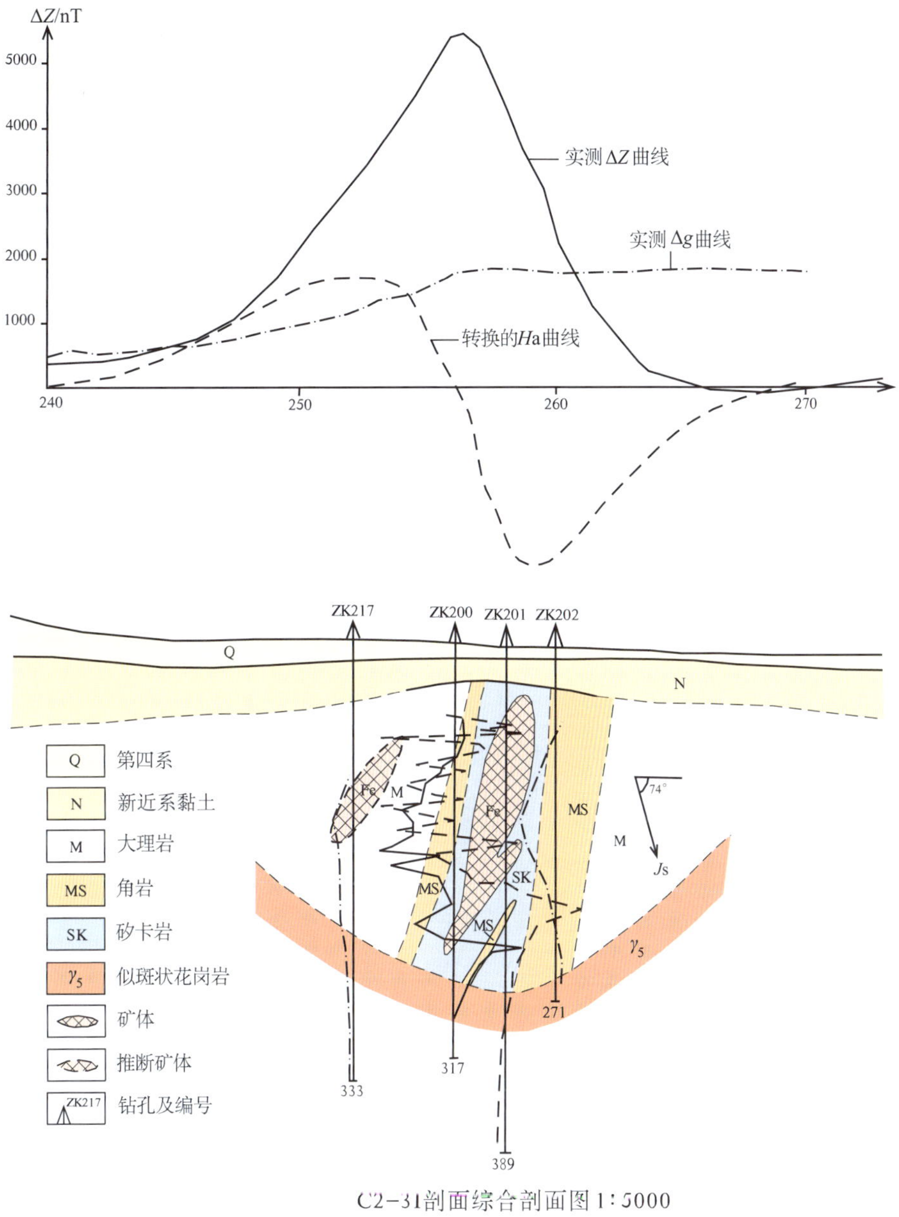

图16　内蒙古自治区朝不楞多金属矿C2－31剖面综合剖面图

3.2.4　井中三分量磁测工作对找寻盲矿体的作用（邢一峰，1977）

该区内测井工作基本贯穿整个勘查过程，仅部分钻孔由于仪器故障未能观测。使用国产JSZ－2井中三分量磁力仪，共测量69个钻孔，累计测量12899 m，对指导找矿工作起到了良好作用。最典型的事例是对C1－4a磁异常的检查验证工作，在此勘探剖面上，首先用汽车钻打了ZK25孔，孔深206.01 m，未见到矿体。又从该孔沿剖面线向北西5 m处布置了ZK25，孔深206.67 m，仍未见到矿体。后根据对ZK25孔进行的测井资料分析推测，矿体应在ZK25孔西北侧17 m处，埋深约130 m左右。于是在ZK25孔北西20 m处布置了ZK24孔，孔深287.43 m，果然在预计孔深见到了磁铁矿体，如图17所示。

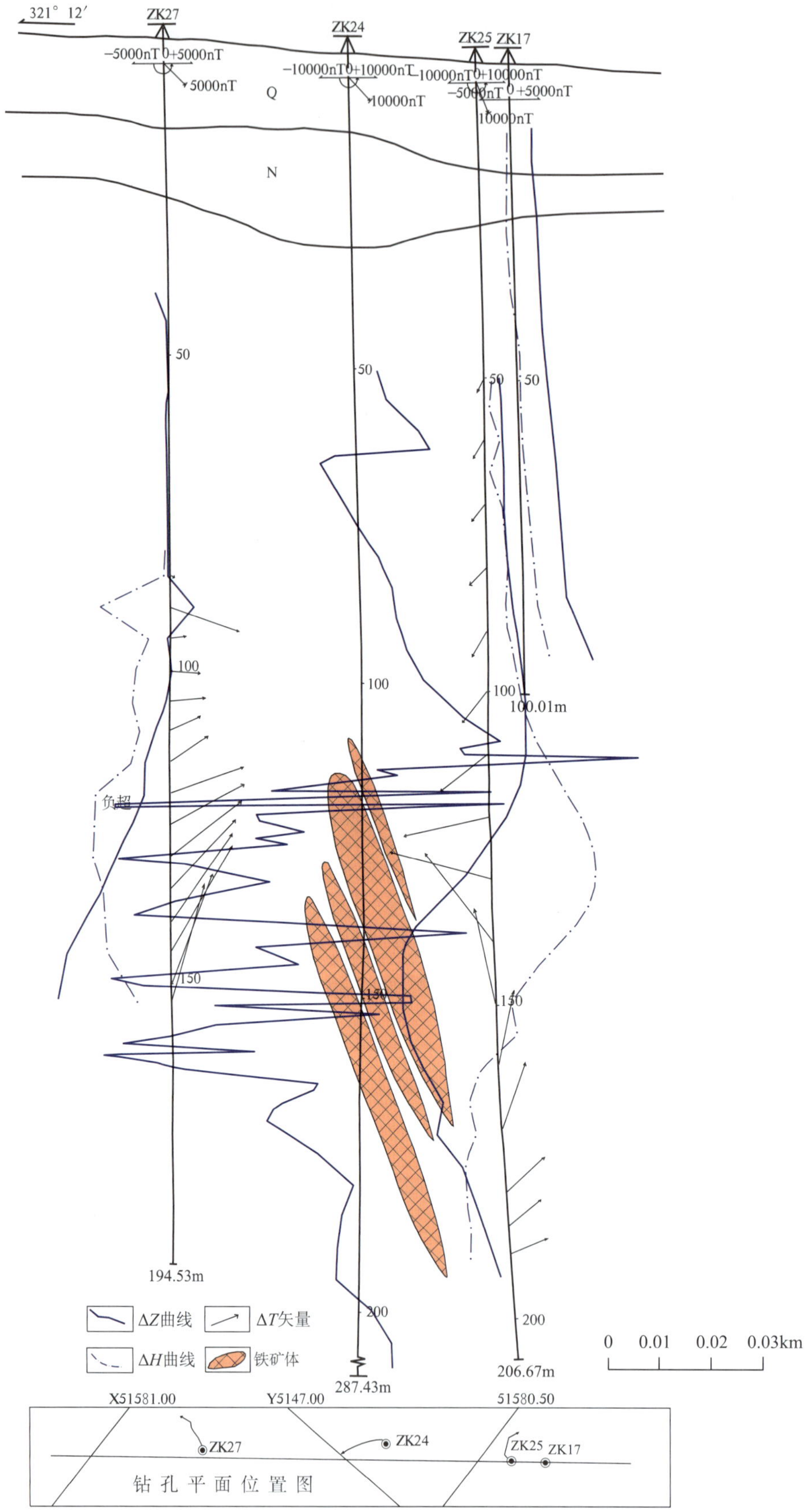

图 17 内蒙古自治区朝不楞多金属矿 ZK24 等钻孔井中磁测剖面图

4 总结及认识

1）在覆盖广、厚的地区，如具备物探前提时，物探解释成果对指导普查找矿工作的效果非常显著。本区覆盖普遍，裸露岩石很少，磁铁矿和磁铁矿化夕卡岩与其他岩石有着明显得磁性差异，所以磁法普查和详查及磁法解释推断工作，对全面评价该矿床是至关重要的。

2）在评价该矿区过程中，磁测方法与磁法解释推断起到了决定性的前导作用，方法有效性在这个矿区上表现的非常突出。在本区磁异常可清晰地反映出矿体的分布情况和规模的大小，根据磁测异常进行钻探布置工作，即可避免施工中的盲目性和漏掉大的矿体，又能节约工作量，从而加快普查找矿的速度，是多快好省的工作方法。

3）不同方法（物探与地质）之间的密切配合，相互之间共同对目标体的推断研究非常重要，但是实际工作中不同方法之间往往缺乏配合，或者配合程度不够。现在回过头来看，在本案例中，相互脱节比比皆是，不必要的工作量也随处可见。因此，一个完整的异常解释或评价应该涵盖地质、物化探及工程验证等各方法的综合解释。

4）井中物探方法是非常必要的，无论是在普查还是详查阶段的钻探验证工作中，配合井中物探非常重要，充分利用井中物探资料，并与钻孔资料及地面磁测资料结合起来，进行综合分析解释推断，正确性可以大大提高。从而实时指导钻探工程的布置，可以避免不必要的工程投入，减少浪费，提高地质效果和地质工作效率，实现真正意义上的多快好省。

5）在解释推断中对异常认真细致的研究非常重要，做到每个解释推断步骤的科学、有理有据，并且贯穿整个勘查全过程，才能够客观实际评价一个矿床。

参考文献

陈信民，贾金富，等. 2010. 内蒙古自治区铁矿资源潜力评价磁测资料应用研究报告[R]. 全国矿产资源潜力评价项目航磁专题，内蒙古国土资源勘查开发院.

宋振家，赵宗珩，平文田，等. 1978. 内蒙古锡盟东乌珠穆沁旗朝不楞矿区物探详查工作报告[R]. 内蒙古地质局物探队.

邢一峰，周玉璧，常正阶，等. 1977. 内蒙古自治区东乌珠穆沁旗朝不楞矿区铁多金属矿详细普查地质报告[R]. 内蒙古自治区地质局一〇九地质队.

张彤，等. 2010. 内蒙古自治区矿产资源潜力评价铁矿预测报告[R]. 全国矿产资源潜力评价项目矿产预测专题，内蒙古自治区地质调查院.

赵宗珩，付维本. 1977. 内蒙古锡盟东乌旗朝不楞地区磁法普查工作报告[R]. 内蒙古地质局物探队.

《中国矿床发现史·物化探卷》编委会. 2002. 中国矿床发现史·物化探卷. 北京：地质出版社.

内蒙古阿右旗扎木敖包含锰铁矿见矿实例

顾宁　修晨辉
（内蒙古国土资源勘查开发院，内蒙古自治区 呼和浩特 010020）

摘　要： 扎木敖包铁矿是一个以铁为主、伴生锰的中型沉积变质层控型铁矿床。1982 年经 1∶10 万航空磁测发现航磁异常，在之后的两年陆续开展了 1∶1 万地面磁法检查，钻探及三分量测井工作，尤其是在 1984 年转入地质普查阶段后至1985 年施工了 7 个钻孔，均见到了不同厚度的铁矿层。同时，对矿区开展的测井工作较好地解决了探知矿层间连接及矿体延伸的问题，并指出各主矿体下仍有变厚延伸的趋势。扎木敖包的发现表明潮水盆地西部扎木敖包至窑泉一带不但有找铁前景，而且具有找多金属矿的潜质。

关键词： 航磁异常；铁矿；地面查证；三分量测井

1　扎木敖包铁矿矿床发现过程

扎木敖包含锰铁矿属内蒙古阿拉善右旗管辖。1982 年原地质部航空物探总队九〇四队在该区开展 1∶10 万航空磁测时发现异常，编号为蒙 C－82－4，经初步踏勘检查，认为该异常为铁矿引起，值得进一步开展工作。在面积详查工作中使用 1∶10000 测网，对面积详查发现的异常和矿体均测制了 1～3 条精测剖面。由于异常区大都为第四系覆盖，地质填图工作从简进行，仅对少量露头予以圈定，地质、磁法精测剖面是在测好的剖面上进行，地质主要采用连续观察记录描述，对地层、构造、蚀变带等地质现象注意观察。1983 年甘肃省地矿局地质六队物探分队对 C4 号异常进行了 1∶1 万地面磁法检查，圈出异常长 4000 m，宽 1000～2500 m，呈近 E－W 向展布，强度一般为 100～200 nT，最高值 368 nT，是形态规则的低缓异常，推断异常由贫磁铁矿引起（《中国矿床发现史·物化探卷》编委会，2002）。1984 年为查明铁矿的规模及延伸情况，了解品位变化特征及其他有用组分的赋存状态，施工钻孔 5 个，除北部异常 ZK3 孔未见矿外，其余 4 孔均见铁矿，证实异常由铁矿引起。1985 年施工 ZK6、ZK7 孔，目的是了解东、西两线所见铁矿是否相连及其深部变化情况。结果证实东、西两线所见铁矿并不相连。钻探采用小口径绳索取心方法进行，同时配合三分量测井、采样、化验等手段对异常进行评价和找矿。

总结全部工作成果，认为扎木敖包铁矿是一个中等规模隐伏含锰铁矿，且铁矿品位低贫，硅酸铁含量较高，铁锰两元素赋存状态复杂，属难选矿石。尽管如此，扎木敖包含锰铁矿的多年工作，为之后在龙首山—合黎山区寻找该类型矿产提供了借鉴，同时，对于小型异常找矿的初步判断和分析方法也具有一定的指导作用。

2　扎木敖包磁异常地质、地球物理特征

2.1　磁异常特征分析

扎木敖包铁矿的发现，首先是通过对磁异常特征的分析、推断来确定地下所对应的场源体性质，确定磁性体的赋存空间位置、形体、产状及磁化强度的大小和方向等，为下一步工作提供了理论依据。以下是对扎木敖包铁矿航空磁测资料及地面磁测资料的分析，其间包括对航磁 ΔT 异常等值线平面图、航磁 ΔT 化极异常等值线平面图、地面磁测 ΔZ 异常等值线平面图及地磁 ΔZ 异常剖面平面图的分析及对比。

2.1.1 航空磁测资料分析

内蒙古阿右旗扎木敖包航磁异常（蒙C－82－4）曲线规则、平缓，以100 nT等值线圈定，长4～5 km，宽2.5～3 km，最大强度240 nT，一般强度为100～200 nT，宏观异常为一近NE向月牙形（图1）。北翼梯度较大，东翼曲线稀疏。形态以正值为主，周围无负异常。从区域上看，背景场为平缓正异常场，均值20～60 nT，且区域内无负异常亦无明显高值异常。

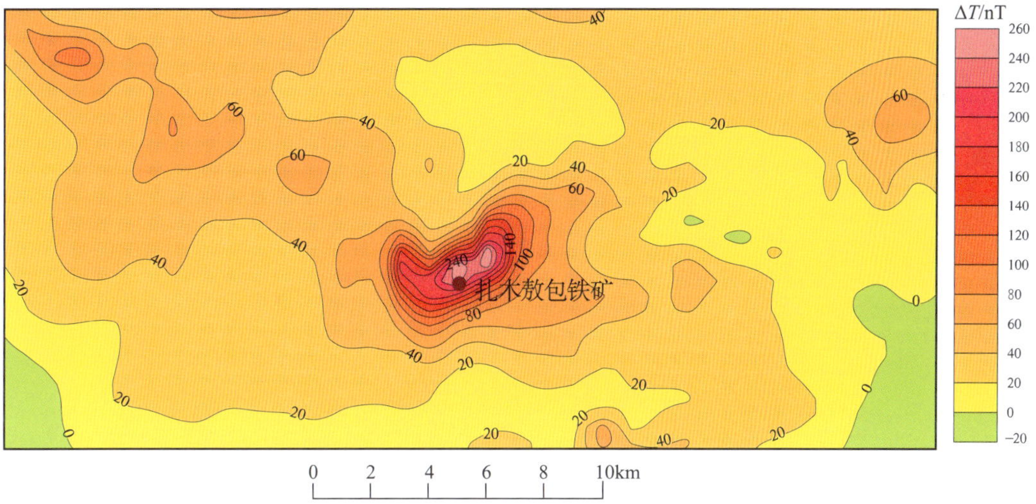

图1　内蒙古阿右旗扎木敖包含锰铁矿航磁 ΔT 异常等值线平面图

从异常曲线特征分析可知，该异常整体强度低，形态规则，周围无负异常，反映磁性体埋深较大，且具有较大延伸。

化极后，该异常曲线与原等值线有了较为不同的变化，由140线开始呈现东、西一小一大两个局部异常，东部异常峰值强度较强且出现双峰值，宏观上南部曲线密集梯度大，北部曲线稀疏梯度小，详见图2。

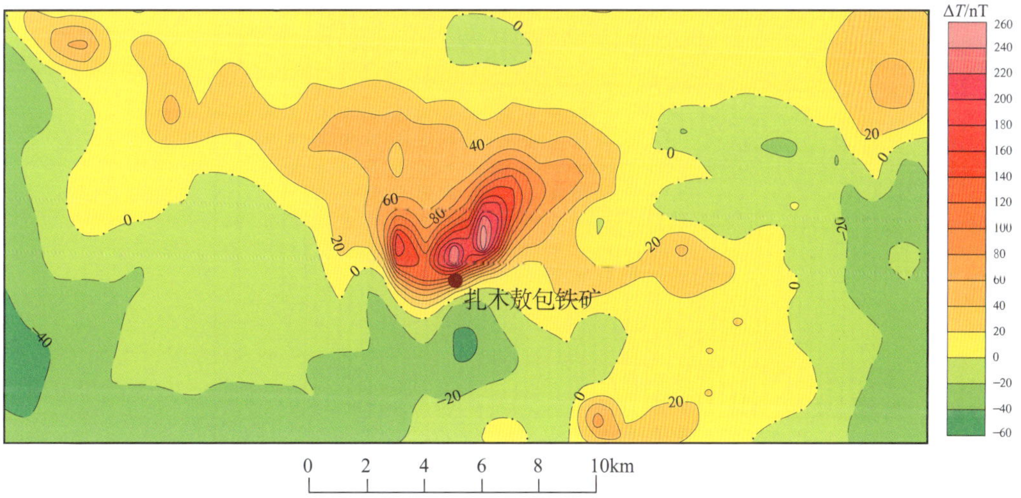

图2　内蒙古阿右旗扎木敖包含锰铁矿航磁 ΔT 化极异常等值线平面图

2.1.2 地面磁测资料分析

经地面磁法圈定，异常长4 km，宽1～1.2 km，整体形态与航磁资料反映的形态基本一致，为一近NE向的椭圆形，东部向北偏转变宽1.2 km。异常曲线规则圆滑，最大强度368 nT，一般强度100～300 nT，东、南部曲线密集，梯度较大；西、北部曲线稀疏，梯度较小，详见图3。

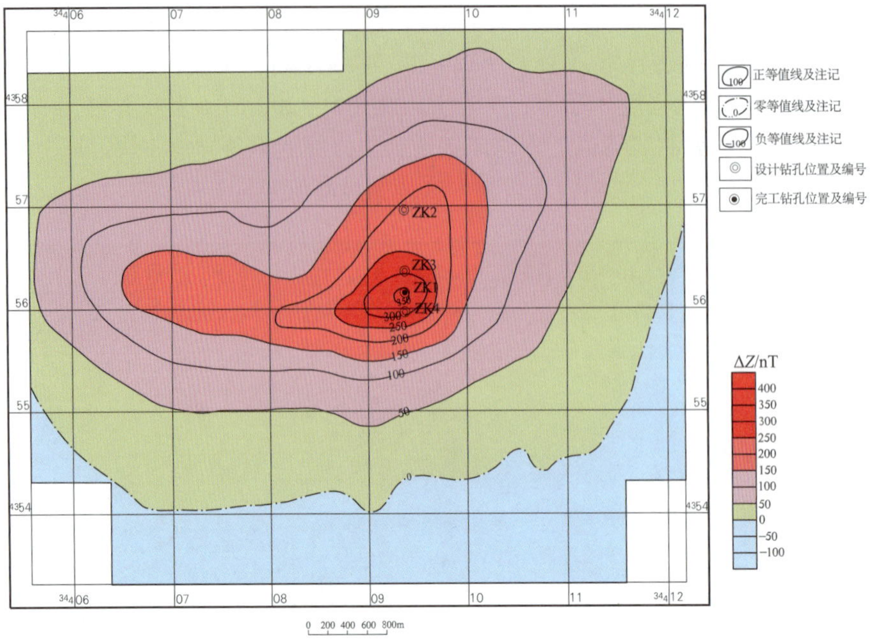

图3　内蒙古阿右旗扎木敖包含锰铁矿地磁 ΔZ 异常等值线平面图

地磁剖面异常明显区别于正常场，北翼有明显得二级叠加异常，总体强度低，形态规则（图4）。异常曲线南陡北缓，说明磁性体北倾。

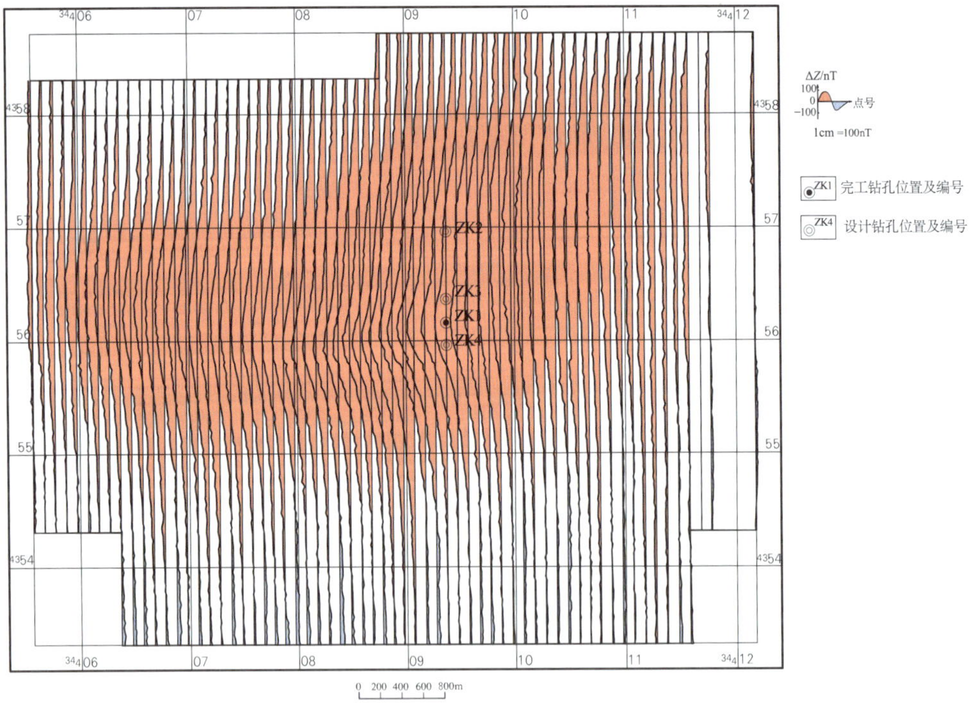

图4　内蒙古阿右旗扎木敖包含锰铁矿地磁 ΔZ 异常剖面平面图

2.1.3　定量解释计算

在掌握异常基本特征后，分别利用切线法、多点法、特殊点法及不同高度的已知 Za 值法对46线进行了埋深计算，求得平均埋深450 m，之后利用水平宽度公式 $Zb=\frac{Zm（极大值）\times h（埋深）}{2\times Js\times \sin i}=$

$\frac{365 \times 450}{2 \times 2000 \times \sin 57°} = 49.287$（m）（其中 Zm 值取自多点法计算埋深所得结果，设 h 为平均埋深 450 m，Js 为矿石磁化强度，i 为磁倾角 57°）

将上式结果 h、Zb 及假设条件代入薄板公式：

$Za = \frac{2 \times Zb \times Js \times \cos i \times h}{X^2 + h^2}$进行计算，其结果证实南半支曲线与实测曲线吻合度极好，北半支曲线由于异常叠加影响吻合度较差。

在完成以上定性、定量推断工作后，初步确立磁性体埋深450 m左右，且极可能由两个或两个以上北倾的倾角较大的薄板状体构成。后经钻探工作验证，证实异常是由薄层状磁铁矿体引起且层数较多，倾角较大，钻探见矿深度365 m，与推断十分接近。充分证明对于异常的初步研究，离不开对磁性体的定性定量解释，只有前期工作到位，后期的工作才有方向。

2.2 区域地质特征分析

异常区域构造位于阿拉善南台块南缘，龙首山拱断束的北侧，潮水盆地西端的中部。整个测区全被第四系黄土及砂粒层覆盖（图5）。异常南端18.5 km为龙首山、桃花拉山出露的一套前长城系、蓟县系、震旦系等中深变质岩系，岩性有大理岩、片麻岩、片岩、含铁岩层、混合岩等。山脉两侧分布有白垩系、古近—新近系地层。区内火成岩分布较广且种类繁多，主要有花岗岩、花岗闪长岩及中酸性岩脉和超基性岩等。区内构造复杂，以NW向断裂为主，规模较大，E－W向次之，二者斜交产生复杂的构造带，NE向构造亦明显（董明礼等，1983）。

异常北部16 km为北大山台块，主要分布有一套前长城系地层，其上分布有中－新生代内陆湖相沉积。构造活动强烈，以E－W向断裂为主，NE向次之。岩浆活动频繁，火成岩种类较多，以中酸性岩为主，亦见有超基性岩分布。有多处矿点、矿化点，所见地层与龙首山西延中上元古界相似。

2.3 地球化学特征

根据ZK2及ZK5两钻孔、179个光谱样对32个微量元素进行统计，结果见表1。

表1　微量元素统计表

低于灵敏度的元素	报出限附近的元素	低于克拉克值的元素	成矿元素
Be、B、Ge、Au、Ta、Sb、W、In、Nb、Yb、Y、Sc、Hg、Bi、Ce、Li、La	Sn、Cd、Ag	Cu、Ba、P_2O_2、Cr、Ti、Ni、V、Co、Sr	Pb：两孔均值 212×10^{-6}、高于克拉克值的10.6倍，铁矿中高于24.8倍，夕卡岩中高于9.5倍，大理岩中高于8.8倍，石墨中高于1.9倍，云母石英片岩中高于1.2倍
			Zn：平均值为 796×10^{-6}，高于克拉克值的19.9倍，铁矿中高于40.6倍，夕卡岩中高于19倍，大理岩中高于18.6倍，石墨中高于4.7倍，云母石英片岩中高于2.6倍
			Mn：平均值为 5543×10^{-6}，高于克拉克值的6.9倍，铁矿中高出12.5倍，夕卡岩中高出7.5倍，大理岩中高于5.7倍，石墨矿中高于1.7倍，云母石英片岩中高于1.4倍

依表1推理，云母石英片岩为泥质砂岩变质而成，大理岩为碳酸盐岩变质而成，而微量元素Pb、Zn等9种元素均高于主要沉积岩－砂岩和碳酸盐的平均含量。如大理岩中Cu的平均含量高出一般碳酸盐岩平均含量的14倍，Pb高出19.6倍，Zn 37.2倍，As 18倍，Cr 7.6倍，Mn 3.9倍，Ni 1.9倍，Mo 5倍，V 1.4倍，Co 200倍。云母石英片岩中Pb的平均含量高出砂岩中Pb的平均含量的3.3倍，Zn高出6.8倍，As 18倍，Cr 4倍，Ti 1.8倍，Ni 16倍，Mo 9倍，V 1.6倍，Co 79倍，Sr 4.4倍。

如果以岩性比较，上述元素在大理岩中较云母石英片岩中高；以元素含量比较，Pb元素、Zn元素、Mn元素和Co元素较其他更高，但是Co在铁矿中含量甚微，部分几乎不含。

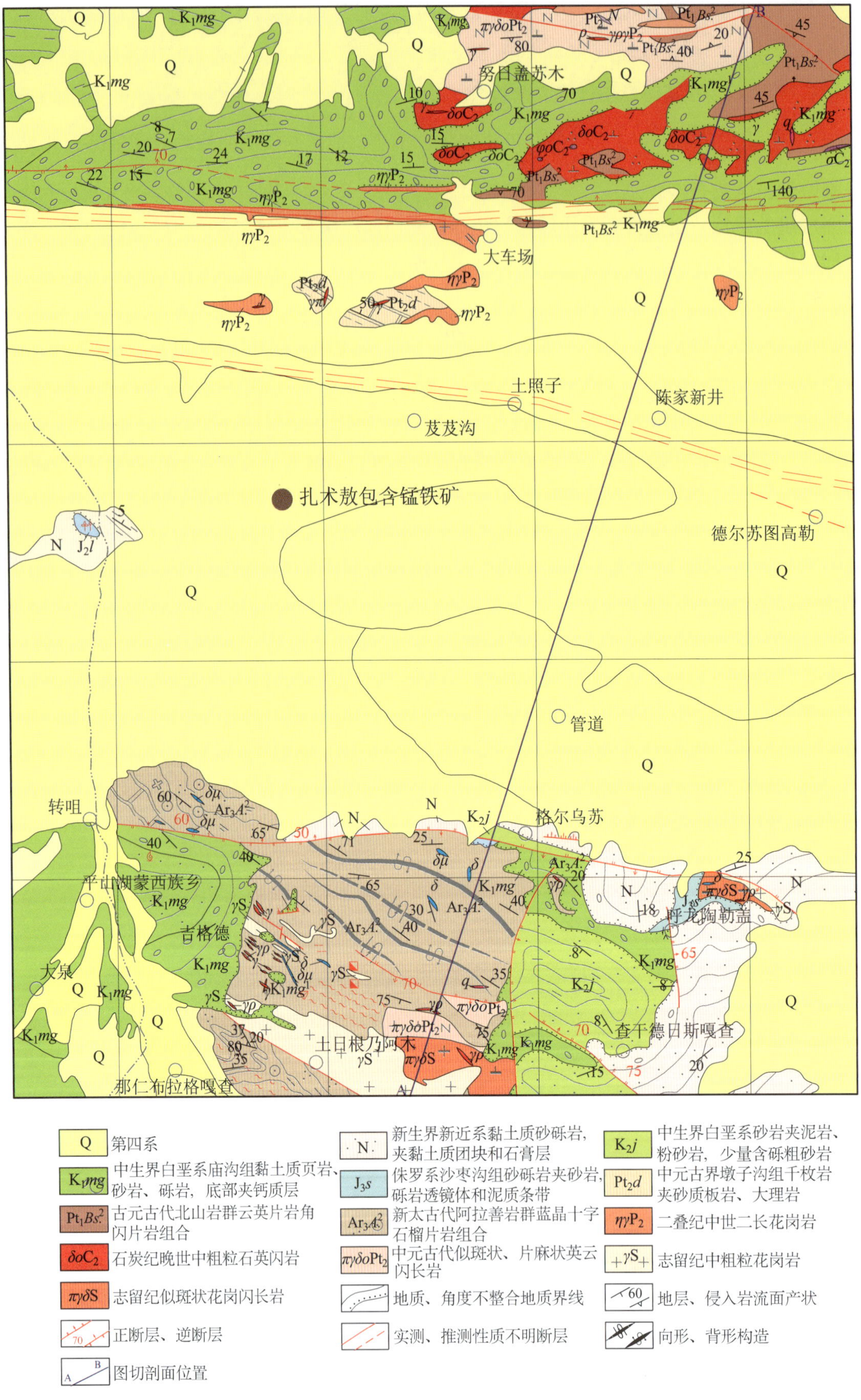

图 5　内蒙古自治区 1：250000 J47C001004（阿拉善右旗幅）建造构造图

总结以上研究资料，上述32种元素中Pb、Zn、Mn、Co四种元素是成矿较有利的元素，它们在大理岩及夕卡岩类中含量较高，可知大理岩及夕卡岩类为主要围岩。

3 扎木敖包磁异常成果研究

1983年对扎木敖包含锰铁矿主要进行了面积详查和钻探验证两项工作，其主要方法是采用地质和磁法测量，钻探配合，通过鉴定、化验等手段，对异常和岩体进行评价和找矿。1984年利用钻探初步查明铁矿的规模及延伸，了解品位变化特征及其他有用组分的赋存状态，并查明北部局部异常是铁矿引起。1985年初步查清铁矿分布范围、厚度变化、矿物组合品位变化特征、铁锰矿物赋存状态。

3.1 钻探成果解释

经钻探验证，证实异常为薄层状磁铁矿引起，见矿深度365 m，水平宽度40 m，矿体北倾，46线北段的较小异常，ZK3验证为含弱磁性的夕卡岩引起，与之前的解释基本一致。矿床分为东、西两个矿段，东矿段由46线所控制的5个矿体组成；西矿段由30线所控制的两个矿体组成。两矿段相隔约900 m，以中部收敛变窄的夕卡岩带相连，共有7个矿体，其中东矿段的②、④、⑤号矿体较大，①、③、⑥、⑦号矿体较小。

②号矿体位于东矿段中部，①号矿体的南部（下部），是矿区三个较大矿体之一。矿体长约300 m，上部视厚0.51 m，下延逐渐厚至39.06 m及42.39 m，斜深569 m向下仍未尖灭。平面上为一似层状的矿体，E－W向延展，北倾，倾向63°，上缓下陡，该矿体占总储量的23.0%。

④号矿体位于东矿段南部，③号矿体下部。平面上呈似层状E－W向延展，推断长350 m，视厚3.77～25 m，斜深725 m。矿体走向近E－W向，北倾，倾角35°～71°，上部稍缓下部较陡，由上向下逐渐增厚，向下有延伸的趋势。该矿体占总储量的18.2%。

⑤号矿体位于东矿段南部的底部，呈似层状E－W向延展，长约720 m，上部视厚13.23 m，下延增厚至18.16～24.21 m，斜深757 m，已控制垂深880 m向下仍有增厚及延伸的趋势，矿体走向E－W向延展，北倾，倾角35°～67°，中下部夹有榴石透辉夕卡岩夹层。

其他①、③、⑥、⑦号矿体较小，分别占总储量的3.9%、14%、3.6%、7.7%，7个矿体共同特点是：矿体呈似层状或层状，北倾、上部倾角较缓，向下稍有变陡，上部厚度较薄，向下逐渐变厚，且有向深部扩大继延的趋势，控制斜深大部分大于推断长度（陈振兴等，1985）。

3.2 三分量测井成果解释

3.2.1 钻孔内岩（矿）石磁性特征

在钻孔内采集了岩（矿）心标本87块，作了磁参数测定（表2）。

从表2可以看出，岩心标本中26块具磁性，其余岩心为无磁或弱磁性。磁铁矿磁性最强，部分夕卡岩类次之，其余岩性基本不具有磁性，因此区内异常主要为磁铁矿引起。在对7钻孔进行测井后，依据测井磁异常曲线特征，同时结合岩（矿）心磁参数测定，对ΔZ、ΔH曲线和ΔT矢量进行了分析，作如下总结：每个孔中ΔZ、ΔH和ΔT磁异常均和见矿地段吻合，同时46线的三个钻孔反映的曲线由南向北逐渐加深，说明矿体由南往北倾斜。

表2 钻孔岩（矿）心标本磁参数测定结果表

岩性名称	测定数/块		磁化率/（$4\pi\times10^{-6}$SI）		剩磁强度/（10^{-3}A·m^{-1}）	
	有磁	无磁	变化范围	平均值	变化范围	平均值
磁铁矿	19		1450～44800	14000	1110～35800	5730
石英阳起石岩	1	35	2890		960	
石榴子石、阳起石、夕卡岩	4	16	1580～4500		960～5200	
二云母石墨片岩	2	8	2303～3130		1780～3500	
透辉石大理岩		2				

3.2.2　测井成果认识

由地面磁测 ΔZ 异常均为正异常可知磁性体埋深较大，又按 ZK1、ZK5 孔三分量测井的曲线（图6）分析，磁性体亦分布在井孔的中下部。ΔZ 与 ΔH 曲线尚未完全进入正常场，ΔT 矢量指向北同时指向下方，同时具有一定强度，因此北侧底部磁性体是否追索完毕值得注意，可能具有一定找矿潜力。ΔZ 与 ΔT 反映的弱磁异常，为石墨矿体所含微量磁黄铁矿的反映特征。综合资料分析：扎木敖包异常为多层薄板状 E－W 走向的矿体所引起。38 线两个钻孔未见矿体，测井数据亦无任何异常显示，ΔZ 曲线与 ΔH 曲线基本保持在正常值范围，ΔZ 平面图 E－W 走向上也没有明显得突然变化，未发现隐伏异常。ZK6 孔 480 mΔH 为 3000 余 nT 的点状反映，由东、西两矿段磁性体所产生的磁场影响以低缓曲线连为一体，似为完整的含矿异常假象，实则无矿，可能为旁侧非矿磁性体反映。本异常特征完全由矿体产状及夕卡岩层薄厚决定，非构造影响。

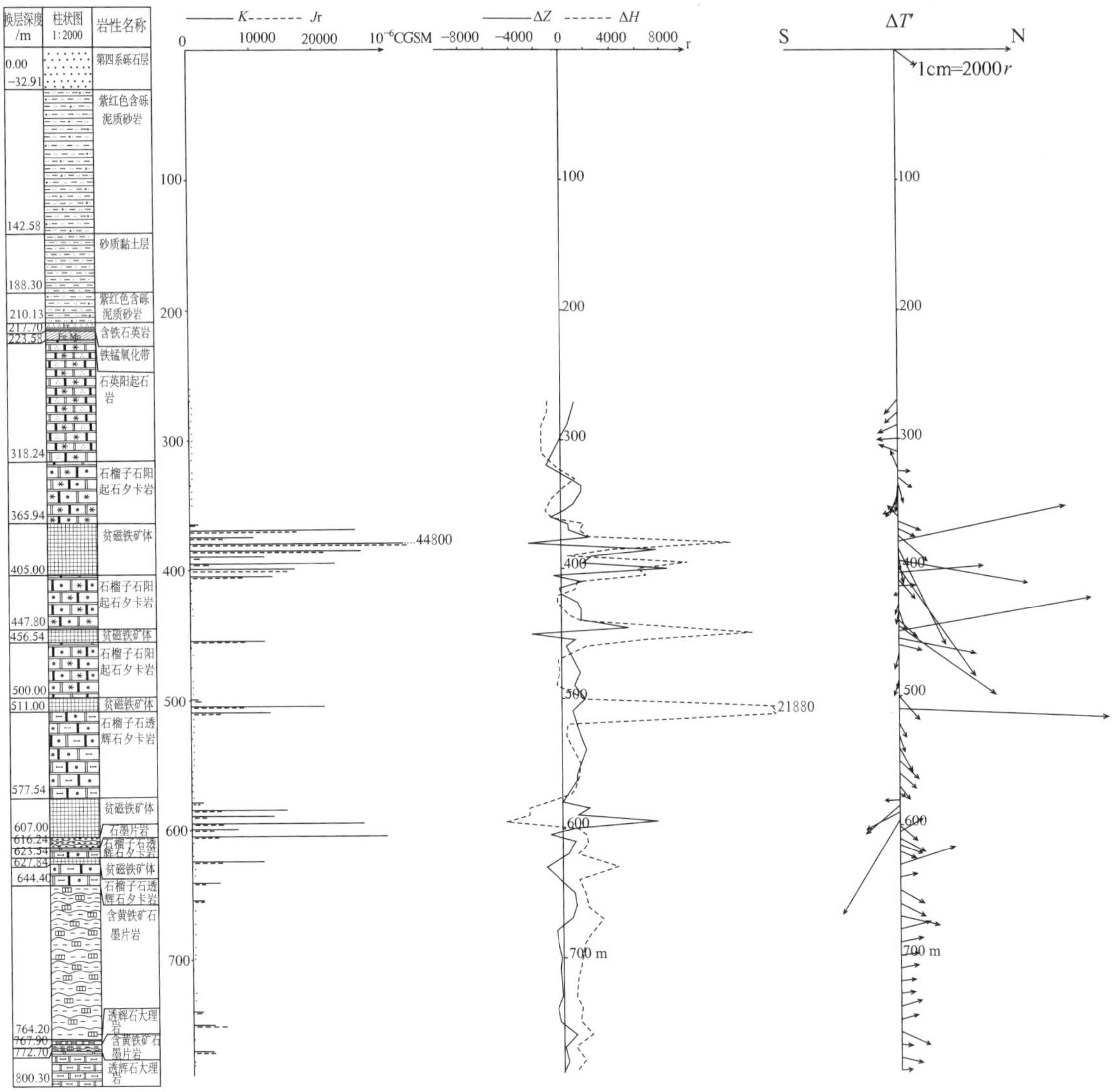

图 6　内蒙古阿右旗扎木敖包含锰铁矿 46 线 ZK1 孔井中磁测图

4　结语

扎木敖包含锰铁矿在 1982 年经 1∶10 航测发现后，及时进行地面查证，在之后的两年陆续开展了 1∶1 万地面磁法检查，经室内研究推断该异常可能由埋于第四系及白垩系地层之下的磁铁矿引起。

之后的钻探及三分量测井工作快速跟进，在1984年转入地质普查阶段后至1985年施工了7个钻孔，均见到了不同厚度的铁矿层，经研究可知扎木敖包含锰铁矿为铁矿较贫瘠、含锰较高，是隐伏于200 m下的中等规模矿床，由于该区矿体呈层状或似层状相互平行延展，与地层产状一致，具有层状、稳定、延深较大的特点，再者矿石中的白云石、菱铁矿、铁白云石等矿物可能原为地层或大理岩中固有的铁镁质经变质重新组合结晶而成，所以可认为该矿具有层控变质矿床特点，再根据控矿夕卡岩所在部位，矿物组合，变质程度等相关资料，最终确立扎木敖包含锰铁矿是具有夕卡岩化的层控变质矿床。由于工作任务条理清晰，进度安排紧密，各阶段研究跟进及时，实现了快速找矿目标。尤其值得一提的是，对矿区开展的测井工作较好地解决了探知矿层间连接及矿体延伸的问题，并指出各主矿体下仍有变厚延伸的趋势，提出该矿具备更大的找矿潜力，有待进一步工作进行。

同时，由于扎木敖包的含铁岩系与中元古界的狼山群含矿岩系较相似（富含夕卡岩，Pb、Zn等矿化元素含量较高），和晚元古界渣而太群也相似（富含碳质大理岩，白云岩发育，Pb、Zn等矿化元素含量较高），表明潮水盆地西部扎木敖包至窑泉一带不但有找铁前景，而且具备找多金属矿的潜质，这一发现为本区寻找其他未知矿床提供了新思路。

参考文献及资料

陈振兴，等. 1985. 内蒙古阿右旗扎木敖包含锰铁矿初步普查地质报告[R]. 甘肃省地矿局第六地质队.

董明礼，等. 1983. 内蒙古阿右旗扎木敖包、窑泉、黑鼻子梁、民勤M－27等磁异常，金昌塔马子沟等超基性岩体地面详查及民勤M－26磁异常钻探验证地质报告[R]. 甘肃省第六地质矿产局第六地质队四分队.

《中国矿床发现史·物探化探卷》编委会. 2002. 中国矿床发现史·物探化探卷. 北京：地质出版社.

航磁资料在山东济宁超深特大型铁矿发现过程中的应用

马兆同　王玉敏　姚敏

（山东省物化探勘查院，山东 济南 250013）

摘　要：山东济宁航磁异常以磁场强度高、规模大、形态规整而闻名于世，是山东乃至华北地区最大的航磁异常之一。自1958年航测发现以来，经过多次的物探勘查和钻探验证，给终没有达到目的。2006年山东省物化探勘查院布设ZK8钻探验证，在孔深1612.89～1796.54 m见85.53 m厚的磁铁矿，地层分布、见矿情况与物探推断结果十分接近。ZK8孔的见矿，标志着济宁铁矿的发现，拉开了在济宁地区寻找大型、特大型沉积变质岩型铁矿的序幕。近几年来在济宁磁异常北部的兖州颜店洪福寺矿段、翟村矿段连续施工钻孔34个，铁矿埋深1050～1150 m，两矿段查明铁矿资源量共18.34×10^8t，磁法体积法估算铁矿资源量50×10^8t。可以说济宁铁矿是山东鲁西地区名副其实的超深特大型铁矿。

关键词：磁铁矿；航磁异常；异常查证；三维反演

1　济宁超深特大型铁矿的发现过程

济宁磁异常最早是1958年由原地质部航测大队进行1：100万航磁测量时发现的，当时仅在3条测线上有磁异常反映。1965年原地质部航测大队九〇七分队在鲁西南地区进行了1：10万航磁测量，济宁磁异常在17条线上有反映（图1），正异常强度达2200 nT，北侧有－800 nT的伴生异常，形态规则，异常面积达150余平方千米，于1967年底编写了《山东省鲁西南地区航空磁力测量成果报告》，济宁磁异常被编为M23号异常，并解释为特大型“鞍山式”铁矿引起的，因而引起山东地质界的高度重视。

1968年山东省地质局物探大队立即组织了航磁异常检查组，首先进行了1：5万路线性踏勘，寻找并了解到正磁异常的中心位置和范围，在磁异常中心区做了1：2.5万面积160 km^2的地面磁测，并在磁异常区寻找到高出地面30余米唯一的0.5 km^2的滋阳山基岩露头点，岩性为奥陶纪灰岩。依据1：2.5万地面磁测资料在磁异常中心高值部位布设ZK1、ZK2、ZK3三个钻孔，ZK1孔位于兖州市颜店镇屯头村南1.5 km磁异常中心处，在122.3 m以下见奥陶系灰岩夹三层褐铁矿层（总厚1.4 m），501.04 m终孔于寒武系；ZK2孔位于ZK1孔西250 m处，在138.98 m以下见石炭—二叠系，258.31 m终孔于石炭—二叠系地层中；ZK3孔位于磁异常最高值北侧、ZK2孔北800 m处，是第一个超过千米的钻孔，于1133～1142 m见9 m厚的含铁硅质岩和硅质铁质岩，其顶板为含铁质硅质绢云母千枚岩，底板为硅质绿泥板岩，这套含铁千枚岩、板岩等浅变质岩系被命名为济宁群（曹国权等，1992）。钻孔岩心磁参数测定结果表明，除底部的含铁灰岩有微弱磁性外，其他岩性均无磁性，三钻孔均未见到引起磁异常的磁性体。

为查清异常源，山东省物探队又在航磁异常的外围进行了1：5万面积615 km^2的地面磁测。依据1：2.5万、1：5万两次磁测的磁异常资料，又在磁异常的北端——正负磁异常的交界部位，布设了ZK4、ZK7等超过千米的钻孔。ZK4孔位于磁异常的北端，距ZK3孔约4 km。于1036.15 m见济宁群变质岩，1047.57～1076.89 m，厚29.32 m条带状赤（磁）铁矿，其顶板为含铁绢云千枚岩。该孔施工质量较差，岩心取样率小于60%。该孔终孔于济宁群变质岩系中（马兆同等，2004）；ZK7孔

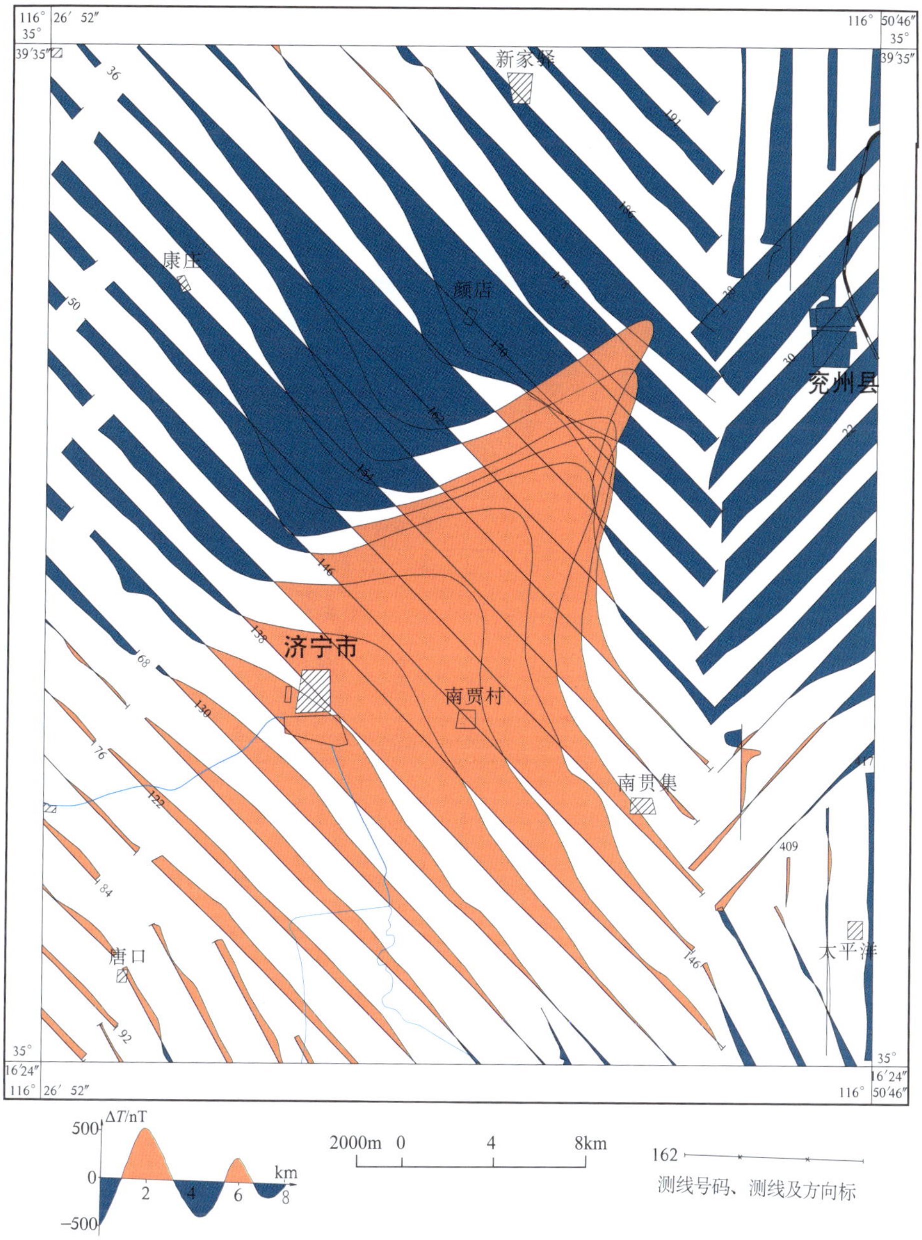

图 1　山东济宁航磁异常图

位于 ZK4 孔北 400 m 处的负磁异常边部，终孔深 1044.62 m，于 1013.07 m 处见济宁群变质岩，未见铁矿层。ZK7 孔测井区段为 148.3～1033.87 m，1013.07 m 以浅为寒武－奥陶系无磁性层，以深为济宁群弱磁性层，井中磁测曲线如图 2 所示，曲线由浅至深磁场逐渐升高，148 mΔZ 异常值 980 nT，148～925 m 升高 3470 nT，925～990 m 磁场开始缓慢下降，990～1033 m 下降速率增加，说明引起井中磁异常的磁性体埋深大于磁测井终孔深度。

20 世纪 50 年代末发现的济宁特大磁异常，虽经后期多次安排地质勘查工作，终因深部矿产地表信息弱，找矿难度大，单一找矿方法具有多解性，地质体定位误差大，施工条件复杂等因素未被破解。济宁磁异常经两次航空磁测、两次地面查证，七个钻孔（超千米钻 3 个）验证，都没达到理想的结果。

2004 年山东省物化探勘查院施工高精度重力 400 km^2，推断了重高强磁 50 km^2 重磁同源区。2006 年山东省物化探勘查院在颜店屯头村实施 ZK8 孔验证，在 1612.89～1796.54 m 见 85.53 m 的铁矿层（李培远等，2007）。2007年山东省物化探勘查院在颜店洪福寺矿段进行详查，1800 m以浅获得332+333地质储量6.22×10^8t。2010年山东省物化探勘查院在颜店翟村矿段进行详查，1800 m以浅获得332+333地质储量12.12×10^8t，总计查明332+333地质储量18.34×10^8t。查明了济宁磁异常是特大型深部"鞍山式"铁矿引起的。

2 磁异常区的地球物理特征

表1（马兆同等，2004；李培远等，2007）为济宁磁异常区兖州颜店ZK8钻探验证孔测定的物性参数统计表：地层主要为济宁群浅变质岩系、寒武—奥陶系及第四系沉积盖层。其重磁参数特征为：

表1 济宁磁异常区ZK8孔岩（矿）石物性参数统计表

序号	深度/m	代号	块数	名称	磁化率 $\kappa/10^{-5}$SI	密度 (10^3 kg·m^{-3})
1	0~80.3	Q	9	含砂黏土、黏土夹高岭土、姜石	0	1.75
				粘质砂土，黏土夹砂砾石		
2	80.3~116.66		16	细砂、黏土（奥灰风化壳）	72	
3	116.66~162.43	O	12	云斑灰岩、白云岩	0	2.72
4	162.43~166.20		6	角砾状白云岩	7	
5	166.20~407.14		11	灰岩、泥晶灰岩、白云岩	0	
6	407.14~458.51		19	石膏矿	0	2.815
7	458.51~648.8		5	微晶灰岩	0	2.72
		€	5	含燧石条带白云岩	0	2.70
8	648.8~990.19		12	鲕状灰岩、灰岩	0	
				碎屑灰岩		
9	990.19~1097.50		12	页岩、砂质页岩夹灰岩	17	
10	1097.50~1184.57		13	粉砂岩	23	
11	1184.57~1222.93		12	白云岩夹页岩	67	
12	1222.93~1225.18		18	角砾状褐铁矿	348	
13	1225.18~1603.70	Pt*Jn*	117	绿泥石千枚岩、绢云母千枚岩	192	2.826
14	1603.70~1798.16	Fe	104	石英磁铁矿	65721	3.435
15	1802.43~1804.76	Pt*Jn*	6	绢云千枚岩	41	2.826

磁性：济宁群中磁铁矿是本区磁性最强的矿石，磁化率65721×10^{-5}SI，变化范围（37588~93854）$\times10^{-5}$SI；千枚岩类具有一定的磁性，磁化率192×10^{-5}SI，变化范围（30~356）$\times10^{-5}$SI。寒武—奥陶系、第四系等沉积盖层为无磁性地层，仅第四系底部有弱磁性物堆积，磁化率72×10^{-5}SI；寒武系底部为弱磁性的褐铁矿层，磁化率348×10^{-5}SI。

密度：ZK8钻孔中的密度仅测了磁铁矿、千枚岩类及奥陶系中石膏层的密度。由表1密度统计结果可知：磁铁矿为高密度矿石，密度值为3.435×10^3kg/m^3，变化范围为（3.326~3.544）$\times10^3$kg/m^3；济宁群浅变质岩系千枚岩类密度值为2.826×10^3kg/m^3，变化范围为（2.756~2.9）$\times10^3$kg/m^3；寒武系碎屑岩类密度2.70×10^3kg/m^3；奥陶系碳酸盐类密度为2.72×10^3kg/m^3，奥陶系中所夹石膏层的密度值为2.815×10^3kg/m^3。表层第四系黏土夹砂砾石较薄，密度为1.75×10^3kg/m^3。

由以上地球物理特征分析可知：济宁群浅变质岩系中的磁铁矿具有密度高、磁性强的特性，与围岩济宁群、寒武—奥陶系具有较大的磁性和密度差异，具备应用重、磁勘探的地球物理前提。

3 重磁异常解释

3.1 磁异常特征（马兆同等，2004）

测区内的磁异常形态见图3。磁异常形态规则、曲线圆滑。是由一走向NE向、延深有限、埋深大、规模大的强磁性体引起的。北东长15 km、宽8 km，正磁异常出现了南北两个峰值，北峰值3800 nT、南峰值2900 nT，分别位于兖州颜店镇的屯头村和济宁李营镇的柏家行村，明显地表现出两个叠加磁异常特征，范围150 km^2。磁异常的正负幅值的比值相对较小，正负磁异常间水平梯度相对较缓，反映出磁性体埋深较大。北侧伴生负磁异常是斜磁化引起的。

磁力垂向二阶数异常具有多峰。磁异常的北峰分解为洪福寺、屯头两个垂向导数峰值异常；南峰分解为李营、黄桥、大务屯、柏家行等四垂向导数峰值异常，表征了铁磁性物质相对浅而富集的区域。利用二阶导数的零值线圈定磁性地质体的边界，大致反映了磁性体在地表的投影位置，作为铁矿预测的目标区。

3.2 重磁同源体（马兆同等，2004）

磁异常区布格重力异常图如图4所示：布格重力异常与磁异常图景相似，也具有2个峰值，重力异常主峰值与磁异常主峰值相对应位于颜店镇的屯头村，重力升高幅值（5~7）$\times 10^{-5}$ m/s^2；重力异常次峰值与磁异常次峰值相对应位于李营镇的柏家行村，重力升高幅值（2~3）$\times 10^{-5}$ m/s^2；主体NE长15 km，屯头局部异常NNW长8 km，柏家行一带宽约2~4 km，面积约100 km^2。反映了深部高密度体的分布及重磁异常的同源性。

3.3 重磁同源体的分布

重磁异常的相同点：①重磁异常区的位置大致相吻合，重磁异常的主峰值位于颜店镇的屯头，次峰值位于李营镇的柏家行一带；②重磁异常区的范围大致相当，约80~100 km^2。重磁异常差异点：①磁异常南西部膨大，略向北西侧偏移，磁异常宽6~8 km，重力异常宽约2 km；②重力异常北东部膨大，略向南东侧偏移，重力异常宽约8~10 km，磁异常宽约4~6 km。

同源模型体为强磁性、高密度体的共同分布区，主体呈“豆荚”状，走向NE35°，北东长15 km，宽约3~4 km，面积约50 km^2，如图5所示。与重、磁单一模型体相比较，减小了东南部重力高地质体2~3 km的圈定误差，减小了磁性地质体西南部1~2 km的圈定误差。

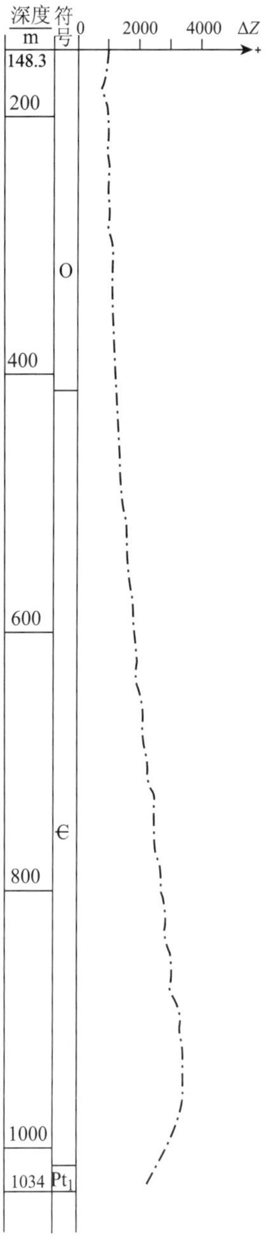

图2 济宁磁异常区ZK7孔测井 ΔZ 磁力曲线

4 济宁铁矿体的剖面形态

4.1 102线重磁反演、钻孔验证对比地质剖面

图6为102（地勘35）线重磁反演－钻孔验证对比剖面图。由重、磁剖面曲线可以看出，大致以70点处，重磁异常皆为最大值部位。磁异常值 $\Delta Z=2000$ nT，重力异常值 $\Delta G=3.5\times 10^{-5}$ m/s^2。重磁两侧曲线基本对称，磁异常曲线东侧稍陡、西侧稍缓，反映了磁性铁矿体总体稍向西倾。磁力垂向二阶导数、剩余重力异常都出现较大的垂向变化率，反映70点（屯头）附近磁铁矿赋存较浅。

磁化强度取66000 $\times 10^{-3}$ A/m，密度差为0.62 $\times 10^3 kg/m^3$。结合ZK3501~ZK3506钻孔见矿段（红色区）情况，模拟了磁铁矿体的分布（粉红色区），如图6所示：剖面中黄线为重磁同源体轮廓

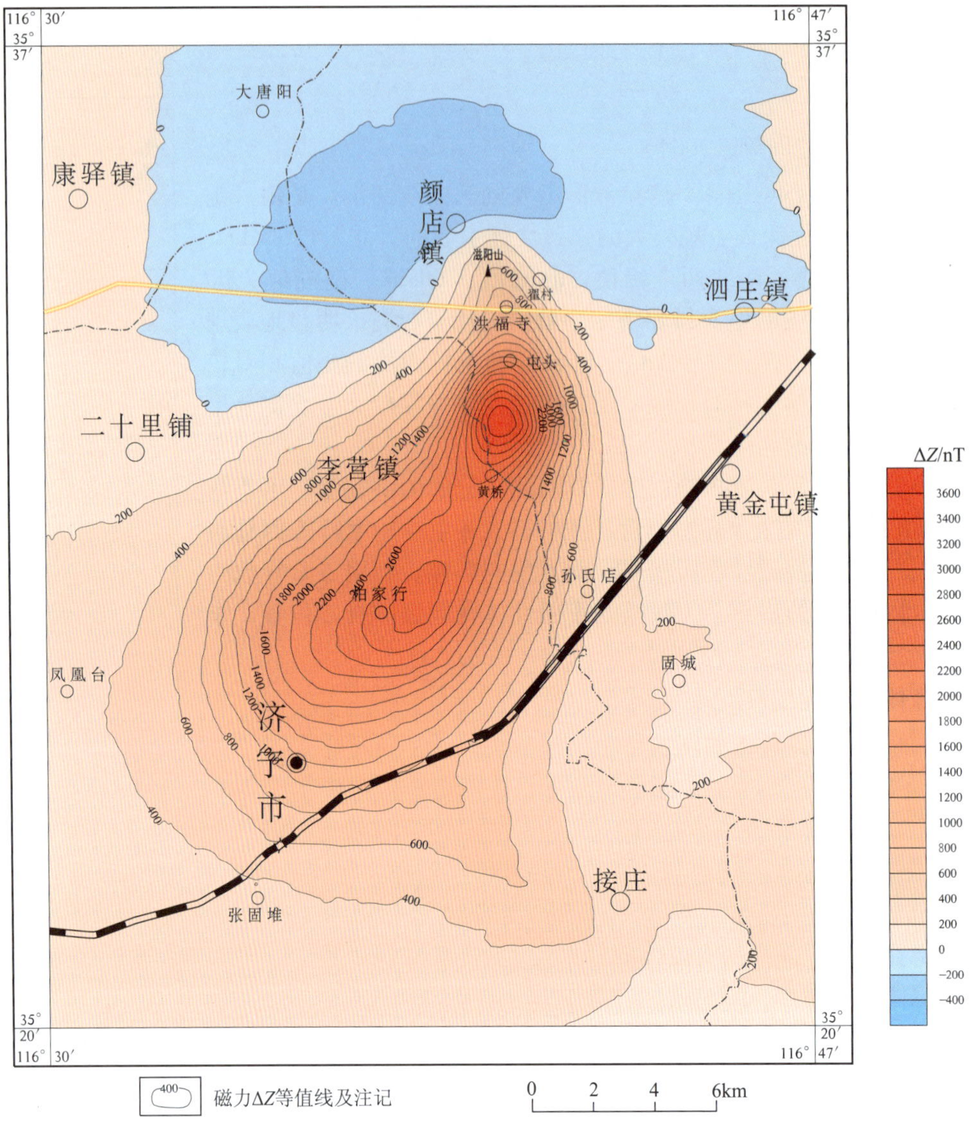

图3 济宁地区地面垂直磁异常图

线，二维反演磁性地质体在重磁同源体区域内，磁铁矿体总体呈向西倾伏，由东向西倾角逐渐变缓，越过孙氏店断裂后，倾角迅速变缓，反映铁矿体在断层两侧走高的差异。出现这种图景的主要原因是：济宁铁矿层由北向南逐渐分解变宽，屯头以南变为两个主矿带，孙氏店断裂切割与错移，造成了矿层的断开与重叠。由图6重磁反演－钻孔验证对比剖面可以看出，两者的位置基本一致，只是反演的磁性体的宽度稍大。济宁铁矿呈层分布，矿层3～5层，倾向西，倾角50°～60°。

4.2 110线（地勘4）重磁反演－钻孔验证对比地质剖面

由图7重、磁剖面曲线可以看出，大致在69.5 km点（洪福寺）处，重磁异常皆为最大值部位。磁异常值 $\Delta Z=600$ nT，重力异常值 $\Delta G=3.8\times10^{-5}$ m/s^2。重磁两侧曲线基本对称，磁异常曲线东侧稍陡、西侧稍缓，反映了磁性铁矿体总体向西倾。68～70.5点间2.5 km范围内，其矿层呈多层状向西倾，倾角45°左右，矿层顶部埋深1150 m。由图7重磁拟合－钻孔验证对比地质剖面可以看出，计算磁性体与验证磁性位置基本一致，实际验证倾角稍陡，倾角在50°～60°，厚度稍大。这是剖面位于磁性体的北部，受斜磁化影响，磁场强度降低所致。

4.3 重磁同源区铁矿密集层的分布

图8中红色区域为铁矿密集层分布部位。铁矿密集层的主体在重磁同源区内，只是两端部北侧稍向外延出。铁矿体的主体可分为“两段三支”，颜店屯头段为NNW走向的一支，长约6.5 km，主体

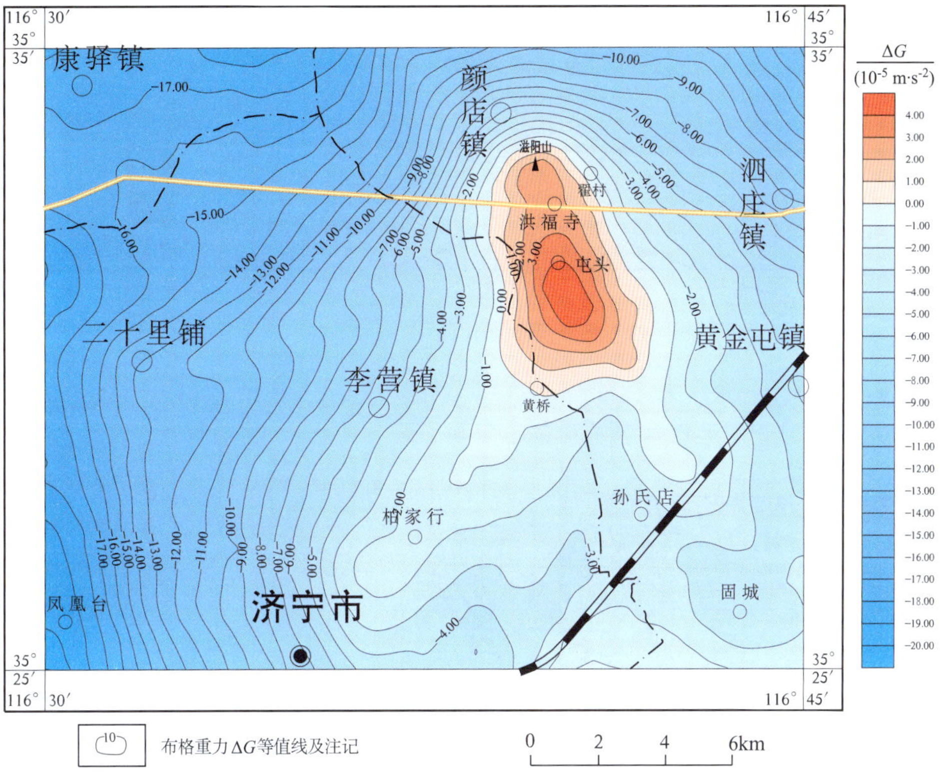

图4 济宁布格重力平面图

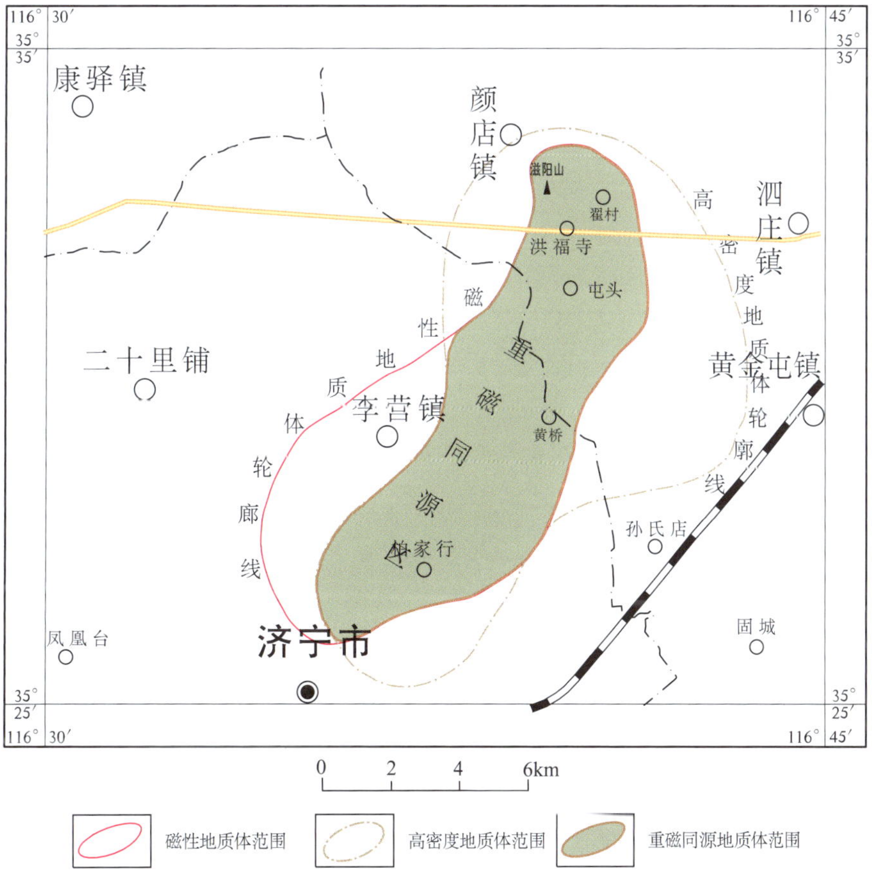

图5 重磁三维反演模型体重磁同源区平面图

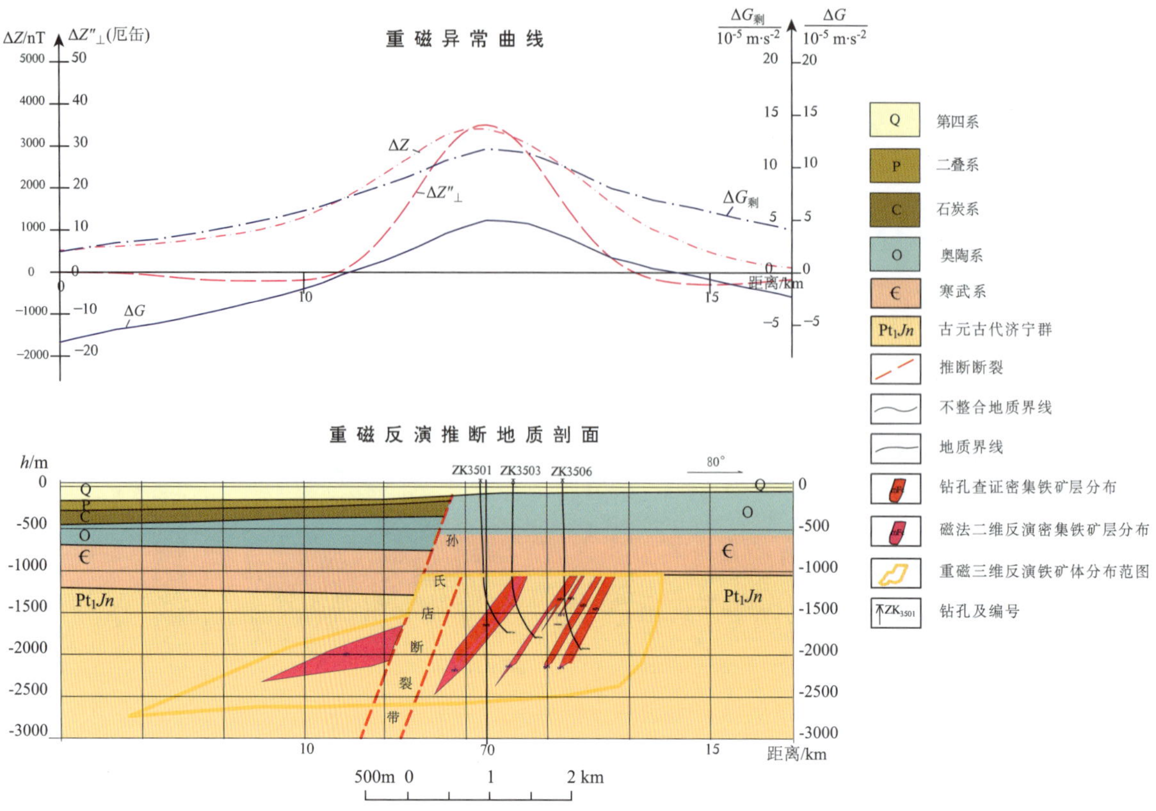

图6　102（地勘35）线磁法拟合、钻孔验证对比地质剖面图

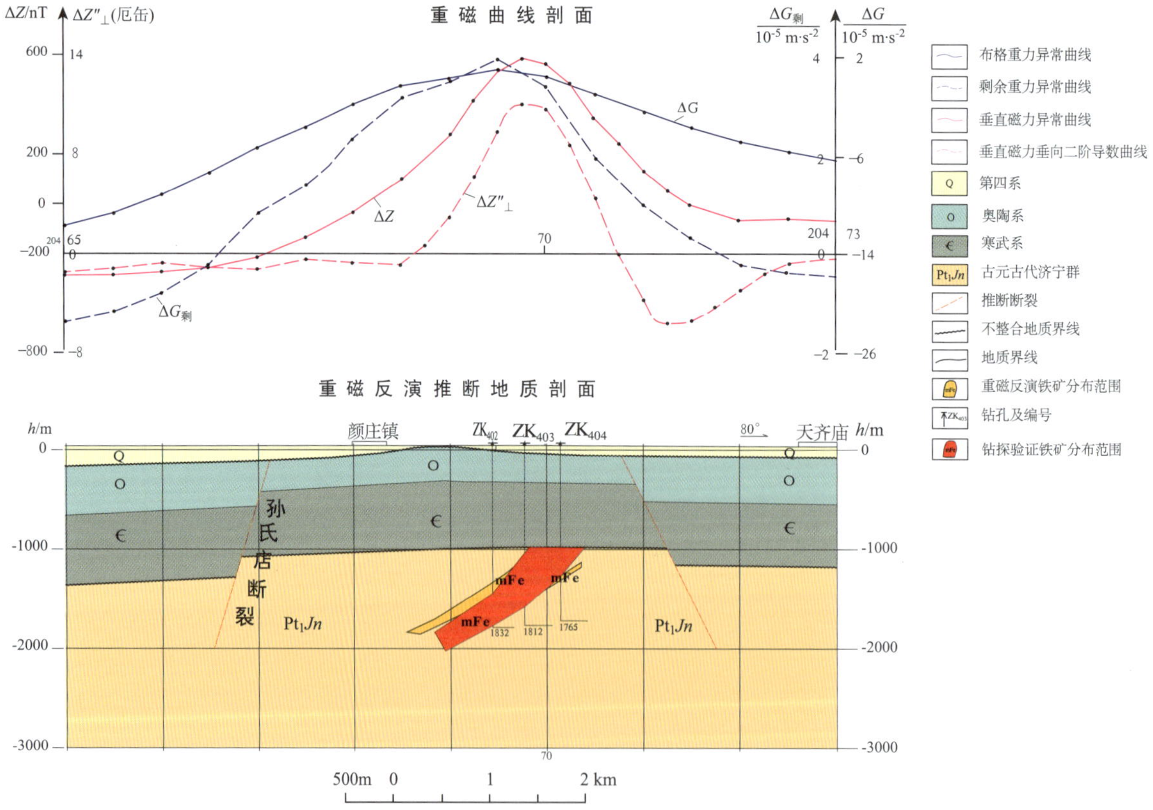

图7　110（地勘4）线磁法拟合、钻孔验证对比地质剖面图

呈箕状向 WWS 方向倾斜。埋深南北两端稍浅，中部稍深。李营—柏家行段为近平行的 NE 向的两支，该两支相互叠层，膨大与缩小部位互补。柏家行分支为济宁铁矿西南段南侧分支，NE 向长7.5 km，多层铁矿层集中分布，宽 1～1.5 km，倾向 NW 向。李营分支为北分支，与南分支走向、倾向一致，长 11 km，多层矿的集中分布区稍窄。李营、柏家行两分支之间，也有多层小铁矿，时而膨大、时而尖灭。矿体单支累计长度约 25 km。

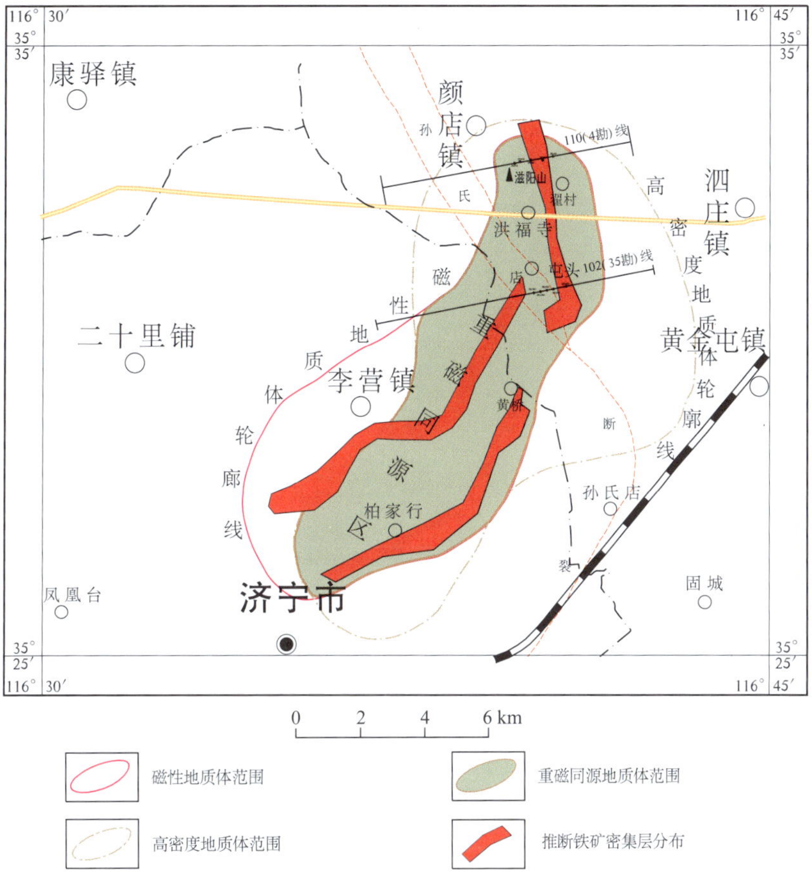

图 8　重磁同源区内铁矿密集层分布示意图

5　钻探验证结果（李培远等，2007）

5.1　ZK8 试验孔验证结果

ZK8 孔：2006 年度设计的 ZK8 孔位于屯头村，钻探深度 2000 m。其验证结果如表 2 所示。

表 2　ZK8 孔钻探验证见矿区段岩心描述

深度/m	钻遇时代	岩心描述
0～119.62	第四系	河湖相沉积，上部砂质黏土，中部粘质砂土富含钙质结核，下部细砂夹砂粒岩，底部砾岩河湖相沉积
119.62～515.38	奥陶系	灰岩（云斑、泥晶、细晶、角砾状、角砾状白云质），泥质白云岩（泥质、灰质、粉晶、角砾状、细粒、鲕晶），角砾状石膏层，含燧石结核白云岩等
515.38～1225.18	寒武系	上层为（白云质、竹叶状、细晶、泥晶、条带状、藻）灰岩，鲕状灰岩。下层为页岩，砂质灰岩夹钙质页岩，暗紫色细砂岩夹页岩，白云质灰岩，砾屑白云岩等。底部见角砾状褐铁矿，厚 2.25m
1225.18～1804.78	济宁群浅变质含铁岩系	主要岩性为绿泥绢云千枚岩、含赤铁矿绢云千枚岩、条带状磁铁石英岩、磁铁石岩夹绢云千枚岩、条带状磁铁矿、条带状石英磁铁矿等。其中 1612.89～1796.54 m 含磁铁矿 5 层，总厚度 85.53m。5 层磁铁矿加权平均品位 21.08%

ZK8 孔钻探结果：地层分布与见矿情况与物探推断结果十分接近。该钻探孔见矿，不仅破解了围绕地质界多年的济宁大磁异常之谜，而且拉开了在济宁地区寻找大型、特大型沉积变质岩型铁矿的序幕。

5.2 110 线 ZK402、ZK403 孔钻探验证情况

ZK8 孔见矿后，2008 年又在济宁磁异常的北端于翟村一带布设 ZK402、ZK403 等钻孔，见矿情况如图 9 所示。ZK403 孔进入济宁群 1034～1077 m 见赤磁铁矿，1077～1626 m 见磁铁矿 9 层，孔内铁矿层视厚度在 7.56～46 m 之间，累计视厚度 193.02 m，1812.43 m 终孔；ZK402 孔 1489～1816 m 见 4 层磁铁矿，孔内铁矿层视厚度 14.00～60.2 m，累计视厚度 135 m，1832.4 m 终孔。铁矿主体三层，矿层西倾，倾角 50°～60°。上层厚 60 余米、中层厚 50 余米、下层厚 90 余米，累积厚度达 200 m 左右。

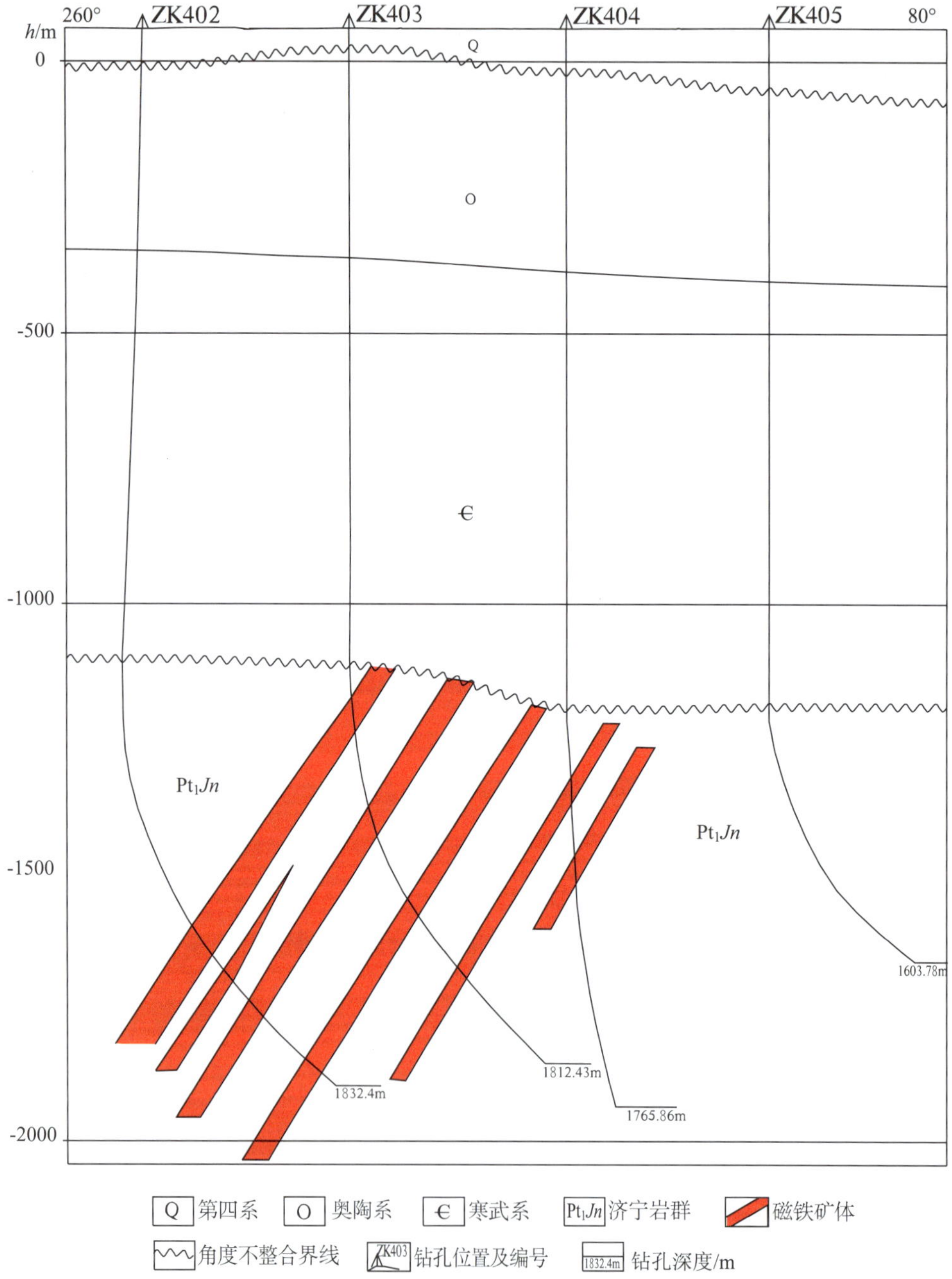

图 9　110（地勘 4）线 ZK402、ZK403 孔见矿情况示意图

利用磁法体积法，估算济宁磁异常区 2000 m 以浅铁矿石潜在资源量 50×10^8t，说明济宁铁矿是特大型的。

6 结论

山东省济宁磁异常自 1958 年航空磁测发现至 2006 年 ZK8 孔钻探验证见矿，经历了近 50 年的勘探历程，这一突破有助于在山东西部、华北等深覆盖区寻找类似的铁矿，具有借鉴意义。首先是航磁、地面磁测、重力、电法、钻探等综合手段反复勘查、验证，不断提高认识、提高勘查水平的结果。利用重、磁三维联合反演，有效地圈定高密度、强磁性含铁建造地质体的范围；应用磁异常垂向二阶导数零值线，圈定强磁性体浅部位置，为钻探验证提供了依据；进一步确定了千米之下的古元古代济宁岩群是含铁变质岩系。铁矿类型为条带状磁铁石英岩型，即俗称的“鞍山式”变质岩型。

参考文献及资料

曹国权，艾宪森. 1992. 山东省地质矿产志. 北京：地质出版社.

韩玉珍，王世进，等. 2008. 济宁颜店铁矿地质特征及济宁群含矿性研究. 山东国土资源，24(2). 3 ~ 8.

李培远，马兆同，等. 2007. 山东省兖州市颜店地区铁矿普查报告[R].（山东省物化探勘查院）.

马兆同，等. 2004. 山东济宁大磁异常区综合物探技术与地质找矿研究报告[R].（山东省物化探勘查院）.

马兆同，等. 2004. 山东省兖州市颜店地区铁矿普查报告[R].（山东省物化探勘查院）.

宋明春，李培远，等. 2008. 山东省济宁强磁异常区深部铁矿初步验证及其意义，地质学报，82(9)：1285 ~ 1291.

山东兰陵磁异常找矿实例

王玉敏　马兆同　贺春艳

（山东省物化探勘查院，山东 济南 250013）

摘　要：兰陵磁异常自1959年通过航磁发现，直至2005年一直未被验证查明。2005年，临沂市国土资源局、中化地质矿山总局、山东地质勘查院利用物探、钻探及岩矿测试等勘查手段，对兰陵磁异常进行验证。由于兰陵矿区矿体埋藏深、产状陡、地层与构造条件复杂、钻探施工难度大的特点，通过广泛的咨询与不断的总结，得出“从已知到未知，以点为源、短距外拓，重点解剖、全面突破”这一科学合理的技术路线，从而攻克了兰陵矿区国内罕见的复杂地质难题。

关键词：磁异常；异常查证；铁矿；找矿实例

“山东省苍山县兰陵矿区（古林—兰陵矿段）铁矿详查”是2013年中国十大地质找矿成果之一。山东省临沂市国土资源局、中化地质矿山总局山东地质勘查院利用物探、钻探及岩矿测试等勘查手段，在山东省苍山县兰陵地区发现了一大型铁矿床，探求总铁矿石资源量62228.9×10^4t，平均品位铁32.91%。该矿床资源储量大，开发利用条件较好，经济利用价值较高。通过勘查，对该区矿床成因有了深刻的认识，并总结了找矿标志，指明了找矿方向，为在山东省寻找沉积变质型铁矿奠定了基础，同时推动了地球物理在金属找矿中的运用，为铁矿成矿理论研究指明方向。

1　磁异常位置（马兆同，2006）

山东兰陵磁异常是山东苍峄铁矿磁异常的组成部分，位于临沂市苍山县的西南部，隶属于兰陵镇管辖，西邻枣庄市峄城区的峨山镇。异常区地理坐标为：东经117°46′45″~117°54′15″，北纬34°42′45″~34°47′45″。异常区处于枣庄凹陷、峄城凸起的东部地带，总体地势属低山—残丘和泇河阶地平原的过渡地带。

2　磁异常的发现与验证过程

兰陵磁异常在1958年华北地区航测的1：100万航磁图中一条测线上有反映，形成“一点状”磁异常，磁场强度450 nT。1959年地质部航测大队以寻找铁矿为目的在鲁中地区做过1：10万航空磁测，发现了苍峄、兰陵等航磁异常，苍峄磁异常编号为M－101，兰陵磁异常编号为M－102号。经过两三年的物探和地质勘探工作，基本上已经探明了苍峄铁矿是一个大型的鞍山式铁矿床，为在苍峄铁矿外围寻找更多的铁矿床，进行了大面积的磁测普查找矿工作。1960年山东省地质局物探队在苍峄、兰陵磁异常区做过1：2.5万地面磁测工作，圈出枣庄一带的泥河、石门、新兴、兰陵等磁异常群落。1971年冶金部物探公司航测队以寻找铁、煤为目的在苍峄、兰陵（鲁南）地区又进行了1：5万航磁测量，分别编号为M33、M35号磁异常。

为了验证兰陵磁异常，20世纪70年代初期山东省地质局在古林东南1000 m处布置古林1孔钻探验证，在420 m处仍为无磁性的古生界灰页岩，未达到验证磁异常的目的；70年代中期，山东省冶金地质队又继续对兰陵磁异常进行了ZK70－1和ZK70－2孔验证，结果在ZK70－1孔中深693.86~707.2 m处太古宇泰山（岩）群山草峪组中见13.94 m厚的沉积变质岩型铁矿，达到了定性解释磁异常的目的。

自 2005 年至今，由中化地质矿山总局山东地质勘查院开展了地质普查工作。2007 年山东省物化探勘查院在兰陵地区进行了 1∶1 万高精度磁测普查工作。受钻孔设计深度及钻进方位等问题影响，钻孔见矿效果不甚理想。为了进一步确定矿体的赋存位置及产状，2007 年 4 月山东省物化探勘查院利用 V8 多功能电法仪，在兰陵磁异常区进行了可控源音频大地电磁法和频谱激电法勘查，查明区内隐伏断层的展布规律及隐伏铁矿体的分布特征。

截至 2012 年 3 月底，共布设施工钻孔 101 个，其中见矿钻孔 65 个。初步查明兰陵部分矿段铁矿石资源量（332 +333）3.08817×10^8t，平均品位 TFe 31.75%，mFe 21.50%。

3 矿区地质概况

矿区位于华北板块（Ⅰ）、鲁西地块（Ⅱ）、鲁中隆起区（Ⅲ）、成武 - 枣庄坳陷内的峄城凸起（Ⅳ）上。周边地区地层出露齐全，侵入岩期次多，断裂发育，属于地质构造复杂区（图 1）。

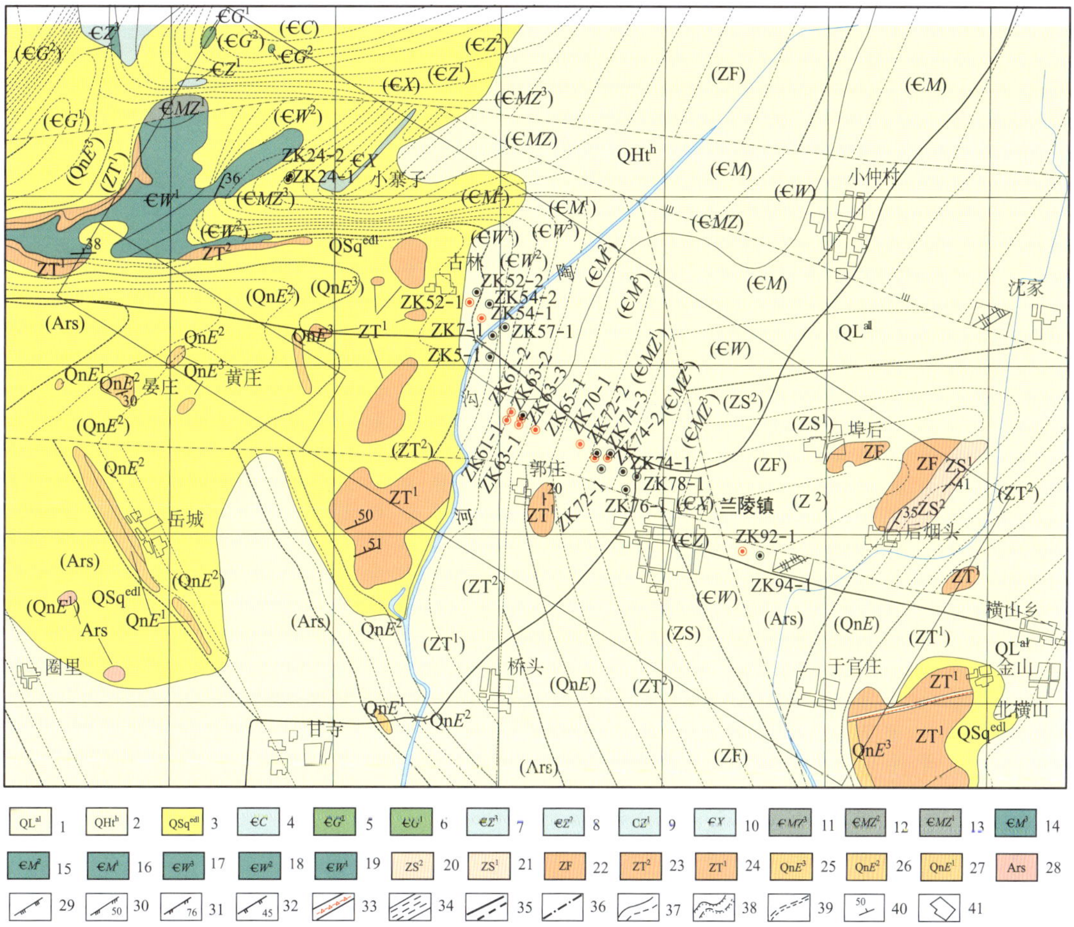

图 1　山东省苍山县古林—兰陵地区地质矿产图

1—临沂组；2—黑土湖组；3—山前组；4—长山组；5—崮山组二段；6—崮山组一段；7—张夏组三段；8—张夏组二段；9—张夏组一段；10—徐庄组；11—毛庄组三段；12—毛庄组二段；13—毛庄组一段；14—馒头组三段；15—馒头组二段；16—馒头组一段；17—五山组三段；18—五山组二段；19—五山组一段；20—石旺庄组二段；21—石旺庄组一段；22—浮来山组一段；23—佟家庄组二段；24—佟家庄组一段；25—二青山组三段；26—二青山组二段；27—二青山组一段；28—山草峪组；29—压性断裂（带齿盘为上盘）；30—压扭性断裂；（齿向表示所在盘相对斜落方向）；31—张扭性断裂（齿向表示所在盘相对斜落方向）；32—张性断裂（带齿盘为下盘）；33—实测及推断断裂；34—糜棱岩带韧性剪切带；35—实测及推断性质不明断裂；36—物探推断断层；37—实测及推断整合界线；38—实测及推断不整合界线；39—推断平行不整合界线；40—岩层产状（走向、倾向及倾角）；40—I 区范围异常区为低洼平原区，断裂构造以 E－W 向兰陵断裂为中心呈放射状、环状展布；测区以断裂构造为主，褶皱构造也较发育，主要以 E－W 向的褶皱带为代表的秦岭纬向复杂构造带的北分支构造。

普查区北部 5～10 km 处为苍峄铁矿，苍峄铁矿为沉积变质岩型铁矿，含矿层为太古宇泰山群山草峪组地层中的含铁建造，山草峪组主要岩性以黑云变粒岩为主，夹斜长角闪岩、磁铁角闪石英岩，其中硅铁质岩石厚达 115 m。该沉积变质铁矿成矿物质源于海底火山喷发作用，铁质来源与基性火山活动关系密切。

4 磁异常特征

4.1 兰陵磁异常区的物性特征

该区地层简单，由沉积盖层和变质岩基底组成。沉积盖层由新元古界土门群、下古生界寒武系及第四系组成，磁性微弱、极化率较小（0.6%～1%）；第四系为低阻，电阻率 15Ω·m；寒武系、土门群为高阻，电阻率 800～1100Ω·m；泰山群主要岩性为黑云变粒岩夹斜长角闪岩、磁铁矿（磁铁角闪石英岩），磁铁角闪石英岩具有强磁、高极化、相对围岩低阻特性，磁化率 87400×10^{-5}SI，剩余磁化强度 34600×10^{-3}A/m，极化率 28.59%，视电阻率 2170Ω·m；铁矿围岩——黑云变粒岩夹斜长角闪岩为中等磁性、低极化、相对高阻，磁化率 1110×10^{-5}SI，剩余磁化强度 1755×10^{-3}A/m，极化率 2.59%，视电阻率 2810Ω·m。

以上物性统计结果见表 1，磁铁矿石和围岩（变粒岩）之间磁性、极化率和电阻率均存在着明显得差异，因而本区内利用磁法、电磁法和频谱激电法寻找隐伏磁铁矿具备好的地球物理前提。

表 1　兰陵磁异常区岩（矿）石磁、电性参数统计表

岩类	地层	代号	主要岩性	磁性参数		极化率/%	电阻率（Ω·m）	备注
				κ/10^{-5}SI	Jr/(10^{-3}A·m^{-1})			
沉积岩类	第四系	Q	黏土、中粗砂、砾石	微	微	0.6	15	
	寒武系	Є	钙泥页岩、厚、薄层灰岩	微	微	0.8	800	
	土门群	Pt_3T	钙质石英粉砂岩、页岩泥灰岩	微	微	1	1100	
变质岩类	泰山群	Ar_3t	黑云变粒岩、斜长角闪岩	1110	1755	2.5	2810	
铁矿石类			磁铁角闪石英岩	87400	34600	28.59	2170	
			磁铁矿	142000	85000			实测

4.2 磁异常特征

从兰陵磁异常平剖图上（图 2）可以清晰看到该磁异常为出现在平稳的磁场区内的弱缓正磁异常，长达约 15 km、宽约 3 km，呈有规律的波形带状，异常沿 SEE 方向分布，磁异常极大值为 1300 nT。

兰陵高磁 ΔT 异常总体表现为 NW 向的磁力高值异常，主体方向 300°～315°，磁异常长约 13 km，北侧伴生有负磁异常（－200 nT），该负磁异常是由斜磁化引起的；正负异常轴线相距约 2～2.5 km，反映了含铁磁性体的延深较大（图 3）。磁异常中部古林一带具有断开、扭转现象，反映了古林一带 NNE 向断裂错移，水平错距达 800 m。依据磁异常特征，异常可划分为小寨子（异常峰值 820 nT），古林（异常峰值 1460 nT），岔路口（异常峰值 1400 nT），兰陵（异常峰值 1420 nT）4 区段，反映了深部铁磁性体矿物分段富集的特性。

化极后北侧负值消失，曲线近于对称，反映了磁性体总体近于直立、稍向北倾。

如图 4 所示，在小寨子异常段南侧与岔路口－兰陵磁异常段轴线交汇处取 O 和 O′点，在小寨子异常段南侧取 A 和 B 点，在古林异常段北东部取 A′和 B′点，则 OA′线原来应在 OA 线的位置、O′B′

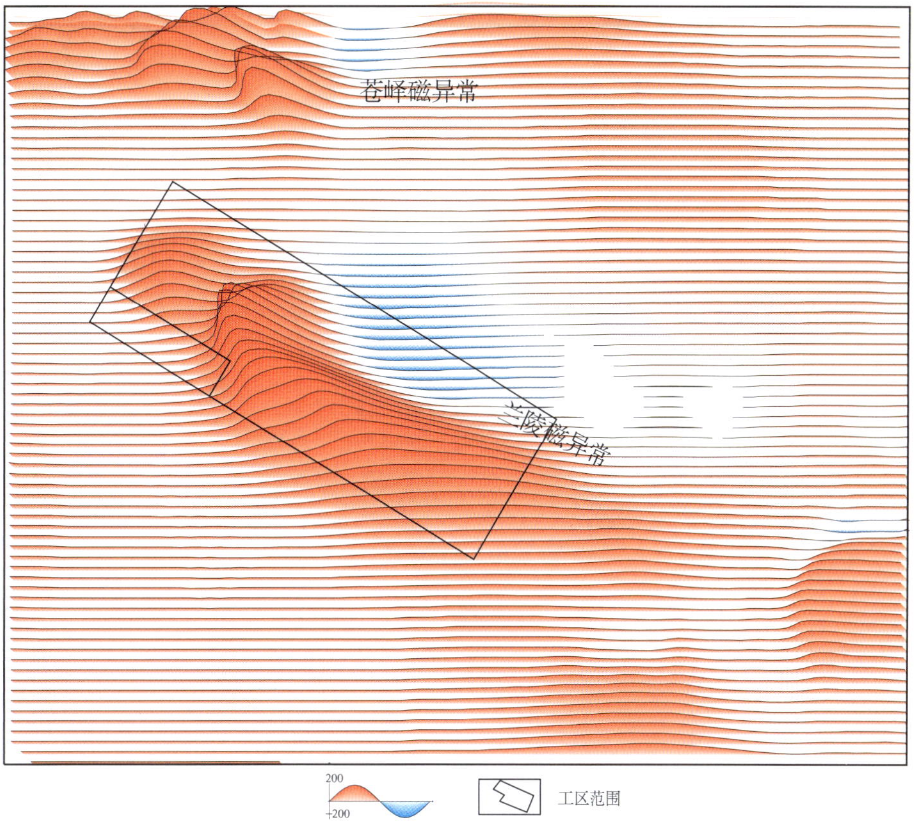

图 2　山东省苍山县古林—兰陵地区磁异常平剖图

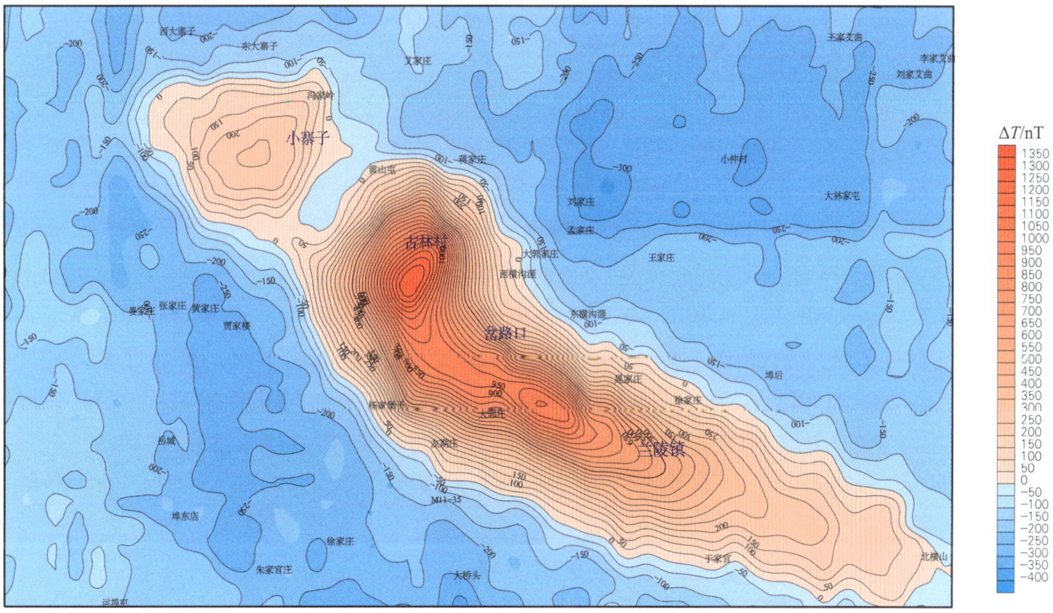

图 3　山东省苍山县古林—兰陵铁矿普查高磁 ΔT 异常等值线图

线原来应在 O′B 线的位置，这说明古林异常段扭转的磁场与小寨子磁场初始为连续的磁性体，后被地层深部的平滑断层断开扭转，将古林段抬升。结合化极和垂向一阶导数，推断深部有三条连续的磁性带。

山东兰陵铁矿区钻探结果表明（图 5）：兰陵磁异常区磁性地质体是由两个含矿带组成的，每个

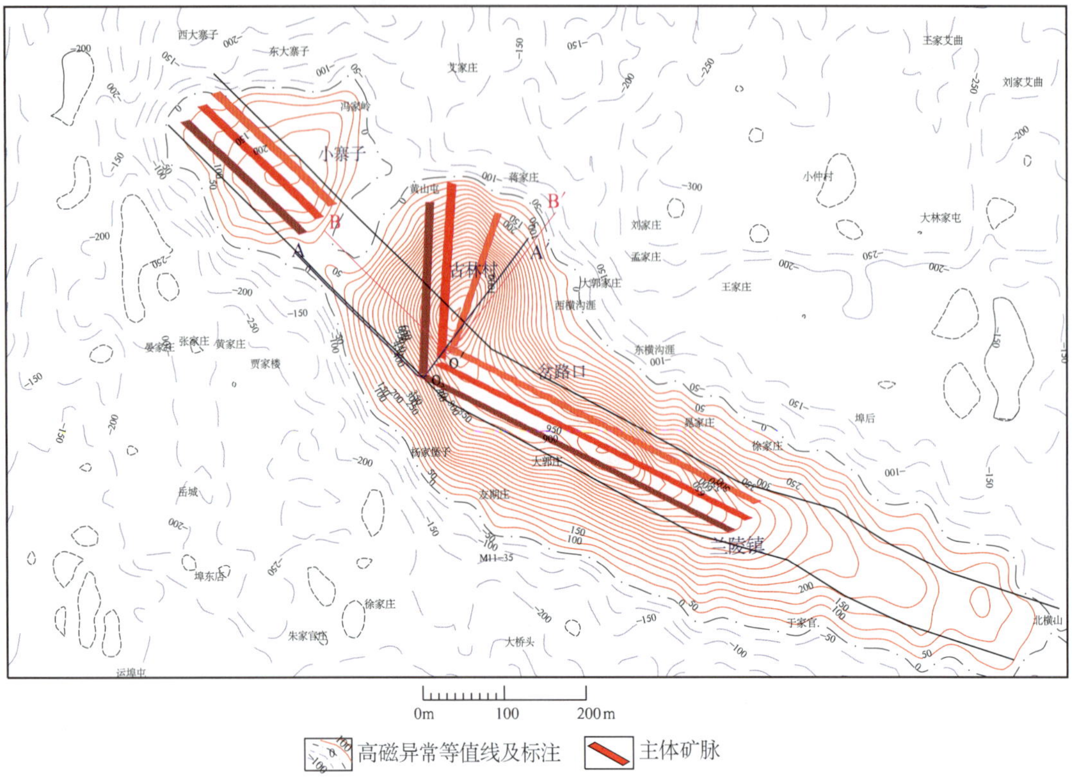

图4　山东省苍山县古林—兰陵地区磁性体平面走向示意图

含矿带由3～5个含矿层组成。与磁法、电法（图6）推断结果相一致。

以兰陵52勘探线地质剖面为例，示意兰陵地区铁矿成矿模式图（图5）。52勘探线高磁 ΔT 异常峰值1466 nT，高磁 ΔT 化极异常峰值1744 nT，矿顶深度距地表753.8 m，矿顶埋深与磁异常峰值比值为0.51，与磁化极异常峰值比为0.45。高磁 ΔT 化极垂向一阶导数非零值异常有7处峰值，根据垂向一阶导数意义，每个峰值点指示磁性体中心位置。其中1号峰（1.09 nT/m）位于测点3320点处，与3号矿体对应；2号峰（1.16 nT/m）位于测点3520点处，与4、5号矿体对应；3号峰（1.24 nT/m）位于测点3700点处，与9号矿体对应，3号峰为垂向一阶导数的极大值，对应的9号矿体也是连续最长的矿体；4号峰（0.71 nT/m）位于测点4060点处，与Ⅱ－1，Ⅱ－2号矿体对应；5号峰（0.22 nT/m）位于测点4240点处，与Ⅱ－3号矿体对应。高磁化极垂向一阶导数非零值异常，7处峰值有五处与地质钻探验证的磁性体位置吻合。利用已知推断未知，推断垂向一阶导数6号和7号峰值点仍有磁性体。6号峰（0.62 nT/m）位于测点2980点处，推断此测点地下1000 m处有磁性矿体；7号峰（0.16 nT/m）位于测点2800点处，推断地面以下1300 m处有磁性体富集。

根据磁法垂向一阶导数第一个非零正值确定磁性体的边界，磁异常控制长度11 km，磁垂向一阶导数近似异常控制磁性体宽度2～2.5 km，钻探控制铁矿层厚度如图6所示。利用多剖面磁法体积法、地质体积法估算，兰陵磁异常区预测铁矿资源总量 18×10^8 t，为特大型铁矿。

5　钻探验证

兰陵磁异常位于苍峄铁矿东南30 km处，苍峄铁矿的查明是兰陵磁异查证的一个范例。苍峄铁矿赋存于新太古代泰山（岩）群山草峪组变质岩系地层中，主要岩性为黑云变粒岩，夹角闪石英磁铁矿层、云母片岩、斜长角闪岩等，角闪石英磁铁矿层即是本区的铁矿体赋存层位。铁矿体赋存于泰山群山草峪组的上部，呈层状、似层状，产状与围岩—变质岩的片麻理一致，其形态与变质岩基底构造

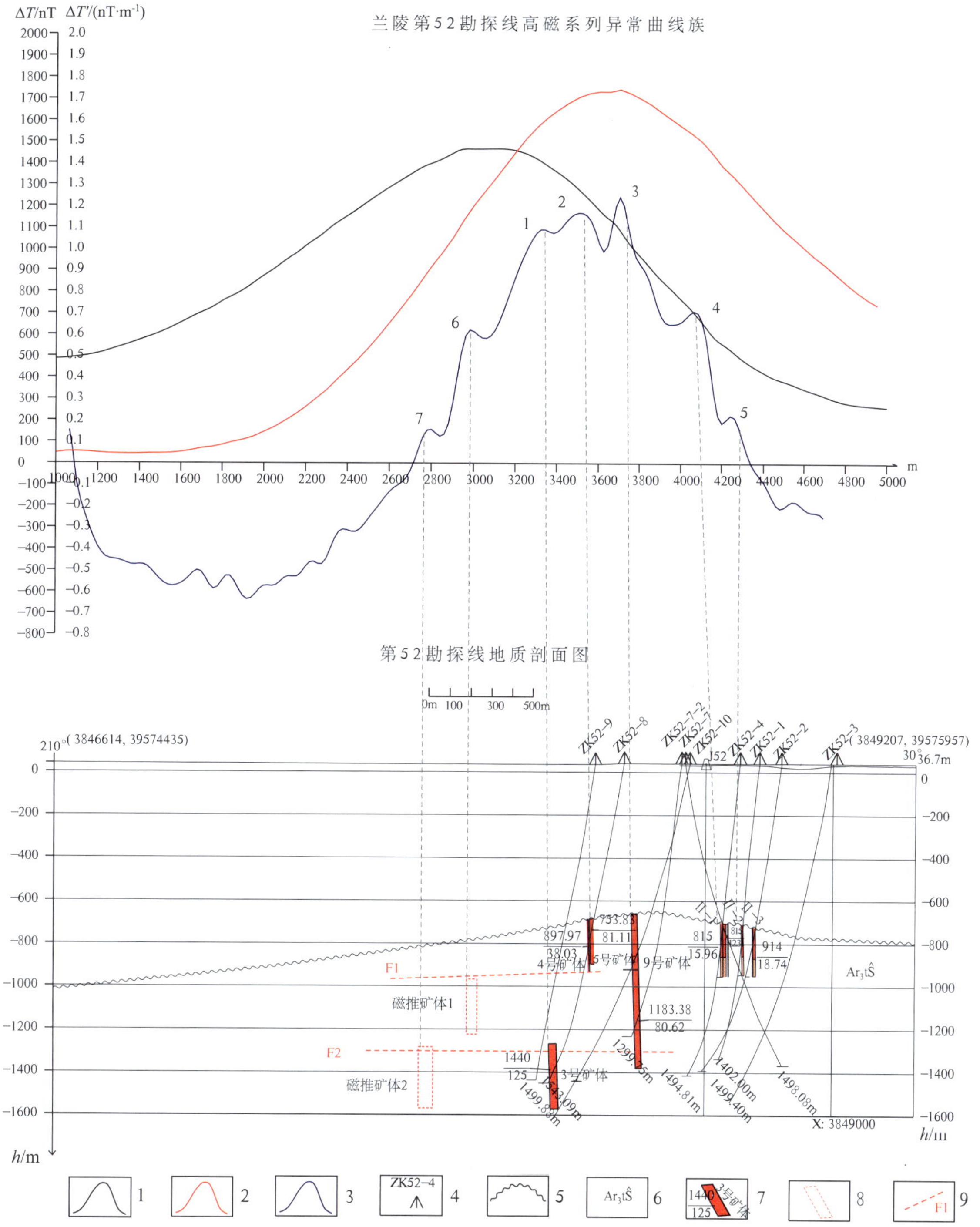

图 5　兰陵铁矿第 52 勘探线磁异常及地质剖面综合图

1—高磁 ΔT 异常曲线；2—高磁 ΔT 异常化极曲线；3—高磁 ΔT 异常化极垂向一阶导数曲线；4—钻孔及编号；5—不整合界面；6—泰山岩群山草峪组；7—矿体编号、见矿深度及厚度；8—磁推矿体；9—磁推平移断层

一致并受其控制。

为了验证兰陵磁异常，20 世纪 60 年代末期，山东省地质局首先在古林一带磁异常极值区的北部布设古林 1 号孔钻探验证，停钻于 420 m 处，取岩心鉴定，岩石为泥质灰岩、页岩等，地质时代属于新元古界的土门群—青白口系。后来又布设了 3 个钻孔，由于终孔深度较浅，均未达到验证磁异常的目的。70 年代初期，山东冶金地质队又继续对兰陵磁异常进行验证，布设了 ZK70－1 孔，在 600 m 深处见泰山岩群山草峪组地层，693. 86～707. 8 m 处见视厚度 13. 94 m 厚薄层沉积变质岩型铁矿—磁

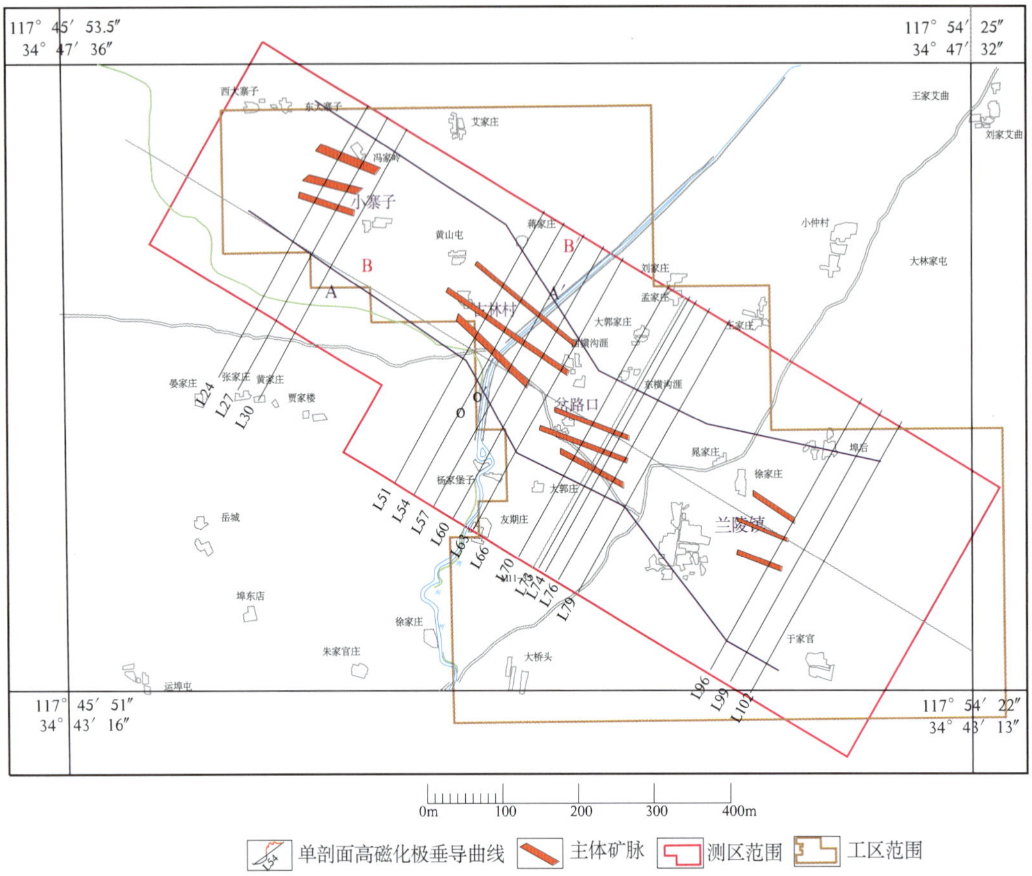

图6　兰陵高磁 ΔT 剖面化极垂向一阶导数推断矿脉平面图

铁角闪石英岩，停钻于泰山岩群地层中，达到了定性解释兰陵磁异常的目的。后来 ZK70－1 孔南 200 m处布设了 ZK70－2 孔，见到数米厚含铁矿化段。由于该磁异常区铁矿层薄、品位低等原因，铁勘探工作处于停滞状态。

直到 21 世纪初期，随着我国城镇化进程的加快，对钢铁需求量的加大，相应的对铁矿石量的需求量猛增，大部分铁矿石需要进口，拉动了国际铁矿石价格的增加。自 2005 年开始，由探矿权人临沂市土地开发服务中心，中化地质矿山总局山东地质勘查院、山东省物化探勘查院实施，开展了对兰陵磁异常区进行了物探、地质普查工作，2006 年、2007 年度布设了 ZK54－1、ZK63－1 钻孔验证，在 ZK54－1 孔中深度在 821～938 m 之间共见 6 层磁铁矿，累计厚度 52 m；在 ZK63－1 孔中深度在 748～1072 m 之间见 10 层磁铁矿，累计厚度 56. 3 m。该两孔的见矿厚度之大，提高勘查工作的士气，带动了社会资金对勘查工作的投入，拉开了大规模勘查兰陵铁矿的序幕。截至 2012 年 3 月底，共布设施工钻孔 101 个，其中见矿钻孔 65 个。初步查明兰陵部分矿段铁矿石资源量（332＋333）3. 08817 $\times 10^8$t。

6　结论

兰陵铁矿的发现是山东地矿人一代又一代不断勘查、不断总结取得的铁矿勘探成果，在铁矿的勘探过程中，物探的作用功不可灭。兰陵铁矿主体高角度倾向北，新兴铁矿主体高角度倾向南，构成了磁性基底泰山岩群山草峪组变质岩系复式向斜构造－沙沟－新兴基底褶皱构造。物探资资料解释符合当地地质环境情况。预测兰陵铁矿资源量 18×10^8t，为特大型铁矿。

参考文献及资料

孔庆友，张天祯，于学峰，等. 2006. 山东矿床[M]. 济南：山东科学技术出版社.
马兆同，李土雄，王玉敏，等. 2010. 山东省磁性矿床预测资源量估算报告[R]. 全国矿产资源潜力评价项目子项目.
马兆同，于钦仲，王玉敏，等. 2012. 寿光磁异常区找矿方向探讨[J]. 山东国土资源，28(7)：22－27.
马兆同. 2006. 山东省重磁资料综合解释成果报告[R]. 内部资料.

The Example of How to Find Shandong Lanling Magnetic Anomalies

Wang Yumin Ma Zhaotong He chunyan
Geophysical and Geochemical Exploration Institute of Shandong Province , 250013

Abstract: Lanling magnetic anomaly was found in the 1959 survey, until 2005 the Lanling magnetic anomaly has not been verified to identify. From 2005 to 2013, Linyi City Land Resources Bureau, with the Sinopec geological Mine Bureau, and Shandong Geological Prospecting Institute joined a team. They used geophysical prospecting, drilling and ore prospecting means to verifying the Lanling magnetic anomaly. Because the Lanling orebody deeply buried, with steep, formation and complex geological conditions, drilling is difficult. They throughed extensive consultation and continuous summary, and followed the technical route, which is "From the known to the unknown, point to the source, the short extension, key breakthrough, comprehensive anatomy". Therefore, they overcomed the complex geologic problem about Lanling mining area, which is rare both at home and abroad.

Key words: Lanling Magnetic Anomaly; Prospecting Example

磁法在河南新蔡寻找深覆盖铁矿中的应用

王纪中　许国丽　邵平安

（河南省地质调查院，河南 郑州 450001）

摘　要：新蔡隐伏铁矿是在1976年河南省信阳地区1∶5万航磁测量基础上发现的，通过1977年和2007年两次异常查证，进行不同比例尺的地磁扫面、重力、电法、地震和可控源音频大地电磁测深（以后简称CSAMT）剖面测量工作，以及综合解释和钻探验证工作，目前已探明为大型铁矿。

关键词：磁异常；铁矿；地质构造；综合物探

新蔡铁矿区位于华北陆块南缘的豫皖古陆块南缘的豫皖古陆块及其华北新生代凹陷区，南与秦祁昆造山系的北秦岭弧盆系相邻，是河南省沉积变质型铁矿的重要成矿远景区之一。

1　磁异常发现与见矿概述

新蔡铁矿区位于河南省东南部新蔡县东10 km，行政区划隶属新蔡县练村乡、顿岗乡、杨集乡、化庄乡等4个乡管辖。其范围为：E115°04′01″～115°11′05″，N32°39′41″～32°48′11″。面积128.0 km^2。

新蔡铁矿发现较晚，1976～1977年原河南省地质局测绘队航空物探分队开展了信阳地区1∶5万航磁测量，发现了豫C－76－5、6、7、8等4个航磁异常。

1977年河南省地质局物探队开展1∶2万地磁测量，同时进行了重力、电法和地震剖面的测量工作。对豫C－1976－5、7、8异常进行检查，圈定出D1、D2、D3、D4、D5、D6等6个地磁异常。1977年2月至1980年，河南省地质十队进行异常验证，并发现铁矿。共施工钻孔10个，钻探进尺7782.93 m。其中9个钻孔因孔内事故而停孔，未达到地质目的，仅有ZK307达到地质目的。由于当时的钻探施工技术水平和地磁测量精度有限等历史原因，该铁矿异常查证工作匆匆下马。

2006～2007年，河南省地质调查院在该区进行了地质大调查项目“河南省舞阳—新蔡地区铁矿勘查”，对新蔡地区的磁异常进行了进一步高精度地磁面积、剖面和CSAMT剖面工作。在此基础上布置了3个验证孔，提交（333）＋（3341）铁矿石储量达17900×10^4t（崔来运等，2008）。

目前新蔡铁矿区由地方企业正在进行商业地质勘查，截至2010年底已查明新蔡陈空铁矿储量（豫C－1976－08）9159.3×10^4t、新蔡大邓庄（豫C－1976－08－01）2277.2×10^4t、新蔡葛寨（豫C－1976－07－01）6457.7×10^4t。

2　地质与地球物理场特征

2.1　地质特征

新蔡铁矿区属华北平原的南缘部分，新生代地层广泛覆盖，无基岩出露。根据重力和CSAMT及钻孔资料推测，铁矿区位于太古宙隆起上，新生代地层呈角度不整合直接覆盖在太古宙地层之上，厚度大于650 m；隆起周围覆盖有侏罗系、白垩系和二叠系、奥陶—寒武系地层及震旦系（图1）。

太古宇主要有太华群。南部主要为黑云斜长片麻岩、石榴子石黑云母片岩、黑云斜长变粒岩夹磁铁角闪石岩、条带状角闪磁（赤）铁石英岩、石榴子石角闪片岩。

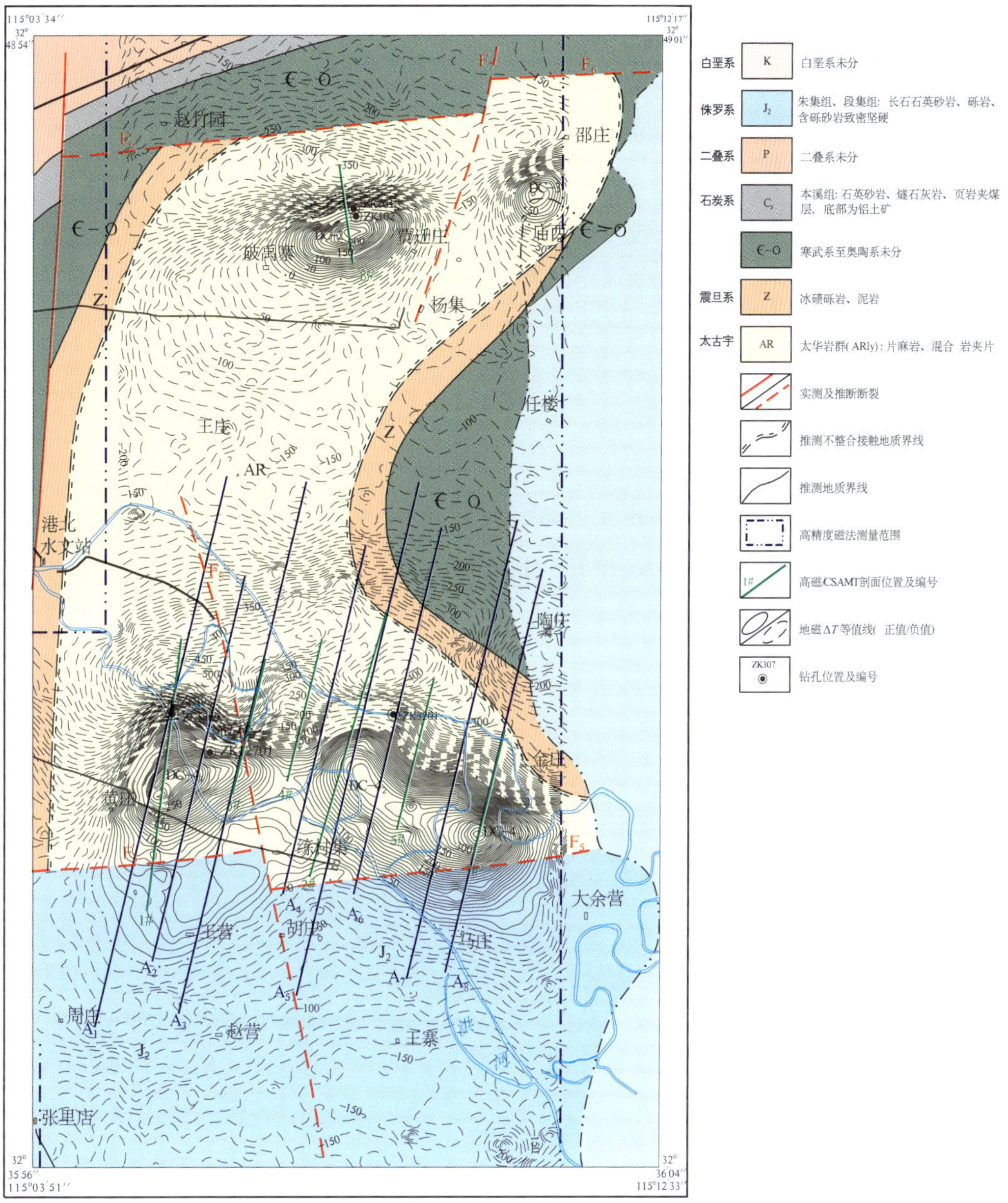

图1　新蔡矿地磁 ΔT 异常图及基岩地质图

北部主要为条带状黑云母角闪变粒岩、黑云角闪岩、黑云变粒岩、透闪石角闪石夹黑云石榴片岩、条带状磁铁黑云透闪－阳起片岩，斜长角闪岩、条带状磁铁角闪透辉石岩、石榴子石黑云片岩夹条带状磁（赤）铁矿石英岩。

新蔡铁矿区所处的太古宙隆起呈近 S－W 向，并受该方向断裂控制，形成晚于近 E－W 向的成矿建造。

铁矿区主要有近 E－W 向和近 S－W 向两组断裂构造，近东西向断裂形成较早，是铁矿的控矿断裂，F_5、F_6 分别控制南矿带和北矿带；近南北向断裂形成较晚，对矿床有破坏作用，F_7、F_8 分别错开了北和南异常带。

据物探和钻探资料，区内尚未发现较大的岩浆岩体，仅在钻孔中见到花岗岩脉、石英脉等。

铁矿层赋存于太古宇太华群地层中，以磁铁矿为主，控制的铁矿体最大厚度 30.64 m，最小厚度为 3.01 m，平均厚度为 21.32 m。

2.2 地球物理特征

2.2.1 物性特征

铁矿区被新生界覆盖，岩（矿）石磁参数主要参考成矿带西部舞阳铁矿资料和钻孔资料（表1）。

表1 新蔡铁矿参考的主要岩（矿）石磁性参数统计表

地层	岩（矿）石名称	采集地区	块数	$K/(10^{-5}SI)$	$J/(10^{-3}A\cdot m^{-1})$	备注
太华岩群 Art_3	片麻岩	鲁山县辛集，舞阳县杨庄寨、经山寺、王道行、桃园和西平县杨庄等	313	850~6910	630~1160	部分岩心
	角闪斜长片麻岩	舞阳县沟头赵	2	1370	110	
	片岩	舞阳县赵案庄、王道行、沟头赵	89	830~5020	0~1540	
铁矿石		舞阳县赵案庄、杨庄寨、王道行、铁山庙、经山寺和鲁山县下汤等	210	29310~155700	7050~58000	大部分取矿心

在地层中，新生界、古生界无磁性；太古宇、侏罗系、白垩系具有中-弱磁性，可以引起低缓的区域磁异常；磁铁矿磁性最强，磁化率最高为 155700×10^{-5}SI，剩余磁化强度最高为 58000×10^{-3}A/m，是引起局部磁异常的主要因素。

2.2.2 磁异常特征

于1976年进行的航磁测量圈定了豫C5-1976-5、7、8、8-1等4个局部异常（图2）与2006年通过1∶5万地面高精度磁测圈定的DC-41、42、43和DC-2、DC-3相对应（图1）。地磁与航磁异常的形态基本一致，但更详细的反映了磁异常的特征，异常幅值有了较大的提高。

受东西向构造控制呈近东西向展布，形成南北两个异常带，DC-2、DC-3异常位于北部异常带，呈椭圆状东西排列，北侧伴随有幅值较大的负异常。DC-2规模较大，零等值线面积达4.5 km^2，异常梯度较陡，最大值大于300 nT，极小值为-400 nT；南部磁异常带的主体是DC-4异常，零等值线面积达30 km^2，场值变化较陡，北侧伴随有幅值较大的负异常，最大值大于400 nT，极小值为-550 nT，DC-4异常是由DC-41、42、43三个规模较大的局部异常组成，大体呈东西排列，西部的DC-41呈三角形，DC-42、43被80 nT等值线圈闭，呈NW向走向。

（1）北部异常带

北部异常带由两个异常组成，2006年1∶5万地面高精度磁测时异常编号为DC-2、DC-3，20世纪70年代完成的1∶2万地磁测量时的异常编号为D1、D2，两次圈定的异常形态和极值位置基本一致。20世纪70年代完成的1∶2万重力测量，$(0.3\sim0.4)\times10^{-5}m/s^2$ 剩余重力异常与磁异常对应，结论是磁铁矿引起。

（2）南部异常带

南部异常带DC4地磁异常与76-5、76-7航磁相对应。20世纪70年代完成的1∶2万地磁测量圈定出的D3、D5、D6磁异常与2006年地面高精度磁测工作圈定出的DC-41、42、43相对应，其异常形态，异常位置基本一致。20世纪70年代完成的1∶2万地磁测量圈定出异常的极值位置与20世纪70年代完成的1∶2万重力测量 0.4×10^{-5} m/s^2 的同方向剩余重力异常吻合好，结论是磁铁矿引起。

3 推断解释与查证见矿

3.1 第一轮异常查证

对地磁测量圈定的D1异常（DC2）、D3异常（DC41）和D5异常（DC42）应用带校正系数切线

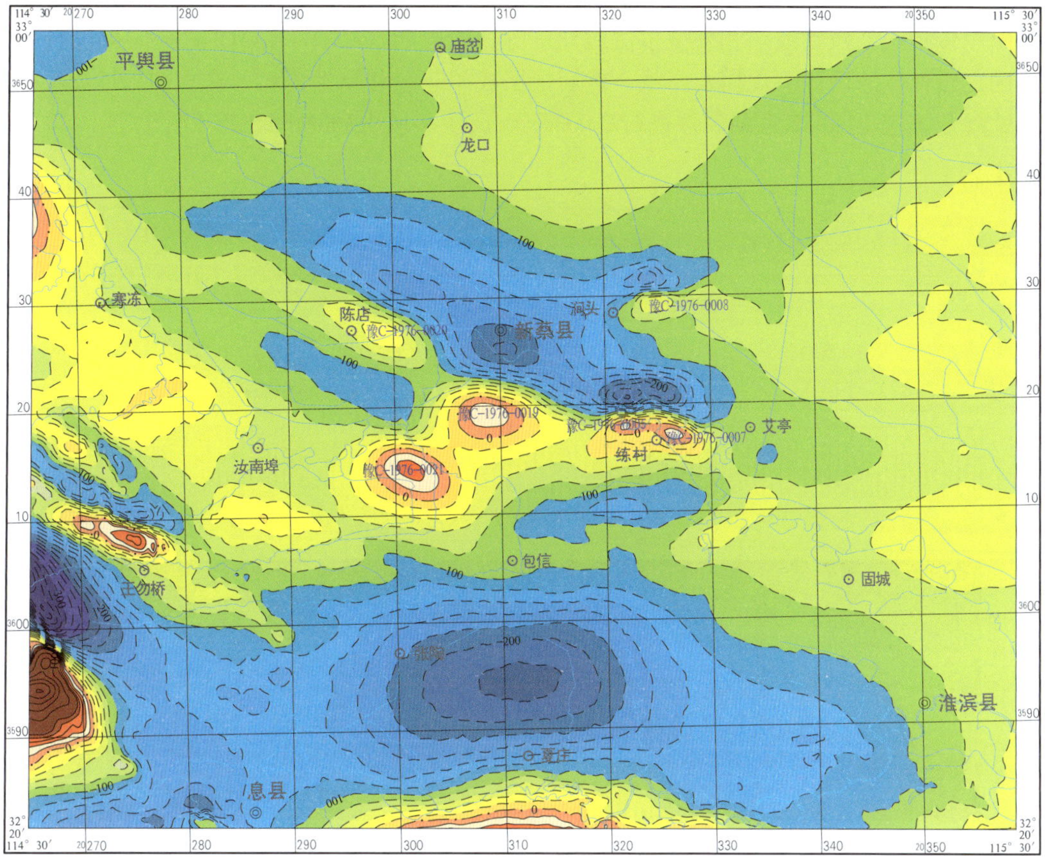

图 2　新蔡地区航磁 ΔT 异常等值线图

法及外奎尔、切线法等进行了磁性体深度计算及产状特征半定量解释。

3.1.1　D1 磁异常

D1（2006 年为 DC2）磁异常推断为一向北倾斜埋深较大的斜交磁化薄板状磁性体引起，顶面埋深为 525 m，$b=223$ m，$\alpha=81°$，$\gamma=33°$，推断磁性体磁化强度为 3100×10^{-3} A/m。布置了两个钻孔 ZK101 和 ZK102，ZK102 孔位于异常化极中心，ZK101 孔位于 ZK102 孔之北 176 m 处，他们分别于 787.41 m 和 805.11 m 见矿。两孔均是打在该异常的矿体头部，未打穿矿层。

通过钻探验证及井中磁测和物性测定，矿体倾向与解释一致，只是实际矿体埋深与解释的深度偏差较大，而与地震所反映的界面深度差不多。解释磁性体过浅主要是磁参数取得过小所致。

3.1.2　D3 磁异常

D3（2006 年为 DC41）磁异常推测由南北两个磁性体叠加所引起。其中南部磁性体 n1 埋深 700 m，$2b=1000$ m，$J_0=3400\times10^{-6}$ CGSM，北部磁性体 n2 埋深 360 m。在北部磁性体 n2 上施工的 ZK307 孔，于 726.66 m 见铁矿体，矿体厚度较大。磁性体实际埋深大于推断埋深，与地震所反映的界面深度相近，其主要原因是模型参数较大和磁参数取得过小有关。

3.1.3　D5 磁异常

D5（2006 年为 DC42）磁异常解释为一板状体，$h=900$ m，$2b=200$ m，$J_0=15100\times10^{-6}$ CGSM。距异常中心北东方向约 150 m 处，施工 ZK501 孔，在 722.32 m 见磁铁矿石英岩，没有打到主磁性体，主要磁性体仍在下部。与解释结果吻合。

3.2　第二轮异常查证

3.2.1　综合定量解释

本次进行了 1∶5 万高精度磁测，在对扫面数据进行处理、定性解释的基础上，对每个异常布置

1～3 条高磁和 CSAMT 剖面，在第一轮异常查证成果基础上进行综合解释，取得了较好效果。

首先应用带校正系数切线法和外奎尔法对异常等进行分析，结合 CSAMT 解释成果进行半定量解释，大致确定磁性体的埋深、规模及产状。然后根据成矿建造和物性资料，建立初步地质模型和选择合适的物性参数，应用 RGIS 系列软件进行 2.5D 正、反演，取得满意的结果（图 3）。

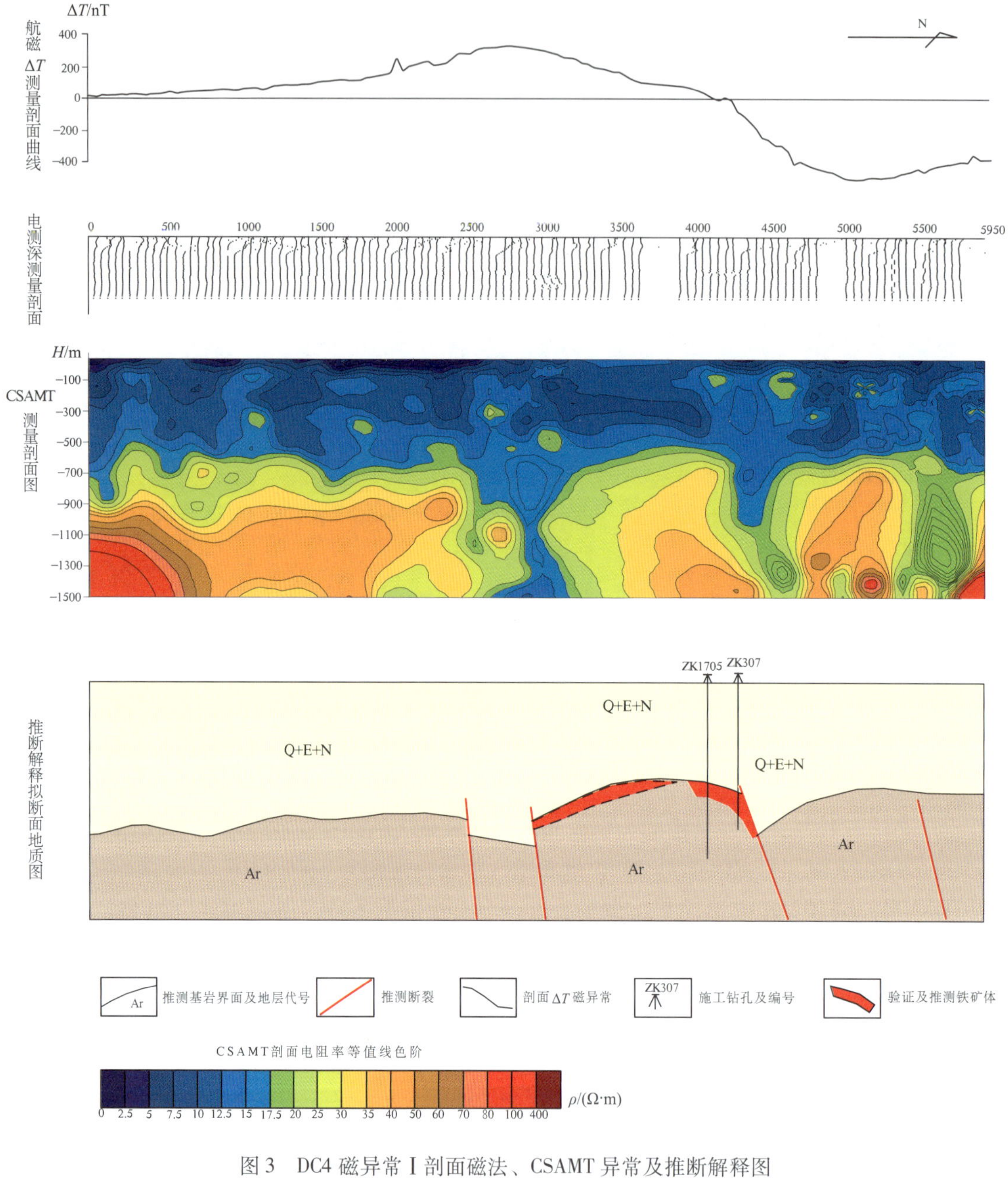

图 3　DC4 磁异常 I 剖面磁法、CSAMT 异常及推断解释图

根据 DC4 异常解释结果布置了 ZK1705 和 ZK12701 孔。经钻探验证，在 700 m 附近穿过新生界进入太古宇地层，与 CSAMT 解释的新生界与太古宇界面较吻合，遗憾的是 CSAMT 推测的 3 个断裂没有得到验证。两个钻孔在 700 m 附近均见到了铁矿层，分多层（4～9），单层最厚达 30 m 以上、单孔最厚达 70 m 以上，与解释的铁矿等效层厚度吻合较好。

采取上述定量解释方法，分别对 DC－2、DC－3、DC－4_1、4_2、4_3 磁异常选取 5 个剖面进行定量解释，具体参数：铁矿体磁化强度采用 45000×10^{-3}A/m、围岩磁化强度采用 13000×10^{-3}A/m、使用地磁倾角 49.55°、磁偏角采用地磁偏角 －4.53°、矿体长度取异常走向两端的陡变带之间的距离、矿体密度取 3.2×10^3 kg/m^3。三个异常计算出总矿体资源量为 95044.82×10^4t，其中与已完成勘探 DC2 资源量较为吻合。

3.2.2　验证结果

通过 1977 年和 2007 年两次异常查证，进行了不同比例尺的地磁扫面、重力、电法、地震和 CSAMT 剖面测量工作，并对取得资料进行了综合解释。对 DC2、DC3、DC4 矿致异常中的 DC2、DC4 异常进行了钻探验证，其中 DC2 异常布置了 ZK101、ZK102 两钻孔、DC4 异常布置了 ZK307、ZK1705 和 ZK12701 三钻孔。经钻探验证，5 个钻孔均见到较好矿体，其中 DC2 异常有 4 层矿体，矿体累计厚度 5.84～26.85 m，平均厚度 22.62 m；DC4 异常有 9 层矿体，矿体累计厚度 19.93～47.65 m，平均厚度 33.79 m。估算铁矿资源量 DC2 异常（333）+（334_1）32969521t，其中（333）10567761 t，（334_1）22401760 t；DC4 异常（333）+（334_1）146727794 t，其中（333）50143677 t；（334_1）96584117 t（崔来运等，2008）。

4　结论

1）在两次航磁异常查证中，进行了不同比例尺的地磁扫面、重力、电法、地震和 CSAMT 剖面测量等综合物探和钻探验证工作，确定了 DC2、DC3、DC4 均属于矿致异常，探获资源量扩大到 9×10^8t 以上，取得了较好效果。

2）结合重力、电法、地震资料对磁测资料进行综合解释，能更准确地确定矿体（磁性体）位置和空间变化特征。

3）目前地震和 CSAMT 是解释深部地质界面和构造特征的较好方法，甚至对较大的铁矿（化）体也有所显示；重力资料辅佐磁测资料，能更好地解释矿区构造格架和成矿建造特征，规模大的铁矿体如果埋深不大，能直接引起高精度重力异常。

参考文献及资料

崔来运，王丰收，王纪中，等. 2008. 河南省舞阳－新蔡地区铁矿勘查成果报告[R]. 河南省地质调查院.

地质矿产部地质调查局. 1997. 物化探异常优选和查证[R]. 地质矿产部地质调查局.

范正国，黄旭钊，熊盛青，等. 2010. 磁测资料应用技术要求[J]. 北京：地质出版社.

河南省地矿厅地质十队. 1980. 河南省新蔡县练村—化庄磁异常验证地质报告[R]. 河南省地矿厅地质十队.

邵平安，王纪中，许国丽，等. 2012. 河南省重力资料应用研究成果报告[R]. 河南省地质调查院.

王纪中，许国丽，邵平安，等. 2012. 河南省磁测资料应用研究成果报告[R]. 河南省地质调查院.

周道卿，等. 2012. 磁异常见矿实例技术要求[R]. 中国国土资源航空物探遥感中心.

鞍山地区地质构造及深部铁矿

范正国　黄旭钊　谭林　杨雪　张洪瑞　周道卿　刘前坤

（中国国土资源航空物探遥感中心，北京 100083）

摘　要：鞍山地区是我国铁矿最集中的地区，已探明铁矿石近 100×10^8t，但对该区地质构造和深部铁矿的认识仍然是不确定的，存在一些争议。不同的意见主要集中在该区是属于向斜构造还是属于背斜构造，这些构造是怎样控制铁矿产出的，深部铁矿远景有多大。针对这些问题，本文在对鞍山地区浅部地质构造及铁矿特征、岩（矿）石物性特点和重磁异常特征等综合研究基础上，采用剖面重磁异常人机交互正反演技术对穿越东鞍山和齐大山铁矿区的重磁异常剖面数据进行了反演，结果表明：鞍山地区整体为以铁架山为中心的穹窿构造，而穹窿顶部存在环绕铁架山的向斜构造或“凹陷”，该向斜构造控制了鞍山地区铁矿的分布，深部铁矿的规模远大于已探明的地表及浅部铁矿的规模，深部铁矿资源前景巨大。

关键词：鞍山；构造；铁矿；重力异常；航磁异常

鞍山地区位于中国东北部辽宁省境内，是中国铁矿最集中的地区，在不足 100 km^2 范围内，发现了齐大山、胡家庙子、眼前山、大孤山、东鞍山和西鞍山等大型铁矿床（图 1），在勘探深度一般小于 500 m、个别达到 1000 m 的情况下，探明铁矿储量达 70×10^8t 以上（姚培慧等，1993；沈保丰等，2005；任群智等，2007）。该区铁矿的开采与研究历史悠久，早在战国时期（公元前 475 年—公元前 221 年）就出现了铁矿开采活动，但大规模勘探、开采活动始于 1908 年（姚培慧等，1993）。尽管如此，本区仍有许多问题尚待解决，其中最重要的问题，一是鞍山地区的地质构造到底是什么形式、二是鞍山地区深部是否还有大规模铁矿。针对这两个最重要问题，本文采用剖面重磁异常人机交互正反演技术（于长春等，2007；范正国等，2010，2012b）正演了东鞍山和齐大山已知铁矿引起的航磁异常，并对横穿东鞍山铁矿区、铁架山区和齐大山铁矿区的重磁剖面异常进行了反演，以此为基础研究了鞍山地区地质构造、评估了鞍山地区深部的铁矿远景。

1　地质构造及矿产特征

大地构造上，鞍山地区位于华北克拉通（Ⅰ）北东部，跨越胶辽台隆（$Ⅰ_1$）和华北断陷（$Ⅰ_3$）2 个二级大地构造单元，涉及太子河－浑江台陷（$Ⅰ_1^2$）、营口－宽甸台拱（$Ⅰ_1^3$）和下辽河断陷（$Ⅰ_3^1$）3 个三级大地构造单元。该区中部铁架山一带出露太古宙混合岩及混合花岗岩、原岩为华北克拉通中最古老的钾质花岗岩（万渝生等，2002），铁架山周围出露太古宇鞍山群樱桃园组和元古宇辽河群浪山子组千枚岩、片岩，震旦系石英岩，寒武系碳酸盐岩等；西北部广大地区属于第四系覆盖，南部大面积出露燕山期花岗岩，东部广大地区出露太古宙混合岩及混合花岗岩、震旦系石英岩及寒武系碳酸盐岩（图 1）。

关于鞍山地区的地质构造，目前仍存在多种认识，归纳起来主要有以下几种：①刘生石（1977）认为，鞍山地区地质构造属于弓长岭－辽阳复背斜之南翼，包含了北部（樱桃园－谷首峪）倒转向斜、中部（铁架山）倒转背斜和南部（西鞍山－大孤山）倒转向斜等。②潘勇飞（1977）认为，鞍山地区前震旦系基底构造为向 NW 向倾没的、核部已被剥蚀、并受断裂破坏的背斜构造，其核部位于

［原载及说明］本文原载于《地质与勘探》，2013，49(6)：1－11。

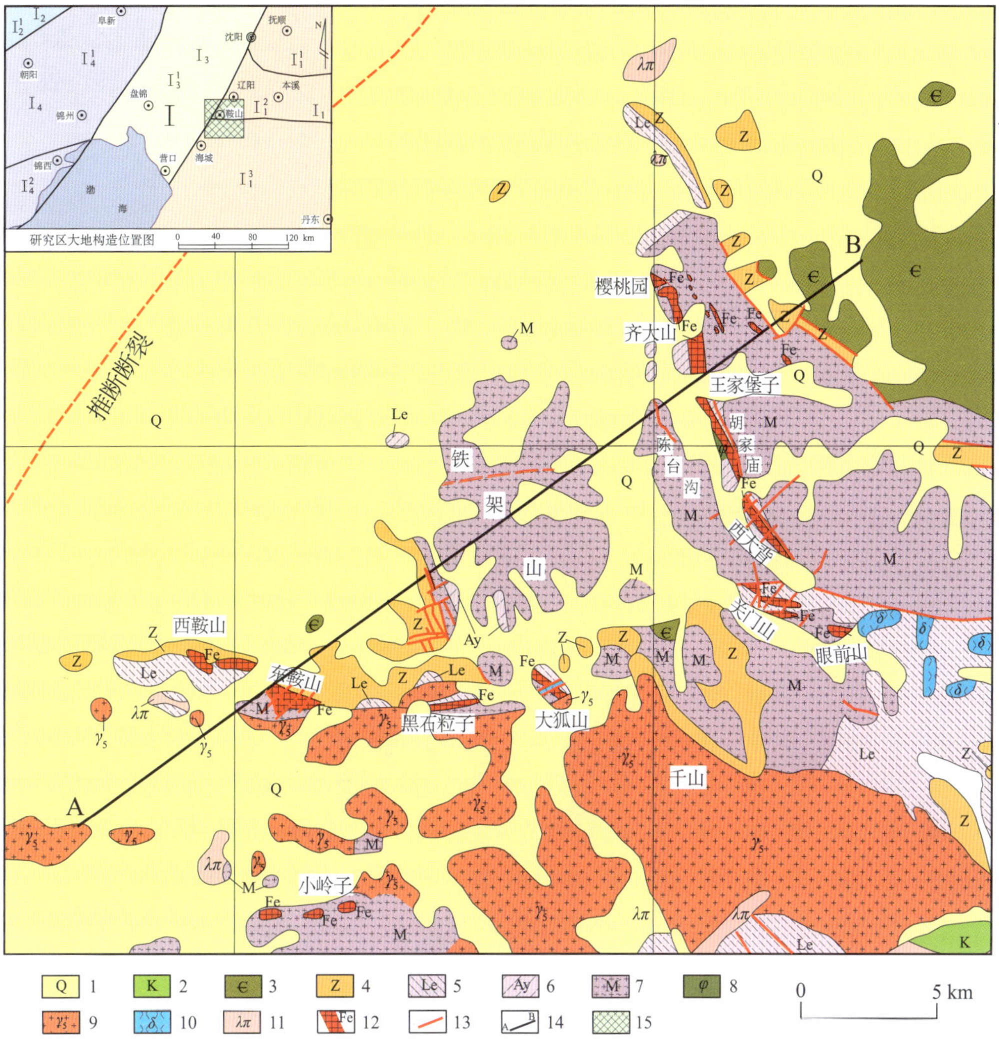

图1 鞍山地区地质及矿产图

（据刘生石，1977；沈保丰等，2005修改）

1—第四系；2—白垩系；3—寒武系；4—震旦系；5—元古宇辽河群浪山子组；6—太古宇鞍山群樱桃园组；7—太古宙混合岩、混合花岗岩；8—太古宙斜长角闪岩；9—白垩纪花岗岩；10—闪长岩；11—石英斑岩；12—铁矿体或磁铁石英岩；13—断裂；14—东鞍山－齐大山（A－B）剖面位置；15—研究区位置

铁架山。③杜维本（1980）认为，鞍山地区的铁矿带既不是产于向斜的某翼，也不是产于背斜或穹隆的某翼，而是产于两个不同的弧形构造带。④徐光荣等（1984）认为，在太古宙（大约25亿~31亿年）时期，鞍山地区属于古火山岛弧－海沟区，东鞍山－铁架山为火山隆起区，齐大山处于火山隆起区到海沟区的斜坡上；古元古代，东鞍山一带出现局部下陷，形成帽地槽。⑤蒋永年（1988）认为，鞍山地区的地质构造为北部向斜、中间背斜和南部向斜所构成的复向斜构造。⑥李鸿业等（1999）认为，鞍山地区的铁矿带并不是产于同一向斜构造的两翼，而是产于蘑菇状的复背斜构造中的局部凹陷中。

鞍山地区已发现的矿产主要为早前寒武纪形成的沉积变质型铁矿，由分布在铁架山东、南两侧的西鞍山－大孤山、齐大山－胡家庙子和眼前山－关门山3条铁矿带构成。这些矿带彼此独立，并被大面积的多期形成的花岗质岩石所包围。矿带内部，作为矿带主体的铁矿层呈厚板状，由各种磁（赤）铁石英岩组成，铁矿层两侧，残留有部分千枚岩、变粒岩和角闪岩，其时代有人认为属于太古宙（刘生石，1977；李鸿业等，1999），也有人认为属于元古宙（徐光荣等，1984；蒋永年，1988）。

鞍山地区铁矿勘探的深度一般小于500 m、个别达到1000 m，深部是否还有铁矿是大家关注的问题之一。近年来，在鞍山地区的黑石砬子和鞍山地区以东30~60 km处的弓长岭、大台沟、南芬等地段的深部，通过对地质构造和磁异常的研究和钻探验证，发现了大量的铁矿（任群智，2007；刘军，靳淑韵，2010；洪秀伟，2010）。范正国等（2012a）定性分析了航磁异常后认为，鞍山铁矿区内黑石砬子、三道沟和平山街等地段深部的找矿前景较好。

2 地球物理特征

2.1 重磁异常特征

在1∶500万航磁 ΔT 异常图（王乃东等，2004）上，鞍山地区出现一处强度大于3000 nT的强磁异常，其形状（正值部分）呈等轴状、北侧伴生明显得负异常。在1∶10万航磁 ΔT 化极垂向一阶导数等值线图（图2）上，鞍山地区航磁异常分解成多条带状局部异常，其中齐大山－胡家庙子、西鞍山－大孤山和眼前山－关门山等异常带与已知的铁矿带对应很好。

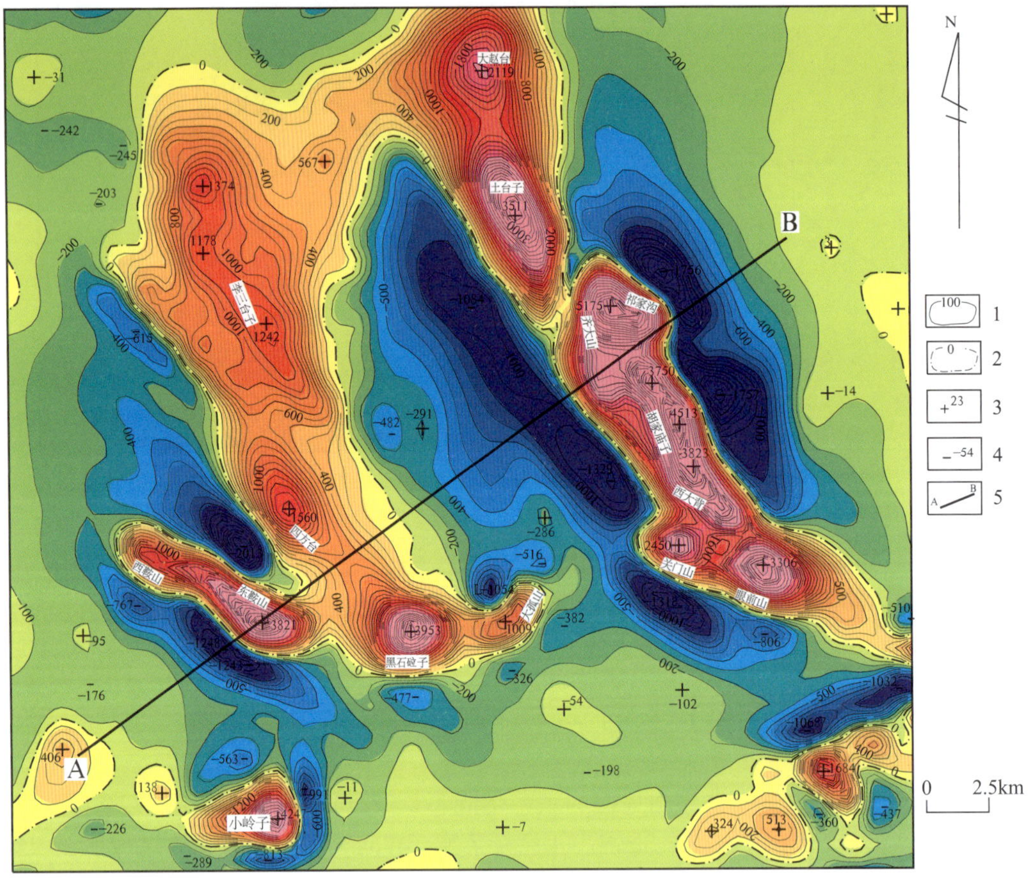

图2 鞍山地区航磁化极垂向一阶导数异常图

1—等值线及注释（单位：nT）；2—零等值线；3—相对高值点及注释（单位：nT）；
4—相对低值点及注释（单位：nT）；5—东鞍山－齐大山（A－B）剖面位置

在1∶500万布格重力异常等值线图上，鞍山地区处于NE向布格重力高异常带的东南侧梯度带上，局部存在布格重力等值线向南凸的鼻状高值异常。在1∶20万布格重力剩余异常等值线图（图3）上，鞍山地区布格重力剩余异常的特征与航磁 ΔT 化极垂向一阶导数异常的特征相似，也分解成多条带状局部异常，且重磁异常重合性非常好。

2.2 岩（矿）石物性特征

根据本次测量数据和前人资料的统计结果（表1），鞍山地区铁矿层的上下盘围岩和各盖层的磁

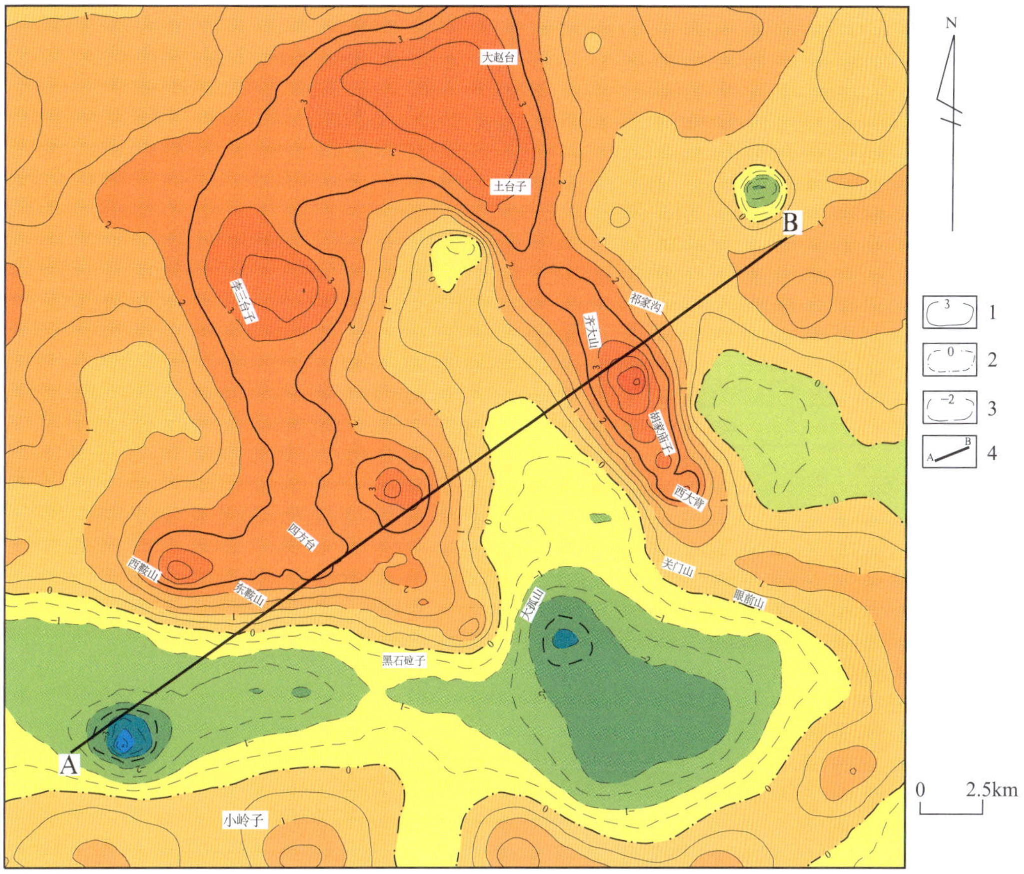

图 3　鞍山地区布格重力剩余异常图

1—正等值线及注释（单位：$\times10^{-5}$ m/s^2）；2—负等值线及注释（单位：$\times10^{-5}$ m/s^2）；3—零等值线；4—东鞍山－齐大山（A－B）剖面位置

化率均在（1～432）$\times10^{-5}$SI 范围内、可视为无磁性或弱磁性，密度为 2.1～2.9 g/cm^3，不同地层或岩性之间存在明显得密度差；鞍山式铁矿的磁化率变化范围为（12366～139123）$\times10^{-5}$SI、是该区唯一能引起强磁异常的地质体，密度高达 3.32～3.48 g/cm^3、当其体积足够大时也能引起明显得重力异常。

表 1　鞍山地区岩（矿）石物性表

岩（矿）石名称	时代	地点	密度 δ/（g·cm^{-3}）	磁化率 κ/（10^{-5} SI）		资料来源
				变化范围	平均值	
第四系	Q	鞍山及其周边地区	2.10			潘勇飞（1977）、刘士毅等（2010）
石英岩	Z		2.7～2.8	0～63		
碳酸盐岩	∈		2.7～2.8	0～63		
石英砂岩	Qb	西鞍山	2.62	1～10	6	本次实测
片岩	Ar_3	东鞍山	2.80	29～88	45	
片岩	Ar_3	东鞍山	2.77	33～65	47	
千枚岩	Ar_3	齐大山	2.46	18～51	33	
花岗岩	Ar_3	东鞍山	2.63	12～28	20	
二长花岗质片麻岩	Ar_3	眼前山		50～80	57	
黑云母钾长花岗岩	Ar_3	关门山		2～241	52	
钾长花岗岩	Ar_3	胡家庙子		43～375	191	
斜长角闪岩	Ar_3	胡家庙子	2.90	72～432	159	

续表

岩（矿）石名称	时代	地点	密度δ/（g·cm^{-3}）	磁化率κ/（10^{-5} SI）		资料来源
				变化范围	平均值	
花岗质片麻岩	Ar_2	铁架山南坡		12～44	22	本次实测
奥长花岗岩	Ar_2	铁架山北坡	2.66	1～39	11	
花岗岩	Ar_2	铁架山	2.61	1～21	6	
矿化片岩	Qb	西鞍山	2.79	136～436	236	
矿化片岩	Ar_3	眼前山	2.84	183～9856	994	
矿化绿泥石片岩	Ar_3	齐大山	2.93	17～22029	6326	
矿化斜长角闪岩	Ar_3	胡家庙子	3.30	91～10711	1514	
铁矿石	Ar_3	齐大山	3.48	63852～139123	106839	
铁矿石	Ar_3	胡家庙子	3.32	12366～111000	40028	
铁矿石	Ar_3	眼前山	3.42	39895～105000	74958	

此外，王世称等（1977）和丛培强等（2012）指出，鞍山地区磁铁矿石不但感应磁性（磁化率κ）强、剩余磁性 *J*r 也强，其他岩石的感应磁性（磁化率κ）和剩余磁性 *J*r 都弱。

3　已知铁矿引起的航磁异常

为了研究鞍山地区深部是否还有未探明的铁矿，采用剖面重磁异常人机交互反演技术正演了东鞍山和齐大山已探明铁矿引起的航磁异常。正演中使用的正常地磁参数：强度（T_o）为 53508.2 nT，倾角（I_o）为 57.9°，偏角（I_o）为 −7.4°。计算剖面方向为 54.9°。

3.1　已探明的东鞍山铁矿引起的航磁异常

东鞍山铁矿勘探深度近 900 m，矿体为厚约 280 m 的层状，走向延长约 2200 m，地下 300 m 以浅向 NE 约 45°倾斜、以下向北东陡倾斜（近于直立），地下 500 m 以浅主要为赤铁贫矿、以下主要为磁铁贫矿，近矿围岩主要为太古宙千枚岩，往外为太古宙混合岩（图 4－a）。

东鞍山铁矿区的航磁异常十分醒目，异常强度近 4000 nT。由于本区只有铁矿石才具有强磁性，其他岩石为无磁性或弱磁性，因此，航磁异常应是东鞍山铁矿引起的。但是，目前勘探已控制的铁矿体能否引起测量所得的航磁异常呢?

为了回答上述问题，将勘探控制的东鞍山铁矿体及其围岩的有关参数输入重磁异常人机交互正反演软件，获得了已探明的东鞍山铁矿体引起的航磁异常（图 4－b），正演时使用的岩（矿）石物性数据如表 2 所示。

表 2　图 4 中岩（矿）石磁性参数表

岩（矿）石名称	磁化率κ/（10^{-5}SI）	剩余磁性 *J*r		
		强度/（10^{-3}A·m^{-1}）	倾角/（°）	偏角/（°）
第四系	0	0		
混合岩	0	0		
千枚岩	0	0		
赤铁贫矿石	10000	15000	61.0	−7.0
磁铁贫矿石	50000	30000	61.0	−7.0

从图 4－b 上可以发现，实测航磁异常较宽，计算航磁异常较窄，航磁残余异常（实测航磁异常与计算航磁异常之差）出现 3 个明显得、规模较大的局部异常。因此，已探明的铁矿体不能引起测量所得的航磁异常，深部应还有未探明的铁矿体。

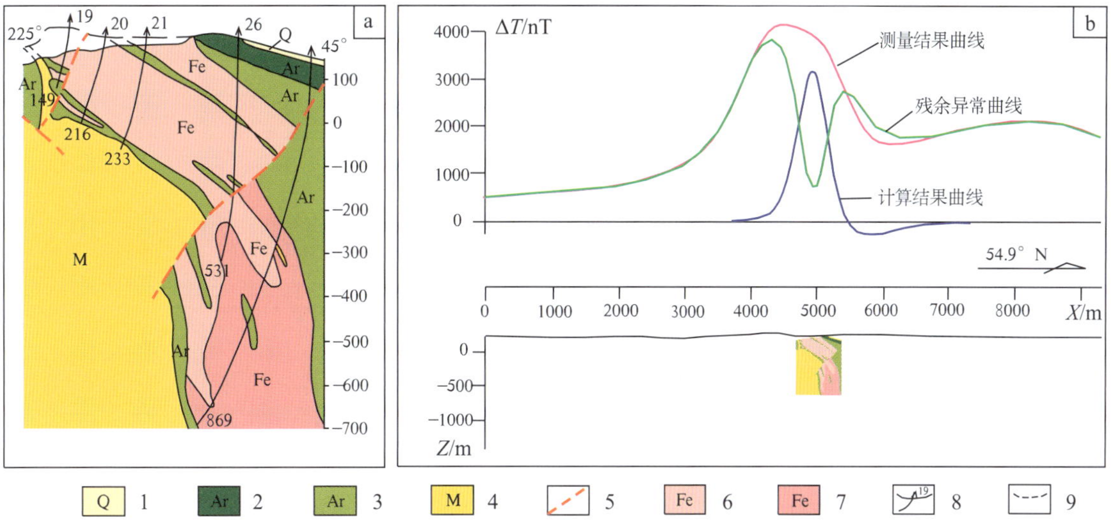

图 4　已控制的东鞍山铁矿引起的航磁异常

a—勘探地质剖面图；b—东鞍山铁矿模型及航磁异常曲线；1—冲积物；2—太古宙绢云母千枚岩；3—太古宙绿泥千枚岩；4—太古宙混合岩；5—断层；6—赤铁贫矿；7—磁铁贫矿；8—钻孔及编号；9—采空区

3.2　已探明的齐大山铁矿引起的航磁异常

齐大山铁矿勘探深度近 500 m，矿层走向延长 4650 m，平均厚度为 200 m，向 NW 向陡倾斜（近于直立），地下 300 m 以浅主要为赤铁贫矿、以下主要为磁铁贫矿，近矿围岩东侧主要为太古宙混合岩、西侧主要为太古宙片岩（图 5－a）。

齐大山铁矿区的航磁异常非常醒目，异常强度达 7000 nT。由于本区只有铁矿石才具有强磁性，其他岩石为无磁性或弱磁性，因此，航磁异常应是齐大山铁引起的。但是，目前勘探已控制的铁矿体能否引起测量所得的航磁异常呢？

为了回答上述问题，将勘探已控制的齐大山铁矿体及其围岩的有关参数输入重磁异常人机交互正反演软件，获得了已探明的齐大山铁矿体引起的航磁异常（图 5－b），正演时使用的岩（矿）石物性数据如表 3 所示。

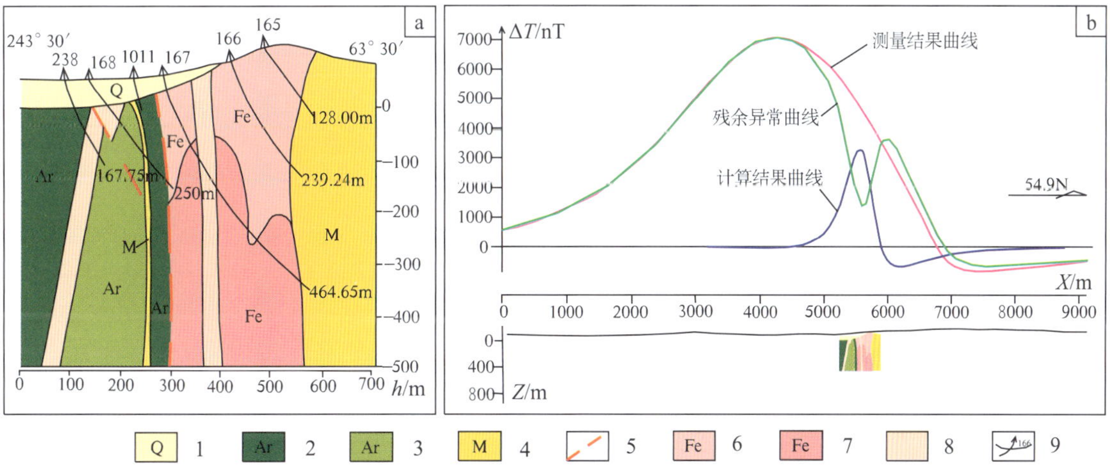

图 5　已控制的齐大山铁矿引起的航磁异常

a—勘探地质剖面图；b—东鞍山铁矿模型及航磁异常曲线；

1—第四系坡积物；2—太古宙片岩；3—太古宙石英绿片岩；4—太古宙混合岩；

5—赤铁贫矿；6—磁铁贫矿；7—断层；8—钻孔及编号

表3　图5中岩（矿）石磁性参数表

岩（矿）石名称	磁化率 κ/（10^{-5}SI）	剩余磁性 Jr		
		强度/（10^{-3}A·m^{-1}）	倾角/（°）	偏角/（°）
第四系	0	0		
太古宙片岩	0	0		
混合岩	0	0		
赤铁贫矿石	10000	15000	61.0	-7.0
磁铁贫矿石	50000	30000	61.0	-7.0

从图5-b上可以发现，实测航磁异常较宽，计算航磁异常较窄，航磁残余异常与实测航磁异常的规模、形态仍相近。换句话说，已探明的铁矿体引起的航磁异常仅占实测航磁异常中的很小一部分，因此深部应还有规模更大的、未探明的铁矿体。

4　东鞍山—齐大山剖面重磁异常反映的构造特征及铁矿

东鞍山—齐大山（A-B）剖面横切了鞍山地区的主要地质构造及铁矿带（图1）和重磁异常带（图2和图3），与前人构建的鞍山地区剖面地质构造模型（徐光荣等，1984；李鸿业等，1999）的位置基本一致。因此，通过对东鞍山—齐大山（A-B）剖面重磁异常的定性、定量解释，有助于揭示鞍山地区深部地质构造特征及铁矿分布情况。

4.1　东鞍山—齐大山（A-B）剖面重磁异常解释

如前所述，在东鞍山—齐大山（A-B）剖面上，齐大山铁矿所在位置的航磁异常强度达7000 nT、梯度陡、规模大，东鞍山铁矿所在位置的航磁异常强度近4000 nT、梯度较陡，而鞍山地区只有铁矿石或铁矿化岩石才具有强磁性、其他岩石为无磁性或弱磁性，因此，航磁异常应主要由铁矿体引起；齐大山铁矿所在位置的布格重力局部异常非常醒目、异常幅值近9×10^{-5} m/s^2，东鞍山铁矿所在位置的布格重力局部异常不醒目、属于规模较大的局部异常的梯度带，鞍山地区鞍山式铁矿的密度最大（可达3.48 g/cm^3），斜长角闪岩、片岩和碳酸盐岩等的密度也较大（多为2.8~2.9 g/cm^3），花岗质类岩石的密度较低（多为2.6~2.7 g/cm^3）、第四系的密度最低，因此，重力异常应主要由斜长角闪岩、片岩、碳酸盐岩和铁矿体共同引起。

根据对东鞍山-齐大山（A-B）剖面重磁异常的定性分析结果，以地质勘探剖面（图4-a、图5-a）和地表地质构造（图1）为基础构建初始模型，根据鞍山地区岩（矿）石的物性参数和重磁异常特征，修改模型的形状或参数及不同模型的组合方式，最终实现了计算曲线与实测曲线基本重合（图6）。拟合（反演）过程中使用的各类岩（矿）石的物性参数如表4所示，正常地磁参数与东鞍山、齐大山铁矿航磁异常正演时使用的参数相同。

4.2　鞍山地区的地质构造

重磁剖面反演结果，鞍山地区的地质构造总体为复背斜构造或穹窿，由东鞍山向斜、铁架山背斜和齐大山向斜构成。东鞍山向斜和齐大山向斜的底部皆由太古宙花岗质岩石（密度2.66g/cm^3、有效磁化强度100×10^{-3}A/m）构成；东鞍山向斜上部的地层或岩石依次为元古宇或太古宇片岩、千枚岩（密度2.78g/cm^3、有效磁化强度30×10^{-3}A/m）、震旦系石英岩（密度2.74 g/cm^3、有效磁化强度50×10^{-3}A/m）和寒武系碳酸盐岩（密度2.74g/cm^3、有效磁化强度0×10^{-3}A/m）；齐大山向斜上部的地层或岩石主要为元古宇或太古宇片岩、千枚岩。另外，齐大山向斜的底部还存在太古宙斜长角闪岩（密度2.75 g/cm^3、有效磁化强度100×10^{-3}A/m）夹层。东鞍山向斜向南倒卧，齐大山向斜向东北倒卧，这一特征说明东鞍山向斜和齐大山向斜应为以铁架山为中心的山间盆地，而不是受到“两极挤压中以南推占优势”（李鸿业等，1999）所造成。

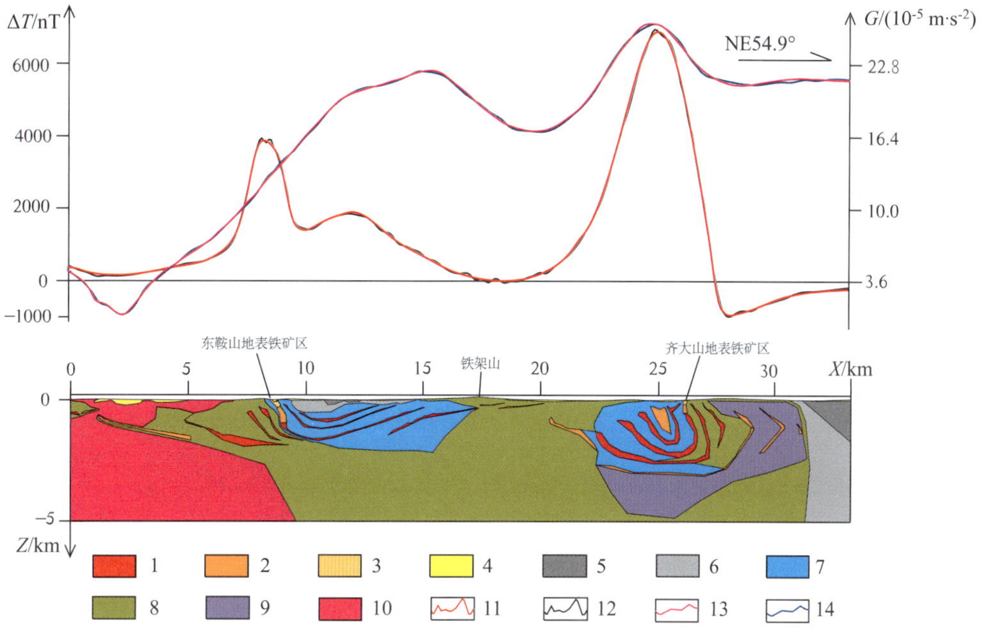

图 6　东鞍山—齐大山（A－B）剖面重磁异常人机交互反演结果图

1—磁铁矿体；2—磁铁贫矿体；3—赤铁贫矿体；4—第四系；5—寒武系；6—震旦系；7—元古宙或太古宙片岩、千枚岩；8—太古宙混合岩、奥长花岗岩；9—太古宙斜长角闪岩；10—白垩纪花岗岩；11—航磁异常测量曲线；12—航磁异常计算曲线；13—重力异常测量曲线；14—重力异常计算曲线

表 4　图 6 中岩（矿）石磁性和密度参数表

岩（矿）石名称	密度 δ/（$g \cdot cm^{-3}$）	磁化率 κ/（10^{-5}SI）	剩余磁性 J_r		
			强度/（$10^{-3}A \cdot m^{-1}$）	倾角/（°）	偏角/（°）
第四系	2.10	0	0		
寒武纪碳酸盐岩	2.74	0	0		
震旦纪石英岩	2.74	121	0		
太古宙片岩、绿泥岩	2.78	46	0		
太古宙混合岩、奥长花岗岩	2.66	11	0		
太古宙斜长角闪岩	2.75	159	0		
元古宙千枚岩	2.78	46	0		
白垩纪花岗岩	2.60	20	0		
赤铁贫矿石	3.13	10000	15000	61.0	−7.0
磁铁贫矿石	3.23	50000	30000	61.0	−7.0
磁铁矿石	3.33	140000	60000	61.0	−7.0

重磁剖面反演结果揭示的地质构造，宏观上与李鸿业等（1999）和徐光荣等（1984）提出的构造模式（图 7 和图 8，简称李鸿业模式和徐光荣模式）相似，但局部细节上存在较大差异，主要表现在：①剖面南端的千山花岗岩体，徐光荣模式中未给出；李鸿业模式中虽给出了千山花岗岩体，但其产状近于直立；反演结果，千山花岗岩体向北倾、隐伏在太古宙混合岩下，产状较缓。②反演结果表明，东鞍山一带的向斜构造，其地表范围与李鸿业模式和徐光荣模式都接近，但地下的规模则要大许多，主要是该向斜的北翼不像徐光荣模式那样向南缓倾斜，也不像李鸿业模式那样先向南缓倾斜、再转为近于直立向下（断裂控制），而是先向北缓倾斜、再转为向南缓倾斜。此外，该向斜南翼的产状，反演结果也比前人模式中的产状要陡一些。③铁架山凸起，徐光荣模式为一座古岛屿；李鸿业模式为太古宙花岗质岩石构成的穹窿；反演结果显示出，铁架山曾是规模不大的古岛屿，后期构造运动

导致“山体崩塌”而部分覆盖到了周围的“山沟”（盆地或向斜）上，形成一个类似“蘑菇”状的穹窿。④齐大山一带的向斜构造，既不像李鸿业模式那样，下部为较窄的“太古宇鞍山群含铁泥砾砂岩”夹层，其上出现了规模较小的元古宙盆地（或向斜）；也不像徐光荣模式那样为大型弧后盆地的西侧斜坡。

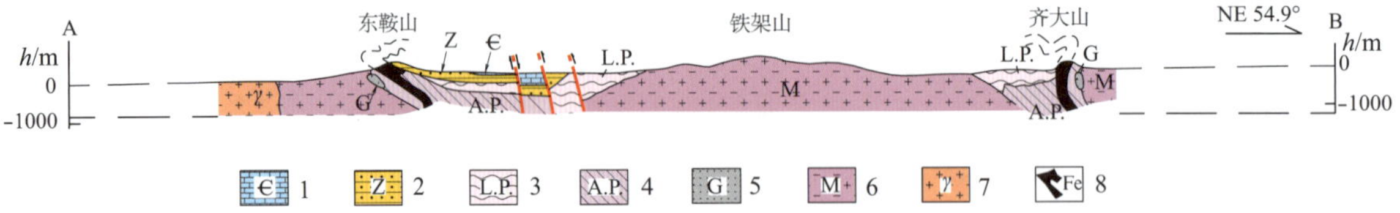

图7 东鞍山—齐大山（A－B）地质剖面示意图

（据李鸿业等，1999）

1—寒武系；2—震旦纪石英岩；3—元古宇辽河群千枚岩系；4—太古宇鞍山群千枚岩系；5—太古宇鞍山群含铁泥砾砂岩层；6—太古宇花岗质岩石；7—白垩纪花岗岩；8—鞍山式铁矿体

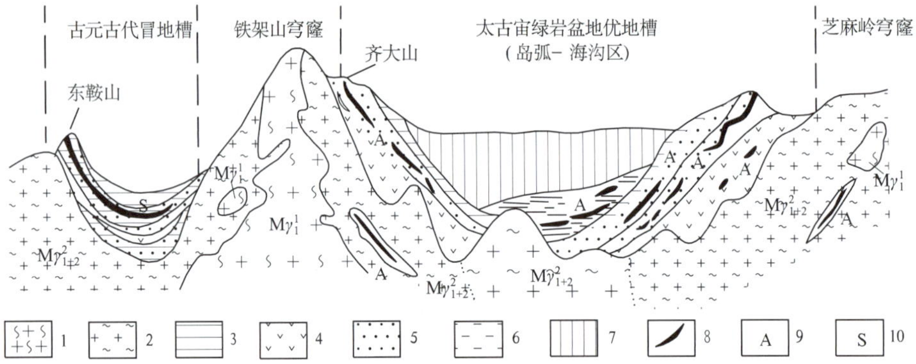

图8 鞍本太古宙绿岩盆地成矿模式示意图

（据徐光荣等，1984）

1—太古宙早期钠质混合花岗岩（Mr11）；2—太古宙晚期钾质混合花岗岩（Mrl＋21）；3—辽河群沉积岩系；4—超基性－基性火山岩；5—中酸性火山岩；6—泥沙岩；7—后期沉积盖层；8—磁铁石英岩；9—阿尔戈马型铁矿；10—苏必利尔型铁矿

4.3 鞍山地区深部的铁矿前景

重磁剖面反演结果（图6），东鞍山铁矿呈层状产于东鞍山向斜内且以南翼为主，已探明的铁矿体为位于向斜西南翼中局部凸出地表的铁矿体部分，铁矿体向下有较大延深，探明的体积仅占反演结果的10%；齐大山铁矿体主要产于齐大山向斜的核部、环绕向斜的核部还有多层铁矿产于向斜的两翼，已探明的铁矿为位于向斜北东翼靠近核部的、局部凸出地表的铁矿体部分，铁矿体向下有较大延深，探明的体积仅占反演结果的5%。因此，鞍山地区地下深部存在尚未探明的巨型铁矿体。

5 结论

研究结果表明，鞍山地区的地质构造总体上为复背斜构造或穹窿构造，在复背斜构造或穹窿构造上叠加了东鞍山和齐大山次级向斜构造，其中东鞍山向斜构造发育较完整，从底部到浅部依次有太古宇、元古宇、震旦系和寒武系等地层；齐大山向斜构造发育不够完整，主要由太古宙混合岩、奥长花岗岩及斜长角闪岩和太古宇或元古宇片岩、千枚岩等构成。

从计算的东鞍山和齐大山已探明铁矿体引起的航磁异常及由此计算的残余异常来看，已探明的铁矿体引起的航磁异常仅占实测航磁异常中的很小一部分，深部还有规模更大的、未探明的铁矿体。通过对穿越鞍山地区主要铁矿区的东鞍山－齐大山（A－B）剖面重磁异常的联合反演，结果进一步表明鞍山地区深部未探明铁矿体的规模巨大，东鞍山和齐大山铁矿区已探明的铁矿体体积分别仅占反演结果的10%和5%。

参考文献

丛培强，衣振和，国凤华. 2012. 鞍山市黑石砬子铁矿剩余异常计算及研究[J]. 黑龙江科技信息，36：59－60.
杜维本. 1980. 鞍本弧形构造的发现及地质找矿意义[J]. 地质与勘探，(10)：9－15.
范正国，黄旭钊，谭林，等. 2012a. 鞍山铁矿地质地球物理特征及找矿远景[J]. 矿床地质，31(增刊)：839－840.
范正国，黄旭钊，熊盛青，等. 2010. 磁测资料应用技术要求[M]. 北京：地质出版社：51－80.
范正国，黄旭钊，杨雪，等. 2012b. 冀东孤山子航磁异常特征及其找矿前景[J]. 地质与勘探，48(4)：750－759.
洪秀伟，庞宏伟，刘学文，等. 2010. 辽宁本溪大台沟铁矿地质特征[J]. 中国地质，37(5)：1426－1433.
蒋永年. 1988. 鞍山地区千枚岩和含铁石英岩的稀土元素分布特征[J]. 地质找矿论丛，3(1)：23－31.
李鸿业，赵秀德. 1999. 鞍本地区鞍山式铁矿区地质构造[J]. 前寒武纪研究进展，22(3)：22－29.
刘军，靳淑韵. 2010. 辽宁弓长岭铁矿磁铁富矿的成因研究[J]. 现代地质，24(1)：81－88.
刘生石. 1977. 鞍山地区鞍山群基底构造特征及找矿方向探讨[J]. 地质与勘探，(8)：9－19.
刘士毅，田黔宁，赵金水，等. 2010. 解决物探异常解释多解性的一次尝试[J]. 物探与化探，34(6)：691－696.
潘勇飞. 1977. 用重磁异常分析鞍山地区前震旦系地质构造[J]. 地质与勘探，(3)：60－62.
任群智，姚玉增，金成洙. 2007. 鞍山黑石砬子铁矿地质特征[J]. 地质与资源，16(2)：95－101.
沈保丰，翟安民，杨春亮，等. 2005. 中国前寒武纪铁矿床时空分布和演化特征[J]. 地质调查与研究，28(4)：196－206.
万渝生，耿元生，沈其韩，等. 2002. 鞍山中太古代铁架山花岗岩中表壳岩包体的地球化学特征及地质意义[J]. 地质科学，37(2)：143－151.
王乃东. 2004. 中国及其毗邻海域航空磁力 ΔT 异常图(1：500万)[M]. 北京：地质出版社：1－8.
王世称，孙凤兴，赵光占，等. 1977. 鞍山式铁矿磁性研究[J]. 长春地质学院学报，(3)：33－42.
徐光荣，陈洪江. 1984. 鞍本太古代绿岩盆地铁矿的成矿特征[J]. 矿床地质，3(2)：1－10.
姚培慧，王可南，杜春林. 1993. 中国铁矿志[M]. 北京：冶金工业出版社：242－276.
于长春，范正国，王乃东，等. 2007. 高分辨率航磁方法及在大冶铁矿区的应用[J]. 球物理学进展，22(3)：979－983.

A study on a geological structure and deep iron ore mine in the Anshan area

Fan Zheng-guo, Huang Xu-zhao, Tan Lin, Yang Xue, Zhang Hong-rui, Zhou Dao-qing, Liu Qian-kun
(*China Aero Geophysical Survey and Remote Sensing Center for Land and Resources*, *Beijing* 100083).

Abstract: The Anshan area is the site of one of the richest iron ore sources in China, which hosts approximately 10 billion tons of proven iron ore. But theories about its geological structure and deep iron ore still remain uncertain and controversial. Divergent opinions are centered on whether the Anshan area is an anticline structure or syncline structure and whether the iron ore bodies are controlled by the geological structure. To shed light on the problems, we used human-machine interactive inversion technology on the profile of its gravity and magnetic anomalies. The inversion combined with the metallogenic regularity and physical characteristics of rock and ore is undertaken for Gravity and magnetic anomaly along Donganshan-Qidashan (A－B) Profile. The inversion results indicate that the Anshan area might be considered mainly as a dome structure, that there are several syncline structures which control the iron ore deposits of Anshan area on the top of the dome around Tiejiashan, and that there are huge-sized iron ore deposits undiscovered in the deep underground.

Key words: Anshan, structure, iron ore, gravity anomaly, aeromagnetic anomaly

吉林省天合兴地区重磁场特征及铜（钼）矿找矿潜力分析

王信[1]　王东旭[2]　苑德生[1]

（1. 吉林省地质调查院，吉林 长春 130061；
2. 中国黄金集团吉林资源投资有限公司，吉林 长春 132011）

摘　要：本文以天合兴地区地质矿产资料为基础，系统的研究了区域重力、航磁异常特征，归纳总结了天合兴铜（钼）矿床重、磁异常特征，重、磁低异常是本区寻找斑岩型铜钼矿产的重要地球物理标志，在此基础上探讨了区域上斑岩型铜（钼）矿产的找矿潜力。

关键词：航磁异常；重力异常；斑岩型铜（钼）矿；找矿方向

1　区域地质概况

该区位于晚三叠世—新生代构造单元华北叠加造山－裂谷系（Ⅰ）胶辽吉叠加岩浆弧（Ⅱ）吉南—辽东火山－盆地区（Ⅲ）柳河—二密火山－盆地亚区（Ⅳ）内。

1.1　地层

该区出露太古宇、中生界和新近系，详见图 1－a。

1）太古宇龙岗群四道砬子河岩组（Ar_2sd）：斜长角闪岩、黑云变粒岩、石榴二云片岩夹磁铁石英岩，局部有石榴二辉麻粒岩或紫苏粒岩。

2）太古宇龙岗群杨家店岩组（Ar_2y）：斜长角闪岩、黑云斜长片麻岩、黑云二长变粒岩夹磁铁石英岩。

3）中生代地层（Mz）。侏罗系上统—白垩系下统石人组（J_3-k_1s）：砾岩、砂岩、凝灰质砂岩、炭灰页岩夹煤层，厚度 101 m。白垩系下统那尔轰租（K_1n）：灰白色流纹岩夹流纹质凝灰角砾岩，厚度＞356.3 m。

4）新近系上新统军舰山组（βN_2）：岩性为橄榄玄武岩、致密块状玄武岩。

1.2　侵入岩

1）中太古代花岗岩类：主要为英云闪长质片麻岩（Ar_2gnt），区内分布较广，其原岩为奥长花岗岩、英云闪长岩。

2）早白垩世花岗闪长岩（$J_3\gamma\delta$）：在区内北部有小面积出露，以岩株产出。

3）早白垩世花岗斑岩（$K_1\gamma\pi$）：分布于天合兴－刺秋岭村一带，以岩株产出，总体走向近 S－N 向延伸，长 16 km，平均宽 800～1000 m。天合兴铜（钼）矿产于其中。其边部脉岩发育。

1.3　构造

（1）中－深层次变形构造

区内太古宙地质体内，广泛发育有片麻理和长英条带，从 M 型→N 型→I 型褶皱，再到面理置换和平行化都有多期变形的特点，属经历漫长、中－深层次的塑性流变机制。

（2）表浅层次构造

主要为比较发育的断裂构造，包括 E－W 向断裂、S－N 向断裂、NE 向断裂和 NW 向断裂。

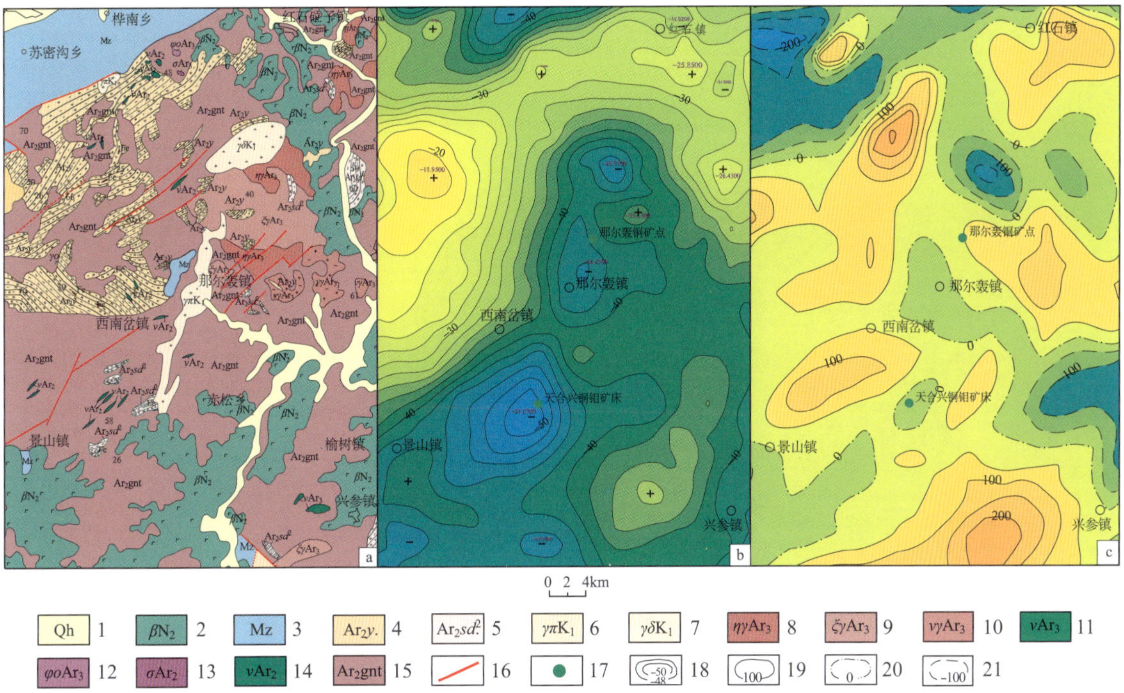

图 1　天合兴铜钼矿床所在地区地质矿产及物探剖析图

a—地质矿产图（原 1∶20 万）；b—布格重力异常平面图（数据比例尺 1∶20 万）；c—航磁 ΔT 等值线平面图数据比例尺 1∶20 万）

1—新生代第四纪松散堆积物；2—新近纪上新世玄武岩；3—中生代火山岩、砂岩、粉砂岩；4—龙岗岩群杨家店岩组：斜长角闪岩、黑云片麻岩、黑云斜长片麻岩、二云片岩、石榴石黑云变粒岩、浅粒岩、矽线石榴黑云斜长片麻岩、磁铁石英岩；5—龙岗岩群四道砬子河岩组上段：斜长角闪岩、黑云斜长片麻岩、浅粒岩、黑云变粒岩，斜长角闪岩中局部夹有薄层磁铁石英岩；6—白垩纪早世花岗斑岩；7—早白垩世花岗闪长岩；8—新太古代变质二长花岗岩；9—新太古代变质钾长花岗岩；10—新太古代含紫苏辉石的石英闪长岩－二长花岗岩；11—新太古代变质辉长－辉绿岩；12—新太古代角闪石岩；13—新太古代橄榄岩；14—中太古代变质辉长－辉绿岩；15—中太古代英云闪长质片麻岩、奥长花岗质片麻岩、石英闪长质片麻岩；16—实测/推测断层；17—铜钼矿床、矿点；18—布格重力异常等值线及注记；19—航磁异常正等值线及注记；20—航磁异常零值线及注记；21—航磁异常负等值线及注记

1.4　建造与成矿

区内铜、钼矿产与白垩纪酸性侵入岩浆建造相关，形成了以天合兴铜矿床为代表的斑岩型（钼）铜矿床。

（1）花岗斑岩与成矿

铜（钼）矿产于天合兴－刺秋岭规模较大早白垩世花岗斑岩与太古宙英云闪长质片麻岩内外接触带上。早白垩世花岗斑岩的侵入，带来含 Mo、Cu 的有益组分，亦可活化集中有益组分而成矿。

（2）构造与成矿

断裂构造是成矿的重要因素，沿断裂岩浆携带有益组分，亦可为容矿的重要空间，两组断裂的交汇部位往往是控矿的有利部位。天合兴铜（钼）矿产受那尔轰－天合兴断裂带的控制，赋存于 S－N 向和近 E－W 向断裂的交汇部位。

2　矿床地质特征

2.1　地层

矿区出露的地层主要有太古宇表壳岩及新近系河谷冲洪积物（图 2）。

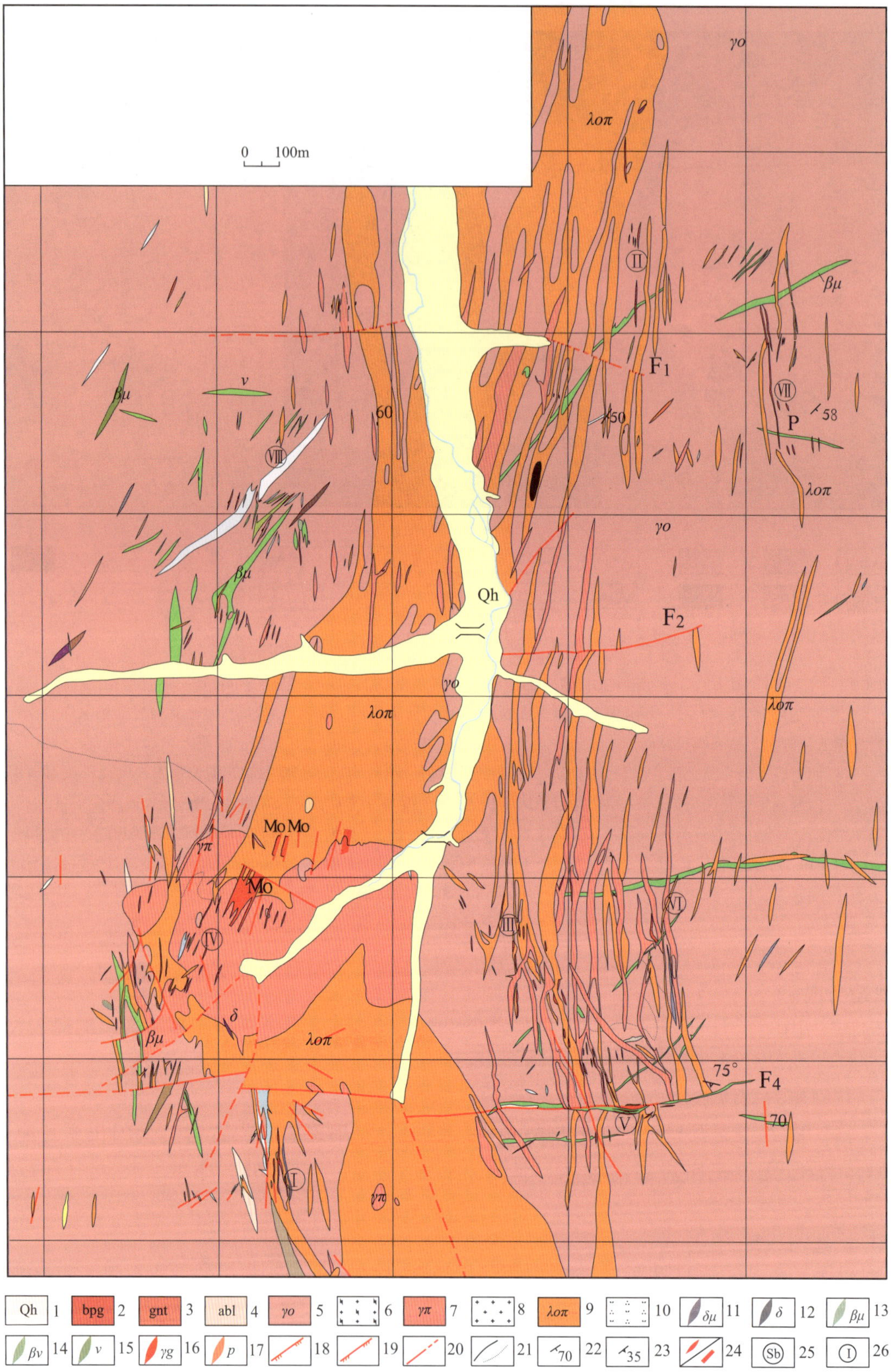

图2　天合兴铜钼矿区地质图

1—第四系；2—黑云斜长片麻岩；3—变粒岩；4—斜长角闪岩；5—斜长花岗岩；6—斜长花岗岩；7—花岗斑岩；8—花岗斑岩；9—石英斑岩；10—石英斑岩；11—闪长玢岩；12—闪长岩；13—辉绿玢岩及辉绿岩；14—辉长辉绿岩；15—角闪辉长岩；16—侵入角砾岩；17—伟晶岩脉；18—压性断裂；19—压扭性断裂；20—实测及推测性质不明断裂；21—地质界线及斜长花岗岩相变界；22—地质产状；23—片麻理产状；24—Cu矿化带、Mo矿化带；25—强硅化带（硅化核）；26—矿化带编号太古宇表壳岩为一套深变质岩系，均呈大小不等的残片或捕虏体广泛分布于太古宙奥长花岗岩中。由于遭受到多期次的区域变质、变形及岩浆侵入改造，其原岩很难恢复。按岩石共生组合特点，划分为两个岩石组合。

铁镁岩石组合：主要岩石有斜长角闪岩、角闪斜长片麻岩夹少量磁铁角闪石英岩等，分布于矿区的Ⅳ、Ⅱ、Ⅷ号矿化蚀变带及西北部小营子一带。

黑云变粒岩组合：主要岩石类型有黑云变粒岩、浅粒岩、黑云斜长片麻岩夹少量磁铁石英岩和斜长角闪岩。分布于矿区的Ⅲ、Ⅴ号矿化蚀变带中及矿区东北部。

2.2 岩浆岩

矿区内出露的侵入岩主要有阜平期花岗质岩类和燕山晚期酸性斑岩或次火山岩（图2）。

阜平期花岗质岩类：岩石类型以奥长花岗岩为主，同时见有英云闪长岩和花岗闪长岩等。主要分布于那尔轰倒转背斜的轴部，呈NE向展布。

燕山晚期酸性斑岩：矿区内燕山晚期酸性斑岩主要为天合兴复式岩体。岩体以石英斑岩为主，岩体常呈分枝复合或发育平行支脉，脉长几十米到几百米，总体走向近S－N向，受那尔轰—天合兴断裂带的控制。其边部脉岩成群出现。

在矿区南部Ⅲ、Ⅳ号矿化蚀变带内分布有隐爆角砾岩，呈脉状及不规则状，规模小，一般长20～30 m，宽1～3 m。

另外，燕山期中基性岩脉发育，主要分布在天合兴、石人沟一带。多受NE向及S－N向断裂的控制。

2.3 构造

矿区处于近S－N向的那尔轰背斜的核部偏西，E－W向和S－N向构造的交汇部位，褶皱与断裂构造错综复杂。

基底构造：区域结晶基底经历了多次区域变质、变形及岩浆侵入改造，形成一系列的相似平卧褶皱，晚期的花岗质岩浆以底辟侵入为特征，造成上地壳岩石重熔形成岩浆并沿地壳薄弱带侵入形成花岗岩穹窿。矿区内的那尔轰－天合兴韧性剪切带糜棱岩化普遍发育，沿片理面有大量的同构造期的岩浆脉体贯入。基底的断裂构造是在早期深层次的塑性变形基础上逐渐演化为浅层次的脆性变形，是在地质历史演化中继承和发展起来的复杂构造。

燕山期构造：主要为E－W向、S－N向、NE向、NW向、NWW向及NNE向脆性断裂构造。尤其E－W向和S－N向构造是区域上的主要控岩和控矿断裂构造。

2.4 矿体空间分布特征

矿区矿化面积大，矿体分布广且比较零散。按Cu品位≥0.3%为边界，矿区共有115条矿体（包括18条钼矿体），其中52条为盲矿体。矿体呈脉状、透镜状、似层状，多产于石英斑岩、燕山期第二期花岗斑岩、辉绿辉长岩中。产于奥长花岗岩、黑云斜长片麻岩及变粒岩中的矿体矿化多为浸染状或细脉浸染状，矿体与围岩界线不明显。其中东西向的Ⅴ、Ⅵ号矿化蚀变带控制的矿体，铜矿化一般以浸染状或细脉浸染状分布于辉绿岩脉中或边部及构造裂隙中。Ⅰ、Ⅱ、Ⅲ、Ⅳ、Ⅶ、Ⅷ矿化蚀变带控制的矿体主要受石英斑岩、燕山期第二期花岗斑岩控制，矿体分布于岩体内外接触带上。铜矿体主要分布在Ⅲ、Ⅴ、Ⅱ号矿化蚀变带中。钼矿体主要分布在Ⅳ号带中。Ⅳ号与Ⅴ号矿化蚀变带的矿床特征相似，主要伴生元素也为Mo、Cu、Pb、Zn、Ag，且从东到西明显分带。化探异常图中明显显示铜、钼异常存在。铜平均品位0.63%，最高3.47%；钼平均品位0.065%。属小型斑岩型铜矿和小型斑岩型钼矿。

2.5 矿床物质组分及矿石类型

1）矿物组合：石英－金属硫化物组合有石英　黄铜矿－黄铁矿，石英－闪锌矿－黄铜矿－黄铁矿，石英－方铅矿－闪锌矿－黄铜矿－黄铁矿，石英－辉钼矿－黄铜矿。金属硫化物组合有黄铜矿－闪锌矿－黄铁矿－磁黄铁矿，黄铜矿－辉钼矿－黄铁矿，黄铜矿－斑铜矿－黄铁矿－闪锌矿，闪锌矿－方铅矿－黄铜矿－黄铁矿。贫硫化物、碳酸盐组合有黄铜矿－黄铁矿－辉钼矿－方解石。氧化物组合有孔雀石－蓝铜矿－黑铜矿－褐铁矿。

2）矿石类型：矿石的自然类型为硫化矿石。工业类型为石英－铜矿建造和石英－钼矿建造。

3）矿石结构构造：矿石结构主要有自形－半自形粒状结构及他形粒状结构。其次还有固溶体分解结构、显微粒状结构、交代结构、交代残余结构、包裹共生结构；矿石构造有稀疏浸染状、浸染状、脉状、细脉浸染状、角砾状、斑点状构造。

2.6 蚀变特征

1）蚀变类型：硅化、绢云母化、绿泥石化、高岭土化，其次还有碳酸盐化和萤石化。

2）蚀变与矿化：矿区的蚀变主要特点是南部为面型蚀变，北部为线型蚀变区。南部面型蚀变略显分带状，即中心以钼矿化为主，伴有铜矿化，是高－中温阶段产物。向外渐变为铜、铅锌矿化，是中—低温阶段产物。在酸性斑岩接触带，则以线型蚀变为特征，矿化主要与石英绢云母化、黑云母化、绿泥石化关系密切，硫化物以黄铜矿为主并伴有黄铁矿化。

2.7 成矿时代及成因

根据矿床的赋存空间和控矿因素分析，成矿时代为燕山期。矿床的成因类型为斑岩型。

2.8 控矿因素及找矿标志

2.8.1 斑岩控矿

从上述矿体赋存空间、围岩性质、成矿阶段可以看出，该区域的铜钼成矿主要受控于燕山晚期的石英斑岩及花岗斑岩，酸性的岩浆活动为区域成矿提供了成矿物质。以浸染状或细脉浸染状分布于辉绿岩脉中或边部及构造裂隙中的铜矿体，对成矿真正起到控制作用的不是辉绿岩脉本身，而是它所在的构造空间。

构造控矿：从矿区岩体的空间分布、蚀变矿化特征分析，区域上的近S－N向继承性构造不但控制了区域的构造岩浆活动，而且控制了含矿流体的区域分布和就位空间。因此区域上的S－N向构造带是主要的导岩、导矿和储矿构造。

2.8.2 找矿标志

区域上S－N向与E－W向构造的交汇部位是寻找该类型矿床的有利构造部位。

区域上多期次岩浆侵位活动形成的中酸性复式杂岩体（岩墙、岩脉群）是重要的含矿地质体。

隐爆角砾岩的存在可作为本类矿床的找矿标志。

硅化、绢云母化及绿泥石化，深色岩石的褪色蚀变，是间接找矿标志，孔雀石化、蓝铜矿化是直接找矿标志。

电法低阻高极化带的存在是间接找矿标志。

Cu、Mo、Sn、Bi、Ag、Pb、Zn水系沉积物和土壤异常是直接找矿标志。

3 区域地球物理场特征

3.1 岩石物性参数特征

3.1.1 岩石密度参数特征

从天合兴地区岩石物性参数统计表（表1）可以看出，本区不同时代地层单元岩系，密度差异显著，老地层明显高于新地层。新近系玄武岩密度较高，中生界陆相碎屑岩及酸性火山岩沉积地层密度为低值，太古宇变质岩密度值最高。中生界沉积地层可引起重力低异常，新近系玄武岩当达到一定厚度时可引起重力高异常，太古宙古老变质基底规模较大，是引起重力高异常的主体。

侵入岩类密度明显存在随岩性基性程度增加而增大的规律，酸性岩类密度较低，偏中性岩类密度中等，基性超基性岩类最高。中太古代英云闪长质片麻岩属变质花岗岩类，其密度值高于燕山期酸性岩体，而明显低于辉长岩、辉绿岩、橄榄岩。中太古代英云闪长质片麻岩广泛分布，引起全区背景重力异常，燕山期酸性岩体规模较大，可以引起重力低异常，而基性超基性岩类规模较小，不足以引起重力高异常。

表1　天合兴地区岩石物性统计表

地质单元	岩性	磁化率 κ/（10^{-5}SI）	剩余磁化强度 Jr（10^{-3}A·m^{-1}）	密度 σ（10^3kg·m^{-3}）
新近系（N）	玄武岩、橄榄玄武岩	1500	3300	2.77
中生界（Mz）	砾岩、砂岩、含砾砂岩、粉砂岩、粉砂岩夹煤，粗砂岩、细砂岩夹泥岩、泥灰岩，砾岩、砂岩、凝灰质砂岩、流纹岩、凝灰岩	25	35	2.49
太古宇龙岗群（Ar）	斜长角闪岩、含磁铁石英岩、黑云变粒岩、石英岩、二云片岩	1200	560	2.82
太古宙变质花岗岩（Ar）	混合花岗岩、片麻岩	250	190	2.65
基性岩类（Ar_3、Ar_2、Pt_1）	辉长岩、辉绿岩	2385	1560	2.90
超基性岩类（Ar_3、Ar_2、Pt_1）	橄榄岩	5410	1690	2.91
酸性岩类（K_1）	花岗闪长岩、花岗斑岩	1675	800	2.62

3.1.2　*岩石磁参数特征*

根据天合兴地区岩石物性参数统计结果（表1）可知，中生界沉积岩磁性微弱，不能引起磁异常。太古宙变质花岗岩为弱磁性，可引起背景磁异常。太古宙变质岩与白垩纪酸性岩磁性接近，属中等磁性，前者可引起明显磁异常，后者由于矿化蚀变、构造破碎而退磁，不能引起磁异常。太古宙基性岩、超基性岩为中强磁性，但在本区规模较小，不能引起明显磁异常。新近纪军舰山组玄武岩为强磁性，可以引起较强磁异常。

3.2　区域重力场特征

在1∶20万布格重力异常图上（图1－b），区内西南部天合兴重力低局部异常与中部那尔轰、北部王家店两个规模小一半的重力低局部异常构成NNE走向的重力低异常带；重力低异常带向北、向东进入缓慢升高重力异常区，西北侧重力梯级带呈NE向～NNE向，梯度较陡，梯级带北西侧进入较明显得重力高异常区。布格重力场最大值为 -22×10^{-5} m/s^2、最低值 -52×10^{-5} m/s^2。

天合兴重力低局部异常呈椭圆状，NNE走向，长14.2 km，宽9.0 km，北西和北东侧梯度陡，西南梯度缓，中心处出现本区最低值 -52×10^{-5} m/s^2。天合兴小型斑岩型铜（钼）矿床处于该异常的北东部内侧。

那尔轰重力低局部异常呈椭圆状，近S－N走向，长11.5 km，宽6.3 km，西陡东缓，布格重力异常最低值为 -44×10^{-5} m/s^2，那尔轰小型斑岩型铜（钼）矿床处于异常的北东边部。

王家街重力低局部异常呈椭圆状，NW向走向，西、北、东边部梯度较陡，向南与那尔轰重力低异常相连，两者大小规模接近，布格重力异常最低值为 -46×10^{-5} m/s^2。

结合地质资料分析，以遍布全区的中太古代英云闪长质片麻岩为背景重力异常，天合兴－那尔轰重力低异常带分布在NNE向走向狭长带状早白垩世花岗斑岩岩带及早白垩世花岗闪长岩之上。东部低缓重力高异常区主要分布有大面积中太古代英云闪长质片麻岩和小面积中太古界四道砬子河岩组。西北部较明显得重力高异常区为中太古界杨家店岩组的反映。NE向、NNE向及NW向线性梯级带反映了断裂构造的分布方向。

另外，在天合兴－那尔轰重力低异常带上或边部分布有沉积变质型和热液型铁矿、磷矿、金矿、金银矿小型矿床及矿点。

3.3　区域磁场特征

在1∶20万航磁异常等值线平面图上（图1－c），区内西北部和东南部为面积较大的正磁异常分布区，异常强度较高，一般在100～200 nT。东北部正磁异常区相对规模较小，强度较低，为100 nT。据物性资料，中太古代英云质闪长片麻岩磁性较弱，可以引起低缓背景磁异常；中太古界杨家店岩组斜长角闪岩、黑云斜长片麻岩、黑云二长变粒岩夹磁铁石英岩，磁性变化较大，可以引起较强磁异常，因此，中太古代英云质闪长片麻岩和中太古界杨家店岩组是引起本区正磁异常的主体，仅东南部高值异常与新近纪军舰山组玄武岩有关。

中南部的天合兴低缓负磁异常呈 NNE 向走向椭圆状，长 6.8 km，宽 3.7 km，磁场最低值为 -38 nT，分布有天合兴小型斑岩型铜钼矿床。中部的那尔轰低缓负磁异常呈 NNW 向走向椭圆状，长 13.3 km，宽 7.2 km，磁场最低值为 -52 nT，边部分布有那尔轰小型斑岩型铜矿床，异常与东南部 NNW 向走向负磁异常带相连。那尔轰东北部王家街椭圆状负磁异常明显，NW 向走向，长 10.8 km，宽 6.6 km，磁场最低值为 -203 nT。

天合兴、那尔轰、王家街三处局部负磁异常共同组成一条近 NNE 向负磁异常带，与两侧 NNE 向、NE 向排布的条带状、椭圆状磁异常平行相伴，与天合兴 - 那尔轰重力低异常带分布位置完全吻合，同为早白垩世花岗斑岩岩带及早白垩世花岗闪长岩的反映。花岗斑岩、花岗闪长岩因矿化蚀变及 NNE 向、NW 向断裂构造破碎而磁性降低，是引起负磁异常的主要原因。天合兴铜钼矿床及那尔轰、王家店附近的铜矿、金矿、金银矿小型矿床及矿点大部分处在负磁异常内或边部。

本区磁异常及梯度带以 NNE 向、NW 向为主，反映出岩浆活动及矿产分布受 NNE 向、NW 向断裂构造控制的特征。

综合上述，太古宙英云闪长质片麻岩中沿天合兴 - 那尔轰一线分布的燕山晚期中酸性侵入岩体表现为重力低异常和负（低）磁异常特征，是本区寻找斑岩型铜钼矿及热液型铜矿、金矿、金银矿等矿产的重要地球物理标志。

4 找矿方向

本地区在天合兴、那尔轰分布有小型铜钼矿床及几处热液型铜、金、金银小型矿床、矿点，在王家街分布有 5 处小型金矿床。从天合兴 - 那尔轰重力低异常带、负（低）磁异常带长度与宽度明显大于狭长的燕山晚期中酸性侵入岩带出露部分，表明岩带在深部变宽、变长，大部分处于隐伏状态，根据局部重力低异常、负（低）磁异常圈定隐伏中酸性侵入岩体隐伏部分，是寻找斑岩型铜钼矿及其他热液型矿产的有利地带，具有很大找矿潜力，是今后开展找矿工作的主攻方向。

参考文献

陶胜辉，等. 2000. 吉林省靖宇县天合兴矿区铜矿普查报告[R]. 吉林省第五地质调查所.

松权衡，等. 2011. 吉林省铜矿资源潜力评价成果报告[R]. 吉林省地质调查院.

松权衡，等. 2012. 吉林省钼矿资源潜力评价成果报告[R]. 吉林省地质调查院.

王信，等. 2012. 吉林省矿产资源潜力评价磁测资料应用研究成果报告[R]. 吉林省地质调查院.

磁法在黑龙江省翠宏山铁多金属矿接续勘探方面的应用效果

卓奉吉[1] 林泽付[1] 刘继鲁[2] 张辉[1]
（1. 黑龙江省地质调查研究总院，黑龙江 哈尔滨 150036；
2. 黑龙江省地球物理勘察院，黑龙江 哈尔滨 150036）

摘　要：在利用原有地质、物化探资料进行铁矿资源潜力评价基础上，在翠宏山老矿区进行了1∶5万航磁和1∶1万地磁、激发极化、CSAMT、重力等物探测量，综合分析物探测量结果，得出原有铁矿周围和下部还存在铁矿体。槽探和钻探等工程验证表明物探分析结果可靠，具有地质工作指导意义，磁法应用效果明显。现已新增铁矿储量达到7000×10^4t。

关键词：磁法；铁矿；综合分析；工程验证；增加储量

1　概况

地质部航测大队1960年实施的1∶20万航磁测量发现M71号异常，20世纪60年代至80年代，对M71号异常进行检查发现了翠宏山大型夕卡岩型铁多金属矿，圈定多条铁多金属矿体，探明铁矿储量6998×10^4t、铜32113t、铅194341t、锌523463t、钨121639t，还有钼、镉、铟等。2010年，对以往勘探资料进行新一轮综合分析，发现找矿潜力较大，在翠宏山南部翠中地区投入1∶1万和1∶5千地面物探方法，主要包括地面高精度磁测、激发极化、CSAMT可控源音频大地电磁、高精度重力等，在原矿区和其周围发现多种物探组合异常，对其进行钻探验证，在原矿体的附近发现了多条铁多金属矿体，增加铁矿储量7000×10^4t，钨5×10^4t。

2　区域地质

翠宏山铁多金属矿田位于逊克－铁力－尚志岩石圈断裂东侧、乌云－结雅火山沉积盆地（K_1－E）边缘隆起处，近S－N向复式褶皱及配套断裂发育，控制着区域铁多金属矿床的形成和分布。矿田结晶基底为下元古界东风山群含电气石的高绿片岩相－低角闪岩相变质岩群。下寒武统西林群铅山组海相镁质碳酸盐岩建造是早期盖层，也是铁多金属矿床的赋矿层位。古生代还有零星分布的中泥盆统宏川组（D_2hg）滨海－浅海相陆源杂色粗碎屑岩建造和上二叠统五道岭组（P_2w）中－酸性火山碎屑岩、红山组（P_2hn）细碎屑岩。在矿区及周边地区有多期次花岗岩类侵入，特别是加里东中期侵入活动与铁多金属矿的形成有成因联系。受加里东中期和印支晚期岩浆活动作用，古生界地层多呈小的残块、捕虏体出现，与成矿有关的寒武系下统铅山组地层出露面积较小（图1）。

3　矿区地质

矿区内出露地层为寒武系下统铅山组。在平面和垂向上沿接触带呈“U”字形展布。其岩性特征为灰白色条带状、块状、角砾状结晶灰岩，含泥质、炭质结晶灰岩，白云质结晶灰岩，角岩化砂岩，板岩。

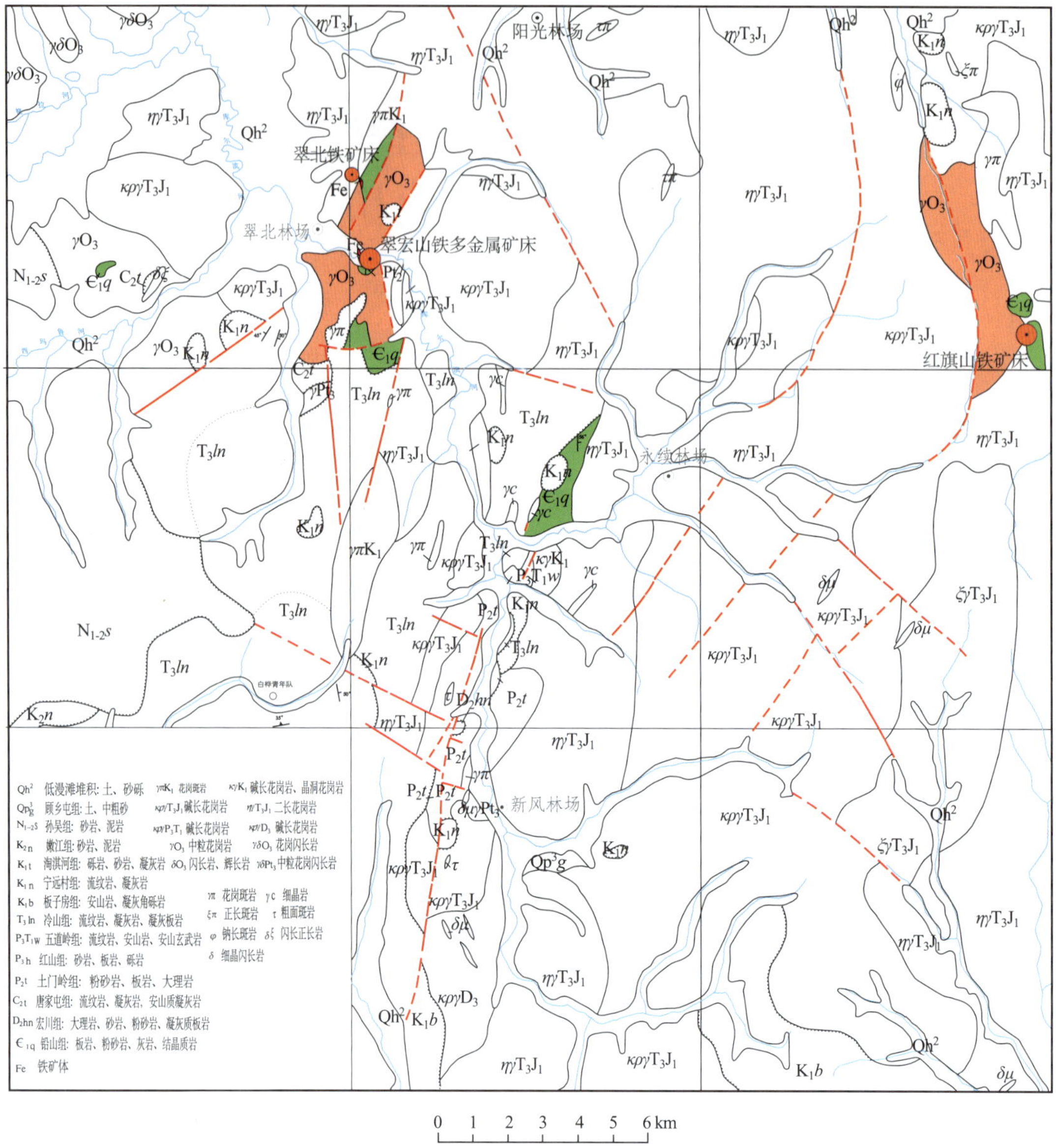

图 1　翠宏山区域地质图

矿区内出露的侵入岩以中奥陶世的灰白、浅肉红色碎裂碱长花岗岩为主，在区内呈岩基状大面积分布，与铅山组地层接触形成夕卡岩和夕卡岩化侵入接触变质带，形成多种类型的夕卡岩和铁多金属矿体及矿化。侵入接触变质带在平面和垂向上呈“U”字形，或呈北部敞口的“簸箕”形。从接触内带到围岩形成夕卡岩化，与铁钼钨矿化有关的主要蚀变为夕卡岩化碱长花岗岩和透辉夕卡岩等，从接触内带到外带形成钼钨矿体、铁钼钨矿体、铁矿体、铅锌矿体（图 2）。

4　航磁异常特征

1960 年实施的 1：20 万航磁测量发现 M71 号等异常，经地面检查发现了翠宏山铁多金属矿。2010 年实施的 1：5 万航磁测量成果表明，翠宏山铁多金属矿田存在明显得环形航磁异常，由正异常组成环状，其异常值变化较大，环内是低缓的正负交替场（图 3）。在 50～2000 m 系列上延平面等值线图上，环内负场面积逐步缩小，上延 2000 m 时负场趋于消失，总体上呈“喇叭”状；从环内地质条件分析，这种负场是铅山组碳泥硅灰建造岩块在多期岩浆侵入作用所形成的热液流体对流循环系统

58线
46线
ZK12
ZK21
ZK29
ZK22
ZK95
ZK26
ZK5
ZK98
ZK23
ZK76
ZK96
ZK6
SK
ηγO3
γT3-J1
€1q3
€1q2
€1q1
€1q3 下寒武统铅山组上段白云质结晶灰岩
SK 下寒武统铅山组上段矽卡岩
I 磁铁矿体及编号
γT3-J1 花岗岩
€1q2 铅山组中段含泥质结晶灰岩及钙质板岩
Ⅲ 钼、钨、铅、锌、铜多金属矿体及编号
ηγO3 二长花岗岩
50m 0 100 200m

图2 翠宏山矿区地质图

所产生的水岩反应退磁所致，系统所形成的含矿热液则在有利构造空间逐渐沉淀富集成矿。翠宏山铁多金属矿航磁异常 M71 与东南部的 M7 异常位于低缓正场的边部，上延 1500 m 时异常消失。通过 1：20万航磁测量，在翠宏山铁多金属矿田及其周围内发现了较多异常，其中主要异常有 M71、M7、M6、M8，其特征如表 1。

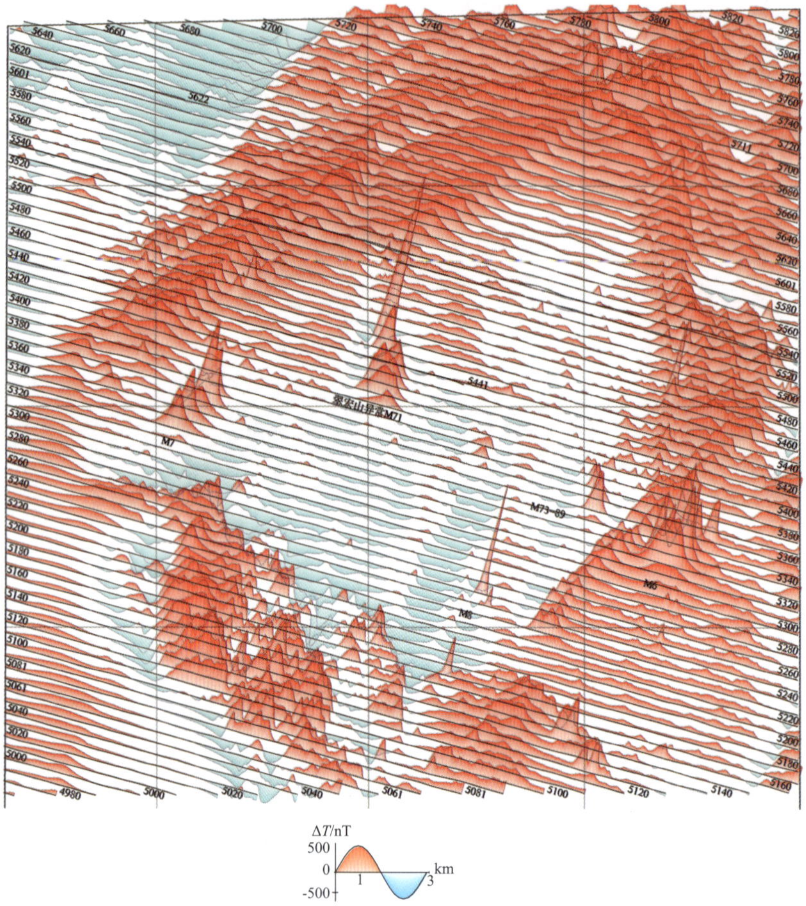

图 3　航磁剖面平面图

表 1　翠宏山铁多金属矿田及其周围航磁异常特征表

异常编号	异常位置	异常特征	地质背景及物化探工作情况	解释推断意见
M71	128°44′50″～48°29′15″	为 NNE 走向的低缓异常，长 3 km，宽 1 km 多，东南缓，西北陡并伴生极小值，强度 600 nT，其中北端一线峰值为 3100 nT，背景场为负场	位于海西花岗岩及古生界地层交织分布区	翠宏山铁矿引起
M7	128° 37′ ～48°27′30″	位于正负场接触带上的强磁性异常，NNE 走向，长 3.5 km，宽 1 km，峰值 1700 nT，有的曲线呈多峰	异常西面为海西期花岗岩，东面为古生界地层	辉长－闪长岩和局部磁铁矿共同引起，推测深部存在磁铁矿
M8	128° 48′ ～48°23′	异常为较平静负场中的孤立异常，北面伴生负值，峰值为 1600 nT	同上，大片花岗岩出现于异常东侧	宏山铁矿引起的
M6	128° 55′ ～48°24′	异常位于较平稳的正背景场中，NE 走向，长 2.5 km，呈多峰，极大值为 1900 nT	为大片海西期花岗岩分布区	推测深部存在磁铁矿

5 地磁异常特征

先对 M71 号异常进行三级异常查证，确定异常存在后，进行了面积性的二级异常查证。地面磁测工作比例尺有 1∶1 万和 1∶2 千。在地面磁测工作区内所采集的标本磁性参数特征见表 2。

表 2 逊克县翠宏山宏川详查工区岩（矿）石磁性参数统计特征表

岩（矿）石名称	统计点数	磁化率 $K/(10^{-5}SI)$			剩磁/$(10^{-3}A\cdot m^{-1})$			备注
		极大值	极小值	均值	极大值	极小值	均值	
磁铁矿石	14	321699	52150	151195	1280000	104000	524300	
赤铁矿石	38	180956	754	47878	435000	3000	62600	
致密块状磁铁矿	91	321699	20483	152179	167000	6700	27670	ZK5
磁黄铁矿、铜钼矿	11	366938	55292	168012	257000	13800	62340	ZK5
绿帘石透辉石、夕卡岩	14	188496	32044	100154	44500	4850	24000	ZK5（磁铁矿化）
铅锌矿化夕卡岩	29	91735	2765	18850	56500	390	5585	23/52 无磁性
褐铁矿	23	54035	31	3751	73600	40	1566	31/54 无磁性
花岗正长岩	76	3267	44	819	17300	50	860	36/112 无磁性
混染花岗岩	10	2400	94	304	3900	60	380	63/73 无磁性
花岗细晶岩	20	1470	79	320	23800	125	640	51/71 无磁性

5.1 岩（矿）石磁性特征

由岩（矿）石磁性参数统计表反映出如下特征：磁铁矿的磁化率和剩磁均很高，二者最高值均达到了 6 位数字，分别为 203575×10^{-5}SI（K）和 524300×10^{-3}A/m，变化范围为几万至几十万，大于其他岩类，足以引起较高的磁异常。其他岩类磁性较弱，如花岗岩类、灰岩等，其分布区表现为背景场。绿帘石透辉石夕卡岩、铅锌矿化夕卡岩及含磁黄铁矿、铜钼矿矿体，磁性稍低于磁铁矿，也能引起较高异常。在本地区根据磁异常可以识别和找寻磁铁矿、磁铁矿化多金属矿。

5.2 地磁异常特征

1∶10000 地磁测量结果，M71 号航磁异常分解成 3 处地磁局部异常区，编号分别为 Za－1、Za－2 和 Za－3（图 4）。在地磁 ΔT 化极等值线图与地磁 ΔT 化极垂向一阶导数等值线图上，上述地磁局部异常反映得更加清晰。

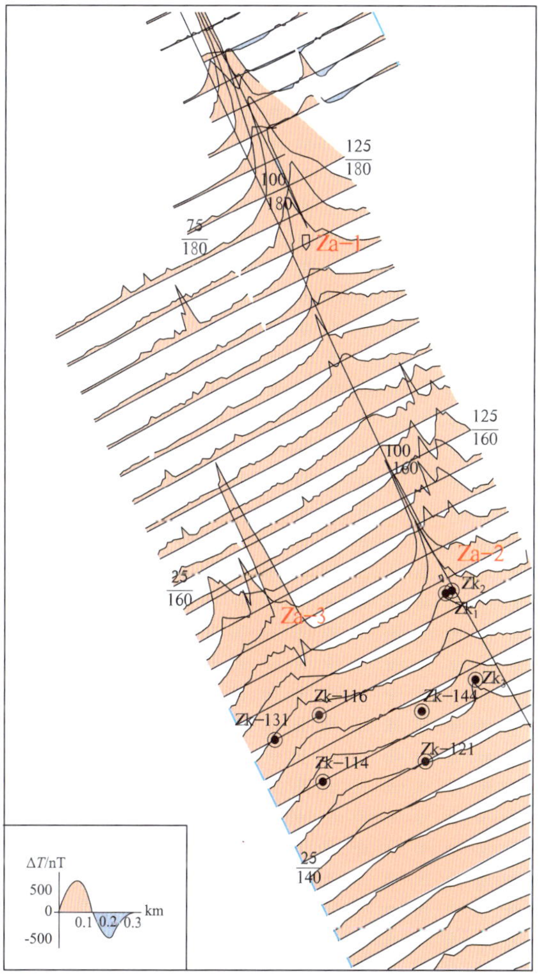

图 4 地磁剖面平面图

Za－1 异常特征：位于矿区北部，呈 NW25°走向的条带状异常，两翼无负值。异常的北段，异常宽度窄而强度高，最高幅值可达 40000 nT；异常的南段逐渐变得宽缓而强度降低，克尔芬河往南幅值逐渐由 12000 nT 降至 1000 nT 以下。该异常从北向南断续错动分布，总长约 1000 m，宽约 60 m 至 200 余 m。

Za－2 异常特征：位于 Za－1 异常南部，呈 NW20°走向的条带状异常，两翼无负值。异常的北段，异常梯度较大，最高幅值可达6000 nT，往南突然变缓，逐渐接近背景场。该异常长约540 m 。

Za－3异常特征：大体位于Za－2异常西部，走向NW向，除局部地段外，异常较宽缓，幅值1000 nT左右，局部呈现出叠加异常的特点。该异常长约1000 m，宽约300～400 m 。

5.3 地磁异常推断解释及验证

在翠宏山地区1∶10000地磁测量基础上，又投入了1∶5千地面高精度磁测、激发极化、可控源音频大地电磁、高精度重力等物探测量。根据综合物探测量结果，推断Za－1、Za－2和Za－3均为矿致异常。

对通过58勘探线的地磁 ΔZ 剖面异常，以已控制的矿体和地质体作为初始模型进行2.5D拟合，结果（图5）表明：宽缓异常是由于矿体近地表段近似为透镜体且产状较缓所致；拟合的磁性体模型基本反映了铁矿的磁化特性、截面几何形态与面积大小。根据拟合结果，估算铁矿预测量7853 $\times 10^4$t。

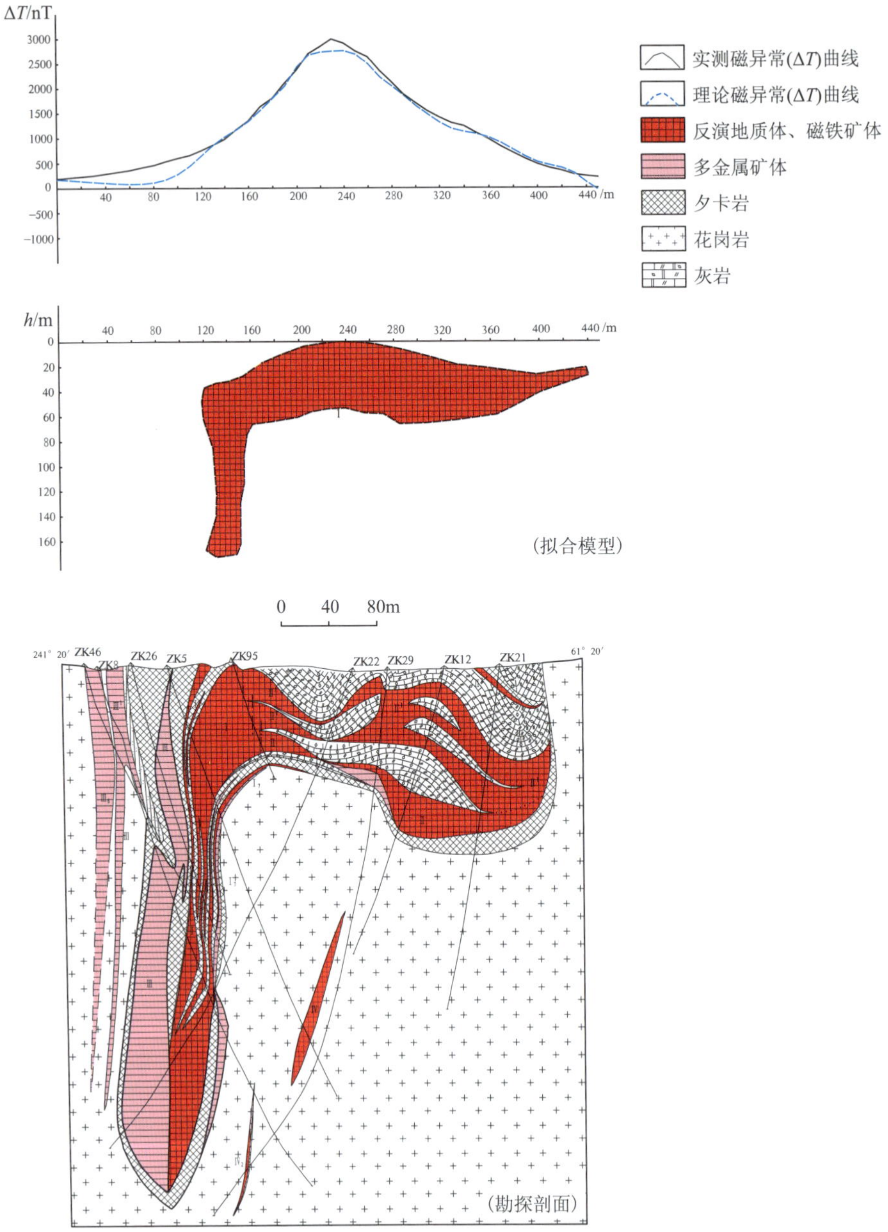

图5 定量反演图

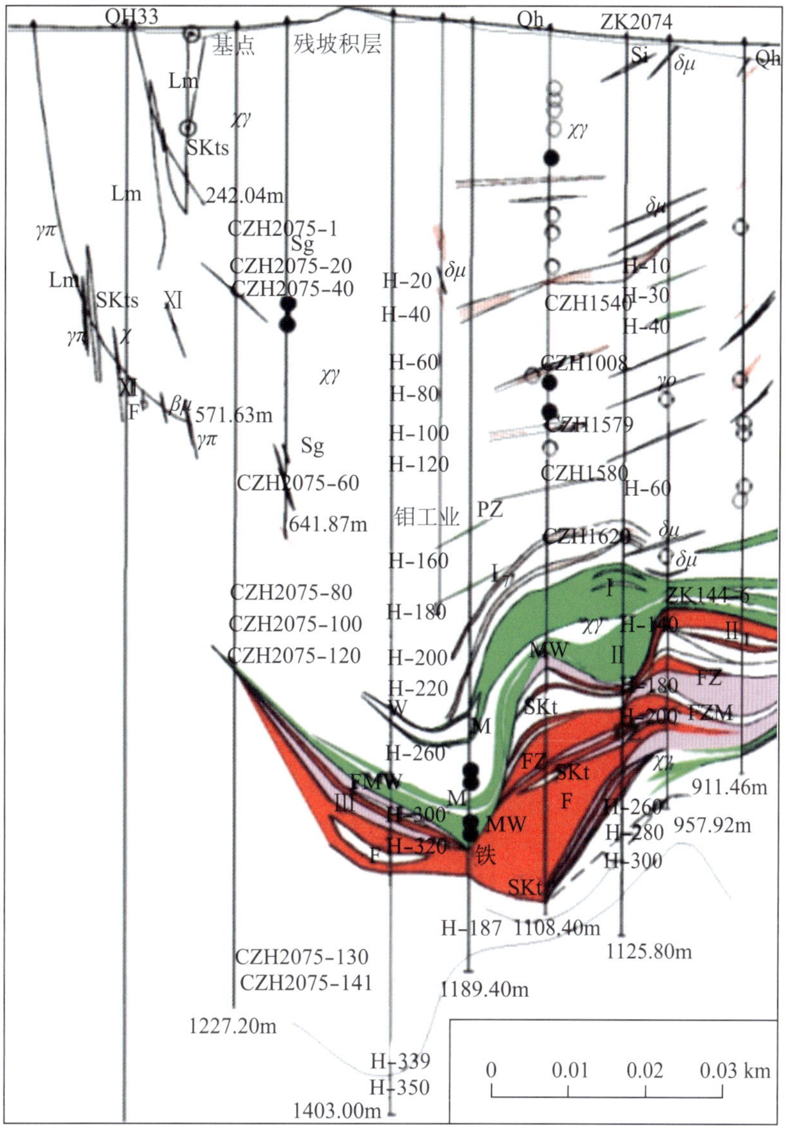

图6　207线剖面图

经地质调查工作，在Za－1异常区圈定铁、铜矿体1个，在Za－2异常区圈定含铜磁铁矿体1个，在Za－3异常区圈定褐铁矿体1个（及氧化铅锌矿体1个）。

根据物探组合异常进行钻探验证，在原矿体的附近发现了多条铁多金属矿体，图6和图7分别展示了207线和211线两条勘探剖面的见矿结果。通过本次勘探，增加铁矿储量7000×10^4t、钨储量5×10^4t。

6　经验总结

综合物探测量是航磁异常查证的有效途径，物探组合异常识别铁多金属矿体的有效方法。“磁异常拟合体积法”有助于对矿致磁异常的定量计算，效果也比较好，翠宏山矿区采用“磁异常拟合体积法”估算铁矿预测量7853×10^4t、实际探明储量6998×10^4t。槽探和钻探等工程验证，是航磁异常查证中必不可少的工作手段。

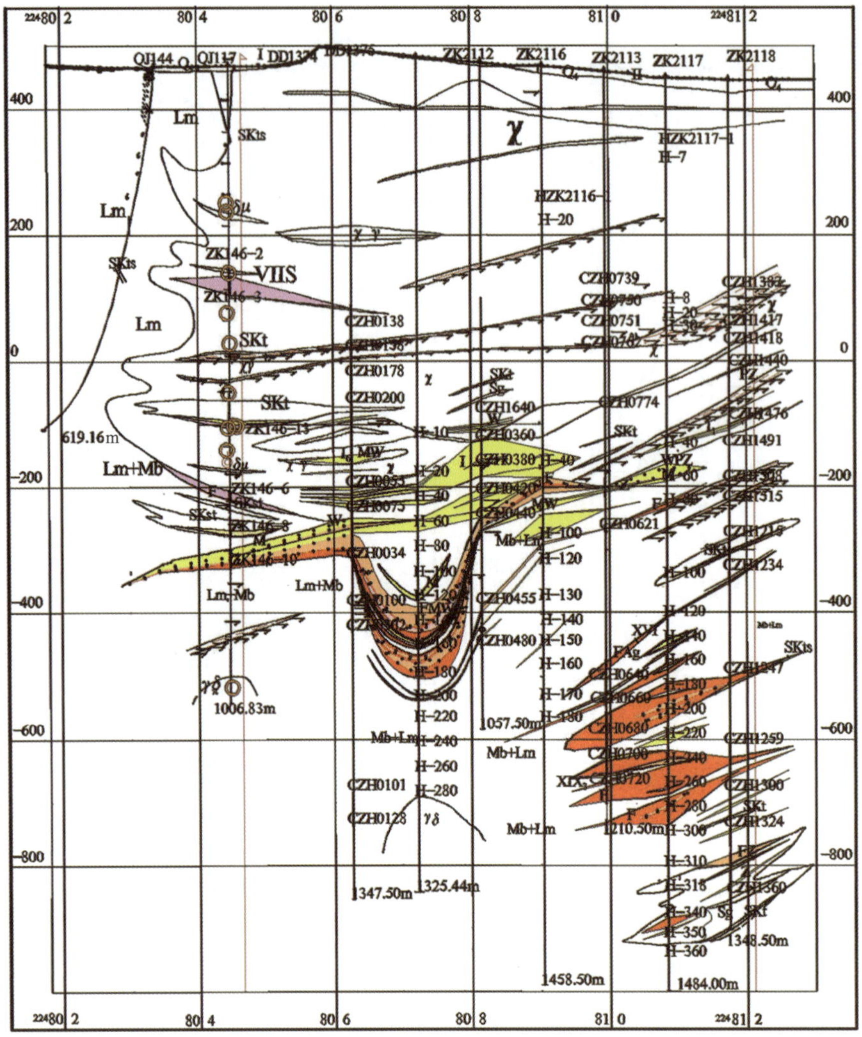

图 7　翠中铁多金属矿 211 勘探线地质剖面图

参考文献及资料

（略）

The application effect of using magnetic method in the continuous exploration of polymetallic ore reserves in Cuihong Mountain

Zhuo Feng－ji[1], Lin Zhe－fu[1], Liu Ji－lu[2], Zhang Hui[1]
(1. Heilongjiang Institute of Geological Survey, Haerbin, 150036)
(2. Geophysical Exploration Institute of Heilongjiang Province, Haerbin, 150036)

Abstract: In order to increase the polymetallic ore reserves of the original mining area in Cuihong Mountain, the following multiple geophysical measurements were applied based on the previous evaluation of iron ore re-

sources potential in the use of the original geological and geophysical data: 1 : 50000 aeromagnetism, 1 : 10000 geomagnetism, 1 : 10000 induced polarization, 1 : 10000 CSAMT, 1 : 10000 gravity. According to the comprehensive analysis of data from geophysical measurements, it is deduced that more iron ore resources exit both around and under the original iron ore deposit. Verifications with the use of trenching and drilling engineering show that the geophysical analysis result is not only reliable, but also of directive significance to geological work. Positive effects were showed in the application of magnetic measurements. Newly Increased iron ore reserves have reached 70 million tons so far.
Key words: magnetic measurement; iron ore; comprehensive analysis; engineering verification; increased deposit

磁法在黑龙江省小兴安岭地区寻找超贫磁铁矿方面的应用

林泽付[1]　卓奉吉[1]　徐东海[1]　梁福来[1]　杨福深[1]　马新春[2]　王少轶[3]

（1. 黑龙江省地质调查研究总院，黑龙江 哈尔滨 150036；
2. 黑龙江省第五地质勘察院，黑龙江 哈尔滨 150036；
3. 中国地质大学（北京）地球科学与资源学院，北京 10083）

摘　要：黑龙江省小兴安岭地区是重要的成矿带，通过对该区黑 C－2010－20049 号航磁异常的分析、研究及地面查证，发现超贫磁铁矿一处，估算超贫磁铁矿矿石 333＋334？级资源量 109015×10^3t，磁性铁 9063×10^3t。

关键词：磁异常；异常查证；超贫磁铁矿

1　引言

黑龙江省小兴安岭地区在 20 世纪 50～60 年代初曾做过 1∶20 万或更小比例尺的航磁测量，1975 年区内曾开展了 1∶5 万航空磁法测量工作，由于时代久远，加之仪器设备精度较低、软件陈旧，比例尺较小，所获得的数据精度（定位精度、测量精度）不高，不能适应目前的工作需要。

为了更新航磁资料以便适应新时期的各类地质找矿工作的需要，2010～2013 年黑龙江省政府与中国地质调查局双方共同出资，合作开展了《黑龙江省小兴安岭地区 1∶5 万航空物探测量》，面积为 14.4 万 km^2，获得了精度较高的航磁、航放资料，为在区内开展区调、资源评价、矿产勘查及综合研究工作提供了详实的航磁数据。为更好地对航磁资料的解释与综合利用，中国地质调查局与黑龙江省政府合作开展了小兴安岭地区航磁异常查证项目，通过对小兴安岭黑 C－2010－20049 号航磁异常的分析、研究及地面查证，发现超贫磁铁矿床一处。

2　异常查证区地质背景和工作目的

异常查证区位于小兴安岭北段，处于兴蒙地槽褶皱区，伊春－延寿地槽褶皱系，五星－关松镇中间隆起带北端，汤旺河－关松镇隆起区，与佳木斯地块、东风山古元古代裂陷槽之北端结合部位。该区处于伊春－张广才岭多金属成矿带北端，地质历史演化较为漫长，地质构造复杂，火山作用、岩浆作用发育，尤其是早中生代的岩浆活动十分强烈，属于 NNE 向伊春—延寿多金属成矿带的重要组成部分（韩振新等，2001；刘俊杰等，1993）。

异常查证目的为更好地对小兴安岭地区 1∶5 万航磁资料的解释推断，综合地物化遥资料，择优航磁异常开展地面查证工作。

3　异常查证区的地质概况及物性特征

查证区地层不发育。侵入岩大面积分布，从基性到酸性岩均有出露，以超基性的晚三叠世橄榄辉长岩（$T_3\nu$）为主具体包括晚三叠世中细粒石英闪长岩（$T_3\delta o$）、晚三叠世橄榄辉长岩（$T_3\nu$）、晚三叠世中粗粒正长花岗岩（$T_3\xi\gamma$）、早白垩世碱长花岗岩（$K_1\kappa\gamma$）（唐臣等，2012）。晚三叠世中细粒石英闪长岩（$T_3\delta o$）分布在查证区的西南角，面积约 0.5 km^2；晚三叠世橄榄辉长岩（$T_3\nu$）分布查证区的中部，面积约 3.56 km^2，岩石具磁性，可被磁铁吸引；晚三叠世中粗粒正长花岗岩（$T_3\xi\gamma$）分布在查证区的东南角，面积 0.3 km^2，详见图 1。

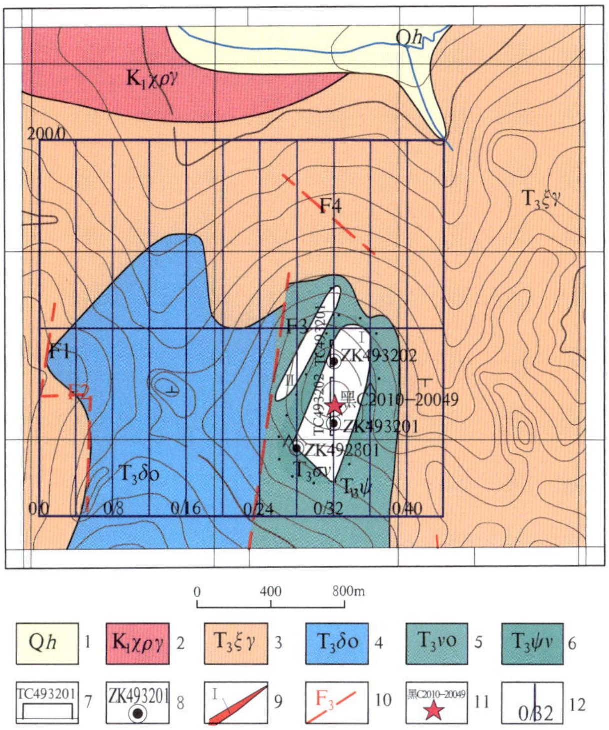

图 1 黑 C2010—20049 号航磁异常查证区简测地质及实际材料图

1—第四系；2—早白垩世碱长花岗岩；3—晚三叠世正长花岗岩；4—晚三叠世石英闪长岩；5—晚三叠世橄榄辉长岩；6—晚三叠世角闪辉长岩；7—探槽工程及编号；8—钻孔及编号；9—超贫磁铁矿体及编号；10—推测断层及编号；11—航磁异常及编号；12—勘探线及编号

查证区内主要构造为断裂构造，断裂呈近 S－N 向走向，晚三叠世橄榄辉长岩与晚三叠世二长花岗岩断裂接触，断裂与岩体的形成关系密切。

通过岩石的物性测试，查证区的橄榄辉长岩磁性较强，磁化率一般在（3682～23242）$\times10^{-5}$SI，平均在 15000$\times10^{-5}$SI；其他岩石不具有磁性或弱磁性，晚三叠世正长花岗岩磁化率一般在（6～20）$\times10^{-5}$SI，平均为 12$\times10^{-5}$SI；晚三叠世石英闪长岩磁化率一般在（100～3805）$\times10^{-5}$SI，平均为 2600$\times10^{-5}$SI，所以推断该磁异常是由晚三叠世橄榄辉长岩引起，磁化率的高低与晚三叠世橄榄辉长岩含磁性矿物的多少有直接关系。

4 航磁异常与地磁异常特征

4.1 黑 C－2010－20049 号航磁异常特征

黑 C－2010－20049 号航磁异常呈 NNE 向带状，异常北部呈尖峰状，单峰，梯度大，峰值高，最高为 6478 nT。带状异常南部呈低缓状。从磁场形态看，由于磁场曲线光滑，磁场没有跳跃，因此认为磁异常为非火山岩引起，推断为磁性较强的基性侵入体引起，详见图 2。

4.2 地面高磁异常特征

查证区 1：2 万地面高精度磁测结果，磁异常特征反映清晰，规律性强。正负异常之间存在着明显得不同岩性分界线；高精度磁异常大都呈 S－N 向展布。高磁正异常主要分布在工区中部，强度在

300～10000 nT，基本反映了与含磁铁矿化关系密切的晚三叠世橄榄辉长岩，该异常区的东部强度较高，与晚三叠世橄榄辉长岩含磁性矿物相对集中有关，西部呈小岩珠。

位于测区东部28线6～112号点至36线50～102号点，长约1.24 km，宽约0.58 km，ΔT值一般在2000～14093 nT，有三个高磁中心，位于32线52号点最大值在14093.4 nT。从高磁等值线图上看，异常呈似椭圆状，长轴走向近S－N向，北部和西部梯度变化较陡，东南部较缓，见图3。

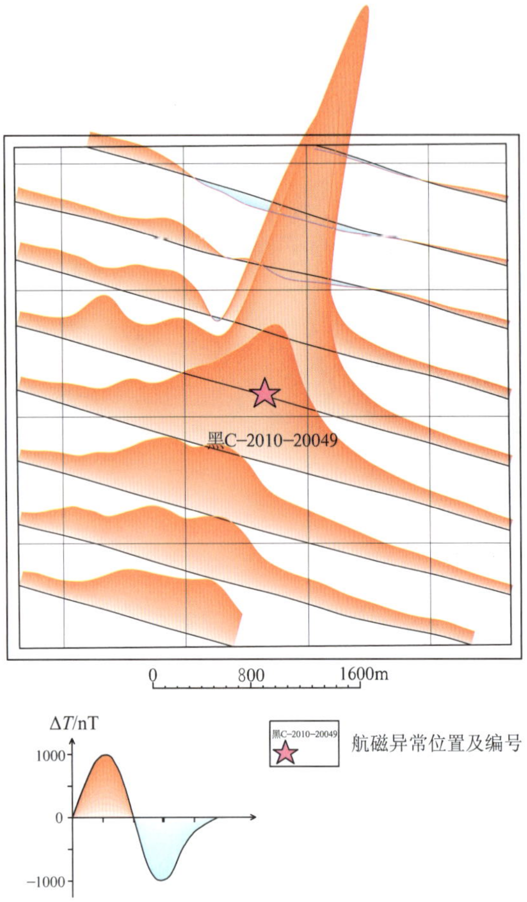

图2　黑C2010—20049号航磁异常平剖图

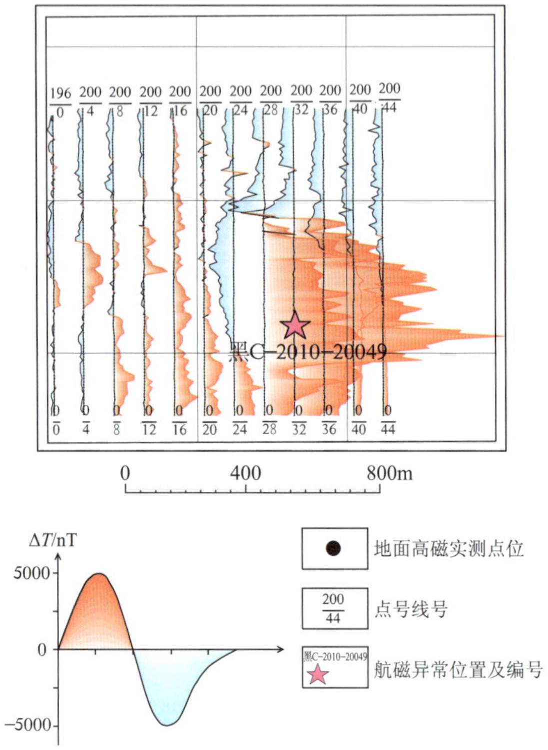

图3　黑C2010—20049航磁异常地面高磁平面图

地质图上该异常处出露岩性为晚三叠世橄榄辉长岩，其东侧与晚三叠世二长花岗岩断裂接触，橄榄辉长岩体中发育铁、钒、钛矿化。

综上所述推断该异常与橄榄辉长岩中含磁性铁矿物——磁铁矿、磁黄铁矿相对集中有关。是寻找基性岩中超贫磁铁矿型铁矿床的有利地段。

5　查证情况

根据1∶2万高精度磁法测量成果及1∶2万地质简测成果，对磁异常进行了地表槽探工程验证，圈定磁铁矿（化）体三条，磁铁矿（化）体水平宽度52～136 m，TFe最高品位17.01%，mFe最高品10.59%。此外，在1∶2万高精度地磁异常高值点处布置了ZK493201、ZK493202、ZK492801三个钻孔，对超贫磁铁矿进行了深部验证，圈定超贫磁铁矿体二条。

5.1　矿体特征

超贫磁铁矿体位于24线～34线，矿体长大于700 m，宽在50～100 m。矿体由Ⅰ号矿体及1条从属矿体、Ⅱ号矿体及1条从属矿体组成，各矿体赋存标高在+504 m～+190 m，矿体赋存在晚三叠世橄榄辉长岩中。

5.1.1 Ⅰ号矿体特征

Ⅰ号矿体地表出露在 24 线 ~ 34 线 20 ~ 60 点间，矿体呈 NW 向条带状展布，矿体地表出露长 700 m，宽 50 ~ 100 m，控制最大垂深 277.0 m，底板深度 141.89 ~ 463.13 m。剖面上形态为似层状，倾角较缓 20° ~ 30°，倾向南东，矿体厚度 8.00 ~ 65.00. m，平均厚度 20.91 m，厚度变化系数 89.81%。TFe 最高品位 15.84%，mFe 最高品位 10.70%，mFe 最低品位 3.34%，mFe 平均品位 8.28%，品位变化系数 18.77%。矿体夹石较少，厚度 5.73 ~ 24.16 m，为灰黑色磁铁矿化橄榄辉长岩。

5.1.2 Ⅱ号矿体特征

Ⅱ号矿体为隐伏矿体，矿体赋存在晚三叠世橄榄辉长岩中，控制最大垂深 459.8 m，底板深度 191.0 ~ 347.17 m。剖面上形态为似层状，倾角较缓 15°，产状为倾向 NW 向，矿体厚度 12.00 ~ 52.92 m，平均厚度 36.03 m，厚度变化系数 76.28%。TFe 最高品位 15.81%，mFe 最高品位 10.26%，mFe 最低品位 4.39%，mFe 平均品位 8.38%，品位变化系数 16.66%。矿体夹层为灰黑色磁铁矿化橄榄辉长岩，厚度 59.60 m。

5.2 矿石质量

矿石的结构：自形 - 他形粒状结构。

矿石的构造：主要为浸染状构造。

矿石矿物为磁铁矿。

脉石矿物为斜长石、辉石、橄榄石。

5.3 矿体围岩和夹石

矿体的围岩只有晚三叠世橄榄辉长岩一种，围岩中磁黄铁矿化普遍，近矿围岩具有较强磁铁矿化，与矿体没有明显得界线，矿体与非矿体完全靠化学分析结果判定，二者呈渐变过渡关系。

5.4 矿床成因

超贫磁铁矿体产于橄榄辉长岩中，岩体规模中等，矿化呈浸染状，矿床成因类型初步确定为超基性岩型超贫磁铁矿。

5.5 找矿标志

直接找矿标志：磁铁矿化。

间接找矿标志：高磁异常 ΔT 值在 9000 ~ 10000 nT。

6 资源量估算

6.1 资源量估算的工业指标

本次工作发现的超贫磁铁矿体产于橄榄辉长岩中，初步确定为超基性岩型超贫磁铁矿。矿床规模为中型，品位一般，层位稳定。资源量估算的工业指标采用《超贫磁铁矿勘查技术规程》（河北省国土资源厅暂行）附录 D 中表 D1、D2 中的超基性岩型一般工业指标（冯建雄等，2005）。

6.2 资源量估算方法的选择及其依据

发现的超贫磁铁矿形态为似层状，矿体连续性好，延长、延深稳定，构造简单，倾角较缓 15° ~ 30°，在 2 条勘探线上布置了 3 个钻孔控制矿体的深部变化情况（图 4、图 5）。以矿体特征、工程分布特点及地质工作阶段，采用地质块段法可简便快捷地用矿体垂直厚度、水平投影图上块段面积估算其资源量。

6.2.1 矿体体积计算公式

用矿体垂直厚度和水平投影图上块段面积计算矿体体积的公式如下：

$$V = S \times H$$

式中：V——块段的体积（m^3）；

S——块段的面积（m^2），采用 MAPGIS 软件在水平投影图上面积属性功能求出；

H——块段的平均垂直厚度（m）。

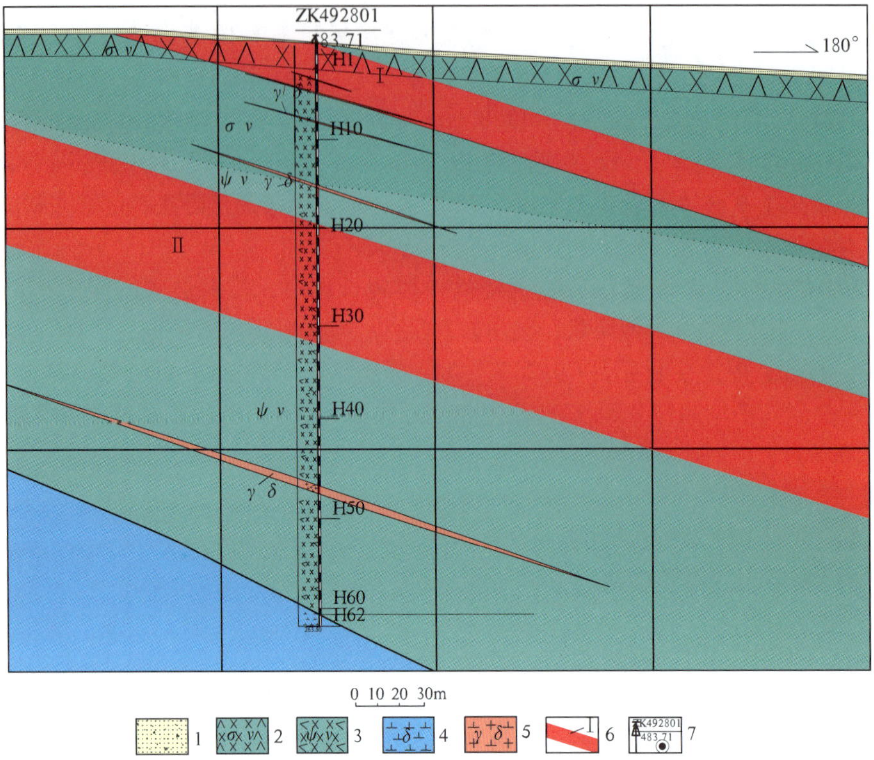

图4　黑C-2010-20049号航磁异常查证区28勘探线剖面图

1—第四系；2—橄榄辉长岩；3—角闪辉长岩；4—闪长岩；5—粗中粒花岗闪长岩；6—矿体及编号；7—完工钻孔、编号及孔口标高（m）

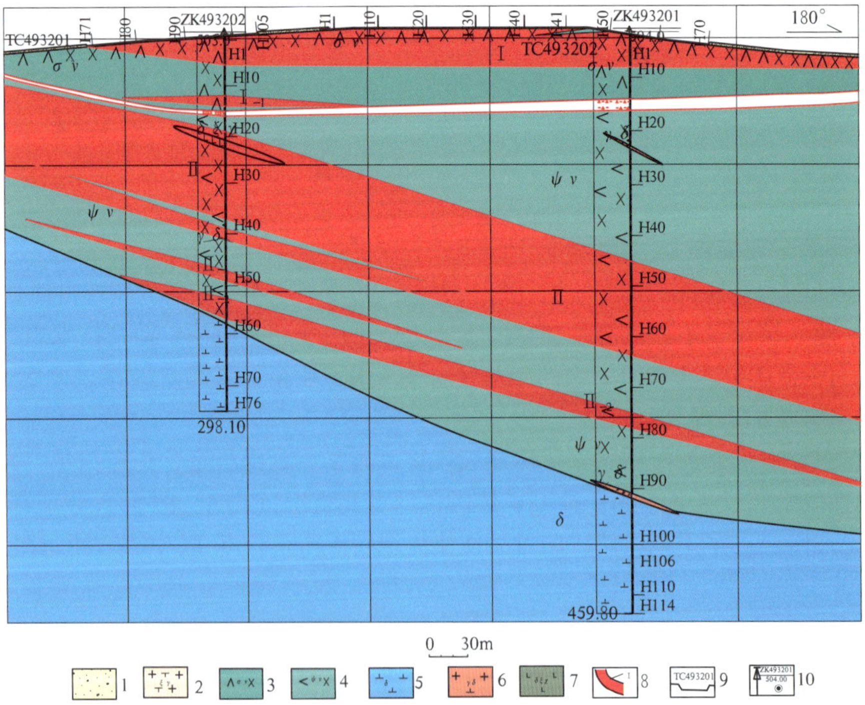

图5　黑C-2010-20049号航磁异常查证区32勘探线剖面图

1—第四系；2—中细粒正长花岗岩；3—橄榄辉长岩；4—角闪辉长岩；5—闪长岩；6—粗中粒花岗闪长岩脉岩；7—闪斜煌斑脉岩；8—矿体及编号（评价平稳≥8%）；9—完工探槽工程及编号；10—完工钻孔、编号及孔口标高（m）

6.2.2 矿体资源量估算公式

在计算出矿体的体积后，根据矿体矿石的体重（或比重、密度），很容易地估算出矿石资源量，再根据矿石品位，便可估算出矿体金属资源量。

（1）矿石资源量估算公式

矿石资源量估算公式：$Q = V \times T$

式中：Q 为矿体的矿石量（t），V 为矿体体积；T 为矿石体重（t/m^3）。

（2）矿物资源量估算公式

矿物资源量估算公式：$P = Q \times C \div 100$；

式中：P 为矿体的金属资源量（t）；Q 为矿体的矿石量（t）；C 为矿物平均品位（%）。

6.3 资源量估算结果

图6 和图7 分别为黑 C－2010－20049 号超贫磁铁矿Ⅰ、Ⅱ号矿体的水平投影图。根据图4 和图5 中矿体的垂直厚度以及图6 和图7 中矿体的水平投影图上各块段面积，利用矿体体积计算公式，计算出了铁矿块段的体积；再根据矿石的体重和品位，估算了铁矿块段的矿石资源量和金属量，详见表1。

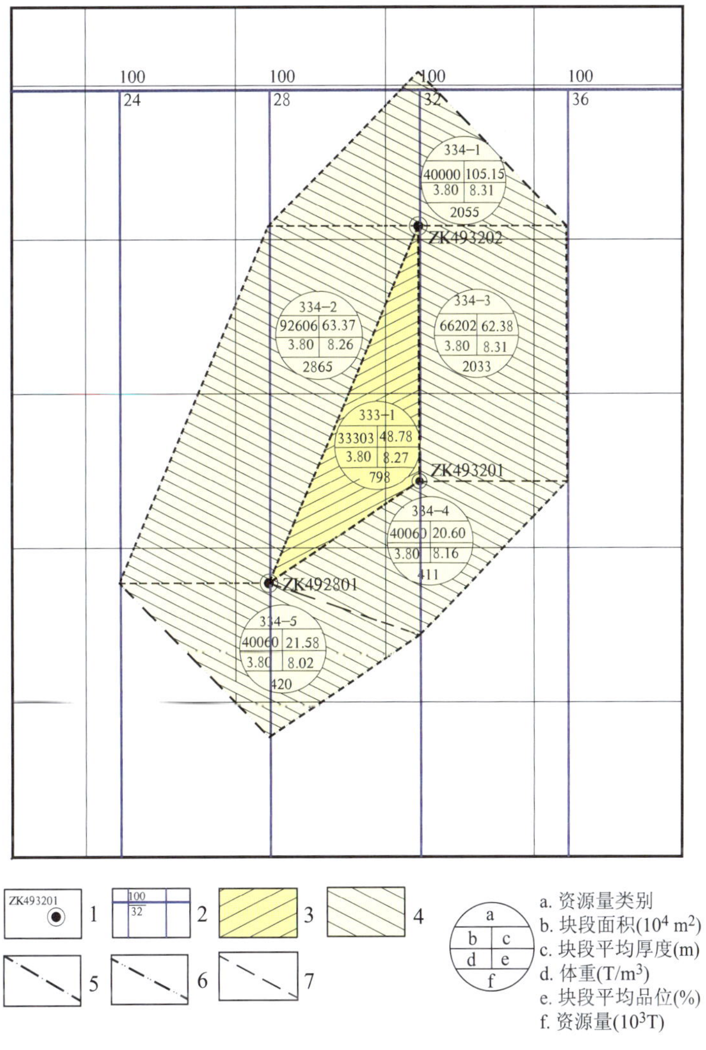

图6　黑 C－2010－20049 号超贫磁铁矿Ⅰ号矿体水平投影图

1—见矿钻孔及编号；2—基线、勘探线及编号；3—333 级资源量矿体分布区；4—334 级资源量矿体分布区；5—333 级资源量矿体分布区边界线；6—334 级资源量矿体分布区边界线；7—块段界线

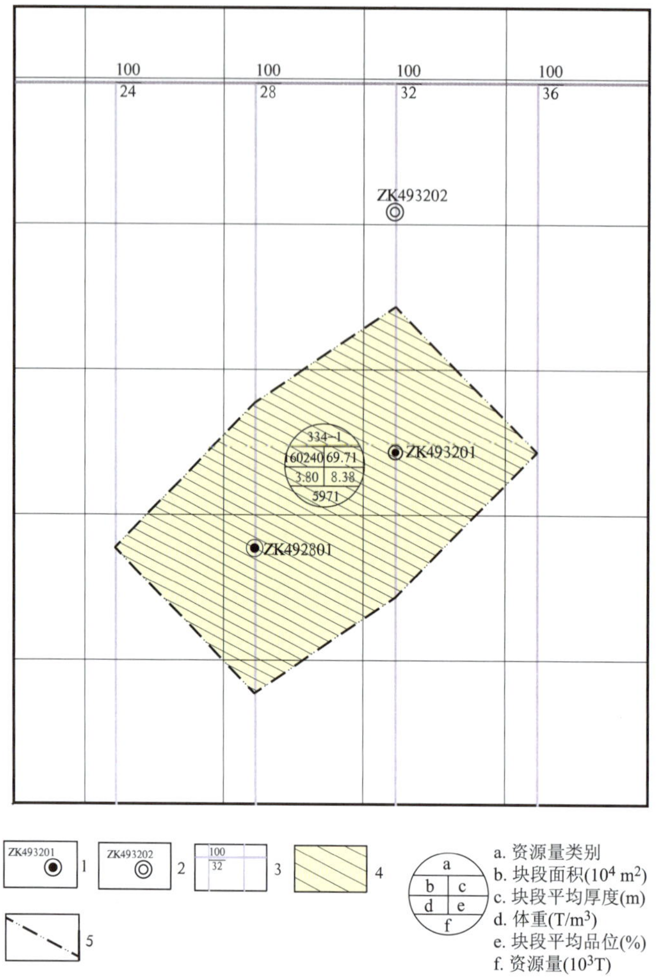

图7　黑 C－2010－20049 号超贫磁铁矿Ⅱ号矿体水平投影图

1—见矿钻孔及编号；2—未见矿钻孔及编号；3—基线、勘探线及编号；

4—334 级资源量矿体分布区；4—334 级资源量矿体分布区边界线；5—块段界线

资源量估算结果，黑 C－2010－20049 号超贫磁铁矿Ⅰ、Ⅱ号矿体的超贫磁铁矿矿石 333＋334？级资源量为 109015×10^3T、磁性铁 9063×10^3T，其中 333 级磁性铁资源量为 511×10^3，占 5.64%；334？级磁性铁资源量为 8552×10^3T，占 93.76%，mFe 平均品位 8.33%。

表1　黑 C－2010－20049 号超贫磁铁矿Ⅰ、Ⅱ号矿体的超贫磁铁矿资源量估算表

矿体编号	资源量类型	块段				矿石体重 $(t\cdot m^{-3})$	块段矿石量 $(t\times10^3)$	块段品位/%		块段矿物量/$(t\times10^3)$	
		编号	面积/m^2	平均厚度/m	体积/m^3			TFe	mFe	TFe	mFe
Ⅰ	333	333－1	33303	48.78	1624520	3.8	6173	12.93	8.27	798	511
	334	334－1	40000	105.15	4206000	3.8	15983	12.86	8.31	2055	1329
		334－2	92606	63.37	5867979	3.8	22298	12.85	8.26	2865	1843
		334－3	66202	62.38	4129681	3.8	15693	12.95	8.31	2033	1305
		334－4	40060	20.60	825036	3.8	3135	13.12	8.16	411	256
		334－5	40060	21.58	864495	3.8	3285	12.80	8.02	420	264
	合计						66567			8582	5507
Ⅱ	334	334－1	160240	69.71	11170330	3.8	42447	14.07	8.38	5971	3556
	合计						42447			5971	3556

7 经验总结

通过地面高精度测量对航磁测量发现异常特征进行详细剖析，再根据地质背景对磁异常进行综合研究，进而进行钻探验证，是发现、评价超贫磁铁的有效途径。在《超贫磁铁矿勘查技术规程》的指导下，可以简便快捷地估算超贫磁铁的矿石资源量和矿物资源量。

在对小兴安岭黑 C－2010－20049 号航磁异常查证工作中，发现了超贫磁铁，并根据初步勘探工作，采用理论计算方法，估算出 333＋334？级矿石资源量 109015×10^3 t、磁性铁资源量 9063×10^3 t。但是，由于目前完成的钻探工作量较少，该矿床的勘探工作还有待进一步深入。

参考文献及资料

董焕成. 1993. 重磁勘探教程. 北京：地质出版社.

冯建雄，严国栋. 2005. 超贫磁铁矿勘查技术规程（暂行）. 北京：地质出版社.

韩振新，徐衍强，等. 2001. 额尔古纳—兴安岭和小兴安岭—老爷岭成矿带研究.

刘俊杰，刘荣芝，等. 1993. 黑龙江省区域地质志. 北京：地质出版社.

唐臣，张东才，等. 2012. 黑龙江省矿产资源潜力评价.

熊光楚. 1960. 磁法勘探. 北京：地质出版社.

Application of the magnetic prospecting to find basic intrusions

Abstract: Magnetic prospecting is a kind of physical geography exploration method. Rocks and minerals in the nature world have different magnetism, which can generate diverse variety of magnetic field and magnetic anomaly because of the changes of earth ' s magnetic field in local areas. The method of looking for magnetic ore body and researching the geological structure through discovering and studying the magnetic anomaly with instruments is called magnetic prospecting. Magnetic prospecting can be used for prospecting on the ground, in the air, in the sea, and the magnetic well logging. Magnetic prospecting is used to prospect mineral products of ferromagnetic mineral (iron ore, ultralow－grade magnetite, cobalt, nickel etc.), do geological mapping works indirectly, and study geologic structure and tectonic structure problems related to oil gas. By aerogeophysical survey and ground aeromagnetic anomaly investigation of Xiaoxinganling areas in Heilongjiang Province, we found a mineral occurrence of ultrabasic rock type ultra poor magnetite in the olivine gabbro of late Triassic epoch, average grade of mFe is 8.33%, in which 333 grade magnetite reserve is 511×10^3, and 334? grade magnetite reserve is 8552×10^3 t.

Key words: magnetic anomaly, olivine pyroxenites, ultra-low grade magnetite, ore body, mineralizing bodies

高精度磁测在黑龙江省夕卡岩型铁多金属矿勘查中的应用

刘继鲁　卓奉吉

（1. 黑龙江省地球物理勘察院，黑龙江 哈尔滨 150036；
2. 黑龙江省地质勘查研究总院，黑龙江 哈尔滨 150036）

摘　要：本文介绍了黑龙江省典型的夕卡岩型铁多金属矿床的勘查实例。该实例表明，通过物化探、地质相结合的综合找矿方法，有效达到了找矿目的。受测量网度限制，1：5 万航磁异常反映为低而宽缓的磁异常；大比例尺地磁测量，地磁异常表现为梯度陡的多处强磁异常，局部磁力高异常实为“铁帽”的反映，属于重要找矿标志。

关键词：夕卡岩；铁多金属矿；航磁异常；异常查证

受航空物探的网度等因素限制，某地区航磁 ΔT 异常表现为宽缓且弱的磁场特征。在弱缓航磁异常区开展小比例尺地球化学测量，缩小了勘查范围，是非常有效的工作方法，在此基础上开展综合勘查方法，达到了寻找隐伏矿或盲矿的应用效果。

根据所圈定的铅锌化探异常布置高精度磁测，工作成果显示异常区的地磁异常峰值高、梯度变化剧烈，结合磁性参数结果来解释磁异常的成因。本文重点从磁测找矿角度探讨磁法在寻找夕卡岩型铁多金属矿的应用。

1　勘查区成矿地质特征

勘查区位于由额尔古纳成矿区带的塔河铁矿化区——风水山铜、铅、锌矿化区所构成的白卡鲁山成矿远景区的西段的北缘，分布有大面积的不同期次的侵入岩和早白垩世火山岩，受区域上的盘古河 - 卡马兰河断裂带南段的次一级和序次低级的 NW 向、E - W 向断裂切割。勘查区内的火山岩主要是早白垩世光华期，次为甘河期。

勘查区地层主要分布有中元古界兴华渡口岩群下兴华组、新元古界—下寒武统倭勒根岩群吉祥沟组、下白垩统光华组和甘河组及第四系。侵入岩以花岗岩为主，次之有花岗闪长岩、花岗斑岩。早白垩世侵入岩控制了矿区内的多金属矿、铁矿的空间分布，与成矿关系密切。其中与吉祥沟岩组的大理岩的外接触带是多金属矿的赋矿构造，在内接触带花岗岩中为铁矿的富集部位。

2　勘查区地球化学特征

勘查区西南部分布有 2 个 3 级 Mo 异常，Cu、Zn、Bi 各一个 2 级异常和一个 3 级铅异常，处于 NE 向断裂控制的中生代火山盆地的基底和盖层中。各异常受次一级 NW 向断裂控制，构成了 NW 向异常带。

勘查区的北部为新发现的夕卡岩型的多金属（铁）矿床，南部为分布于光华期火山口及周围的 Cn、Pb、Zn、Mo 次生晕和部分原生晕，是多金属成矿的有利地段的标志。

3　勘查区区域磁场特征

勘查区的 1：5 万航磁磁场特征为：白垩系火山岩喷发区为负磁场，侵入岩分布区表现为正磁场。

航磁异常的分布受 NE 向断裂控制，NE 向断裂带具多期岩浆活动带导矿性质，而 NE 向与 NW（或 E－W）向断裂交汇处是蕴矿有利部位。形态较好的低缓航磁异常，ΔT 值范围在 50～150 nT，夹在两条 NE 走向的带状正磁异常带上，是找矿的重点地段，勘查区位于宽缓异常处（图 1）。

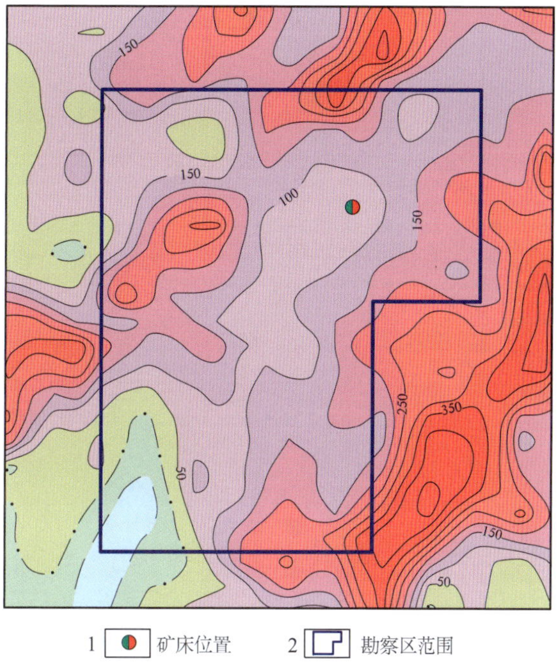

图 1　1∶5 万航磁化极等值线图

4　勘查区磁性特征

收集统计勘查区以往的磁性参数结果，闪长岩磁化率变化范围为（818～5212）（$4\pi\times10^{-6}$SI），花岗斑岩磁化率变化范围为（300～944）（$4\pi\times10^{-6}$SI），火山岩磁化率变化范围为（526～1473）（$4\pi\times10^{-6}$SI），变质岩磁化率变化范围为（10～136）（$4\pi\times10^{-6}$SI），统计结果反映勘查区侵入岩类磁性最强，火山岩类次之，变质岩类磁性最弱，具较强的磁场强度差异。

对 1∶1 万高精度磁测时测定的槽探和钻探的岩（矿）石的磁参数进行了统计整理，结果见表 1。统计结果反映磁铁矿及赋含磁铁矿的铅锌矿石具极强的磁化强度，远远高于围岩几百数量级，变质后的岩矿石磁化强度明显变弱，仅在 50×10^{-5}SI 左右，磁铁矿与铅锌矿伴生，可做为重点找矿标志。

表 1　岩（矿）石磁化率参数测定统计表

	磁铁矿	含磁铁铅锌矿	绿泥化锌	闪锌矿	铅锌矿	氧化铅锌矿	夕卡岩	花岗斑岩	大理岩
磁化率平均值（10^{-5}SI）	79658～110650	65610～91125	53	26457	129	48.9	121	32	0.28

5　磁异常分布及其解释

根据勘查区的高精度地磁测量结果，分解出 27 个局部异常（磁异常分布见图 2），其中火山机构引起异常 1 个，已验证证实为矿致异常 10 个（其中矿区内 9 个、矿区外围 1 个），其磁异常特征见表 2 和图 3、4。

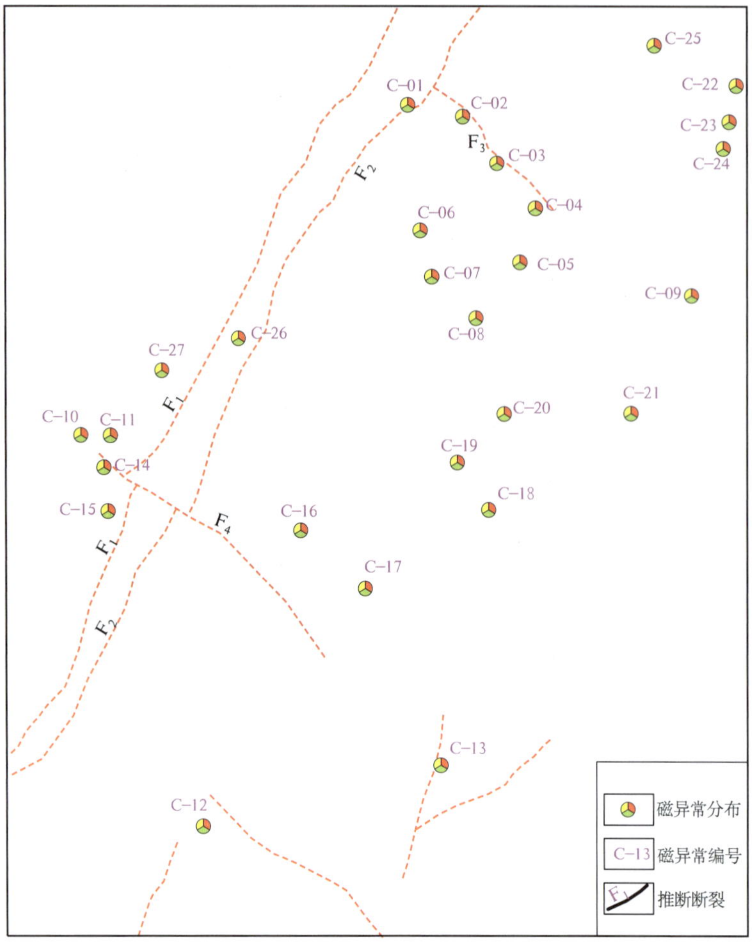

图2　勘查区磁异常分布图

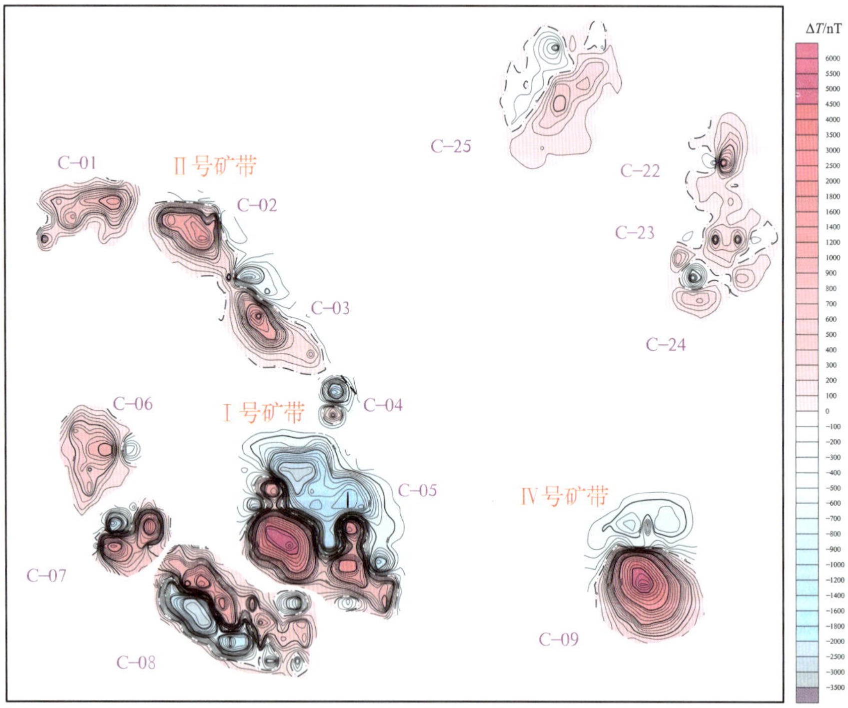

图3　勘查区 ΔT 异常等值线图

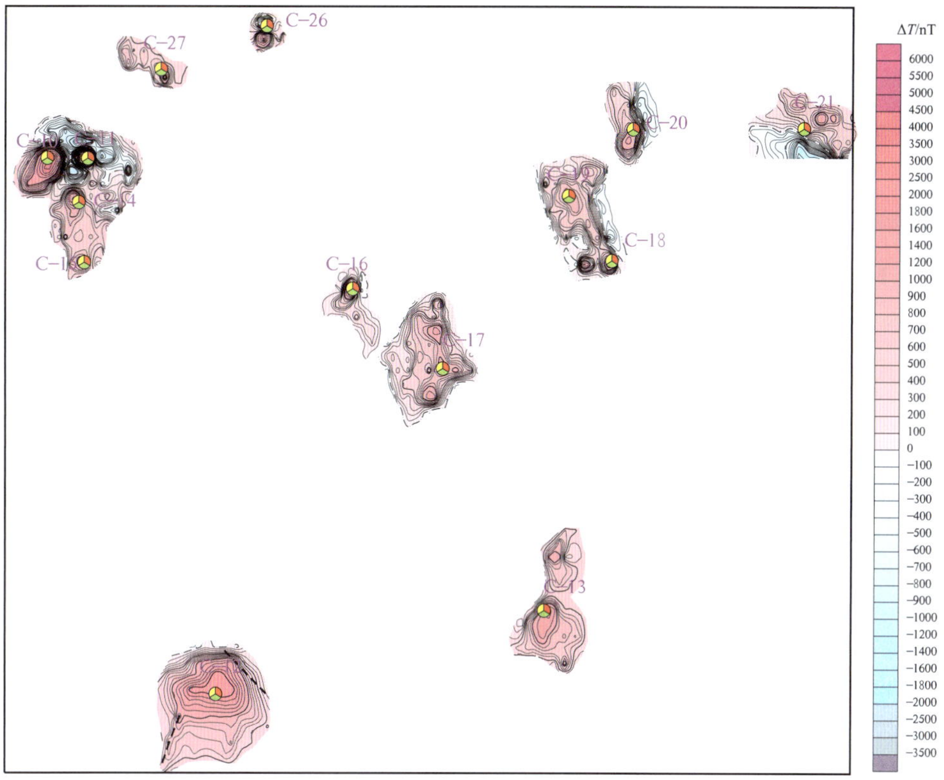

图4　勘查区 ΔT 异常等值线图

表2　磁异常特征表

异常编号	异常分布特征	地质背景	异常解译	备注
C－01	异常呈尖峰状，走向 NE 向，近椭圆状展布，位于断裂 F_2，叠加于正磁场背景之上，异常峰值近 1700 nT	早寒武世侵入岩中细粒花岗岩	推断为磁性较强的中基性火山岩或是强磁性地质体引起	经钻探验证该磁异常为磁铁矿引起
C－02	异常呈多尖峰状，异常轴走向 NW 向，正负伴生，近椭圆状展布，位于 F_2 断裂，梯度变化较剧烈，磁异常叠加于正磁场背景之上，异常峰值近 2610 nT，伴生其东侧的负磁场强值为－500 nT	倭勒根群吉祥沟组片岩、绢云母片岩，绢云绿泥石片岩、石英片岩	推断为磁性较强的中基性火山岩是强磁性地质体引起	经钻探验证该磁异常为磁铁矿引起
C－03	异常呈多尖峰状，异常轴走向 NW 向，正负伴生，近椭圆状展布，位于 F_2 断裂，正负磁场梯度变化区域略缓，磁异常叠加于正磁场背景之上，异常峰值近 943 nT，伴生其北侧的负磁场强值近－1000 nT	倭勒根群吉祥沟组厚层状大理岩、局部夹薄层状大理岩和角闪正长岩	推断为磁性较强中基性火山岩或是强磁性地质体引起	经钻探验证该异常为磁铁矿引起
C－04	异常规模不大，由两个近等轴状的正负伴生的较强磁异常组成，位于 F_2 断裂，异常走向近 S－N 向，异常峰值近 943 nT，负磁场强值近－1800 nT	倭勒根群吉祥沟组片岩、绢云母片岩，绢云绿泥石片岩、石英片岩	推断为磁性稍强火山岩或是是强磁性地质体引起	经钻探验证该异常为磁铁矿引起

续表

异常编号	异常分布特征	地质背景	异常解译	备注
C－05	该磁异常为本区最大的强磁异常，异常规模较大，总体呈北西向、多尖峰状展布，异常正负伴生，梯度变化剧烈，异常峰值近5738 nT，异常北侧的负磁场强值近－2000 nT	倭勒根群吉祥沟组厚层状大理岩、局部夹薄层状大理岩，局部有侵入岩分布	经钻探验证该异常为磁铁矿引起，埋藏深度地表至地表以下40 m，该铁矿中含有铅锌及铜矿石，都达到工业品位	经钻探验证该异常为磁铁矿引起
C－06	异常形态较规则，走向不明显，正负伴生，梯度变化较剧烈，异常峰值近1191 nT，负磁场较弱，负磁场强值约－600 nT	倭勒根群吉祥沟组片理化变酸性砂岩，变流纹岩、片理化变中性火山岩，变安山岩	推断为磁性稍强火山岩或是其他磁地质体引起	经钻探验证见锌矿
C－07	异常由两个尖峰状强磁异常组成，正负伴生，走向不明显，正负磁场梯度区域变化较剧烈，异常峰值近4803 nT，负磁场较强，负磁场强值约－1800 nT	倭勒根群吉祥沟组片理化变酸性砂岩，变流纹岩和光华组流纹岩，流纹质凝灰熔岩，英安质流纹岩	推断为与C－05异常类似的强磁地质体，需有待于钻探验证	经钻探验证为矿致异常
C－08	异常由多个尖峰状强磁异常组成，正负伴生，异常规模较大，走向近NW向，正负磁场梯度区域变化很剧烈，异常峰值近3711 nT，负磁场较强，负磁场强值约－1800 nT	光华组凝灰岩、凝灰熔岩、角砾凝灰岩，含角砾凝灰熔岩	推断为与C－05异常类似的强磁地质体，需有待于钻探验证	经钻探验证为矿致异常
C－09	异常为一个磁力高，异常值最大强度近6241 nT，北部有负值相伴，异常形态较规则	倭勒根群吉祥沟组厚层状大理岩、局部夹薄层状大理岩，局部有早白垩世花岗斑岩分布	推断为埋藏较浅的矿致异常	钻探验证为矿致异常
C－10	异常呈多尖峰状，正负伴生，磁异常峰值4634 nT，其东侧出现负值，磁异常走向NE向	光华组火山岩	推断为磁性较强的中基性火山岩或是强磁性地质体引起	经钻探验证为磁铁矿引起
C－11	异常呈尖峰状，异常峰值近4765 nT，异常四周有负异常环绕	光华组火山岩	推断为磁性较强的中基性火山岩或是强磁性地质体引起	经钻探验证为磁铁矿引起
C－12	异常规模较大，异常峰值2377 nT。异常北侧有负异常存在	光华组火山岩	推断为磁性稍强的火山岩或是较强磁性地质体引起	
C－13	异常规模较大，呈多尖峰状，异常峰值近1694 nT，位于F_5断裂处	光华组火山岩	推断为磁性较强地质体引起	
C－14	异常规模较大，呈多尖峰状，异常峰值近2244 nT，位于F_1、F_4构造交汇处	光华组火山岩	推断为磁性较强的中基性火山岩或是强磁性地质体引起	
C－15	异常具有一定的规模 ，呈多尖峰状，异常峰值近1692 nT，位于F_1、F_4构造交汇处	组光华火山岩	推断为磁性较强的中基性火山岩或是强磁性地质体引起	

续表

异常编号	异常分布特征	地质背景	异常解译	备注
C－16	3条线有反映，呈多尖峰状，异常峰值近3311 nT	光华组火山岩	推断为顶部埋藏较浅的强磁性地质体引起	
C－17	8条线有反映，呈多尖峰状或锯齿状，规模较大，异常峰值近1955 nT	光华组火山岩	推断为磁性较强地质体引起	
C－18	1条线反映明显，呈多尖峰状，为2个磁力高，异常峰值近1807 nT	光华组火山岩	推断为磁性较强的地质体引起	
C－19	3线反映明显，呈多尖峰状或锯齿状，为多个磁力高，最大强度近1190 nT	光华组火山岩	推断为有一定延伸的较强磁性地质体引起	
C－20	2条线反映明显，呈多尖峰状，为2个磁力高，为NE向走向，异常峰值近1321 nT	光华组火山岩	推断为有一定延伸的较强磁性地质体引起	
C－21	1条线反映明显，曲线多呈锯齿状，为2个磁力高，异常峰值近1814 nT	光华组火山岩	推断为较强磁性地质体引起	
C－22	异常规模较小，异常曲线呈尖峰状，为一较强磁力高，正负伴生，异常峰值近1682 nT，西侧为负异常	光华组火山岩	推断为埋藏较浅的强磁性地质体引起	
C－23	异常规模较小，曲线尖峰状，由两个磁力高组成，异常峰值近1098 nT	光华组火山岩	推断为较强磁性地质体引起	
C－24	异常规模较小，曲线较规则，异常峰值近562 nT，正负伴生，北侧为强磁负异常	光华组火山岩	推断为有一定埋深的磁性地质体引起	
C－25	异常规模较大，异常形态较规则，正负伴生，异常峰值近749 nT，西北侧为负异常	光华组火山岩	推断为有一定埋深的磁性地质体引起	
C－26	异常规模较小，曲线尖峰状，正负伴生，异常峰值近2952 nT，异常处在F_1、F_2断裂中间，其北侧为负异常	光华组火山岩	推断为顶部埋藏较浅的强磁性地质体引起	该异常应引起重视
C－27	磁异常略具规模，曲线尖峰状，异常峰值近2480 nT，	光华组火山岩	推断为埋藏较浅的强磁性地质体引起	

勘查区磁场特征总体表现为三种类型，一种是磁场变化比较平缓，但有局部跳动，磁场变化范围一般为－100～100 nT，分布范围较广，应是由光华组的酸性、中酸性火山岩引起；二是呈条带状，异常走向多为NE向，多呈串珠状异常定向排列，强度中等，主要分布在勘查区的西北部，该类异常为后期沿断裂侵入形成岩株状侵入岩引起；第三种类型是正负伴生的局部强磁异常，异常梯度变化大，形态多呈尖峰状，最大正峰值5738 nT，负峰值2000 nT，类似的磁异常在本区内有多处分布，推断为埋深不同的较强磁性体所致，C01－C10磁异常经工程验证为铁多金属矿引起，多为矿致异常，磁异常特征见图3、4。

由磁异常的分布特征反映矿致磁异常总体沿断裂展布，表现出构造控矿的成因，结合地质条件应为一典型的夕卡岩型铁多金属矿床，夕卡岩主要分布在燕山期中酸性侵入体与倭勒根群吉祥沟组中的大理岩接触带及其附近大理岩层中构造活动强烈的地段——火山机构及其周围，两组断裂构造交汇处等地，在中酸性侵入体与大理岩接触带附近高磁异常是寻找强磁性的磁铁矿体的找矿标志。

6 结论与建议

通过对矿致磁异常的工程验证，在Ⅰ、Ⅱ、Ⅳ号矿带获得控制和推断的内蕴经济资源量（332 + 333）矿石量 535.7×10^4t。其中铁的矿石量为 312.5×10^4t；铅、锌矿石量为 213.3×10^4t，金属量184509t，钼矿石量为98938.7t，钼金属量160.9t。伴生银金属量96.3t。

该实例表明高精度磁测对寻找该类夕卡岩型铁金属矿床具有良好的效果，前人在黑龙江省的阿城五道岭一带、伊春翠宏山、铁力二股均利用磁测方法找到了此类型铁多金属矿床。

研究该类型的控矿因素，建立找矿模型，可对矿区外围的磁异常以找矿模型为基准，筛选具成矿特征的磁异常开展工程验证，实施找矿突破。

参考文献及资料

范正国，黄旭钊，等. 2010. 磁测资料应用技术要求[M]. 北京：地质出版社.

吕长生，杨昆林，等. 2012. 黑龙江省大兴安岭呼中区下嘎来奥伊河上游铅锌多金属矿Ⅰ号、Ⅱ号、Ⅳ号矿带详查报告[R]. 黑龙江省地球物理勘察院.

江苏省王浩矿区磁异常综合研究及找矿实例

魏邦顺　张大莲

（江苏省地质调查研究院，江苏 南京 210049）

摘　要：王浩矿区矿体形态、产状较复杂。运用精细反演解释方法对综合信息进行研究，对探明矿层分布，圈定盲矿体位置有重要意义。本文通过对王浩磁异常平面处理、剖面精细反演等方法，推断在已控制Ⅰ矿段矿体北部相对较浅部位以及已控制Ⅰ矿段矿体南东倾向延伸方向有磁铁矿体的存在。

关键词：王浩铁矿；磁异常；数据处理；精测剖面；反演

1　矿区概况

1.1　地质特征

王浩矿区位于南通地区东部，地势平坦，为第三、第四系覆盖，厚度一般在300 m左右，其下基岩为寒武系中下统大理岩（图1）。区域上在江南古陆东北部南京—南通断裂带的东端，由三个背斜和两个向斜组成南通—三余隆起带。隆起带由古生带地层组成，南侧覆盖侏罗系火山岩，北侧被白垩系地层覆盖，总体走向NEE向。

矿区主要有燕山晚期花岗岩、花岗斑岩等侵入岩（陈小华等，1991；李盛汉，1988），与大理岩

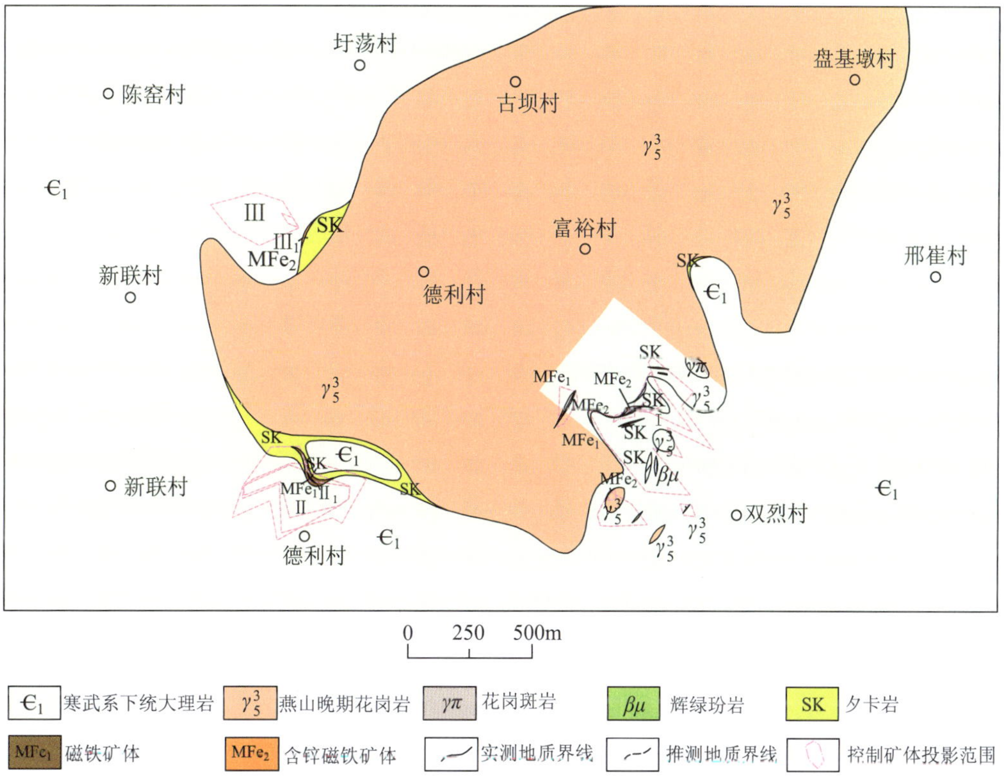

图1　南通王浩铁矿地质矿产略图

总体呈向 NE 向开口的“U”字形接触，大理岩分布于花岗岩体周围的东南、南和西北部。矿体产于接触带并受接触带控制，围绕花岗岩体呈“U”字形分布，磁铁矿矿体的产出部位有：接触带内部的大理岩捕虏体，花岗岩的正接触带，以及古侵蚀面。矿体呈不规则的透镜状、似层状，产状较缓。矿床具中型规模，矿石主要为磁铁矿，次为赤铁矿、闪锌矿、黄铁矿、辉钼矿、自然铋、辉铋矿、硼镁铁矿、菱铁矿以及少量黄铜矿、方铅矿等。蚀变与矿化包括大理岩化、夕卡岩化、磁铁矿化、闪锌矿化、黄铁矿化、硅化、绿泥石化、高岭土化等。

矿区分为三个矿段，Ⅰ矿段主矿体主要赋存于 -300 m ~ -628 m，矿体总体走向为 NE 向，总倾向 SE 向，倾角 10° ~63°；Ⅱ矿段主矿体主要赋存于 -300 m ~ -450 m；Ⅲ矿段赋存于 -500 m ~ -600 m，水平断面上，花岗岩内凹部位主矿体厚度增大，外凸部位捕虏体矿体较集中；横剖面上，接触带较陡的部位一般厚度较大。

据钻孔资料，Ⅰ矿段和Ⅲ矿段的大理岩及矿体分别倾向 SE 向和 NW 向，两矿段中间部位被花岗岩侵入，组成背斜构造。Ⅱ矿段处于背斜构造的南西倾伏端（图 1）。

1.2 岩（矿）石物性特征

区内岩心各种岩（矿）石物性参数测定结果（陆君雄，1981；李盛汉等，1981）如表 1 所示，磁铁矿具有很强磁性，κ 平均 198348×10^{-5}SI，Jr 平均 79950×10^{-3} A/m，磁铁矿体磁性具有垂向和水平方向分带特征，自上而下、自东而西磁性由强变弱。捕虏体铁矿磁性最强，剩磁大于感磁；正接触带磁性次之，通常感磁大于剩磁。M1 捕虏体铁矿半定向标本测定铁矿石 κ 平均 315340×10^{-5}SI，Jr 平均 160079×10^{-3} A/m，剩磁 Jr 倾角 θr 平均 62°，夕卡岩化花岗岩有一定磁性，κ 平均 3217×10^{-5}SI，Jr 平均 540×10^{-3} A/m，花岗岩、夕卡岩和大理岩微磁 - 无磁，因此本区局部磁异常主要由磁铁矿引起，夕卡岩化花岗岩将产生干扰异常。

表 1　岩（矿）石物性参数统计表

岩矿石名称	块数	磁化率 κ/（10^{-5}SI）			磁化强度 Jr/（10^{-3}A·m^{-1}）	密度 σ/（g·m^{-3}）		采集地点
		变化范围	平均值	变化范围	平均值	变化范围	平均值	
磁铁矿	133	54387 ~ 324941	198348	6480 ~ 844030	79950	3.48 ~ 4.60	4.06	王浩钻孔
花岗岩	180	微		微		2.53 ~ 2.77	2.60	王浩钻孔
夕卡岩化花岗岩	17	603 ~ 11184	3217	100 ~ 7880	540	2.62 ~ 3.48	2.94	王浩钻孔
夕卡岩	25	无	无	无	无	2.91 ~ 3.75	3.41	王浩钻孔
大理岩	26	无	无	无	无	2.70 ~ 2.81	2.74	王浩钻孔
石英砂岩	26	无	无	无	无	2.60 ~ 2.77	2.68	王浩钻孔

磁铁矿平均密度最高，约 4.06 g/m^3，夕卡岩、大理岩次之，花岗岩密度较低，平均为 2.60 g/m^3（表 1）。

按该地 1980 年磁测数据，由 RGIS 重磁电数据处理软件计算求取当地地磁场强度 $T=48621.56$ nT，地磁倾角 46.44°，地磁偏角 -4.74°。

1.3 以往地质工作程度

王浩异常为 1959 年 1∶20 万航磁发现的，1978 年冶金部航测大队在扬州 - 南通进行 1∶5 万航磁普查，提出王浩航磁异常为有找矿希望异常，同年冶金 805 队地面检查，并于 1979 年 3 月首先对王浩 M1 磁异常验证见矿，后对 M2 磁异常也验证见矿。1980 年冶金 814 队作了 1∶1 万重磁普查，而后进行勘探评价，共施工钻孔 64 个，进尺 37082.76 m，1987 年 12 月提交《江苏省南通市王浩铁矿区评价地质报告》，三个矿段共探明 332 + 333 铁矿资源储量 1374.9×10^4t。2009 年底江苏省矿产资源储量统计表结果：海门市王浩铁矿Ⅰ、Ⅱ和Ⅲ矿段累计资源储量 1413.2×10^4t。

2 异常特征及数据处理

2.1 重、磁异常特征

1∶5 万航磁普查，王浩地区异常总体呈向 NE 向开口的“U”字形（陆君雄，1981；李盛汉等，1981），极大值高达 1100 nT，北侧梯度变化陡，伴生负异常，极小值为 -150 nT，南侧梯度变化缓，初步认定王浩航磁异常为矿致异常。地磁异常与航磁异常形态一致（图 2），总体由 M1、M2、M3 三个呈椭圆形局部异常叠加在E - W向宽缓区域背景场上，表现为向 NE 向开口的“U”字形特征，其中 M1、M3 异常走向约 NE40°，极值分别为 2138 nT 和 977 nT，构成“U”字形两侧；M2 异常走向为 NW60°，极值 1312 nT，构成“U”字形底部，600 nT 等值线将它们连为一体。整个王浩异常北侧是由 50 nT 等值线封闭的半圆形异常，实际上应为相对负异常区，可能是测区正常场选取偏低所致。

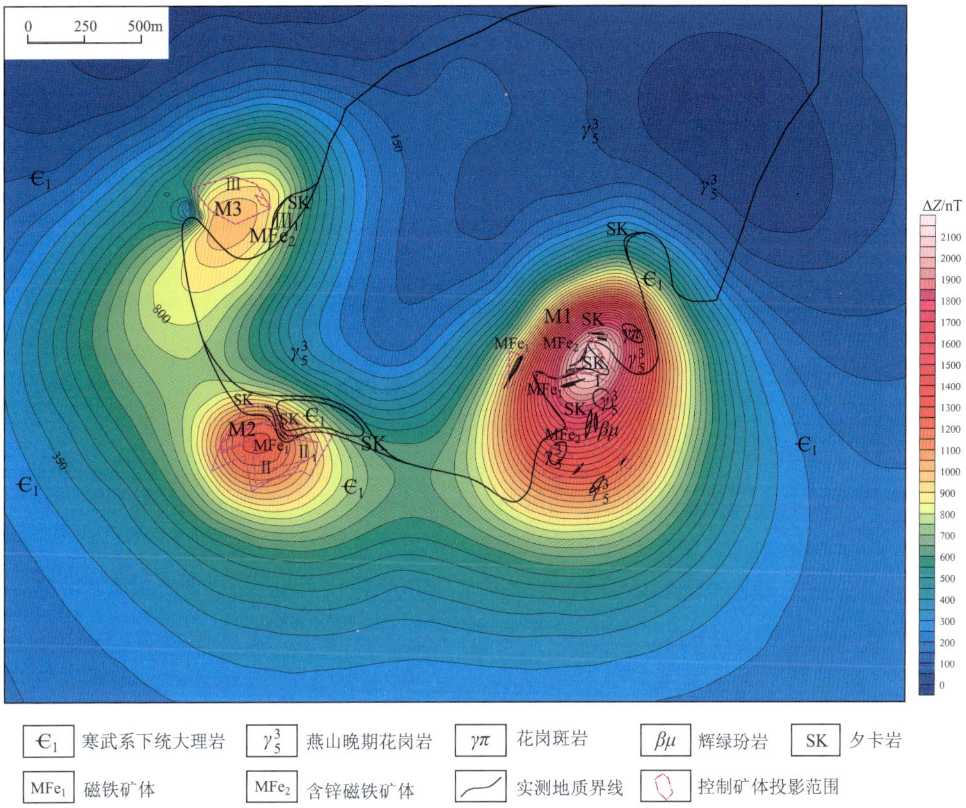

图 2 王浩矿区地磁 ΔZ 异常平面等值线图

该区重力异常（图 3）总的趋势是西高东低特征，西部是一个“S”形重力梯度带，图面上显示东部、西部存在两个重力高和南部、北部存在两个重力低，磁异常位于重力“两高”和“两低”之间。“两高”主要和寒武系中下统大理岩相对高密度体有关，北面重力低与花岗岩体和基岩顶面埋深增大有关，南面重力低则是断陷盆地所致。从重磁图看：除 M3 外，M1、M2 磁异常位置有相对重力高特征。

通过上述地质、重磁异常的分析，可见：磁铁矿体产于酸性花岗岩类与周围大理岩接触带上，有明显得地磁异常，并受接触带控制，矿床类型为夕卡岩型。

2.2 存在问题及研究思路

从重磁异常特征可以看出，王浩重磁异常是一个复杂异常，是岩体和大理岩形成的区域场与多个不同深度磁铁矿体引起的局部异常的叠加，由于厚覆盖，场源埋深大，致使地面观测到的叠加场比较圆滑规则，因此，须重视磁异常的数据处理，掌握较多的地质资料建立正（反）演初始模型，求取剩余异常，以精细反演的方法，取得深部及外围矿体的信息。

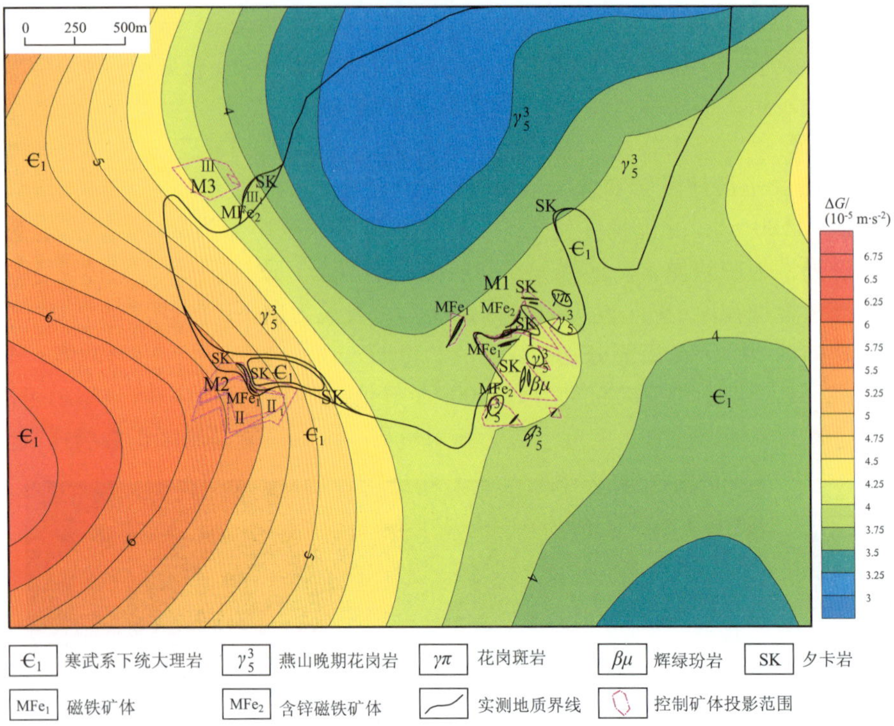

图3　王浩矿区重力异常平面等值线图

2.3　磁异常（ΔZ）数据处理

为了从磁测资料中获得更多的与成矿和构造有关的信息，为磁异常定量解释与反演提供模型资料，对地磁（ΔZ）数据进行了原平面化极（图4）、垂向一阶导数（图5）等数据处理，数据处理使用中国地质调查局发展中心提供的RGIS重磁电数据处理软件。

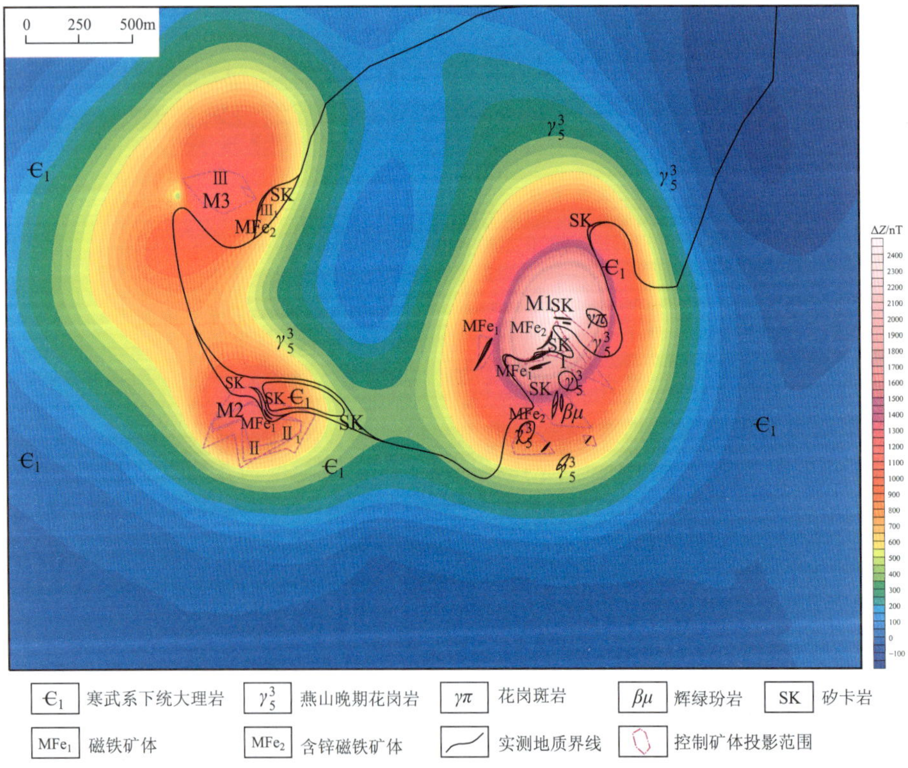

图4　王浩矿区 ΔZ 磁异常化极平面等值线图

地磁 ΔZ 化极异常（图4）和地磁 ΔZ 化极垂向一阶导数异常（图5）与地磁 ΔZ 异常形态相似，地磁 ΔZ 化极及化极垂向一阶导数异常中心向北位移，已控制Ⅱ、Ⅳ矿段矿体水平投影范围与化极异常中心较吻合，已控制Ⅰ矿段矿体水平投影范围仅分布在M1化极磁异常中心以南部分，预示着M1化极磁异常中心以北可能存在未控制的铁磁性矿体或夕卡岩化花岗岩等磁性地质体。

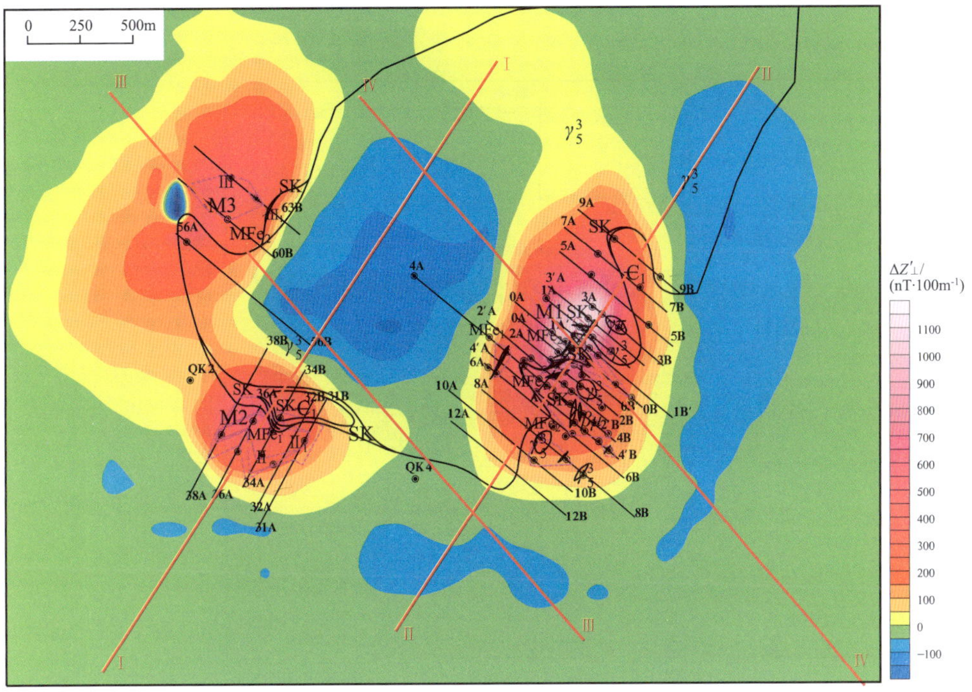

图5　王浩矿区 ΔZ 磁异常化极垂向一阶导数平面等值线图

（黑线为地质勘探剖面，Ⅰ～Ⅳ线为地磁精测剖面，黑色实心圆圈为钻孔）

3　精测剖面反演与解释

根据地磁异常特征、已有剖面磁测数据结合地质资料，选择Ⅰ、Ⅱ、Ⅲ和Ⅳ剖面（图5），对M1、M2和M3磁异常进行2.5D剖面精细反演，借以判断已知矿体深部及周围是否存在磁性矿体，本文采用RGIS重磁电数据处理软件中2.5D重磁剖面反演功能实现磁异常定量解释与反演。首先利用已有地质、物性等资料建立初始模型，从实测磁异常中减去初始模型计算磁异常，求取剩余异常，反演已知矿体深部及周围是否存在磁性矿体。

由于矿体埋深较大，规模小，重力异常强度低，甚至被其周围大理岩所引起的强度高、范围大的异常所掩盖，在做精细反演时，仅利用高精度磁异常数据来解释。表2为反演时所涉及的岩（矿）石物性参数，考虑磁铁矿体剩磁因素，实际反演中，磁铁矿体有效磁化倾角选择58°～62°范围。

表2　地质体磁性参数表

岩（矿）石名称	总磁化强度/（10^{-3}A·m^{-1}）	总磁化倾角（°）	备注
Q	0	46.44	第四系
M	0	46.44	大理岩
SK	0	46.44	夕卡岩
γ	0～200	46.44	花岗岩
Fe	70000～80000	58～62	磁铁矿、推断磁铁矿

3.1 Ⅰ线反演与解释

Ⅰ线穿过M2异常，剖面方位角33.38°，与34线地质勘探剖面（郭振润等，1992）（图6）位置相当。34线ZK5钻孔主要见矿三层，位于该孔北部的ZK002孔在相应深度上未见矿，仅在400 m左右深处见到2.25 m厚薄矿，可见矿体宽度不大，推测矿体为多层透镜体。

将34线控制的矿体与围岩作为Ⅰ线2.5D反演的初始模型，参考其他地质、矿产资料，对Ⅰ线精测剖面进行反演，结果如图7所示。

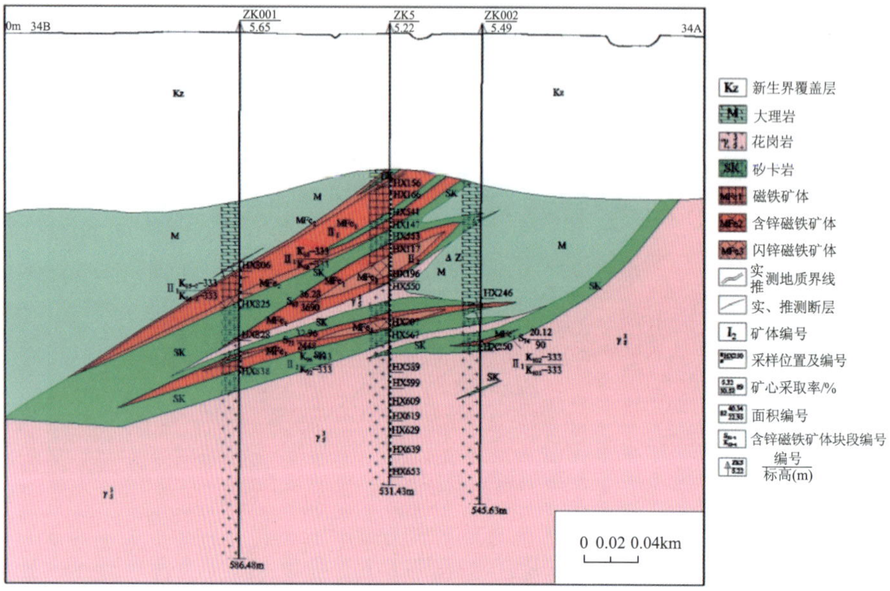

图6 34线地质勘探剖面

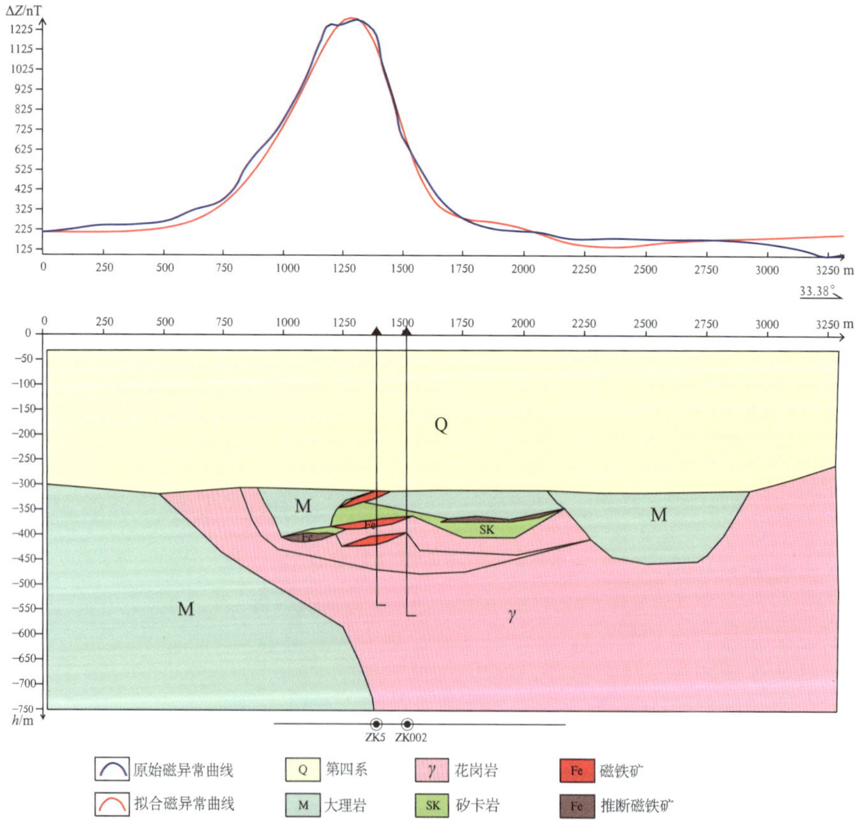

图7 Ⅰ线2.5D反演结果

反演结果显示 M2 异常所反映的三层矿赋存高度在 -380 ~ -450 m，这与钻孔所控制的范围一致。Ⅰ线西南部和东北部，与主矿层距离较近位置，推断有盲矿体存在，赋存高度与第二矿层高度相近，其中东北部推测矿体为薄层，走向平缓，也有可能为品位较低的成矿破碎带。

3.2 Ⅱ线反演与解释

Ⅱ线近乎垂直于 M1 异常地质勘探剖面，剖面方位角 33.38°，主要反映Ⅰ矿段矿体走向上的形态。ZK101 孔所见相距较大的矿层有三层，第一层矿与 ZK1，ZK201 孔第四系下所见矿体可能为同一层矿。矿体形态产状尚不清楚，推断产于捕虏体中的矿体由多个矿体组成，矿体之间夹大理岩、夕卡岩。图 8 为Ⅱ线反演结果。

图 8 中可以看出Ⅰ矿段三层矿体分层明显，其中第一、三层矿体在走向上形态变化不大，而第二层矿体不论是形态还是埋深变化都较复杂，可能与花岗岩侵入程度有关。另推测Ⅱ线北东侧第二层矿高度位置可能存在盲矿体，这与平面 ΔZ 化极图推断矿致异常位置较吻合。

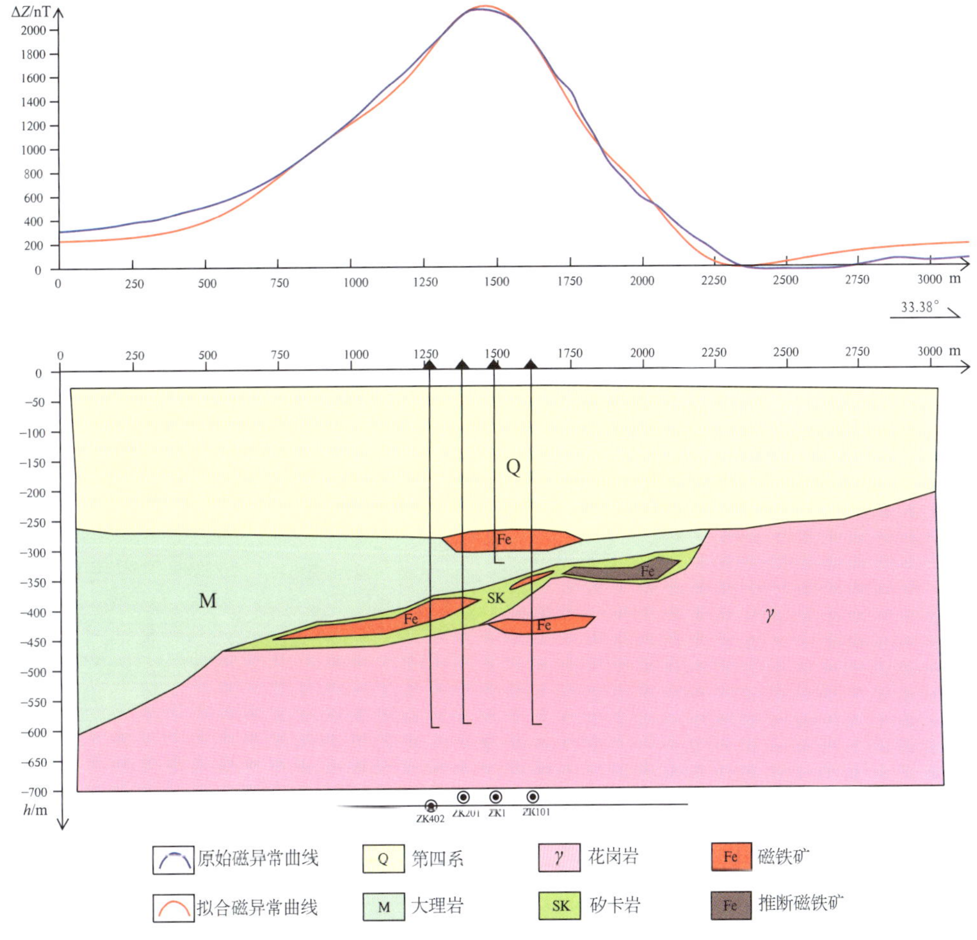

图 8　Ⅱ线 2.5D 反演结果

3.3 Ⅲ线反演与解释

Ⅲ线穿过 M3 异常，剖面方位角 138.38°，主异常与 60 线地质勘探剖面（郭振润等，1992）（图 9）位置相当，剖面上钻孔 ZK6001 在标高 -500 ~ -600 m 处见一层矿。参考 60 线地质剖面，对Ⅲ线进行 2.5D 磁异常剖面反演，结果如图 10 所示。

图 10 显示 M3 异常可能存在两层矿体，矿体呈透镜状。同时可以看出，Ⅲ线花岗岩侵入较浅，大理岩被完全包裹，岩体夕卡岩化与大理岩接触带顶部与成矿关系密切，推断第一层矿体存在的可能性较大。

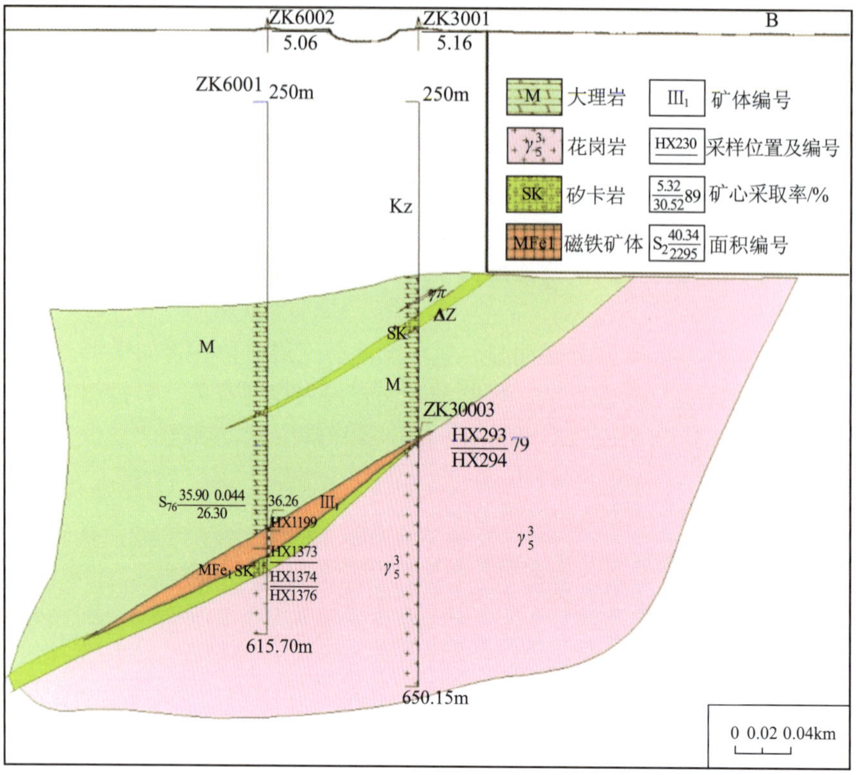

图9　60线地质勘探剖面

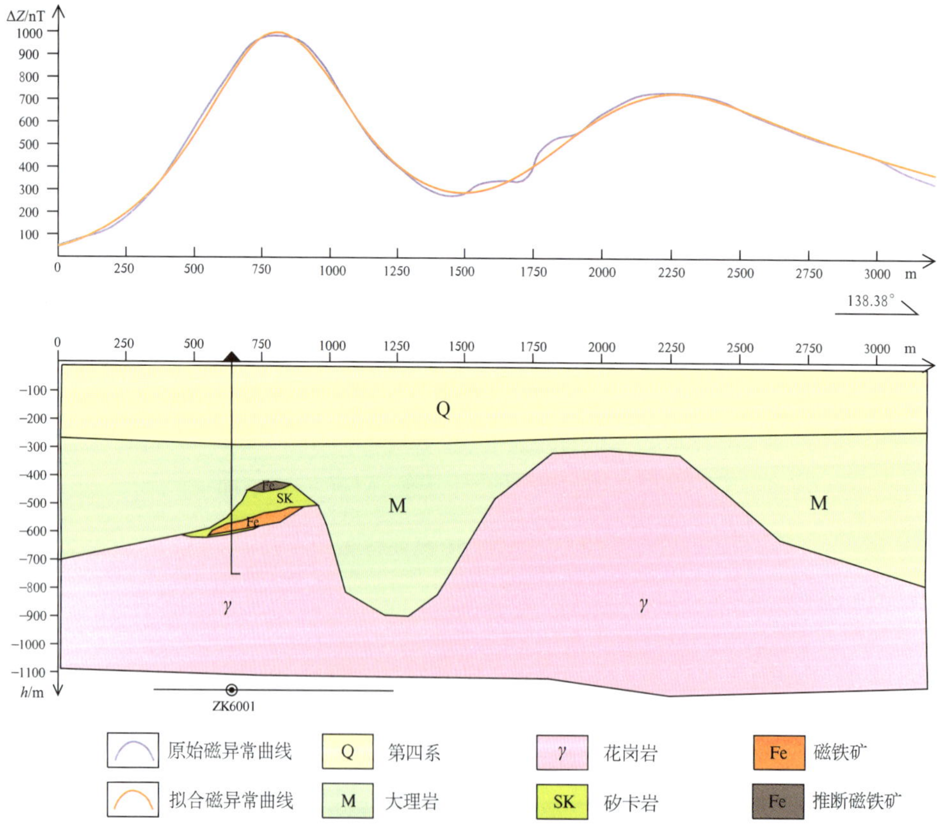

图10　Ⅲ线2.5D反演结果

3.4 Ⅳ线反演与解释

Ⅳ线穿过 M1 异常，剖面方位角 138.38°。主异常与 1 线地质勘探剖面（郭振润等，1992）（图 11）位置相当，根据 ZK101 孔见矿情况，推断该孔下有三个主要矿体（李盛汉等，1988）。ZK102，ZK103 分别控制矿体的北西部和南部的产状，1 线地质剖面显示矿体产状较陡，矿体形态较复杂。

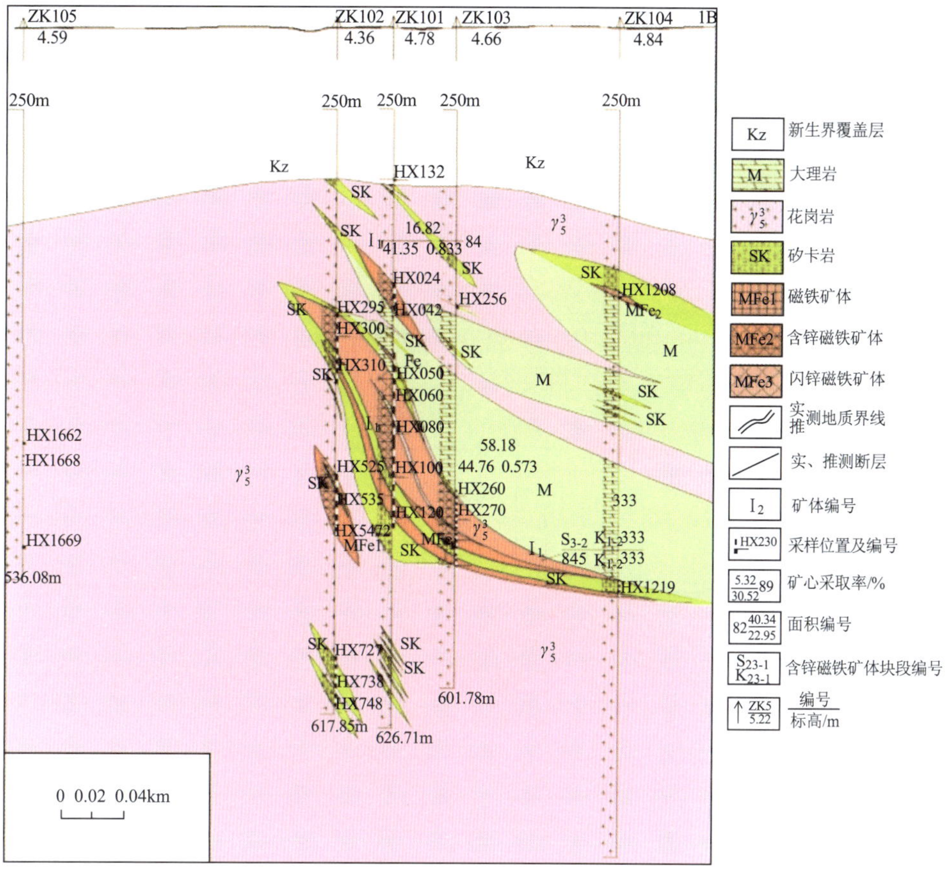

图 11　1 线地质勘探剖面

由于 M1 异常勘探程度较高，本文参考 1 线及其他勘探线地质、钻孔信息，对Ⅳ线进行 2.5D 磁异常剖面反演，结果如图 12 所示。

图 12 中显示产于捕掳体中的三层矿体赋存高度在 −260 ~ −560 m，矿体形态呈透镜状。根据异常情况，在测线北西翼、南部岩体接触带各推测有一个矿体存在。

4　结论

王浩磁铁矿体产于燕山晚期花岗岩、花岗斑岩等侵入岩与寒武系中下统大理岩接触带上，并受接触带控制的夕卡岩型矿体，围绕花岗岩体呈“U”字形分布，有明显得局部航磁、地磁异常。王浩磁铁矿床的发现，是磁测工作在厚覆盖区取得显著找矿效果的典型实例。

磁测工作是寻找磁铁矿床最直接、有效的物探方法。通过航磁测量发现王浩异常，利用地磁资料可进一步细化异常的形态、判断磁性矿体的空间分布特征，从而在指导钻探工程布置、加快找矿工作进程中起到重要作用。

通过对地磁（ΔZ）数据原平面化极、垂向一阶导数等数据处理，可以看出：已控制Ⅱ、Ⅳ矿段矿体水平投影范围与化极异常中心较吻合，已控制Ⅰ矿段矿体水平投影范围仅分布在 M1 化极磁异常中心以南部分，预示着 M1 化极磁异常中心以北可能存在未控制的铁磁性矿体或夕卡岩化花岗岩等磁

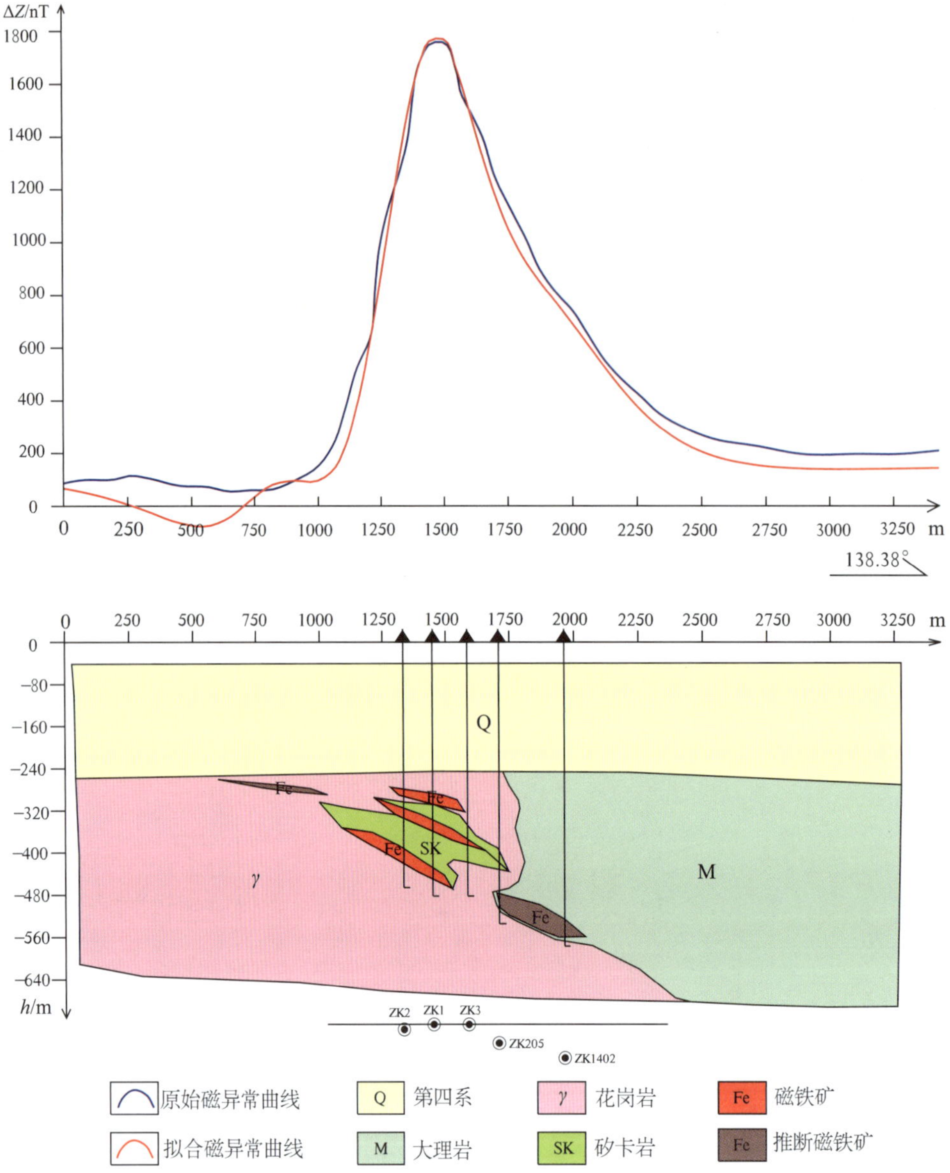

图 12　Ⅳ线 2.5D 反演结果

性地质体。

同时Ⅱ、Ⅳ剖面对 M1 磁异常 2.5D 剖面精细反演结果表明：已控制Ⅰ矿段矿体北部相对较浅部位以及已控制Ⅰ矿段矿体南东倾向延伸方向存在磁铁矿体的可能性较大。在Ⅱ、Ⅲ矿段，由于可利用的地质、钻孔资料较少，Ⅰ反演与解释推断的仅是等效体，与实际矿体的形态、产状可能有一定误差。

参考文献及资料

陈小华，傅良佐，等. 1991. 王浩铁矿的成矿特征[J]. 地质与勘探，7：16.

郭振润，等. 1992. 江苏省海门县王浩铁矿区Ⅰ矿段勘探地质报告[R]. 中国有色总公司华东地质勘探公司 805 队.

李盛汉，等. 1981. 江苏省海门县王浩测区物探工作报告[R]. 江苏省冶金地质勘探公司八一四队.

李盛汉. 1988. 王浩铁矿区重磁数据处理的效果[J]. 地质与勘探，24(2)：38.

陆君雄. 1981. 江苏省海门县王浩重磁异常研究报告[R]. 江苏省冶金地质勘探公司 814 队.

高精度磁测在安徽蜀山地区找矿中的应用

程培生　何柳昌　兰学毅　李壮

（安徽省勘查技术院，安徽 合肥 230031）

摘　要：为了对位于安徽庐枞盆地北缘、蜀山地区的皖 C－76－195（周杨村）航磁异常进行查证，在该区进行了地面高精度磁测，在将异常进行分解、初步确定异常性质的基础上，结合综合物探剖面确定了有利找矿部位；通过钻探验证发现了铅锌、铁矿，找矿效果良好。

关键词：铅锌矿；航磁异常；异常查证；综合物探；找矿效果

蜀山地区位于安徽省无为县西南约 30 km 处。该区属圩区，地势平坦，一般海拔高度为 7～9 m。区内大面积为水田，水网密布，天河呈近 E－W 向横贯全区汇入长江。由于地表覆盖，地质工作难以开展，高精度磁测在该区的勘查工作中起到了关键性作用。

1　地质背景及岩（矿）石物性

1.1　地质背景

该区处于长江中下游成矿带中段、庐枞燕山期火山盆地北缘、清水塘－岳山铁铅锌找矿远景区。据区域资料，区内地层主要有中、下三叠统铜头尖组砂岩、东马鞍山组角砾状灰岩、南陵湖组灰岩，局部有上侏罗统龙门院组火山碎屑岩。地层走向 NE 向、倾向 SE 向，倾角 20°～50°。主要的断裂有 NE 向、近 E－W 向两组。NE 向的黄屯－蜀山－杨桥基底断裂（F_1）规模宏大，长达数十千米，明显控制岩浆岩侵位；近 E－W 向的庐江南－蜀山推测断裂（洪巷断裂、F_2）长大于 20 km，是庐枞火山岩盆地边缘断裂。主要的侵入岩是闪长岩，侵位于三叠系地层中。岩体与三叠系地层的接触带是铁、铅锌多金属矿成矿的有利地带。

1.2　岩（矿）石物性

在该区采集了物性标本 120 块，密度、电性、磁性参数统计特征如表 1。

表 1　蜀山地区主要岩矿石物性特征统计表

岩性	标本数/件	密度 $(10^3\ kg \cdot m^{-3})$	磁化率 $(10^{-5}SI)$	剩余磁化强度 $(10^{-3}A \cdot m^{-1})$	电阻率/(Ω · m)	极化率/%
安山玢岩	18	2.65	2026	199.73	1518.58	0.26
泥质粉砂岩	28	2.72	661	58.78	2264.35	
粉砂岩	29	2.76	1119	42.62	1948.9	0.13
角砾状灰岩（含铅锌矿化）	11	2.75	1932	253.5	1513.42	1.22
灰岩	11	2.85	2081	53.91	1917.42	0.15
闪长岩	22	2.88	2735	69.05	1848.68	0.19
磁、赤铁矿化灰岩	1	3.60	18831	75.57	1790.3	3.09
磁铁矿	1	3.72	39647	121.96	3957.38	25.48

表1显示，本区主要岩（矿）石物性具如下特征：

1）铁矿（化）岩石密度最大，一般大于 $3.6\times10^3\ kg/m^3$；安山玢岩密度小，平均为 $2.65\times10^3\ kg/m^3$；泥质粉砂岩、粉砂岩和角砾状灰岩（含铅锌矿化）密度较接近，为 $(2.72\sim2.76)\times10^3\ kg/m^3$；灰岩与闪长岩密度较接近，为 $(2.85\sim2.88)\times10^3\ kg/m^3$。因此，当有一定规模的铁矿产出于灰岩或闪长岩中时，可引起一定的重力异常。

2）磁铁矿（化）岩石磁化率高，闪长岩次之，砂岩和泥质粉砂岩磁化率最低，这三类岩石磁化率之间均差一个数量级。剩余磁化强度：角砾状灰岩（含铅锌矿化）最高，磁铁矿、安山玢岩次之，这三者的剩余磁化强度高出其他岩石的剩余磁化强度一个数量级。

3）泥质粉砂岩、粉砂岩和灰岩电阻率高，角砾状灰岩（含铅锌矿化）、安山玢岩和（含）铁矿化岩石电阻率相对较低，但各岩石间差异不大。铁、铅锌矿化岩石极化率较高。

因此，本区铁矿化岩石具高密度、高磁、低电阻率的特征；铅锌矿化产于角砾状灰岩和安山玢岩中，具低阻、相对高极化、中等密度、中等磁化率、高剩余磁化强度的特征。

2 磁异常特征

2.1 航磁异常特征

1∶5万航磁显示，本区总体处于庐枞火山岩盆地强磁场区北端的一个近E－W向走向的异常带上（图1、图2），主要有皖C－76－195（周杨村）磁异常和皖C－76－196（蜀山）磁异常，异常强度较高。

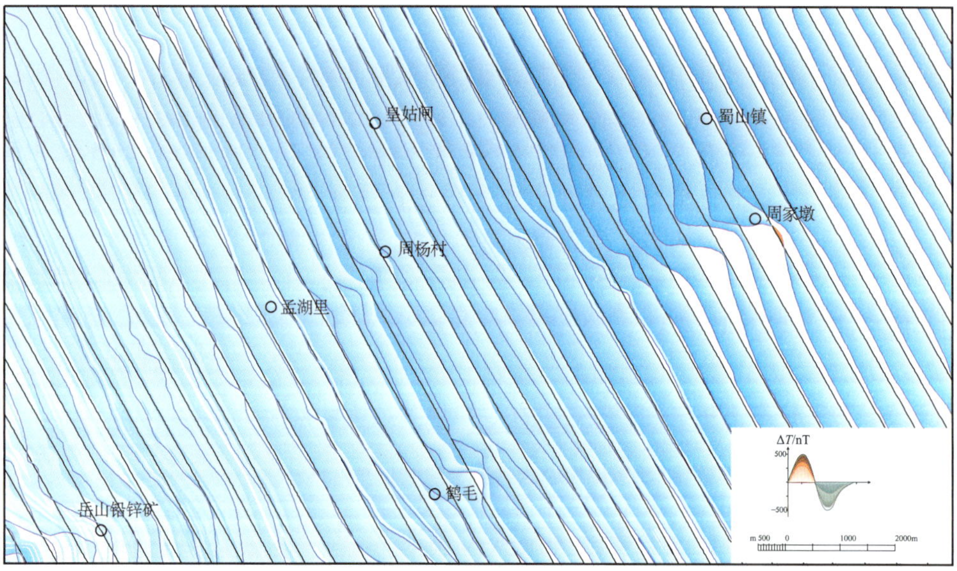

图1 蜀山地区航磁平面剖面图（1∶5万）

经数据处理，周杨村剩余异常呈圆形、形态规整、但强度较弱；蜀山剩余异常有周家墩、刘家渡两个中心，周家墩异常强度高、形态规整，刘家渡异常强度稍弱，是周家墩异常的西延部分（图3）。以往工作对皖C－76－196（蜀山）进行了查证，证实异常由闪长岩引起。在岩体与三叠系地层的接触带上未发现明显得矿化蚀变。

2.2 地磁异常特征

异常查证首先利用1∶1万高精度磁法测量以分解异常，达到迅速缩小找矿靶区的目的。

1∶1万高精度磁测显示（图4）：本区磁异常总体呈现“二低夹一高”的分布特征。“一高”由周杨村、孟湖里、闸墩等局部高磁异常组成，呈NE向延伸，异常带长约6 km、平均宽约0.5 km，

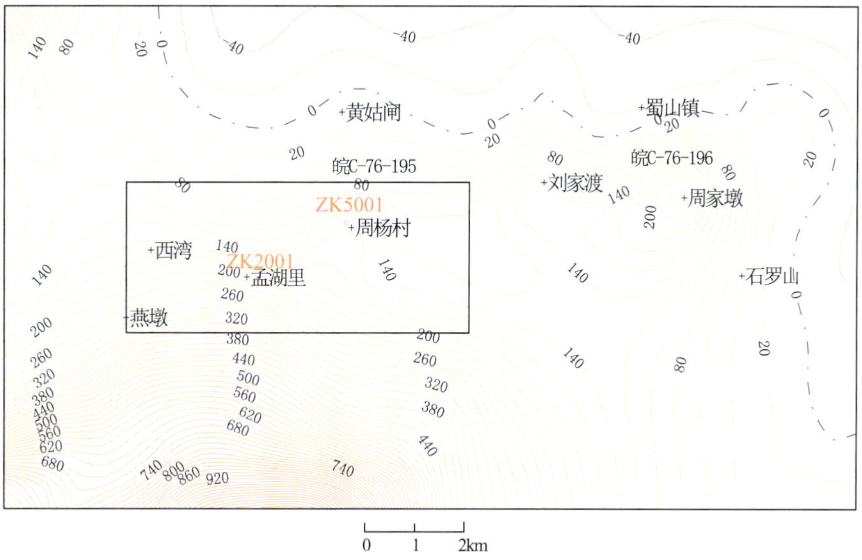

图 2　蜀山地区航磁化极异常图（1∶5 万）

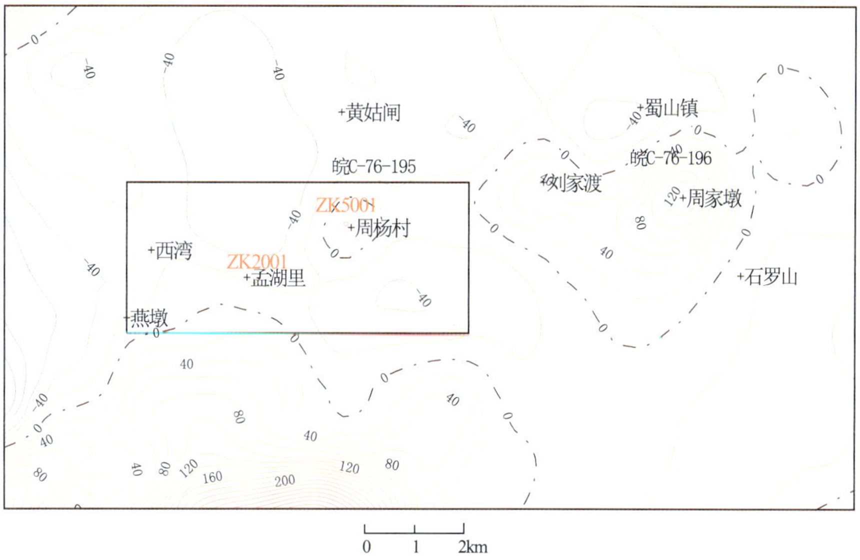

图 3　蜀山地区航磁剩余异常图（1∶5 万）

沿黄屯－蜀山断裂带分布。位于东北端的周杨村磁异常形态规则，其极值为 240 nT，相对幅值达 340 nT，推测为中性侵入岩（闪长岩）的反映；而孟湖里、闻墩等异常强度较低，推测为安山玢岩引起。“二低”为本区西北部的大面积变化平缓的负异常和西南部的正负相伴的、变化幅度大的低异常。西北部低缓磁异常区，面积约为 4.5 km^2，推测为灰岩的反映；西南部磁异常跳跃变化较大，正负相伴，推测为浅部火山岩引起（龙门院组分布区）。“二低”与“一高”间的磁异常梯级带（梯度约为 80 nT/100 m）是 NE 向断裂构造的反映，据梯度带两侧的异常特征推测断裂总体倾向 SE 向。

因此，高精度磁测将本区分为性质不同的两大区域：西南角为火山岩分布区，与庐枞火山岩盆地的成矿作用类似，应寻找与安山玢岩等次火山岩有关的、岳山式铅锌多金属矿；北东部为沉积岩分布区，应围绕岩体与灰岩的接触带寻找铁多金属矿（图 5）。据此，利用综合物探剖面分别对周杨村、孟湖里两个重点异常进行解剖。

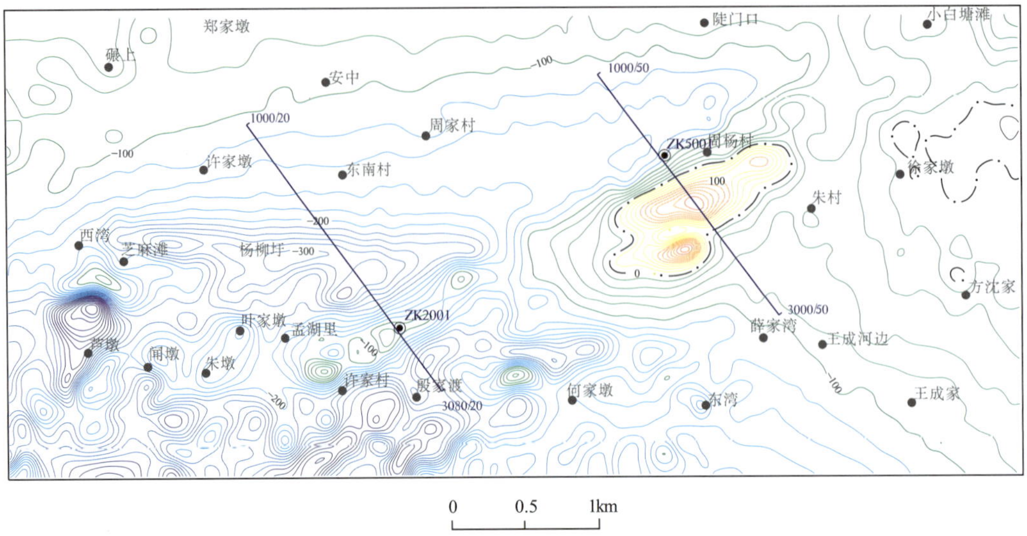

图 4　蜀山地区高精度磁测 ΔT 异常等值线图

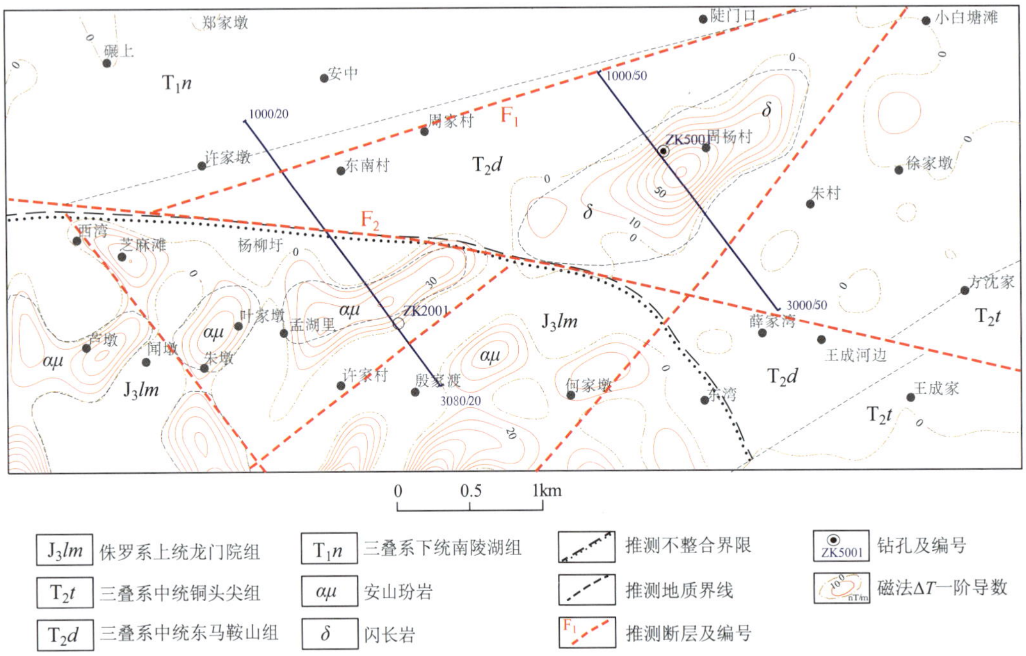

图 5　蜀山地区物探综合推断图

3　异常解剖与验证

3.1　周杨村异常

综合物探剖面显示（图 6）：磁异常位于重力梯级带上，1840 点附近有一局部重力高。推测磁异常由埋深较浅的中性岩体引起，局部重力异常与岩体埋深浅有关。CSAMT 的反演电阻率异常形态与大功率激电测深的反演电阻率异常形态基本一致；位于测线中部 2000 点附近下方约 400 m 处存在一近似直立的高阻区，其宽度约为 500 m，与磁异常对应，推测为闪长岩引起。

在推测的闪长岩与围岩的接触带上有两条近似直立的极化率异常带，在剖面 1800 点下方约300 m处有一明显得极化率局部异常，以 1.4% 极化率等值线圈闭，长约 500 m、宽约 200 m。推测为矿化体引起。

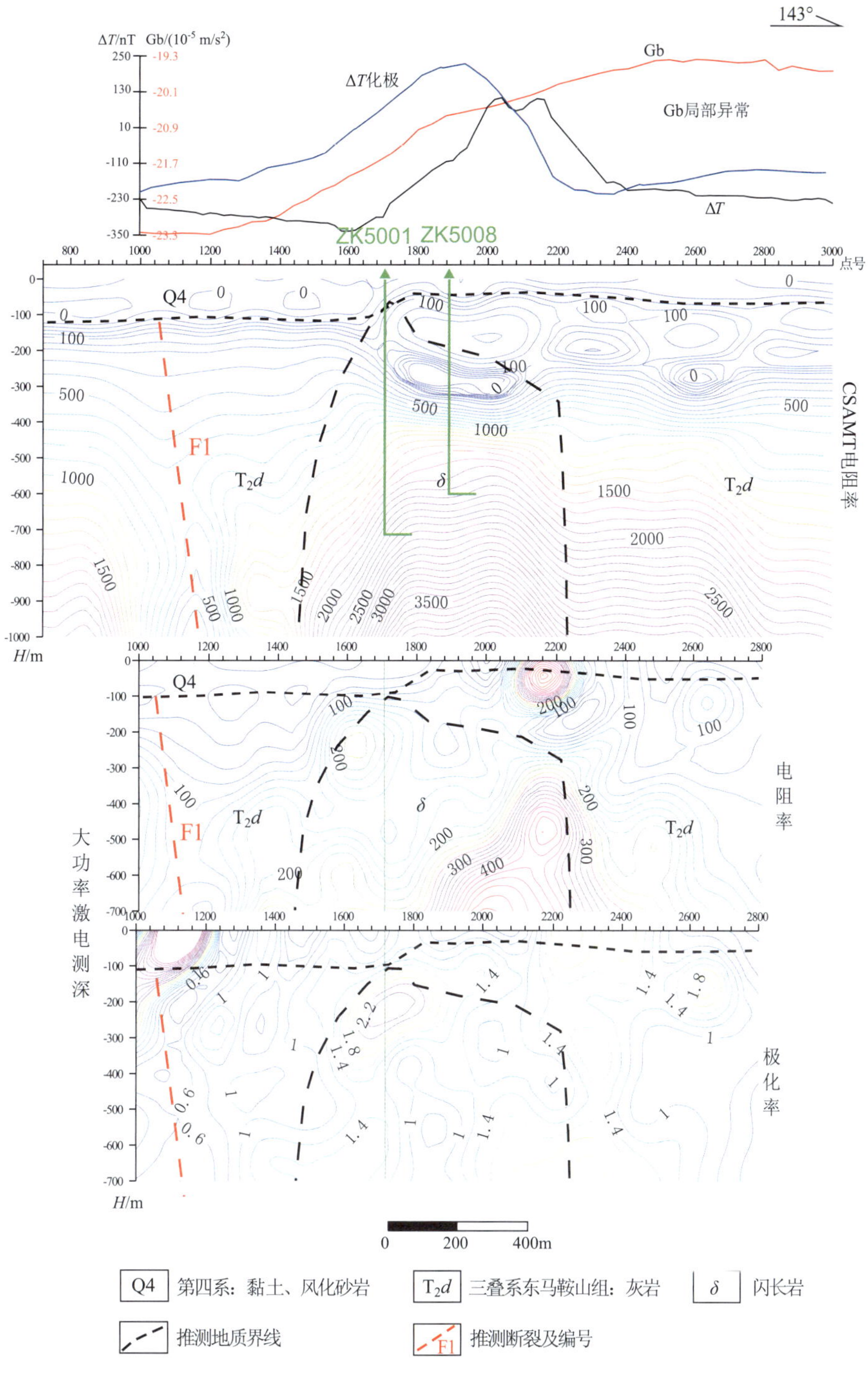

图6 周杨村50线重、磁、电综合剖面图

位于剖面西北部1100点下方为一明显得近似直立的低阻带，宽约200 m，根据重磁成果，它具有低密度、弱磁的特征，推测该低阻带为一近似直立的断裂破碎带（F_1）。

在1920/50号点附近布置钻探工程（ZK5008），揭露0～24 m为第四系砂砾，24～601 m为闪长岩。说明磁异常为闪长岩引起。

布置于接触带附近的ZK5001孔（1720/50号点），揭露62.4～736.93 m大多为闪长岩，其中83.56～292.44 m断裂发育，292.44～298.23 m、384.83～387.63 m、418.61～420.95 m、524.03～538.03 m和597.59～601.50 m为角砾状灰岩，具弱的黄铁矿化；229.2～230.01 m（0.81 m）为发育于闪长岩裂隙中的铁矿（TFe30.85%）；418.61～419.73 m（1.12 m）为发育于角砾状灰岩中的铁

矿（TFe35.11%）。

因此，该磁异常主要由闪长岩引起。激电异常与铁矿发育地段相对应，为铁矿化引起。

3.2 孟湖里异常

在异常区布置20线综合物探剖面，特征如下（图7）：磁异常位于重力梯级带上。重力异常由北西向南东有“高—低—高”的变化规律，位于剖面西北端有一次级重力高值异常，梯度变化较大；中部重力低值区宽约500 m；其东南侧为重力梯级带，平均梯度约为3.5×10^{-8} m·s^{-2}/m；剖面东南端重力值最高。根据重、磁异常分布规律，结合区内地质构造特征，推测剖面两端的重力高由灰岩引起，中部重力低及梯级带由断裂构造及安山玢岩引起。大功率激电测深发现在2440与3040号点间，埋深从400～100 m，有一NW向倾的弱极化率异常带，该异常带处于推测的安山玢岩与围岩的接触带上，推测是矿化体的反映。

在激电异常中心附近（2720/20号点附近）布置了钻探工程（ZK2001），发现了5层、累计视厚度达49.55 m的铅锌矿体（图7）：

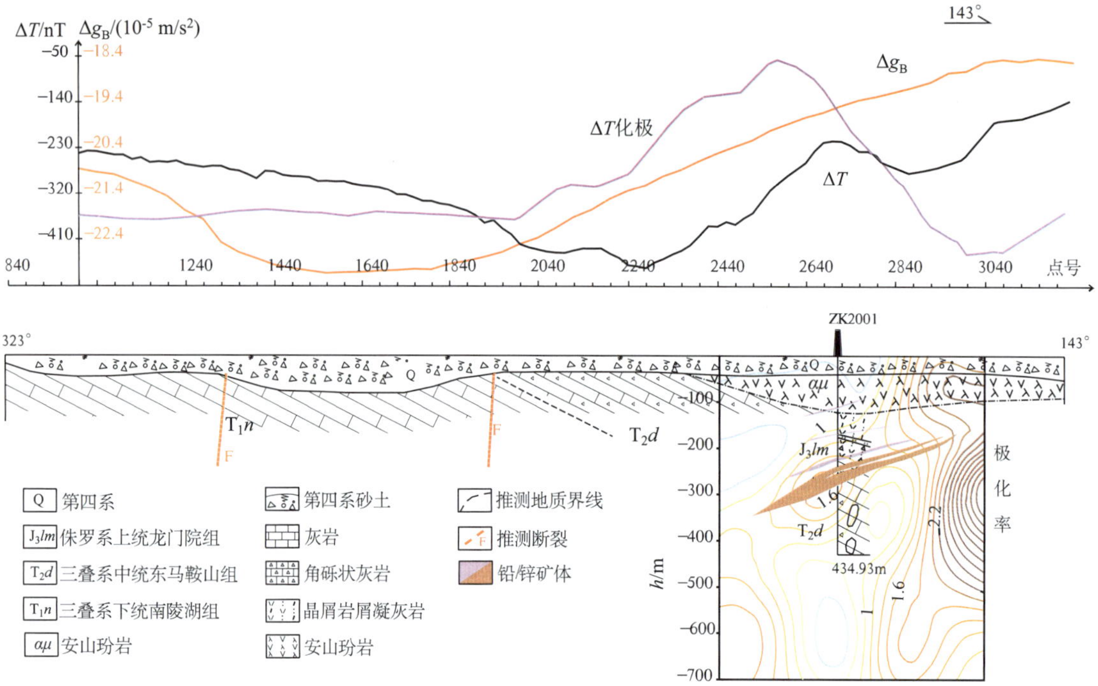

图7 孟湖里20线地质剖面图

钻探揭露的岩性为：0～40.4 m为第四系黏土、砂土；40.4～216.63 m为安山玢岩和安山质晶屑凝灰岩夹薄层凝灰质砂岩；216.63～433.43 m为角砾状灰岩。其中，216.63～290.43 m铅锌矿化明显，290.43 m以下岩石溶蚀孔洞发育。铅锌矿化沿张性裂隙或角砾边缘发育，铅锌矿体有五个，视厚度0.98～26.6 m（表2）。

表2 ZK2001孔矿体特征一览表

编号	矿层	见矿孔深/m	视厚度/m	平均品位/%		矿石类型	赋矿部位
				Pb	Zn		
①	铅矿	112.53～115.00	2.47	0.70		含铅安山玢岩	J_3lm
②	铅矿	170.23～171.21	0.98	1.58		含铅凝灰质砂岩	J_3lm
③	铅矿	223.00～229.50	6.50	0.70		含铅角砾状灰岩	T_2d
④	锌矿	241.83～254.83	13.00		1.11	含锌角砾状灰岩	T_2d
⑤	锌矿	257.83～284.43	26.60		1.91	含锌角砾状灰岩，伴生铅	T_2d

表2中，①和②矿层为发育于龙门院组安山玢岩和凝灰质粉砂岩中的铅矿，矿体与围岩之间非截然界线，而是渐变关系，只是根据圈定矿体的指标来区分。主要金属矿物有方铅矿、闪锌矿、黄铁矿等。方铅矿、闪锌矿颗粒细小，为他形晶，一般呈星点状或细脉状分布在张性裂隙中。黄铁矿颗粒细小，一般呈细脉浸染状或星点状分布。

③、④、⑤矿层为发育于角砾状灰岩中的铅、锌矿，方铅矿、闪锌矿颗粒细小，为他形晶，一般呈星点状、团块状、细脉状分布在灰岩角砾周围。黄铁矿颗粒细小，一般呈细脉浸染状或星点状分布。

ZK2001验证结果与激电异常对应良好：112～290 m为矿化地段，与极化率异常相对应；0～112 m及290 m以下钻探未发现矿化蚀变，对应的激电测深极化率低。

根据极化率异常带的分布，推测矿化带倾向NW向，沿该异常带应还能发现矿化体（该推论已得到后续钻探工程验证）。

4 结论与讨论

1）地面高精度磁测是覆盖区航磁异常查证最有效的方法之一。它可以快速分解异常，取得异常详细的特征；可以准确判断异常的成因；可以解释地质背景，达到缩小找矿靶区、指明找矿方向、确定有利找矿部位的作用。

2）重、磁、电综合剖面可以获得隐伏地质体的多参数特征，为准确判断地质体特征提供可靠的依据。

参考文献

江永宏. 2010. 安徽庐枞地区铁—铜矿成矿规律与找矿[J]. 世界地质,(3):372～382.

李大新. 2003. 地球物理方法综合应用与解释[M]. 武汉:中国地质大学出版社.

戚良刚,王建伟,黄传杨,等. 2008. 庐枞地区重磁场特征及其地质认识[J]. 安徽地质,(4):277～281.

汤家富,陆三明,李建设,等. 2010. 安徽庐枞火山岩盆地与邻区基底构造变形、形成演化及其对矿床分布的控制[J]. 岩石学报,(9):2587～2597.

吴礼彬,陈芳,杜建国,等. 2010. 安徽庐枞地区铁矿成矿条件和综合信息标志[J]. 地质通报,(10):1572～1578.

吴明安,侯明金,赵文广. 2007. 安徽省庐枞地区成矿规律及找矿方向[J]. 资源调查与环境,(4):269～277.

安徽省陶老地区查证 ΔT 低缓异常见铁矿实例

赵景怀

（安徽省勘查技术院，安徽 合肥 230031）

摘　要：陶老地区处于舞阳至霍邱沉积变质铁矿成矿带东段，成矿条件好。1957 年在该区发现低缓航磁异常，近年来，采用“磁测扫面，电法解剖，对比研究，择优验证”的异常查证与找矿方法，发现沉积变质铁矿，结束了皖西北地区没有沉积变质型铁矿的历史，对在皖西北地区寻找沉积变质铁矿具有重要指导意义。

关键词：航磁测量；低缓异常；异常查证；沉积变质型；铁矿

1　铁矿的发现

1957 年，原地质部航空物探总队 904 航分队在本区开展了 1∶100 万航磁测量，发现了河南省麻里至安徽省陶老地区 NE 向低缓航磁异常。安徽省勘查技术院对航磁资料进行化极处理，并结合地质、物性资料进行综合研究，推测该低缓航磁异常为沉积变质铁矿引起。据此申报了“皖西北地区铁矿资源调查评价”项目，目的是开展陶老、利辛地区高精度地磁测量，并与河南省新蔡练村铁矿从地质、物探方面进行对比研究，评价异常性质，在有利地区进行钻探验证，发现矿体。提供可供铁矿勘查靶区。

实现目标任务的技术路线是：“磁测扫面，电法解剖，对比研究，择优验证”。通过地面磁法测量，了解磁异常细部特征；在磁异常区开展可控源音频大地电磁法测量，了解磁异常区地层结构特征，并将磁异常区的地层岩性、构造背景、岩浆岩特征以及物探异常与新蔡练村铁矿区进行综合对比研究，从中选择最有利异常进行钻探验证。

首先在临泉县陶老地区布置了 1∶2.5 万地面磁法测量工作，在陶老磁异常上布置了 1∶1 万可控源音频大地电磁（CSAMT）测深剖面，进行了综合研究，推测该磁异常为沉积变质铁矿引起，并进行钻探验证，设计孔深 1500 m。当钻进至 1500 m 时，进行三分量磁测，发现了孔底异常，又继续钻进，发现沉积变质铁矿。结束了皖西北地区没有沉积变质型铁矿的历史，对在皖西北地区寻找沉积变质铁矿具有重要指导意义。

2　地质概况

区域构造上，陶老地区处于华北陆块南部、秦岭－大别 E－W 向造山构造带北侧，蚌埠隆起西段及两淮凹陷部分；西侧为 S－N 向练村隆起带中段东缘，东侧为阜南盆地的西缘，新生界和中生界直接覆盖于新太古界变质岩系之上。断裂构造发育，为 E－W 向、NE 向、NW 向三组构造交汇区。新太古代变质地层是沉积变质类铁矿的矿源层，主要为角闪斜长片麻岩、混合岩化角闪斜长片麻岩、含磁铁矿斜长角闪片麻岩、变粒岩等。成矿区带上，该区处于河南舞阳、新蔡至霍邱沉积变质铁矿成矿带东段，且在陶老东西两侧都已发现了大型沉积变质铁矿（霍邱铁矿和新蔡铁矿）。因此，陶老地区具有寻找沉积变质铁矿的成矿地质条件，详见图 1。

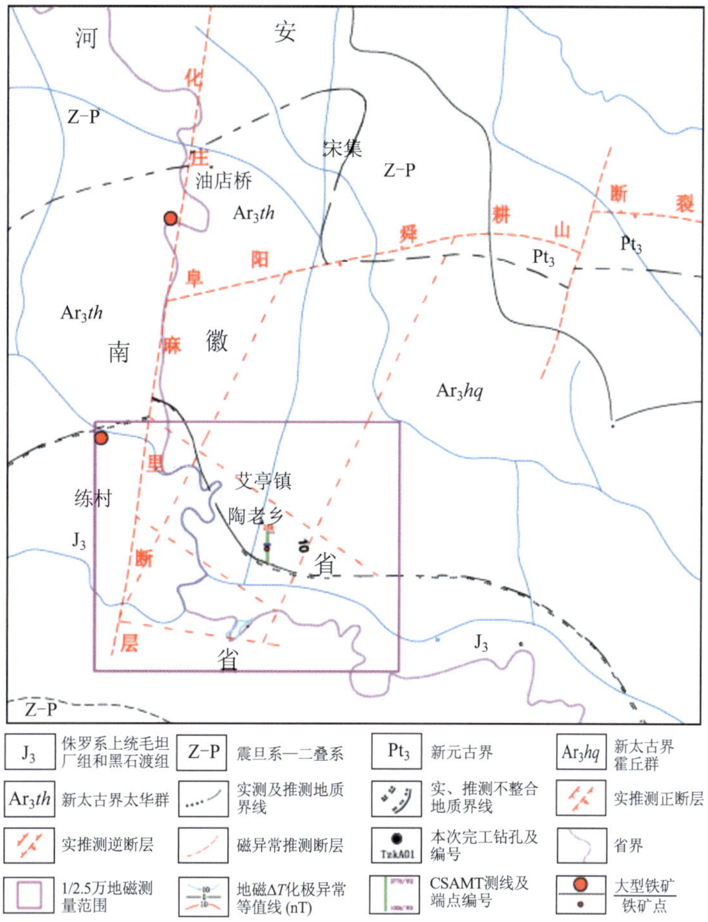

图 1　陶老地区基岩地质图

3　物探异常特征

3.1　航磁异常特征

陶老低缓航磁异常位于练村航磁异常之南东，呈 NE 向展布，长 14 km，宽 5 km，$\Delta T_{\perp}$ max > 160 nT，见图 2。

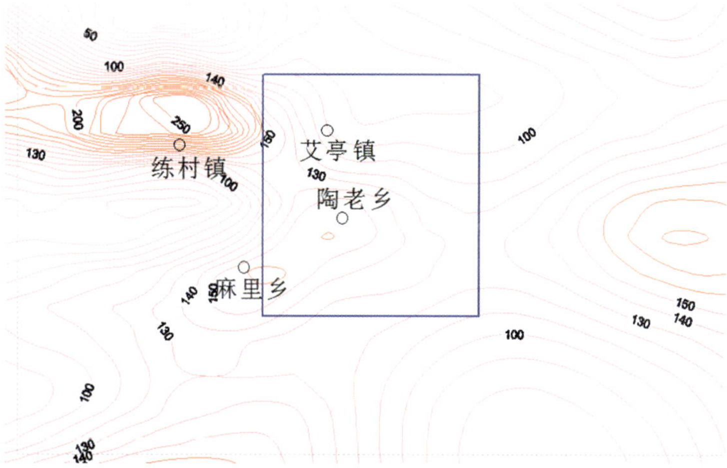

图 2　陶老地区航磁 ΔT 化极异常平面图

（图中矩形框为地磁测量区范围）

3.2 地磁异常特征

在地磁异常等值线图上，-60～-40 nT 背景场具有 NE 向和 NE 向两个方向展布特点，区内由 20 nT 等值线圈闭的陶老磁异常，异常等值线稀疏均匀分布。

由于斜磁化的影响，使 ΔT 异常与引起磁异常的地质体之间产生偏移，为此，对地磁资料进行化极处理，通过化极前后图件的对比可知，ΔT 化极异常中心比 ΔT 异常向北偏离约 1000 m。$\Delta T_{\perp}$ max > 150 nT，属低缓异常，-20 nT 等值与河南麻里低缓异常联系在一起，构成为 NE 向磁异常带（图 3）。

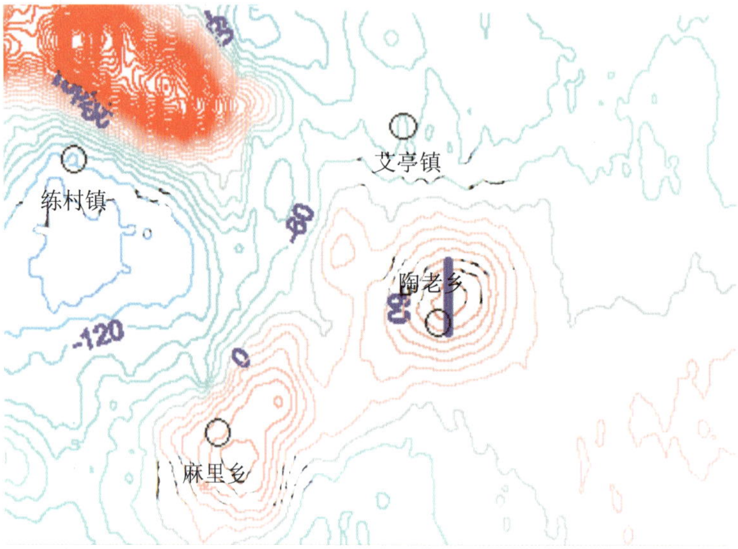

图 3　陶老地磁 ΔT 化极异常平面图

（注：——为 CSAMT 剖面）

3.3 CSAMT 剖面电阻率异常特征

在陶老地区开展了 CSAMT 剖面测量工作。电阻率断面图（图 4）较清晰地反映了区内电性层的展布特征和横向上电性变化特点。总体特征是：电阻率等值线呈近水平条带状，从上到下电阻率增

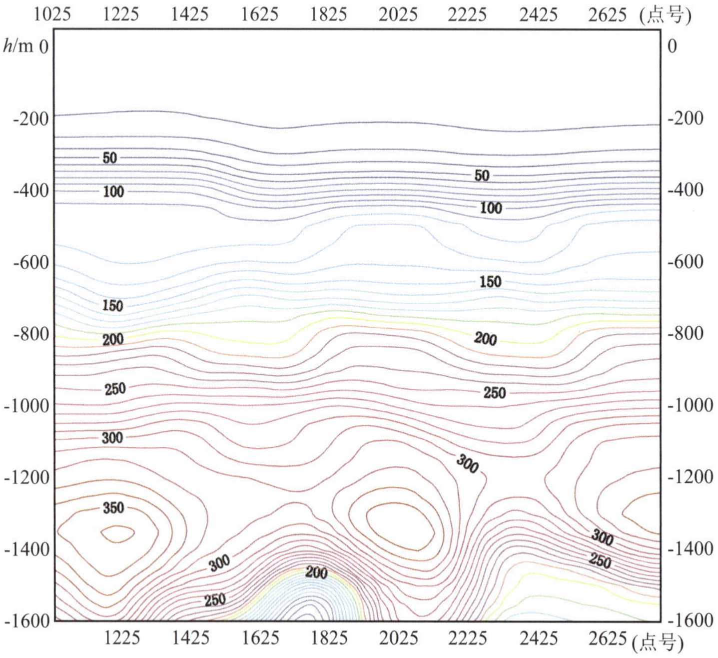

图 4　陶老 CSAMT 电阻率断面图（Ω · m）

大，反映了地层结构特征。电阻率梯级带为不同地层界面的反映，特别是深部高阻层中相对低阻区可能为矿化蚀变或断裂破碎的反映。

4　对物探异常的分析认识

对磁、电资料的分析结果，认为磁异常主要由新太古代变质岩引起，其上叠加了沉积变质铁矿引起的异常。

1）由地质资料可知，上覆中、新生界具无磁或弱磁特征，而新太古界具有中等至弱磁性，因此，区域磁场是由新太古界形成的，而陶老局部磁异常应是新太古界中的沉积变质铁矿和地层中含有较多的磁性矿物所致，也可能为岩体引起。根据陶老磁异常有向NW向凸出的特点，推测该异常与河南练村NWW向的磁异常具有相同的成因，即磁异常均由新太古代变质岩和沉积变质铁矿共同引起。由于NNE向断裂切割错位致使本区异常强度减弱、异常错位，构成现在的孤岛状异常特征。

2）由通过陶老磁异常中心的CSAMT剖面测量资料可知，在于-1100 m左右的电阻率梯级带，推测为白垩系与太古界变质地层接触界线，与估算磁性体顶深相当，该界线以深部分，1400 ~ 2600点间有两个明显得低阻区，推测是变质地层中矿化蚀变的反映。

5　钻探验证结果

对于2号勘探线上磁异常，用切线法求得磁性体顶面埋深在-1100 m左右，结合CSAMT剖面，在ΔT化极异常中心布设ZK01孔，设计孔深1500 m。2010年进行钻探验证，当钻至1500 m时没有发现铁矿，通过磁三分量测井，发现了孔底异常（图5）。当钻进至1509 m时发现了磁铁矿体（图6），钻至1805 m终孔，在新太古界变质岩系中发现2个铁矿层和一个铁矿化层。第一矿层在1509.47 ~ 1510.38 m，厚0.91 m，TFe24.52%，MFe15.0%；第二磁铁矿层在1535.79 ~ 1549.46 m，厚13.67 m，平均品位为：TFe21.56%，MFe18.84%。矿化层在1672.12 ~ 1679.16 m，厚7.04 m，没有达到边界品位，只有一个样接近边界品位，TFe24.14%，MFe14.57%。

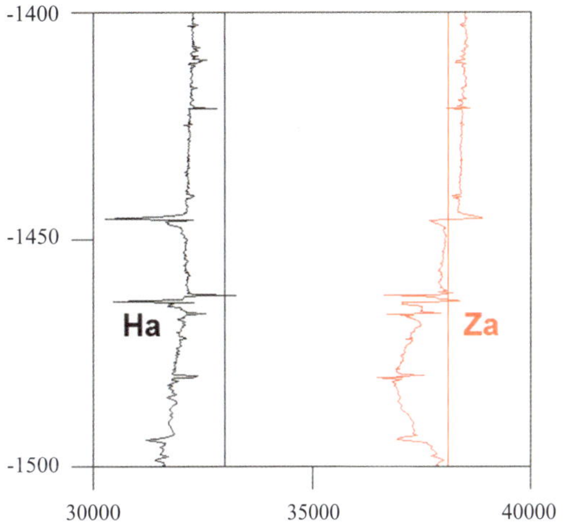

图5　ZK01孔-1400 ~ -1500 m磁测井曲线图

铁矿体产于新太古界变质岩中，矿体顶底板围岩为斜长角闪片麻岩、斜长角闪变粒岩，含阳起石斜长角闪磁铁矿石为浅灰绿色，细粒结构，浸染状构造。金属矿物主要为磁铁矿、少量褐铁矿，偶见黄铁矿，脉石矿物以角闪石、斜长石为主，次为石英，少量黑云母、绿帘石。磁铁矿多呈条纹、条痕状；矿体与围岩呈渐变接触，界线不清，矿体呈似层状，倾角约30°，与围岩产状一致，该区矿床属沉积变质铁矿床。

根据磁异常、CSAMT电阻率断面资料进行综合分析，将磁性体设计为板状体，根据河南新蔡资料，有效磁化强度取为1500×10^{-2} A/m，背景磁性体有效磁化强度取为269×10^{-2} A/m，磁化倾角为当地地磁场倾角49°50′，采用约束反演计算后基本无剩余磁异常（图6），因此，认为磁异常由新太古代变质岩、沉积变质铁矿和磁铁矿化体共同引起。

6　结论

通过本区的工作，我们认为虽然航测比例尺较小，但它压制了近地表干扰，异常可靠，在皖西北

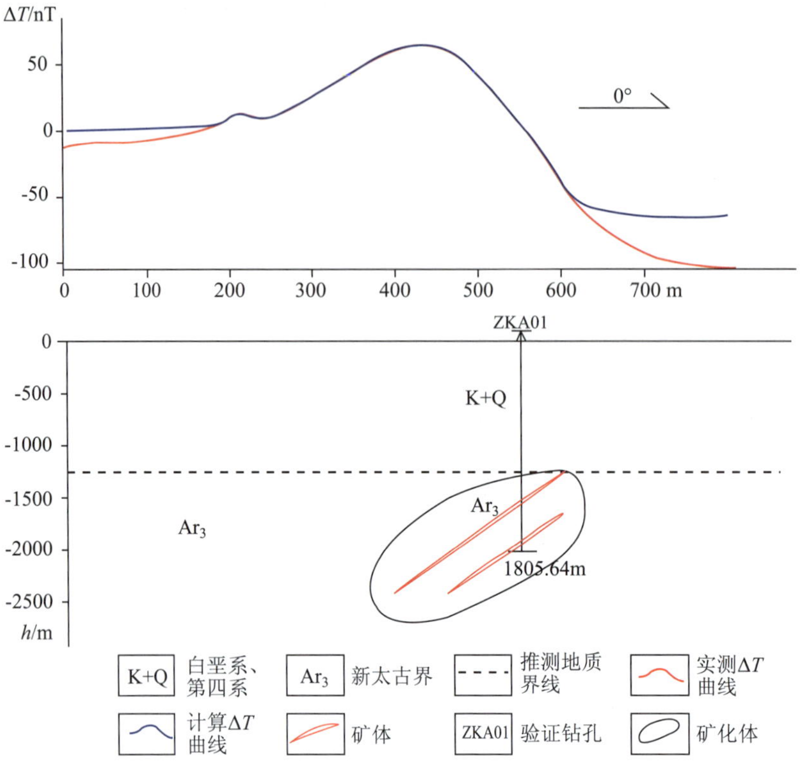

图6　2勘探线剖面图

地区，对于具有成矿地质条件地区的低缓航磁异常也应当进行查证，特别是条带状航磁异常。在厚覆盖区采取“磁测扫面，电法解剖，对比研究，择优验证”技术路线，选择高精度地面磁法、大功率电法、钻探、三分量磁测综合勘探方法组合具有较好的找矿效果。

参考文献

安徽省勘查技术院. 2011.《皖西北地区铁矿资源调查评价》项目成果报告[R].

安徽省勘查技术院. 2006. 河南新蔡地区1∶5万地磁测量工作总结[R].

安徽省勘查技术院. 2008. 安徽省航空磁测(ΔT)化极异常平面图(1∶20万)[R].

航测大队904队. 1957. 华北平原南半部及周围山区航空磁测结果报告(1∶100万)[R].

磁法在福建省建阳水吉铅锌矿发现中的应用

余根锌　黄少胤
（福建省地质调查研究院，福建 福州 350013）

摘　要：福建省建阳水吉铅锌矿典型矿床矿石中含有磁铁矿或磁黄铁矿，磁法在该铅锌矿找矿中效果明显。本文介绍了建阳水吉铅锌矿发现过程中磁法的应用效果。

关键词：铅锌矿；磁法；应用效果

1　矿区概况

建阳水吉铅锌矿区位于东经118°15′47″~118°20′05″，北纬27°21′29″~27°25′46″，其中矿区面积约34 km^2；属建阳市管辖。矿床为中型铅锌矿床，矿区由东往西分为西山、风山林、南岭、良源4个矿段。风山林矿段规模最大，铅锌矿成矿类型有两种：一种属沉积变质－热液改造型，矿体主要赋存于东岩组，呈透镜状、似层状，受地层岩性控制；另一种为充填破碎带型，矿体为似层状，矿带受NNE向断裂破碎带控制。其余各矿段成矿类型均为沉积变质－热液改造型，是本区主要矿床类型。矿石矿物主要为闪锌矿、方铅矿、黄铁矿、磁黄铁矿及少量白铁矿和黄铜矿等（周震汝等，1984；胡惟和等，1987）。

2　矿床发现中各阶段磁法工作

原地质部地球物理探矿局九〇七航测队于1959年使用ACFM－25型航空综合测量仪对福建西部进行航空磁测及放射性伽马测量。工作区面积62779.8 km^2，其中比例尺1：10万占81.9%，1：20万占18.1%。水吉铅锌矿范围测量比例尺为1：10万，航磁工作发现M15磁异常，推断异常与NE向的花岗斑岩和老变质岩地层中含磁黄铁矿有关（余根锌等，2012）。

1970年6~10月，原福建省物探队三中队为进一步查证航磁异常，寻找铁、铜、铅锌矿，在本区开展1：2.5万磁测和土壤测量，面积15 km^2。圈出主要磁异常4处（CT－1~CT－4）（林厚金等，1970）。

1982年6月至1984年5月，原福建省物探队一分队在良源－西山一带12.52 km^2范围内开展了1：1万磁法和土壤测量。共圈定6个综合异常（TZ－1~TZ－6）（孙名潮等，1985）。

1983年原福建省航空物探大队开展福建省西部航磁工作，在矿区上发现异常，编号闽C－58－15，异常由铅锌矿床含磁黄铁矿引起（方迎尧等，1959）。

3　地质与地球物理特征

3.1　地质特征

3.1.1　大地构造环境

本区位于闽西北加里东隆起区的东部，闽西南坳陷带和闽东火山断坳带的交汇部位，闽中裂谷带中浦城－南平硫多金属成矿带的中段。“矿源层”东岩组则形成于古大陆板块内部的裂谷环境。

3.1.2　成矿地质环境

区内东岩组是铅锌矿的主要赋矿层位。矿体多赋存于火山岩向正常沉积岩过渡部位，该组合特征以绿帘片岩类和绿帘石化大理岩为主，夹绿帘透辉片岩、黑云石英长石片岩及绿帘石化大理岩。

东岩组形成于大陆板块内部的裂谷环境，是形成双峰式火山岩组合及其硫化物矿床的最佳环境（图1）。

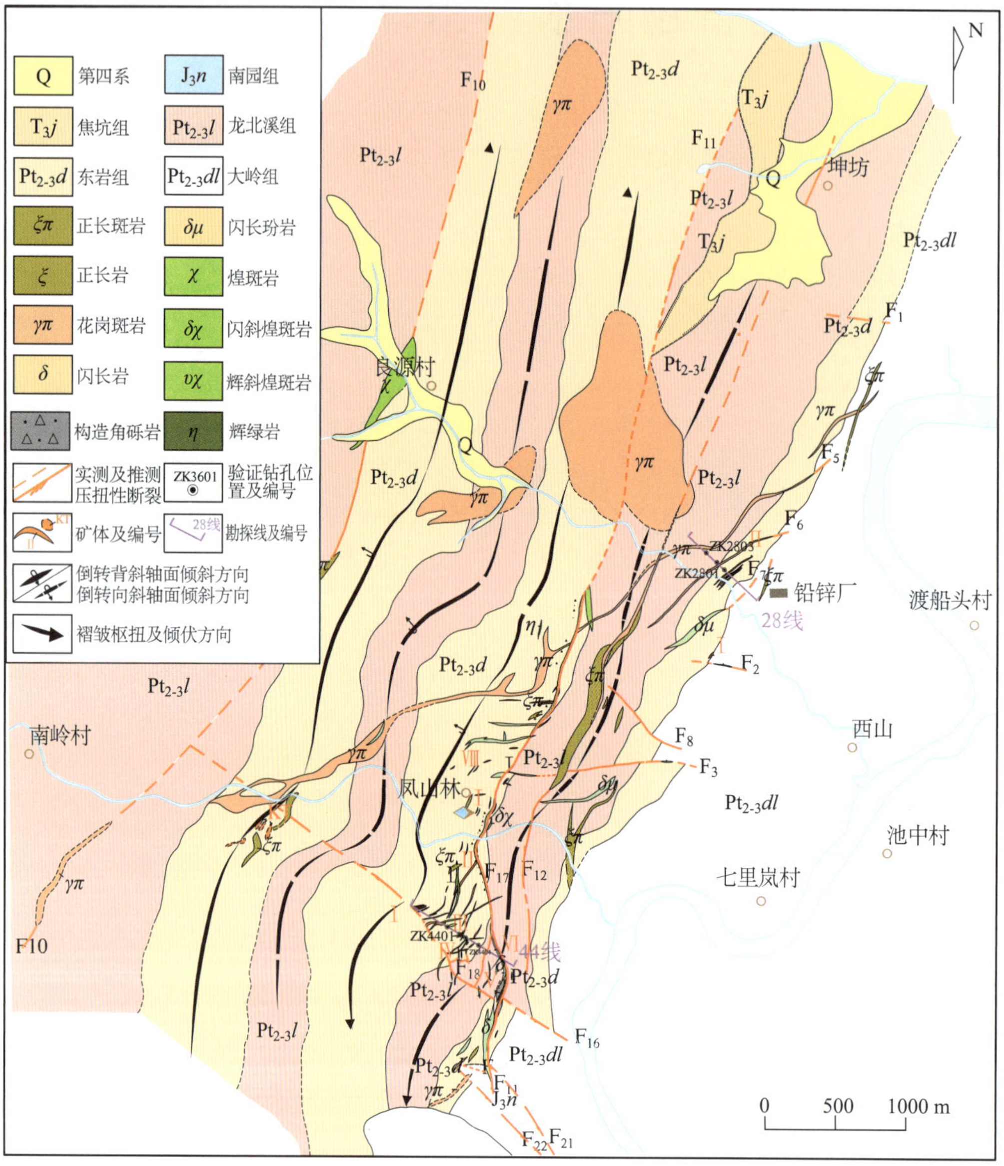

图1 水吉铅锌矿地质图

地层：矿区内中晚元古代地层（Pt_{2-3}）发育，呈NNE向展布，从南东往北西，东岩组（$Pt_{2-3}d$）与龙北溪组（$Pt_{2-3}l$）地层交替出现，形成两个倒转向斜和两个倒转背斜，位于麻源复式向斜东翼的次级褶皱中。大岭组（$Pt_{2-3}dl$）主要出露于矿区的东南侧，仅在北东部及东南部偶见三叠系焦坑组（T_3j）和侏罗系南园组（J_3n）。矿区主矿体呈连续单一层状、似层状、层状，主要赋存于中晚元古代东岩组（$Pt_{2-3}d$）层位内。

构造：矿区从东往西划分有坤坊－岩头倒转向斜、凤山林西倒转向斜和良源—南岭倒转背斜等四个同斜线形平行褶曲，它们是麻源复式向斜东翼的一次褶皱构造。

矿区的断裂均是褶皱形变后产生的，对凤山林矿段的Ⅰ－Ⅴ、Ⅷ号“层控”矿体而言，它们都是成矿后的断裂，不同程度地破坏了矿体的完整性，而以F_{11}、F_{16}、F_{17}断裂影响尤大。而对Ⅵ号矿带的矿体来说，与其有关的主要是F_{16}、F_{11}断裂，它们是控矿构造，为矿液的迁移、沉淀提供了通道和空间。

侵入岩：伴随着构造活动，矿区内岩浆侵入活动频繁，多呈岩脉、岩墙状产出。主要岩性有花岗斑岩、正长斑岩、闪长（玢）岩（包括安山玢岩）、辉绿岩、煌斑岩类等。在燕山期断裂构造岩浆活动期间，先使矿体或“含矿层”内矿质元素再次活化，迁移和聚集，特别是中基性脉岩的侵入，形成明显得近矿围岩蚀变带，并最终富集成矿，表现为花岗岩对水吉式铅锌矿成矿后的热液叠加改造作用。

围岩蚀变：伴随着热液活动，矿区产生了一系列的围岩蚀变，每种蚀变的强度和分布范围均有限，属近矿围岩蚀变。常见的有绿帘石化、透辉石化、阳起石化、绿泥石化、钾长石化、硅化、碳酸盐化等。各种蚀变的分布情况大体是：Ⅰ矿体中以碳酸盐化为主，次为透辉石化和硅化；Ⅱ矿体以绿帘石、透辉石化为主，次为阳起石化、绿泥石化和硅化；Ⅲ矿体以碳酸盐化为主，次为绿泥石化和硅化，少见绿帘、透辉石化；Ⅳ矿体中以绿帘透辉石化为主，次为阳起（透闪）石化、硅化、绿泥石化、碳酸盐化和钾化；Ⅴ矿体的情况与Ⅵ矿体相似；Ⅵ矿体中以硅化、黄铁矿化为主，次为绿泥石化；Ⅷ矿体情况与Ⅰ矿体相似。

3.1.3 *矿产*

矿田内已发现风山林矿段、西山矿段、岚西矿段、南岭矿段铅锌矿床4处，主要为风山林矿段、西山矿段，它们均受中上元古界东岩组绿片岩层位控制，属于与海相双峰式火山岩有关的块状硫化物矿床。全区初步查明铅锌（332）+（333）+（334－1）资源量大于50×10^4t，其外围及深部仍有巨大找矿潜力（吴祖才等，2010）。

风山林矿段：位于坤坊—岩头倒转向斜的西翼和东翼南段，南北长3200 m，东西宽1500 m。在东岩组中目前圈定工业品位铅锌银矿体87个，已探明Ⅰ、Ⅱ、Ⅲ、Ⅳ、Ⅴ、Ⅷ号含矿层和Ⅵ号矿脉。在褶曲东翼南段Ⅵ号含矿带的F11断裂破碎带中基本查明了3个主要工业矿体和7个从属矿体（胡惟和等，1987）。

西山矿段：规模较小，目前仅有Ⅰ、Ⅱ号矿体（周震汝等，1984）。

3.1.4 *矿石的矿物成分*

风山林和西山矿段的矿石矿物成分基本相同，金属矿物主要有闪锌矿、方铅矿、黄铁矿及磁黄铁矿及少量白铁矿，现简述如下：

1）方铅矿：他形粒状，少数半自形粒状结构。晶出阶段较长，结束晚。可见半自形方铅矿插入磁黄铁矿、闪锌矿中或包裹有粒状磁黄铁矿、闪锌矿，也可见晚期黄铁矿交代。

2）闪锌矿：他形粒状为主，偶有纤维状，见有细脉状沿岩石裂隙充填。颗粒内部普遍有磁黄铁矿、黄铜矿以及方铅矿乳滴，系固溶体分解的产物。

3）黄铁矿：有两个世代。早世代结晶较好，半自形－自形，颗粒也较大，浸染于矿石中。晚世代结晶程度低，以他形粒状为主，颗粒细小，部分呈胶状，极少量呈似叶片状。有时沿早期黄铁矿边缘生长，可包裹方铅矿、闪锌矿或交代溶蚀方铅矿。

4）磁黄铁矿：以他形粒状为主，少量半自形粒状，细脉状。见被闪锌矿、方铅矿、自形－半自形黄铁矿交代，方铅矿有时呈脉状贯入交代，有些在闪锌矿中呈乳滴状出现。

5）白铁矿：他形晶，细小颗粒一般交代脉石矿物透辉石、阳起石生成，往往与晚世代黄铁矿呈连晶出现。部分充填在早世代黄铁矿及磁黄铁矿颗粒间隙或解理缝中。

方铅矿、闪锌矿中含大量磁黄铁矿化，为磁法找铅锌矿提供条件。

3.2 地球物理特征

3.2.1 *区域地球物理特征*

建阳水吉沉积变质－热液改造型铅锌矿位于剩余重力高G闽－33－29异常梯度较缓一侧，该异常推测为老变质岩地层引起。航磁ΔT等值线图上位于近等轴状正磁异常中心，异常幅值180 nT左右。在化极与垂向一导图上该异常更加明显，推断为含磁黄铁矿的铅锌矿体引起。

3.2.2 *岩（矿）石磁性参数特征*

1985年10月由原福建省物化探大队提交的《福建省建阳良源—西山工区物化探详查工作报告》（孙名潮等，1985），中有较多磁性参数测定结果（表1）。

表1　岩（矿）石磁性参数统计表

岩矿石名称	块数	具磁	弱磁	无磁	κ/（10^{-5}SI）		Jr/（10^{-3}A·m^{-1}）	
					变化范围	平均值	变化范围	平均值
（斜长）变粒岩	184	10	13	161	0～2970	46	0～6010	72
透辉变粒岩	23	2	1	18	0～4670	395	0～4180	304
片岩	72		18	54	0～弱	0	0～弱	0
黑云石英片岩	66	4	7	55	0～1970	80	0～2990	1033
石英岩	5		1	4	0	0	0～弱	0
透辉透闪或透闪透辉岩	33	21		12	0～1910	352	0～22940	2585
铁帽闪锌矿	7			7	0	0	0	0
铅锌矿石	4	4			240～1050	670	730～2880	1370
正长斑岩	16	10		6	0～1360	450	0～1620	460
花岗斑岩	27			27	0	0	0	0
闪长玢岩	26	10	7	9	0～5250	630	0～6780	750
安山岩	13	8	1	4	0～3670	1110	0～5620	1890

由表1可见：

1）透闪透辉岩因富含磁黄铁矿具较强磁性，为引起区内磁异常的因素之一。

2）铅锌矿石因含磁黄铁矿而具中等磁性，与磁异常有一定联系。

3）岩浆岩类除花岗斑岩无磁性，大部分安山岩、闪长玢岩等均具有中强磁性。此类小岩体在区内均以脉状式出现，与构造密切相关，故能引起一定走向的线性磁异常。是本区的主要干扰异常。

4　磁异常的综合解释

4.1　航磁异常特征及解释

1959年通过1:10万航磁测量，沿南浦溪发现一条异常带，由水吉北和水吉－小湖异常组成，编号为M15，单个异常呈NE向展布，长6～7 km，宽1～3 km；正负异常变化缓慢，负磁场一般－75～－125 nT，正磁场一般100～250 nT，最高达450 nT，走向NE向。

1983年开展的福建省西部1:5万航磁测量，工作区包含M15航磁异常范围，该异常在此次工作图上异常更加明显，编号为闽C－58－15。在航磁剖面平面图（图2）上，水吉矿区位于明显得正磁异常上，北西侧伴生弱小负磁异常；在等值线平面图（图3）上，矿区磁异常总体走向NE向，延伸约7 km，分南北两部分，北部异常呈双峰，形态规则，正负伴生，梯度较大，最大值580 nT，最小值－140 nT；南部显示叠加，以正异常为主，梯度宽缓（林乃雄等，1987）。

4.2　地磁异常特征及解释

4.2.1　1:2.5万地磁工作

1970年6～10月，福建省物探队三中队为查证航磁异常（M15），寻找铁、铜、铅锌矿，在本区开展1:2.5万地面磁测和土壤测量，采用250 m×50 m网度，方位315°。此次磁测圈定主要异常4处（CT－1～CT－4）（图4）。

CT－1异常：位于西山矿段，走向NE向，长3000 m，宽200～300 m，磁异常强度1000～2000 nT，土壤异常为Zn、Pb、Cu、Bi、B组合异常，其中Zn异常规模大、浓度高且与磁异常相吻合，Zn异常为（500～1000）$\times 10^{-6}$，推测为以锌为主含磁黄铁矿的铅锌矿体引起。

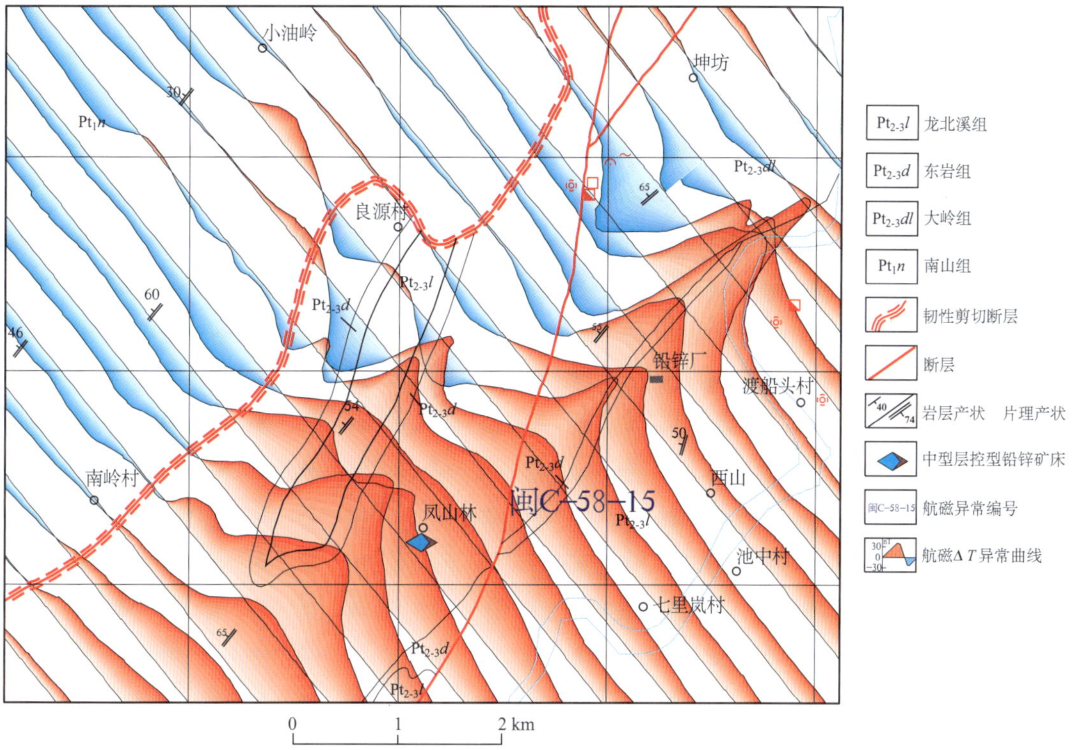

图 2　航磁 ΔT 异常剖面平面图

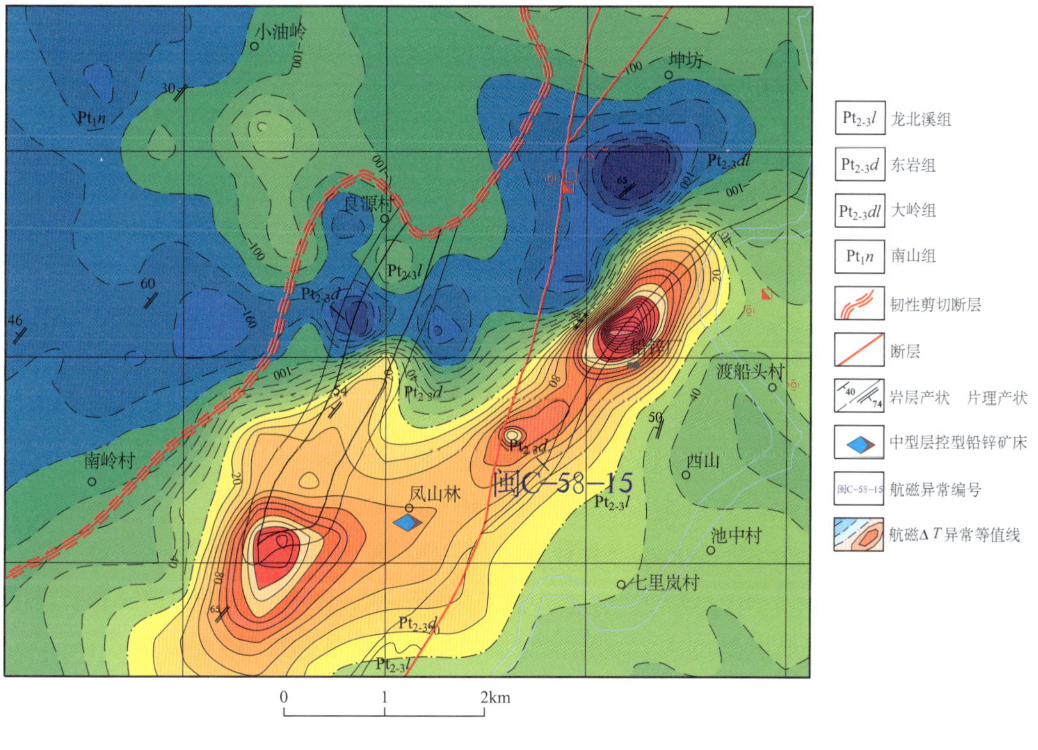

图 3　航磁 ΔT 等值线平面图

CT－2 异常：位于凤山林矿段，处于有利成矿层位上，长约 600 m，宽约 200 m，具双峰特征，幅值较低，仅 500 nT 左右，梯度较缓，为含磁黄铁矿的铅锌矿体引起。

CT－3 异常：位于凤山林矿段与南岭矿段之间，为一处范围较大、幅值 400～800 nT 的低缓磁异

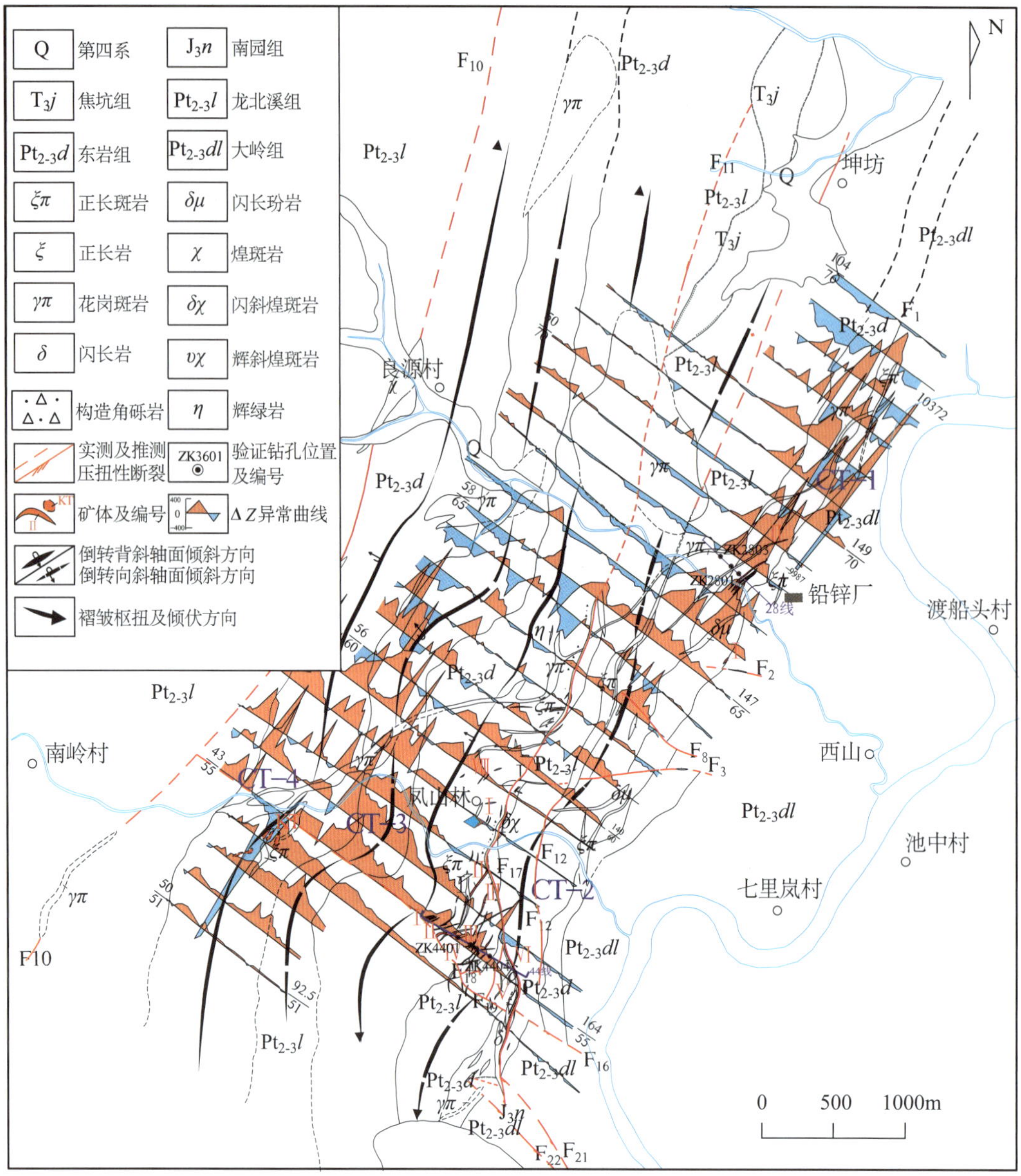

图4　地磁 1∶2.5 万 ΔZ 异常剖面平面图

常，局部跳跃为地表矿化或蚀变影响，从异常特征分析异常体埋深较大，可能是与成矿有关的磁性岩体引起。

CT－4 异常：位于南岭矿段，北侧为尖锐状异常、南侧反映为突变的负异常，主要为浅部矿的磁场反映，土壤异常以 Pb、Zn、Bi 元素组合异常，其中铅锌异常套合好，幅值高，Zn 异常强度（500～1000）$\times10^{-6}$，Pb 异常强度 1000×10^{-6}。

4.2.2　1∶1 万地磁工作

1982 年 6 月～1984 年 5 月，福建省物探队一分队在良源—西山一带开展了 1∶1 万磁法和土壤测量，采用 100 m×20 m 网度，方位 315°，面积 12.52 km^2。本次工作在风山林已知矿段未开展工作，共圈定 6 个综合异常（TZ－1～TZ－6）（图 5）。

TZ－1：磁异常呈 NE 向条状分布，强度 400～700 nT，最高 4700 nT，异常南东缓北西陡，土壤异常 Pb、Zn、Bi 元素组合异常，铅锌异常套合好，幅值高。地表岩石具强烈的铅锌矿化、磁黄铁矿化，见 2 处铅锌矿化露头，局部尖锐状高幅值磁异常是浅部磁黄铁矿、铅锌矿体引起。

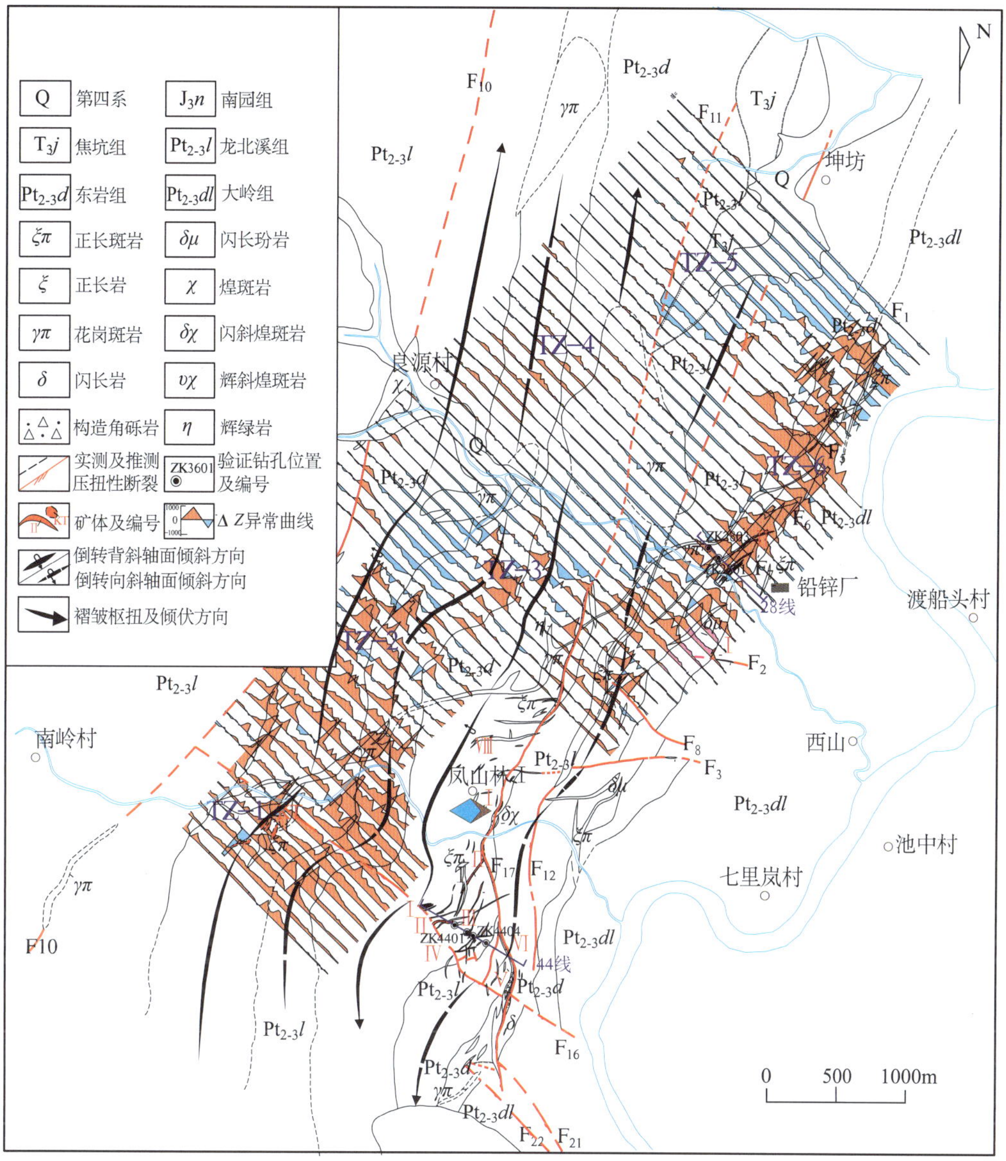

图5 地磁1∶1万 ΔZ 异常剖面平面图

TZ－2：磁异常强度一般400～700 nT，最高3230 nT，异常梯度大、峰值高。磁异常主要与正长岩、闪长岩脉有关，土壤异常以W、Cu、Bi组合异常为主，浓集中心明显，黄铁矿化、黄铜矿化普遍，后期热液蚀变强烈，为钨铜矿成矿有利地段。

TZ－3：磁异常不规则，强度300～500 nT，北侧伴生负异常，据野外异常检查，该处磁黄铁矿化强烈并见基性岩脉，土壤Pb、Zn异常范围较小，认为磁异常由磁黄铁矿化和基性岩脉共同引起。

TZ－4和TZ－5均为宽缓磁异常，近E－W向走向，幅值仅200～300 nT，由深部磁性岩体引起。

TZ－6：为全区规模最大磁异常，长3500 m、宽约600 m，轴向由NE向转NNE向。异常北部曲线东陡西缓，中部和南部近东、西对称，异常强度高、梯度陡，峰值尖锐，幅值一般400～800 nT，最大6900 nT；西北侧伴生300 nT的负异常且常见正负磁异常急剧交替，反映多期断裂和弱磁性岩脉充填，局部尖峰异常为地表浅部磁性体引起。土壤异常为Zn、Pb、Cu、Bi、B组合异常，其中Zn异常规模大、浓度高且与磁异常相吻合，地表对应于西山矿段，为磁黄铁矿化铅锌矿体引起。

5 勘探结果

西山矿段的TZ-6异常，经探槽揭露，矿体出露位置处于磁异常100 nT和Zn异常1000×10^{-6}等值线范围内。28线施工3个钻孔，主要揭露Ⅱ号矿体，发现4层工业矿体，最厚12.43 m，Zn品位2.45%（图6）。西山矿段经初查评价（闽北地（1984）审字第Ⅰ号）建议批准D级储量：Zn金属量14847.25t、Pb金属量78.44 t（周震汝等，1984）。

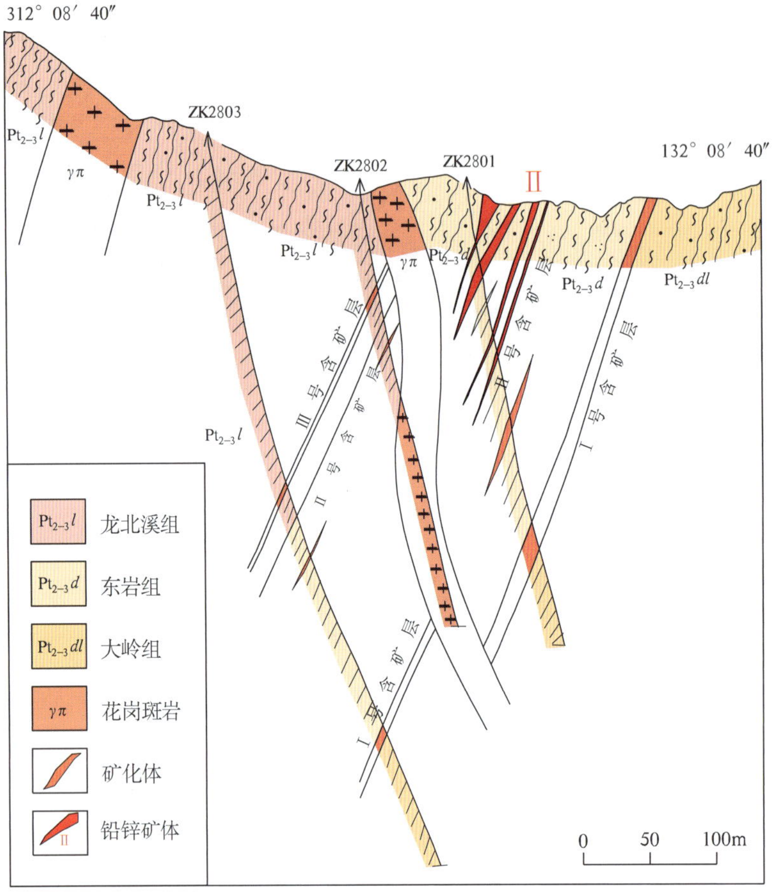

图6 水吉西山矿段28线地质剖面图

风山林矿段在CT-2磁异常中心附近施工ZK6401孔，在孔深128 m处见厚16.31 m，含铅7.35%、锌1.33%、银218.66 g/t的富铅矿体。在此基础上又施工了2个钻孔，都见到矿体，从而发现Ⅵ号矿带，证实了物化探普查工作的推断。详查时44线施工8个钻孔，揭露Ⅲ、Ⅳ、Ⅴ、Ⅵ号矿体，Ⅵ号矿体规模最大，最大厚度17.76 m（图7）。风山林矿段经初查—详查评价（闽地审（87）016号）批准储量：C级金属储量：Pb 12946t，平均品位2.21%，Zn 10451t，平均品位1.78%；D级金属储量：Pb 320858t、Zn 203611t；C+D级：Pb 333804t，平均品位2.11%，Zn 214062t，平均品位1.36%；Pb+Zn金属总储量547884t。伴生金属储量：Ag 573.68 t（胡惟和等，1987）。

矿产资源潜力评价项目认为水吉铅锌矿的预测类型为沉积变质-热液改造型（余根锌等，2012）。

6 结语

磁法工作在建阳水吉铅锌矿的发现及勘查中，均起到良好的地质效果。应用磁法寻找铅锌等多金

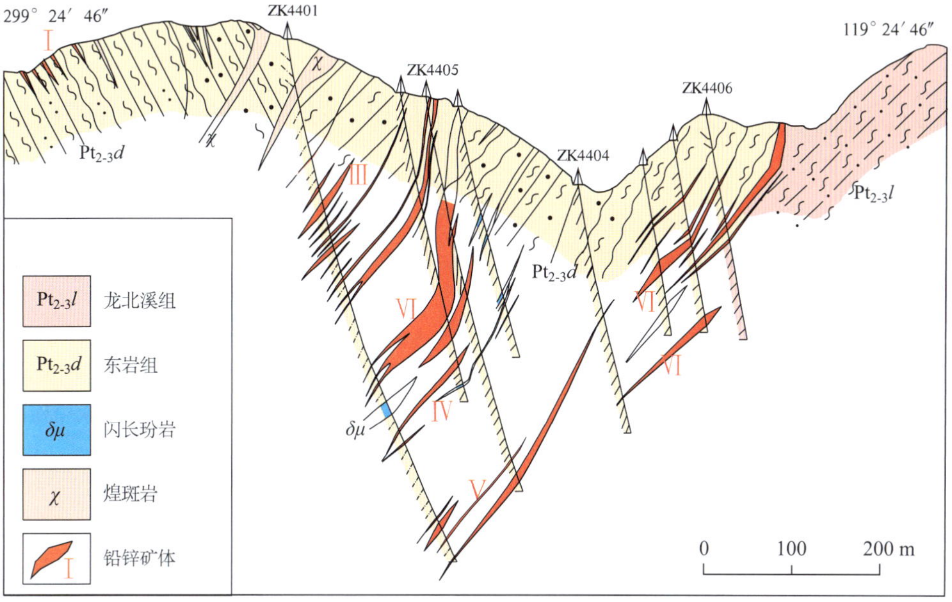

图 7　水吉风山林矿段 44 线地质剖面图

属矿如果结合土壤地球化学测量能起到更好的效果，避免了磁异常只是由单纯磁黄铁矿等磁性矿物引起的异常，提高钻孔见矿率。

福建省除本文介绍的建阳水吉铅锌矿床，还有尤溪梅仙丁家山、永定大排、长泰钟魏、连城珠地等主要铅锌矿床均有明显得磁异常，磁法找矿效果明显。

参考文献

方迎尧，等. 1959. 福建西部地区航空物探(磁及放射性测量)结果报告[R]. 地质部地球物理探矿局九〇七航测队.

胡惟和，等. 1987. 福建省建阳县水吉铅锌矿区风山林矿段详细普查地质报告[R]. 福建省闽北地质大队.

林厚金，等. 1970. 福建省建阳县池中铅锌矿区及外围物化探普查报告[R]. 福建省重工业局物探队第三连.

林乃雄，等. 1987. 福建省西部地区航磁成果报告[R]. 福建省物化探大队.

孙名潮，等. 1985. 福建省建阳县良源—西山工区物化探详查工作报告[R]. 福建省物化探大队.

吴祖才，等. 2010. 福建省建阳市水吉矿区铅锌矿资源储量核查报告[R]. 福建省闽北地质大队.

余根锌，等. 2012. 福建省磁测资料应用研究成果报告[R]. 福建省地质调查研究院.

周震汝，等. 1984. 福建省建阳县水吉铅锌矿区西山矿段初步普查地质报告[R]. 福建省闽北地质大队.

磁法在江西新余式杨家桥铁矿找矿中的应用效果

晏俊灵　雷良城　丁少辉

（江西省地质调查研究院，江西 南昌 330030）

摘　要：江西新余铁矿田已成为江西省乃至全国重要的铁成矿带，在该成矿带上，截至目前，已发现多个大、中、小型铁矿床，成矿类型主要为沉积变质磁铁石英岩型。杨家桥铁矿床位于新余铁矿田的西南部，为新余铁矿田内矿床规模最大的矿区。矿区近几年勘查成果显著，在发现和找矿扩大矿床规模期间，磁法起到了非常重要的作用，本文简要总结了磁法在该矿田找矿工作过程中所发挥的前导作用。

关键词：新余铁矿田；航磁异常；地磁异常；铁矿

杨家桥铁矿床位于新余铁矿田的西南部，为新余铁矿田内矿床规模最大的矿区。1957 年，第二机械工业部三〇九队进行航空磁测发现两条航磁异常带，每条长 30 余千米，最大幅值达 1000 nT。

1957 年 9 月，地质部中南地质局江西办事处萍乡铁矿地质队进行地面检查，在井头—良山一带发现 3 处磁铁石英岩露头，认为有进一步工作价值。

1957 年 12 月，地质部江西办事处组建成立了赣中地质队，进一步开展航磁异常检查和地质勘查。经半年工作，初步证实为一规模巨大的沉积变质铁矿床，并选定矿田东部的良山矿区为勘查重点。

1958 年，江西省地质局物探大队，在良山地区开展 1∶10000 ~ 1∶2000 地面磁测。圈出杨家桥—松山、长富等 10 余个磁异常，推测为铁矿层（或含铁岩层）引起。经过近 4 年的工作，结合钻探等工作，初步圈定了矿田范围及含矿层位，并对杨家桥铁矿区进行了勘探评价。

1　地质矿产背景

1.1　地层

铁矿区地层层序正常（图 1），现由老至新叙述如下：

（1）上施组

下部为灰绿色绿泥绢云母千枚岩，含少量磁铁矿和石榴子石，假厚度 > 120 m；上段为灰色、绿灰色含磁铁矿绢云母千枚岩，自上而下磁铁矿逐渐增多，假厚度 > 60 m。

（2）下坊组

下段（古家砾岩段）：下部为灰—灰绿色含砾含磁铁绢云母千枚岩或含砾沉凝灰岩，砾石为石英碳酸盐质假砾石，砾石个体呈大小不一的眼球状、盆状和杆状，砾径 3 ~ 30 mm，假厚度 2 ~ 45 m。上部为绿泥石绢云母千枚岩、含磁铁矿绢云千枚岩及沉凝灰岩，近矿层 2 ~ 5 m 处常可见 0.2 ~ 0.8 m 厚的含磁铁石英岩（次矿层），假厚 > 120 m。

中段（硅铁岩段）：下亚段为铁矿层，该矿层内顶部以磁铁绿泥石英岩为主；中部绿泥石含量减少，磁铁矿增多，局部见镜铁矿，以磁铁石英岩为主，镜铁磁铁石英岩次之；下部镜铁矿增多，以磁铁镜铁石英岩为主。矿层呈灰白与灰黑色相间的条带状构造，假厚 4 ~ 20 m，与顶板含磁铁绿泥千枚岩呈过渡接触关系。上亚段下部为含磁铁绿泥石千枚岩，假厚 2 ~ 12 m，底部往上绿泥石含量减少呈绢云绿泥千枚岩，假厚 5 ~ 20 m；中部为白云质石英质大理岩，局部地段相变为钙质绢云千枚岩，为见矿良好标志，假厚 1 ~ 10 m；上部为黄铁矿绢云千枚岩，假厚 50 ~ 100 m。顶部为次石墨质千枚岩；本层夹含锰炭泥质类岩，地表次生富集成软锰矿，呈透镜状、鸡窝状产出。是下坊组中段与上段分界标志层，假厚 3 ~ 20 m。

上段（大沙江含砾岩段）下部：绢云千枚岩夹含碳绢云千枚岩和变含砾沉凝灰岩，砾石个体形态大小不一，成分复杂，具冰筏落石特征，与围岩界线清楚，假厚 30 ~ 70 m。中部：绿泥绢云千枚

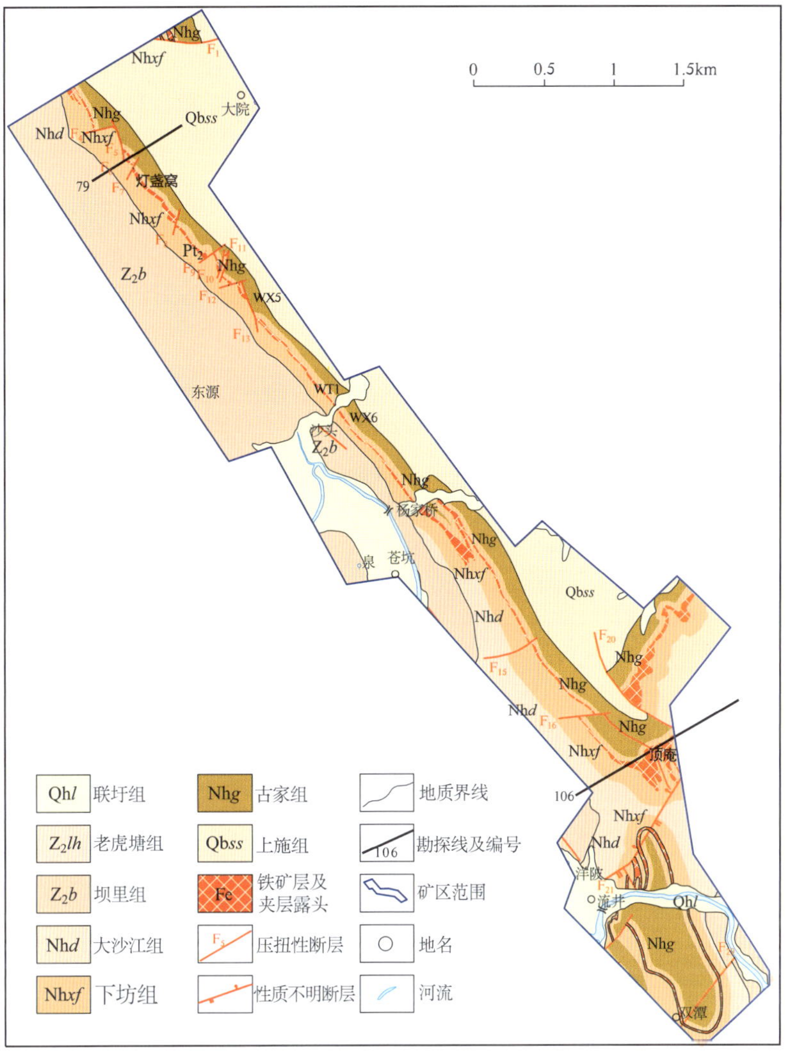

图 1　杨家桥铁矿矿区地质图

岩夹变质长石石英细砂—粗粉砂岩，假厚 20～60 m。上部：含磁铁绿泥绢云千枚岩，本层以含磁铁矿为特征，亦是下坊组上段与上覆分层的可靠标志，假厚 >90 m。上覆地层为震旦系坝里组。

（3）坝里组

变余长石石英砂岩，凝灰岩砂岩，粉砂岩，沉凝灰岩或砂质板岩，千枚岩等组成的韵律互层。

（4）老虎塘组

以硅质岩为主，夹含碳绢云千枚岩，厚度 127 m。

（5）联圩组

砂土、亚砂土、亚黏土，砾石，砂砾石，厚度大于 41. 77 m。

铁矿田的变质作用类型主要为区域变质作用。变质等级为低级变质程度，变质岩系中板岩、千枚岩发育。变质相属绿片岩相。局部地段由于岩体的热能作用，使变质等级上升为中级变质程度，导致云母片岩的形成。

1. 2　构造

杨家桥铁矿床大地构造位置处于杨子板块江南古岛弧南缘之大陆边缘裂谷带，华南加里东褶皱系武功—北武夷复背斜西段之北缘。宜春－铅山深断裂在其北侧通过，与扬子板块、萍－乐坳陷毗邻。

矿床产于 NWW 向神山倒转背斜南翼中段，矿区内构造主要以多期褶皱为主。第一期构造形变为神山倒转背斜南翼及其西部外倾转折端，包括石芬－洋陂扬起向斜，控制着含铁岩组系的展布。第二期构造形变为 NNW 向紧密同斜褶皱群，褶曲规模不大，但多成群出现，极为发育，在苑坑乡－洋陂倾伏背斜以及两者强烈叠加部位（洋陂段）形成的田丹－洋山凹倒转背斜和鞘褶皱，为控制矿区铁矿层形态产状的主要褶皱构造。第三期构造形变为近 S－N（NNE）向的褶皱构造，主要影响铁矿层形态产状更为复杂。矿层的产状、形态受褶皱构造的控制，局部膨胀、狭缩，矿层厚度变化大。

区内除褶皱外，尚有一系列断裂构造，其中以 NNW 向与 NE 向两组断裂最为发育。其表现为破坏含矿岩组及其矿层在走向、倾向上的连续性。

2 地球物理（磁法）特征

2.1 岩（矿）石磁性特征

杨家桥矿区磁化率测定结果如表 1 所示，其中含铁千枚岩、镜铁矿矿石的磁化率变化范围为（12566～37699）$\times 10^{-5}$SI，具有较强磁性；原生磁铁矿石的磁化率较高，变化范围为（25132～1884955）$\times 10^{-5}$SI，千枚岩的磁化率属无磁性。因此，磁铁矿石、含铁千枚岩和镜铁矿能引起明显得磁异常，当磁铁矿达到一定规模时，能引起很强的磁异常。因此，利用高精度磁法测量，可以有效圈定磁铁矿和含铁千枚岩，从而直接指导我们找矿。

表 1　异常区岩（矿）石磁化率一览表

岩性	块数	磁化率 κ/（10^{-5}SI）	备注
		变化范围	
千枚岩	100	0	钻孔岩芯
千枚岩	270	0	同上
磁铁矿	21	25132～125663	
	39	37699～125663	
	17	753982～1884955	
含铁千枚岩	25	50265～251327	
	12	502654～753982	
镜铁矿	1	590619	
	9	12566～37699	
磁铁矿	40	188495～628318	同上
	9	628318～879645	同上

2.2 航磁异常特征

1957 年航空磁测发现两条航磁异常带，每条长 30 余 km。在 1∶5 万航磁 ΔT 剖面平面图上，两条航磁异常带出现在平稳低缓的磁场区内，梯度较陡，NE 向走向，相互平行，相距约1 km。其中北部异常带 7 条测线可对比追踪，异常幅值 1067 nT，剖面异常形态规整，南东侧伴生强度不等的负异常；南部异常带稍短，5 条测线可对比追踪，异常幅值 1087 nT，剖面异常形态规整，南东侧伴生与正异常相当或稍强的负异常，如图 2 所示。进一步开展航磁异常检查和地质勘查，初步证实为一规模巨大的沉积变质铁矿床。从勘探的矿体与航磁异常叠加图上可以看出，由于航磁测量测线方向为 NW 向，航磁异常对杨家桥矿床 NE 向矿段反映得十分清晰。

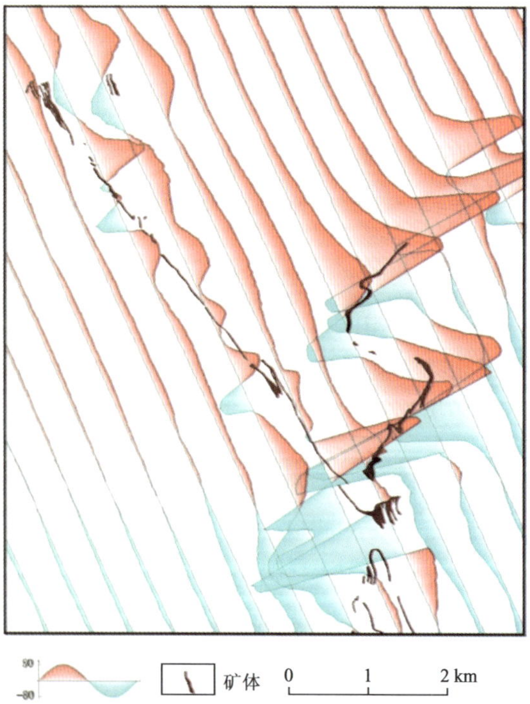

图 2　良山地区航磁 ΔT 剖面平面图

2.3 地磁异常特征

1957 年 9 月～1958 年，地质部中南地质局江西办事处萍乡铁矿地质队、赣中地质队、江西省地质局物探大队对航磁异常进行了地面检查，在异常区内发现了铁矿体，并在异常区及西侧又开展了1∶10000～1∶2000地面磁测，共圈出杨家桥－松山、长富等10余个磁异常，异常最大值22000 nT，多数3000～7500 nT。根据岩（矿）石磁化率测定结果，该区铁矿或含铁矿层磁化率多数达50000×10^{-5}SI以上，而围岩等变质岩磁性极弱，推测上述异常为铁矿层（或含铁岩层）引起。经过近4年的工作，初步圈定了矿田范围及含矿层位，并对杨家桥铁矿区进行了勘探评价。

从勘探的矿体与ΔZ剖面平面图的叠加图（图3）上可以看出，流井、顶庵－灯盏窝一带呈现断续尖峰状正负伴生异常带，在顶庵和杨家桥附近反映得尤其清晰，幅值高、梯度陡，最高幅值达22000 nT；而在双潭北一带，磁场较弱。在ΔZ等值线平面图上（图4），顶庵－灯盏窝一带呈NW向串珠状延展，长6000余m；流井、顶庵北东一带则为NE向串珠状异常，顶庵北东一带向东延出测区。

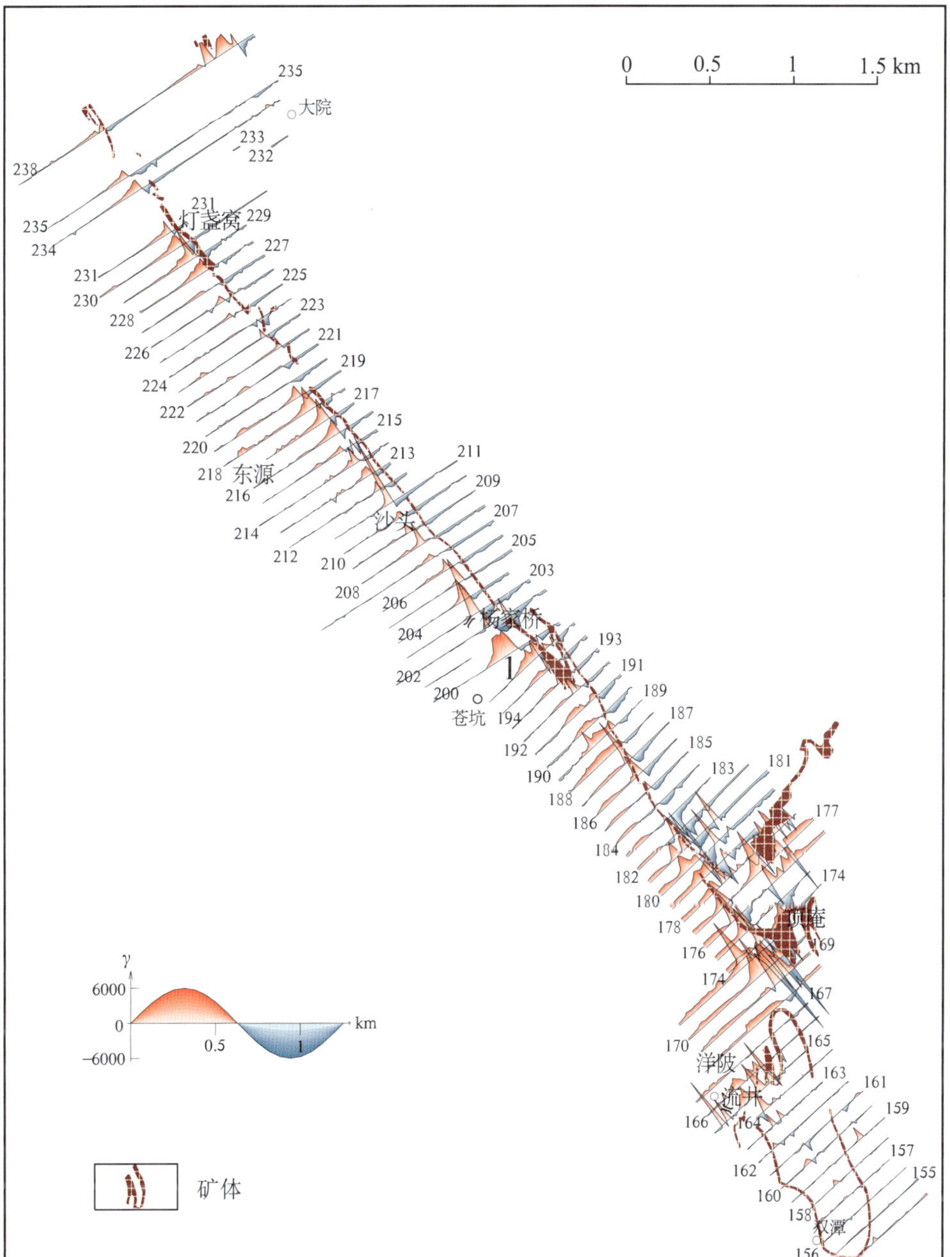

图3　安福县杨家桥矿区磁测ΔZ剖面平面图

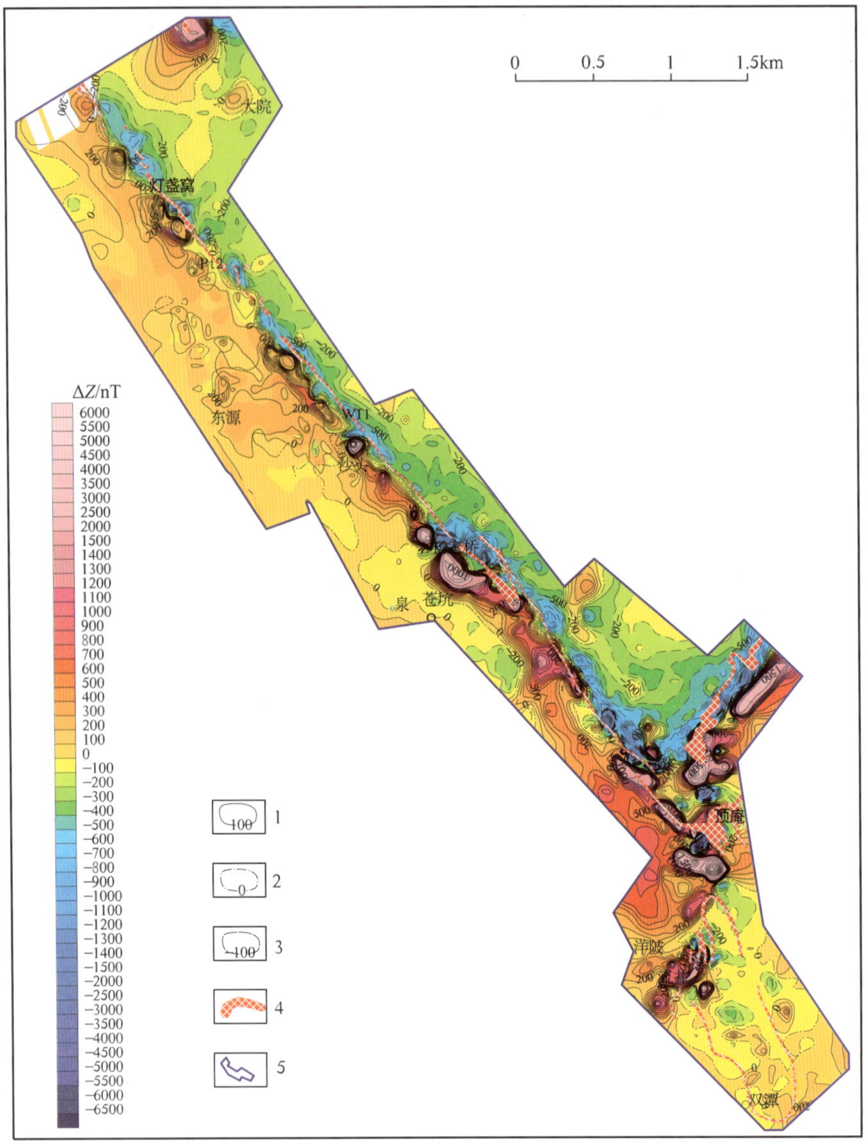

图4 安福县杨家桥矿区磁测 ΔZ 等值线图

1—正等值线；2—零值线；3—负等值线；4—铁矿层；5—矿区范围

3 验证结果

经地质及钻探工程验证，圈定了矿体走向和空间分布形态。通过钻孔得知，主铁矿层总体长度7900 m，已控制最大垂深516.04 m，工业铁矿层平均厚度19.68 m，最大假厚度73.44 m（图5）。西部铁矿层产状总体走向NW向，倾向SW向，倾角50°~70°；其东部北段铁矿层总体走向为NNE向，东部南段铁矿层呈轴向NW向的褶曲形态。

矿区铁矿主要有2层，下部铁矿层赋存于南华纪杨家桥群下坊组下部岩性段，即含磁铁绢云母千枚岩、碳酸盐质假砾岩近底部2~5 m范围内，为含磁铁石英岩，矿层厚度0.2~0.8 m，属次要矿层；上部铁矿层处于下坊组下部岩性段之上，为条带状磁铁镜铁石英岩、磁铁石英岩、镜铁石英岩、绿泥磁铁石英岩，矿层假厚度4~70余m，为主要铁矿层。

铁矿层的产状、形态受褶皱构造的控制，西部铁矿层在走向上北西部形态较为简单，多呈带状，局部出现膨胀、狭缩；东部铁矿层较为复杂，形似“手掌”、“蛇曲”状；在西部与东部铁矿层交汇

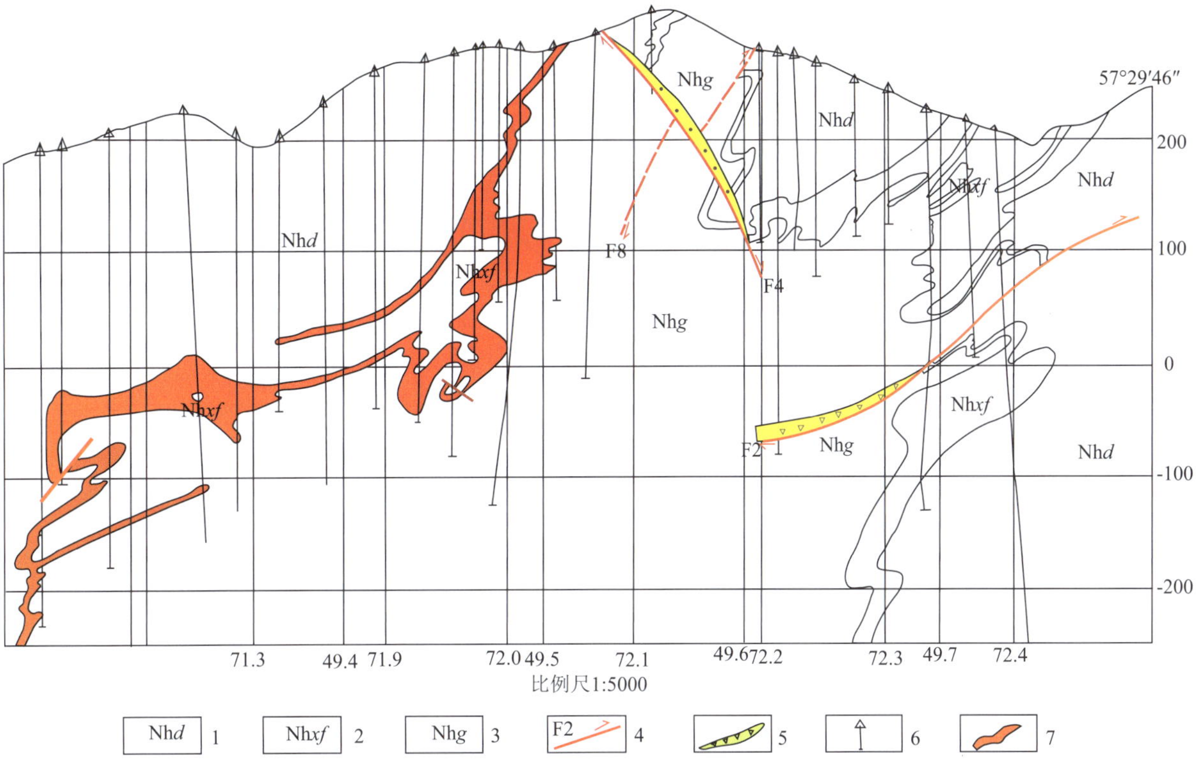

图5 杨家桥矿区59号勘探线矿体厚度变化剖面图

1—大沙江组；2—下坊组；3—古家组；4—断层；5—剪切带；6—钻孔；7—铁矿层

的南东段，铁矿层最为复杂，铁矿层厚度增大。在倾向上，矿层形态复杂，主要形态有：层状、似层状、“S”形、叠“S”形、台阶状、蘑菇状、囊状（图6）。

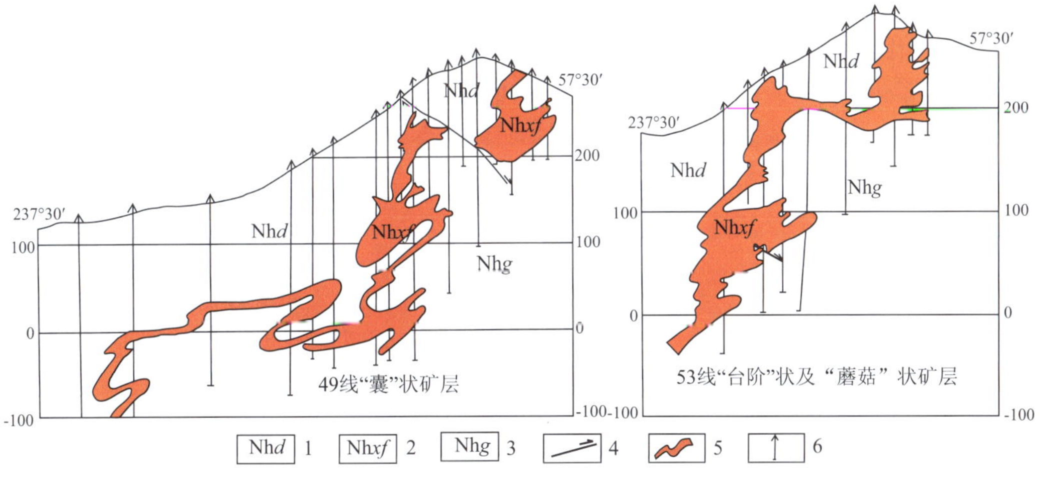

图6 杨家桥铁矿区矿层形态剖面图

1—大沙江组；2—下坊组；3—古家组；4—断层；5—铁矿层；6—钻孔

通过对矿区变质地层原岩建造、变质构造和矿体形态分类归纳等的重新研究，推论出：前人认为是多层的矿体实际上是由于多次褶皱复合而成的千奇百态的单层矿体。矿层厚度由于褶皱作用，厚度变化大，变化系数全区为97%，在走向上呈跳跃式变化，在倾向上总体趋向是浅部厚、中深部呈跳跃式变化，褶皱紧闭、重褶、叠加部位矿层增厚，反之矿层减薄。少数地段因褶皱作用矿层拉薄缺失，出现无矿“天窗”（图7）。

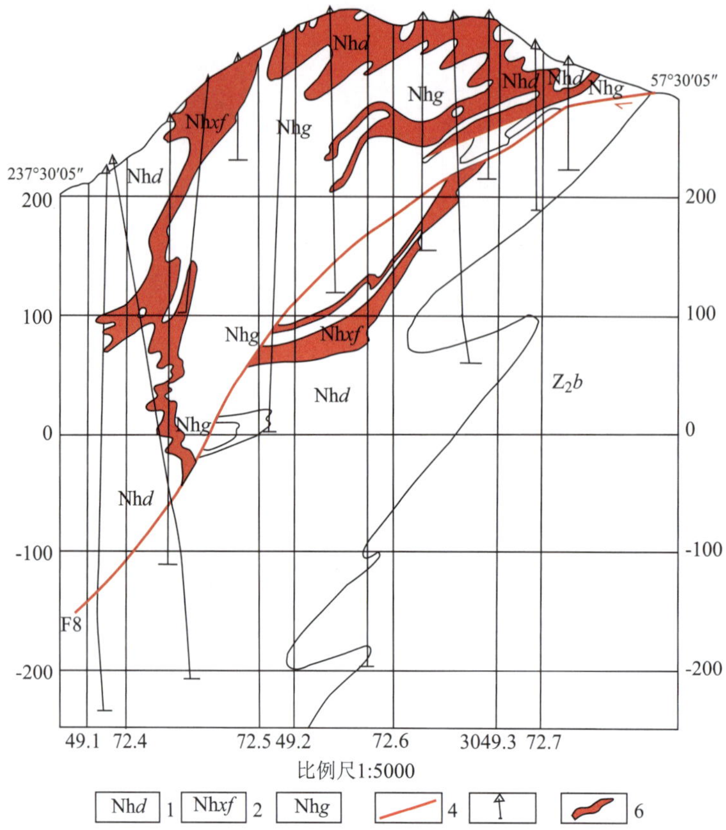

图 7　杨家桥矿区 79 号勘探线剖面图

1—大沙江组；2—下坊组；3—古家组；4—断层；5—钻孔；6—铁矿层

杨家桥铁矿已累计查明铁矿资源储量 1.978×10^8t，达到大型规模。

矿区地面高精度磁测资料成果表明，由于矿石的磁性很强而且比较稳定，加之铁矿层埋藏不深，多数铁矿层磁异常反映较好。铁矿层（体）大、品位高、形态稳定的地方，磁异常强度大、异常连续性好；而矿区东南部磁异常反映不明显，可能是矿体埋深加大或矿体较薄的缘故。

4　结论

新余铁矿田杨家桥铁矿区综合找矿实践表明，在发现和找矿扩大矿床规模期间，磁法发挥了非常重要的作用。首先 1∶5 万航磁扫面，快速搜索找矿范围；有效圈定磁性地质体或矿体分布范围，再次利用 1∶2000～1∶10000 大比例尺磁测资料，对磁性地质体或矿体进行准确定位、定性，对找矿潜力进行评价，地质和勘探工作快速验证和勘查，是由磁异常转变形成规模矿床的有效找矿模式。

参考文献

（略）

直升机航磁方法在大冶铁矿区深部找矿中的见矿实例

于长春[1]　熊盛青[1]　刘士毅[2]　范正国[1]　眭素文[1]

（1. 中国国土资源航空物探遥感中心，北京 100083；
2. 中国地质调查局发展研究中心，北京 100037）

摘　要：硬架式直升机航空磁测方法非常适用于局部重点地区找矿工作。该方法飞行高度在 100 m 左右、采样点距 3 m 左右，定位精度小于 1 m，且在同等条件下，费用只有地磁的 30% 左右。采用现存矿体厚度图与航磁异常对比分析，及与正（反）演结果互相印证的方法，确定矿致异常，然后通过航磁异常精细反演确定钻孔位置。所布设的三个钻孔均在大冶铁矿深部见矿的结果证明了本方法的有效性。

关键词：直升机；航磁测量；危机矿山；大冶铁矿；深部找矿

湖北黄石地区大冶铁矿虽地处中国东部平原，但矿区北部四峰山山势险峻，海拔达 486 m，南部地形海拔一般在 70 m 左右，地形高差最大达 420 m，是地形较为复杂的矿区。大冶铁矿区及外围进行了 1∶1万地面重磁测量，局部高精度磁测已达 1∶2000（刘玉成等，2006）；钻探工程勘探线间距150 m，钻孔最小间距 50 m。在这样复杂地形条件下和勘探如此详细的地区，实现找矿新突破难度很大。

由于大冶铁矿区露天开采留下了 4 个较大的采坑，其中尖山采坑深达 100 余 m，无法布设横穿剖面；地表工业设施如采矿、选矿、运输设备，尾矿、矿石堆等均能引起高强度的干扰磁异常；此外，路边及矿场周边散布的磁性矿石、岩体碎块，也能引起超过高精度测量精度要求的干扰磁异常，因此，在这样的地区实现地面高精度磁测难度极大。

根据危机矿山深部找矿的需要，2005 年中国国土资源航空物探遥感中心采用最新研制的硬架式直升机测量系统，在大冶铁矿区及周边地区进行了 1∶1 万航磁勘查工作。获得的航测成果不仅填补了矿区及周边缺乏高精度、高分辨率磁场资料的空白，而且依据航磁解释成果布设的钻孔，至 2007 年已有 3 孔在深部见矿，找矿效果显著。

直升机高分辨率航磁方法是在大冶铁矿勘查实践中总结出的方法（于长春等，2007）。该方法使用直升机勘查系统获取数据，通过定性分析确定矿致剩余磁异常，用定量反演确定矿体位置并布设钻孔。整个方法具有相对廉价、速度快、高度低、信息丰富、测量数据精度高、解释方法精细等特点，非常适合于局部重点地区找矿工作，尤其适合地面干扰严重的危机矿山接替资源勘查。

1　硬架式直升机测量系统

该系统由轻型直升机和 HC－2000 型航空氦光泵磁力仪、DSC－1 航磁补偿仪、差分 GPS 定位系统等机载航空物探设备等组成（图 1）（刘玉成等，2006），其主要技术优势如下。

1.1　能够有效降低飞行高度

在直升机爬升率允许的范围内，直升机升降自如，非常适合于目的性比较强的小规模精细探测；由于直升机转弯灵活，也可以多次重复飞行，直到得到满意结果为止。在一些地形陡峭的地区，甚至可以利用慢速和悬停功能，精细获取航空物探测量数据，这是固定翼飞机无法比拟的。

［原载及说明］本文原载于《物探与化探》，2010，34（4）：435－439。

图 1　硬架式直升机航磁测量系统

此次在大冶地区执行航磁测量工作，为了获得更好的地质效果，采用随地形起伏的飞行方法。这种方法的核心就是利用直升机的高度灵活性，不对飞机水平飞行速度提出具体要求，只是要求在保证安全的前提下，飞机离地高度尽量保持一致，最大限度地获取磁异常信息。

1.2　能够获得高分辨率磁场资料

截至 2005 年，大冶铁矿区内共进行了 5 次航磁测量：1957 年，1∶10 万航磁测量，飞行高度为 100～150 m；1974 年，1∶5 万航磁测量，矿区仪器超量程，无资料；1976 年，1∶1.5 万航磁测量，飞行高度 600～1000 m；1993 年，1∶2.5 万磁电放综合站测量，飞行高度为 150 m；2005 年 1∶1 万高分辨率航磁测量飞行高度为 144 m。综合对比上述资料，只有 2005 年高分辨率航磁测量资料信息最丰富，异常反映完整。在大冶铁矿区从东向西分布的四个强磁异常，分别对应着铁门坎、龙洞、象鼻山、狮子山矿段，其中狮子山磁异常是本区最强的磁异常。

2　直升机测量系统在矿山进行磁测优势明显

大冶铁矿区共进行了 2 次地磁测量，获取的磁场资料均不完整。1970 年前后进行的 1∶1 万地面

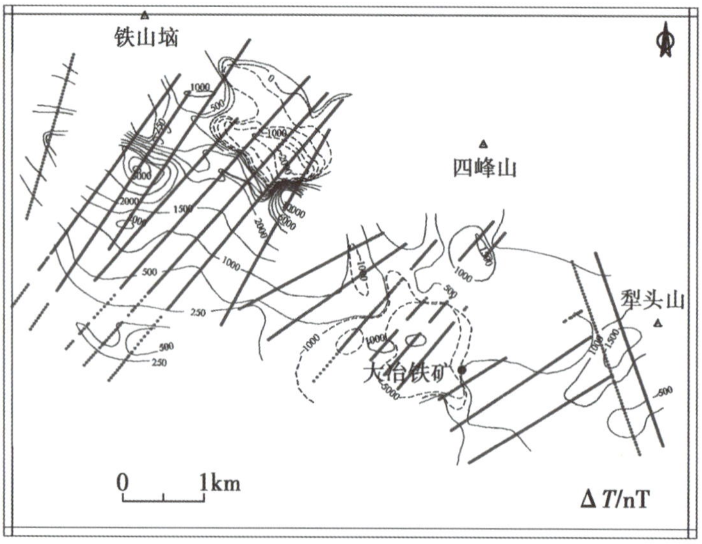

图 2　实测地面高精度 ΔT 磁场等值线图及测点位置

ΔZ 测量在矿区主采坑留下了磁测空白区；2004 年底，1：2000ΔT 高精度地面磁测留下的空白区更多。这些空白区主要分布在露天开采形成的多个采坑区和多年矿山建设形成的工业建筑群区（图 2）。

直升机航磁测量系统测量效率高，飞行方式灵活，无地面通行困难的限制，同时由于飞行是在距地表一定的高度进行的，从而减弱了地表磁性干扰物体的影响，能够清楚地反映出深部地质体的磁场特征，因此直升机测量系统在大冶铁矿区工作获得了比地面磁测更准确、全面的资料（图 3）。

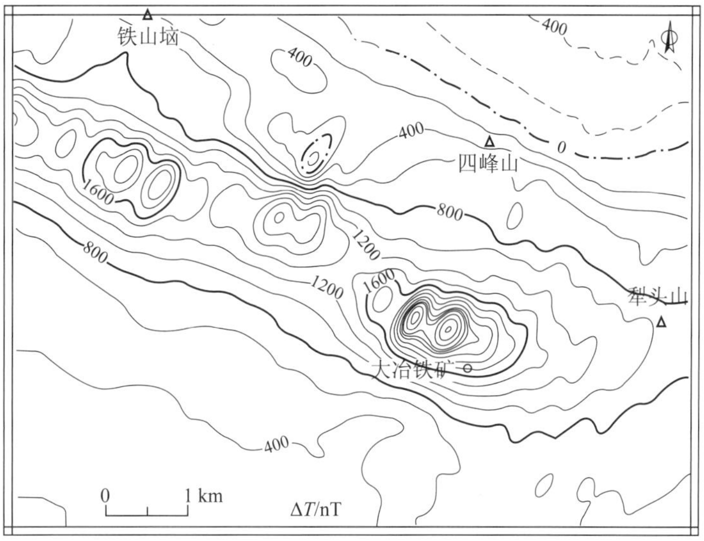

图 3　实测航空 ΔT 磁场等值线

这份资料包括测点水平位置，测点磁场值、高程值，还可计算并得出地面高程值，为后续应用多种数据处理方法提取矿致磁异常信息打下了基础。

3　经济层面的可行性

大冶勘查结果表明，硬架式直升机测线效率为 50～60 km/h（不含调机小时）。在气象条件较好的条件下，对于 5000 测线千米的测区，约需 100h 左右的飞行时间。

在一般地形条件下，硬架式直升机单磁测量系统每千米测线成本价在 720 元左右。对于 5000 测线千米的测区，测量成本大约在 360 万元（不含调机费和解释费用）。

在 1：1 万测量比例尺条件下，5000 测线千米覆盖面积约 500 km^2。由于直升机勘查剖面采样点距约 3 m 左右，这样全区可获得磁测量点约 167 万个，并且是连续采样，无弃点。而地面测量（网格 100 m×20 m）约 4684 元/km^2（中国地质调查局颁布预算标准（中国地质调查局，2007）中测网布设及磁测费用标准之和），总价格在 230 万左右。若达到航磁测量点数，则需要经费 1600 万左右；按照 1 min 测量一个点来计算，每天工作 8 h，167 万个点需要 3480d。若 10 个班组同时工作，也需要一年才能够完成。

在同样比例尺、面积、测量点数条件下，地面磁测经费及花费时间远超航空磁测，因此，硬架式直升机测量从经济层面是可行的。

4　实际应用效果

在湖北黄石地区航磁测量覆盖面积 307.8 km^2，完成测线 3550.6 km，实际飞行测网疏密度为 100±10.9 m，平均飞行高度为 144 m，测量总精度为 ±0.16 nT（于长春等，2006）。

航磁资料经过精细反演解释，评价并登记了 119 处（其中新编 97 处）航磁局部异常；在铁山矿区及外围，提出了5个重点找矿区，并建议了5处探矿钻孔位置及1处探测钻孔位置；预测大冶铁矿主要矿段尚有5600多万吨铁矿科研资源量，评价并登记了119处（其中新编97处）航磁局部异常，圈定了不同期次岩浆岩的侵入范围。

中南地勘院大冶铁矿项目部根据航磁解释结果进行钻探，在航磁圈出的2号重点找矿区内布设了ZK21-8，并于740~840 m深度见数层矿，累计铁矿体厚14.6 m；3号重点找矿区内布设了ZK26-8，并于732 m见矿，见矿厚度为5 m左右。1号区ZK13-8，在703~732 m深度累计见矿厚11 m。铁的品位目估为25%~50%，伴生有铜、金、银等元素。

这一见矿结果证实大冶铁矿龙洞-象鼻山地段深部存在第三成矿台阶的认识，实现了大冶深部找矿的重要进展，为大冶铁矿其他矿段深部找矿钻探提供了依据。

4.1 矿致磁异常的识别

本区矿致磁异常的识别主要通过以下四个方面的定性分析结果得出。

4.1.1 已知矿体与强磁异常一一对应

在航磁测量结果图上明显存在着四个强航磁异常，分别对应着大冶铁矿的铁门坎、龙洞、象鼻山、狮子山四个矿区（刘玉成等，2006）。图4中56勘探线以西为铁门坎矿区、8~15线为龙洞矿区、19~24线为象鼻山矿区、25线以东为狮子山矿区。

4.1.2 见矿钻孔与磁异常分布范围吻合很好

大冶铁矿多年来勘探及开采过程中完成了上百个钻孔。这些钻孔有些见矿，有些未见矿。我们将见矿的典型钻孔与航磁异常进行叠合分析（于长春等，2003），结果表明两者重合很好（图4）。

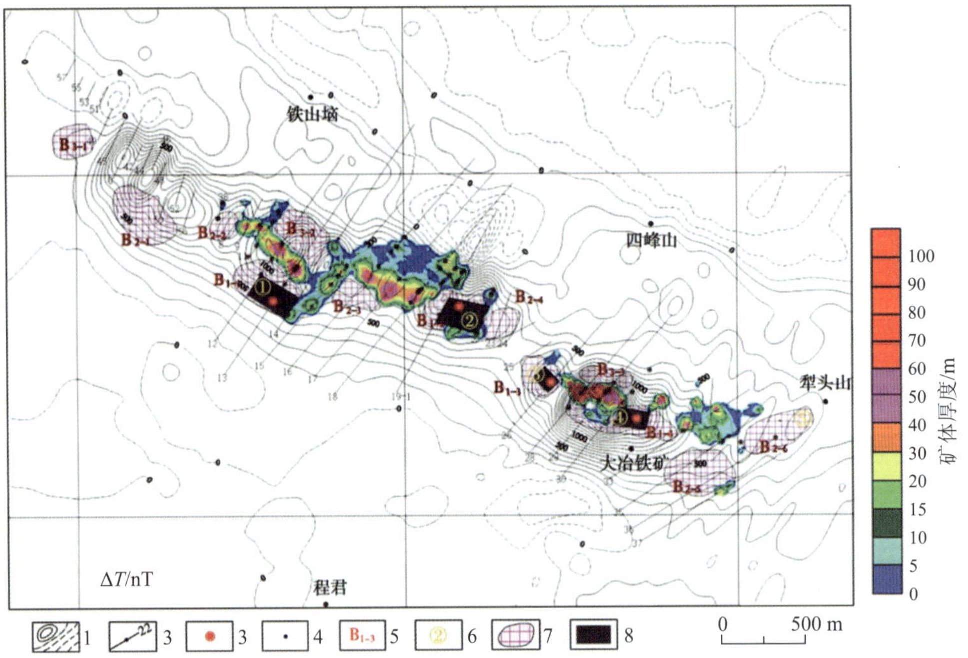

图4 大冶铁矿剩余铁矿体厚度与找矿靶区

1—磁场等值线；2—勘探线及编号；3—据航磁布设钻孔；4—见矿钻孔；5—靶区编号；6—重点找矿区编号；7—靶区；8—重点找矿区

4.1.3 已探明剩余矿体厚度与磁异常关系密切

多条勘探线剩余矿体正演结果表明，已知剩余矿体引起的磁异常达近千nT，而目前大冶铁矿还有3000×10^4t左右已探明的铁矿，理应引起较大的磁异常。同样，未发现的铁矿也应产生一定的磁异常。

虽然见矿钻孔与磁异常存在一定的对应关系，但由于钻孔中斜孔很多，仅凭借钻孔口水平位置是不能完全反映现存矿体与磁异常的关系。为此，我们根据勘探资料，详细地计算了大冶铁矿现已探明的剩余矿体厚度。由于缺少铁门坎勘探资料，因此铁门坎矿体厚度未给出。

从矿体厚度图上可清晰地看出，龙洞、象鼻山－尖林山、狮子山矿体比较厚，对应的磁异常也较大。

4.1.4 矿致剩余磁异常的计算

从以上三方面分析结果表明，航磁异常与铁矿异常关系极为密切。

为寻找两者之间的联系，达到判断未知铁矿体存在目的，我们采用精度较高的上延求差法，计算了矿区内剩余磁异常。计算的原则是剩余磁异常等值线特征能够完全包含已知矿体分布范围。

图4给出了大冶矿区剩余磁异常与现存矿体厚度，不难看出，龙洞矿区现存矿体最厚处位于磁异常中心，并与磁异常走向一致，东西两侧南北向拉长的矿体位于磁异常边界梯度带上，似乎给出了矿体边界。该区剩余磁异常等值线向南明显突出，并且东部边界上的14线和15线均在深部发现铁矿体。另外对该区内12～15勘探线上的航磁异常进行反演，认为深部接触带呈陡角度向南倾，深部有强磁性铁矿体存在，因此，向南突出的磁异常是深部铁矿体的反映，并圈出了一级靶区 B_{1-1}。同时，根据接触带走向位置及14线和15线见矿资料，在 B_{1-1} 内划定一个重点找矿区（1号），并布设了钻孔。

象鼻山和尖林山矿区剩余磁异常峰值与尖林山矿体厚度最大区域完全对应，与象鼻山矿体厚度较大区东部对应也较好。两者之间存在一个明显得异常峰值，其间并没有已知矿体存在。根据剖面定量反演结果（图5），认为该异常是深部矿体的反映，故在其内划定一个重点找矿区（2号），并布设了钻孔。

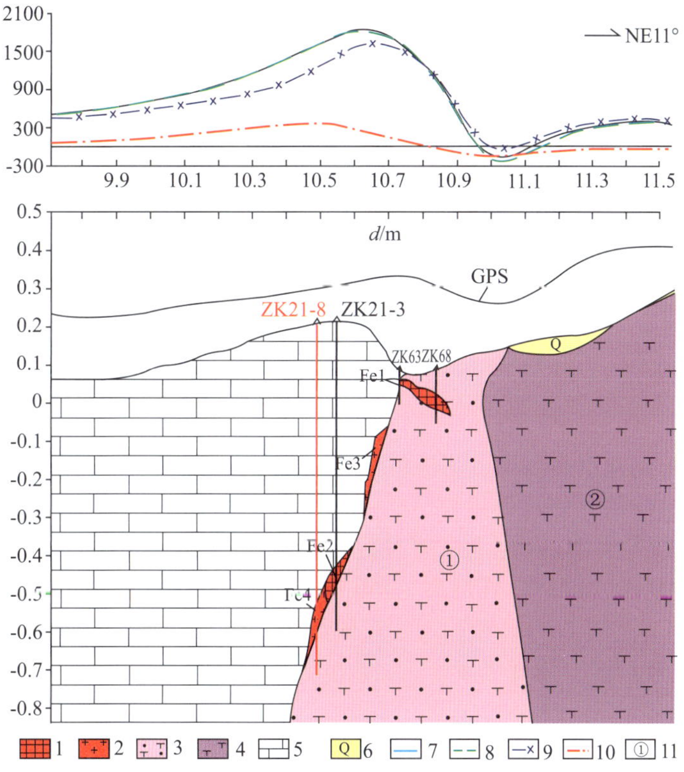

图5 象鼻山Ⅰ号剖面航磁异常精细反演结果

1—已知矿体；2—推断矿体；3—细斑含石英闪长岩；4—闪长岩；5—大理岩；6—第四系；7—实测 ΔT 磁异常曲线；8—计算磁异常曲线；9—已知岩体及矿体异常曲线；10—剩余异常曲线；11—模型体序号；12—黑云母透辉石闪长岩；13—夕卡岩

用同样的方法，推断了3号和4号重点找矿区。

4.2 磁异常定量反演给出矿体赋存空间位置

由于大冶矿区四个主要磁异常轴线方向基本为NW向（图4），长短轴之比2∶1左右，有明显得二度体特征，同时岩（矿）石磁性研究结果表明，矿体和岩体磁性沿走向变化较小，因此采用二维反演是可行的。为了减少岩体等干扰异常，提取深部矿体异常，在反演过程中主要注意以下几个方面。

4.2.1 详细和全面的物性测定工作是定量反演的基础

在大冶矿区开展了地面岩（矿）石露头、地下采矿作业面、岩心等详细物性测定工作，测量内容包括磁化率和剩余磁化强度。同时对以往物性测量结果进行了筛选和重新统计。最后给出了不同矿段岩（矿）石物性参考值，用于定量反演工作。

4.2.2 全剖面反演方法

在大冶矿区5个主要矿段内共做了20条横穿矿区的反演剖面，剖面长度15 km左右。长剖面及多剖面反演不仅要综合考虑剖面每一段磁性体对磁异常的贡献，而且还要协调相邻剖面地质体赋存位置及磁性影响。

4.2.3 以已知地质勘探剖面、钻孔和三维反演结果为依据建立初始模型

大冶铁矿区内，已有大量已知勘探线，钻孔已经准确地控制了浅部矿体形态，矿体形态十分复杂。为此，将已知勘探剖面形成GIS点线面文件，在与磁剖面精确配准前提下，直接输入到起伏地形条件下高精度重磁剖面解释系统（眭素文等，2004）中，人工可视化建立初始模型，提高了已知模型建立精度。

4.2.4 地质图和磁场图联合控制地质体模型走向延伸边界

在二维反演断面上，模型形状可以根据异常特征及异常值的大小任意调整，直到达到反演精度。但是模型在垂直剖面延长值的大小一般是根据异常等值线图特征及地质体走向延长来确定。为了精确地给出模型走向长度值，把地质体边界投影到平面图上，并与地质图、磁场图叠合到一起，分析其长度值的合理性及与相邻剖面的协调性，最终给出一个贴近实际、客观的模型延伸边界值。

表1 象鼻山Ⅰ号剖面航磁异常反演模型岩矿石物性参数

序号	磁性体类型	磁化倾角/（°）	磁化强度/（10^{-2}A·m^{-1}）	横向延伸/km	磁化偏角/（°）
1	细斑含石英闪长斑岩	54	200	4	15
2	闪长岩	45	110	4	-3.3
Fe1	已知磁铁矿	72	13300	0.4	2.1
Fe2	已知磁铁矿	72	13300	0.4	2.1
Fe3	已知磁铁矿	72	13300	0.4	2.1
Fe4	已知磁铁矿	72	13300	0.4	2.1

图5是象鼻山Ⅰ号剖面反演结果，图中各种岩矿石物性参数如表1所示。从钻孔资料已控制的赋矿信息来看，本区铁矿体赋存在两个部位，其一是标高-50 m的矿体呈层状，略为倾斜插入侵入岩体中（Fe1）；其二是标高-420 m左右的矿体，厚度10 m以上（Fe2）。反演结果表明，推断标高-50～-300 m存在铁矿体（Fe3）；在标高-550 m以下，顺着已控制矿体向下延伸还有铁矿体存在，可延伸到标高-700 m左右（Fe4）。根据这一反演结果设计了ZK21-8和ZK21，已施工的ZK21-8，于740～840 m深度见数层矿，累计铁矿体厚14.6 m，铁的品位为40%～45%，铁矿体中还伴生有铜、金、银、钴等。

5 结论

1）中国国土资源航空物探遥感中心最近已研制成功的直升机航磁方法具有速度快、相对廉价、测量数据精度高的特点，非常适合于局部重点地区找矿工作，可以代替地面大比例尺高精度磁测，在地面干扰严重的地区尤其应采用这种新方法。

2）湖北黄石应用结果表明，在危机矿山工作中，首先使用高分辨率直升机航磁方法，确定重点找矿区，而后结合矿区成矿地质研究基础，直接进行钻探验证的找矿思路是可行的。

参考文献

刘玉成，杨艺华，王永基. 2006. 大冶铁矿控矿构造研究及深部隐伏矿体定位预测[J]. 地质与勘探，42(6)：10－16.

眭素文，于长春，姚长利. 2004. 起伏地形剖面重磁异常半智能处理解释软件及应用[J]. 物探与化探，28(1)：65－68.

熊盛青，于长春，眭素文，等. 2009. 中高山区高精度航磁测量方法[M]. 北京：地质出版社.

于长春，范正国，王乃东，等. 2006. 湖北黄石地区1：1万航空物探(磁)勘查成果报告[R]. 中国国土资源航空物探遥感中心.

于长春，范正国，王乃东，等. 2007. 高分辨率航磁方法及其在大冶铁矿区的应用[J]. 地球物理学进展，22(3)：979－984.

于长春，郭志宏，眭素文. 2003. 航空物探领域的GIS开发与应用[J]. 物化探计算技术，25(1)：39－44.

中国地质调查局. 2007. 国土资源调查预算标准：地质调查部分[M]. 北京：中国财政经济出版社.

An ore discovery example of deep prospecting by helicopter aeromagnetic survey in the Daye iron mine

YU Changchun[1], Xiong shengqing[1], Liu Shiyi[2], Fan Zhengguo[1], Sui Suwen[1]

(1. China AeroGeophysical Survey and Remote Sensing Center for Land ang Resources, Beijing 100083, China;

2. Development Research Center of China Geological Survey, Beijing 100037, China)

Abstract: Aeromagnetic survey using helicopter with a fixed receiver is suitable for ore prospecting in local key areas, because the survey method has a low flying height of 100 m, a small sampling interval of about 3 m, a high locating precision of less than 1 m, and a low cost of about 30% of the expense of ground magnetic survey. In this paper, the ore-caused anomaly was determined by a comparative analysis of the ore body thickness and the magnetic anomaly and a mutual verification of the forward and inversion calculations. The borehole site was determined by precise inversion of the Aeromagnetic anomaly. The effectiveness of the method is verified by the fact that iron ore bodies were discovered in all the three borehole sites deployed by the authors at the depth of the Daye iron mine.

Key words: helicopter; eromagnetic survey; crisis mine; Daye iron ore deposit; deep prospecting

广东省 M13A 航磁异常见矿实例

李书华
（广东省地球物理探矿大队，广东 广州 510800）

摘　要　M13A 航磁异常是 1∶20 万航空磁测发现的异常，位于霞岚钒钛磁铁矿区。三级地面检查工作确定了异常中心位置，通过研究矿区内的航磁异常特征、地磁异常特征及地质情况等总结出霞岚钒钛磁铁矿成矿模式，并推断 2 处矿致异常、2 处岩体异常，从而指导下一步找矿工作。
关键词：磁铁矿；航磁异常；地磁异常；成矿模式

M13A 航磁异常是 1961 年 907 航测队在粤东进行 1∶20 万航空磁测发现的异常，位于广东省兴宁县以北约 30 千米处霞岚钒钛磁铁矿区。经地面检查，异常中心地理坐标位于北纬 24°24′18″，东经 115°41′36″，即广东兴宁县黄陂公社劲肚里一带。异常呈猪肚状，近 E－W 向分布。1971 年 1～6 月，广东省七二三地质队六分队对该异常做过三级地面检查，以 1∶5 万路线磁测初步圈定该异常正值部分，并发现异常北西段即罗岗霞岚地段存在含钒钛磁铁矿和辉绿辉长岩。在进行三级地面检查的同时，进行了放射性伽马测量。

1　地质及地球物理特征

1.1　地质特征

航磁异常区内地层发育完全（图 1），由老至新为前泥盆系（AnD），泥盆系—下石炭统峡山群

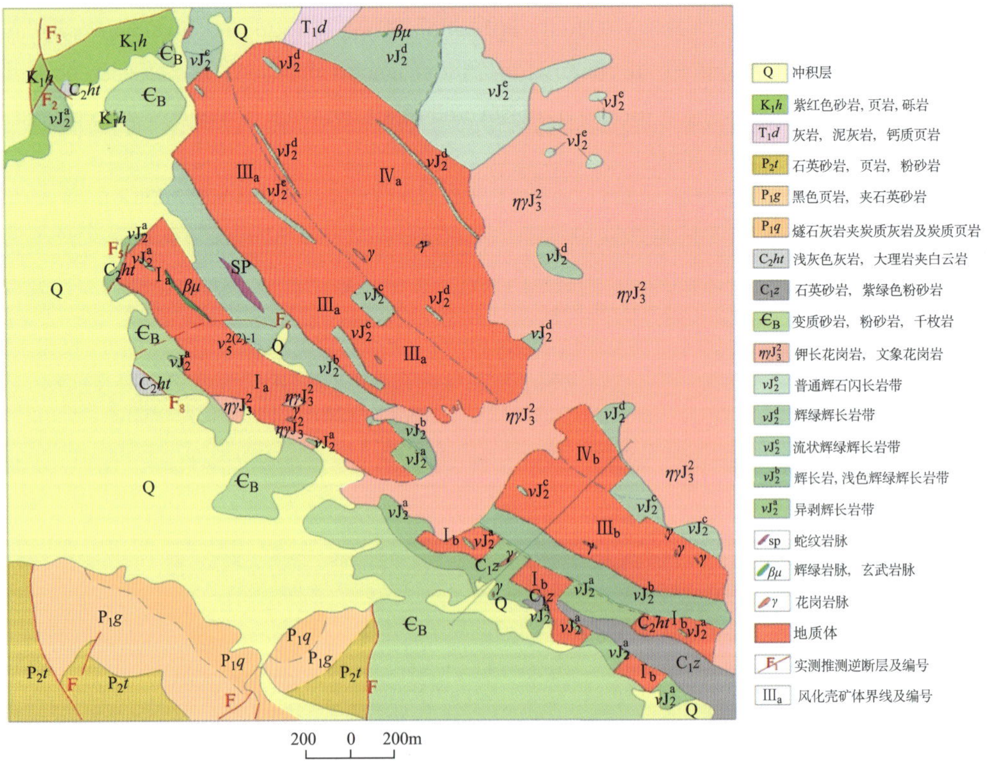

图 1　航磁异常区地质简图

（$D-C_1sh$），石炭系中—上统壹天群（$C_{2+3}ht$），二叠系下统栖霞组（P_1），二叠系下统文笔山组（P_1w），二叠系上统龙潭组（P_2l），二叠系上统大隆组（P_2d），三叠系下统大冶组（T_1d），侏罗系下统嵩山组（J_1s），侏罗系中—上统高基坪群（$J_{2+3}gi$），白垩系上统南雄群（K_2nn），第四纪冲积层。岩性主要为浅变质石英砂岩，含砾石英砂岩、细砂岩、粉砂岩、石灰岩、白云质灰岩、白云岩、泥质灰岩。

航磁异常区内岩浆岩活动频繁，火成岩种类较多，主要为中侏罗世基性杂岩体。基性杂岩体由辉长岩、辉绿辉长岩、普通辉石闪长岩、橄榄辉长岩以及少量的超基性岩等组成，构成成矿母岩、围岩。岩体的分异性好。杂岩体年龄 178.71 ±3.92 Ma（李培生等，1993）。

1.2 构造特征

航磁异常区属华南叠加造山－裂谷系（Ⅰ级），粤东火山岩带（Ⅳ级）。NE 向河源断裂带控制岩体的分布。

1.3 成矿特征

霞岚钒钛磁铁矿由七个主矿层组成，走向 NW 向、倾向 NE 向，倾角 42°～55°，相互平行产出，与岩体的长轴和流动构造方向完全一致。矿层长 200～1550 m，平均厚 4.18～50.53 m，一般厚度在 20 余 m 以上，长度在 950 m 以上，延深较大。

形态：有风化壳型和原生矿两种。原生矿呈层状、似层状；风化壳型呈“面型”带状分布，局部富矿体呈长条状、似层状、透镜状，与原生矿层在地表出露位置相当。

矿石类型：氧化矿石，原生矿石。

矿物组合：金属矿物主要为钛磁铁矿、钛铁矿；次要：褐铁矿、磁铁矿；微量：黄铁矿、方铅矿、闪锌矿、白铁矿、磁黄铁矿、黄铜矿、辉锑矿、锡石、自然金、自然铜。非金属矿物铁染黏土、辉石、角闪石、基性斜长石；次要：石英、绿泥石、绿帘石、绢云母、葡萄石；微量：蛇纹石、石榴子石、皂石、石膏、磷灰石、黝帘石、钠长石、钾长石、锆石、白钛石、榍石。

结构构造：半自形－他形粒状结构，海绵陨铁结构，浸染状、条带状、流层状，少数块状构造。

元素含量：矿体平均 TiO_2 4.12－6.6%，V_2O_5 0.146%～0.265%，Co 0.025%。共生元素 TiO_2 4.12%～6.6%，V_2O_5 0.146%～0.265%。伴生元素 Co 0.025%。

成矿期次：两期成矿，早期形成原生矿，晚期形成风化矿。

1.4 岩（矿）石磁性特征

收集和分析了大量实测数据，总结出该区辉长岩、辉绿辉长岩、辉石闪长岩、橄榄辉长岩以及少量的超基性岩及钒钛磁铁矿的磁性特征（表 1）。从表 1 可以看出，磁铁矿磁性最强，其强度与其品位密切相关，磁化率常见值 119370×10^{-5}SI，剩余磁化强度常见值 23870×10^{-5}SI。辉长岩、辉绿辉长岩、辉石闪长岩、橄榄辉长岩以及少量的超基性岩磁化率常见值 2390×10^{-5}SI，剩余磁化强度常见值 1590×10^{-5}SI。基性－超基性岩磁性与钒钛磁铁矿石磁性相差 10 倍以上，为区分矿致异常与非矿异常提供依据（刘士毅，2008）。

表 1　M13A 异常区主要岩（矿）石磁性统计表

岩矿石名称	标本块数	磁化率 $K/(10^{-5}SI)$		剩余磁化强度 $Jr/(10^{-3}A\cdot m^{-1})$		Q（Jr/Ji）
		变化范围	平均值	变化范围	平均值	
钒钛磁铁矿	10	15300～592000	5350	130～197000	25300	1.04
辉绿辉长岩	46	0～33840	2317	0～15770	1370	1.41
钾长花岗岩	248	0～18310	818	0～54190	547	1.47
斜长花岗岩	10	0～1653	297	0～437	91	0.68
火山岩	5	1927～3159	2685	565～1106	843	0.69
石英砂岩	3	0～70	14	104～1874	862	
砂岩、细砂岩、粉砂岩、砂砾岩、砂质岩、硅化灰岩、灰岩泥灰岩等	97	0	0	0	0	0

2 磁异常特征

2.1 航磁异常特征

M13A 航磁异常，中心位于径肚里一带，异常长约 8 km、宽 2.5 km 至 3 km，呈 NE 向走向的猪腰形（图 2），梯度略陡，二次磁场特征明显，极大值 $\Delta T_{max} = 1700$ nT，正异常北侧伴生负值。广东霞岚钒钛磁铁矿位于航磁 ΔT 化极等值线和化极垂向一阶导数零等值线附近。

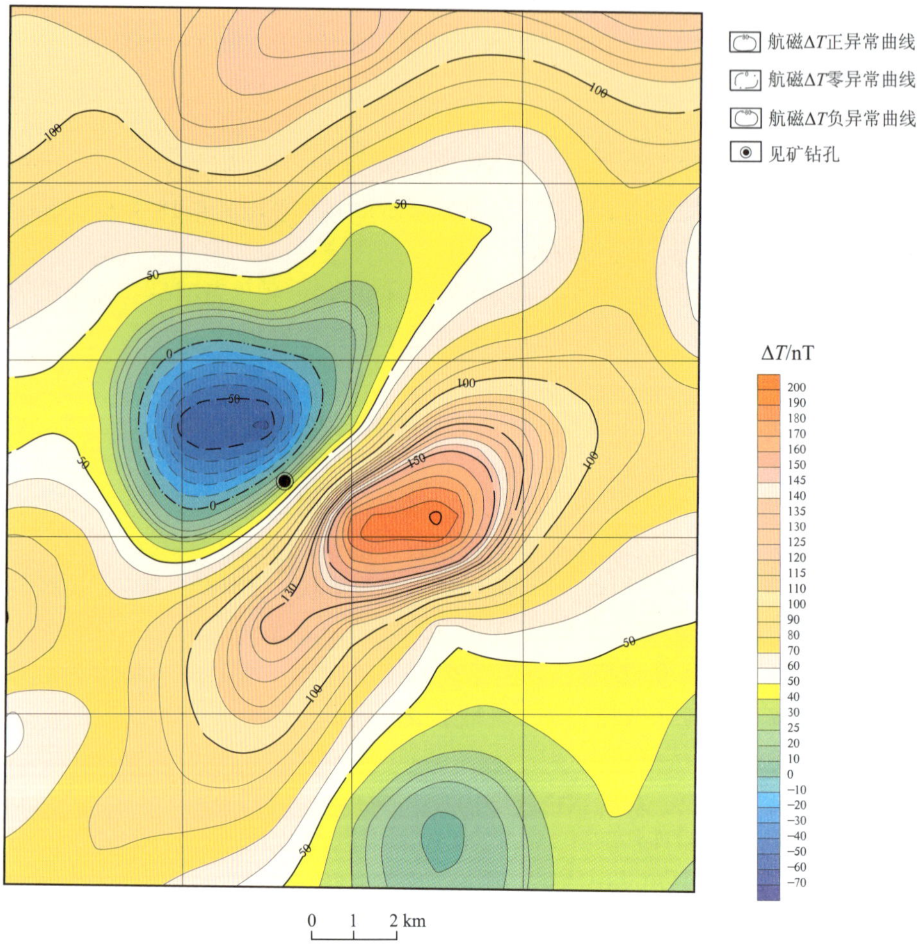

图 2　航磁 ΔT 等值线平面图

2.2 地磁异常特征

在矿区范围内开展了 1∶2 万地磁工作。在 1∶2 万地磁 ΔZ 剖面平面图（图 3）上，霞岚钒钛磁铁矿位于正磁场区，曲线在矿段附近剧烈锯齿状跳跃，极值在 4000 nT 左右，呈 NW 向带状展布，连续性好，长约 3 km、宽约 1.2 km，通过化极或化极垂向一次导数处理后，北东部为正异常，北西部呈负异常，极大值 ΔZ_{max} 为 5696 nT，一般 500～700 nT，北侧有负值相伴，极小值 ΔZ_{min} 为 −1341 nT，矿体位于零值线附近。

2.3 重力场特征及解释

区域布格重力图上，广东霞岚钒钛磁铁矿位于罗岗镇局部布格重力高值带中，剩余布格重力异常局部重力高中心，局部重力低呈等轴状，中心极值在 $+13 \times 10^{-5}$ m/s^2，地表主要出露了多期次二长花岗岩，局部重力高推断为基性岩，矿体位于重力推断半隐伏基性岩中。区内断裂发育，重力推断有多条二级断裂交汇于此，断裂交汇部位是基性岩侵入的通道（广东省地质矿产局，1988）。

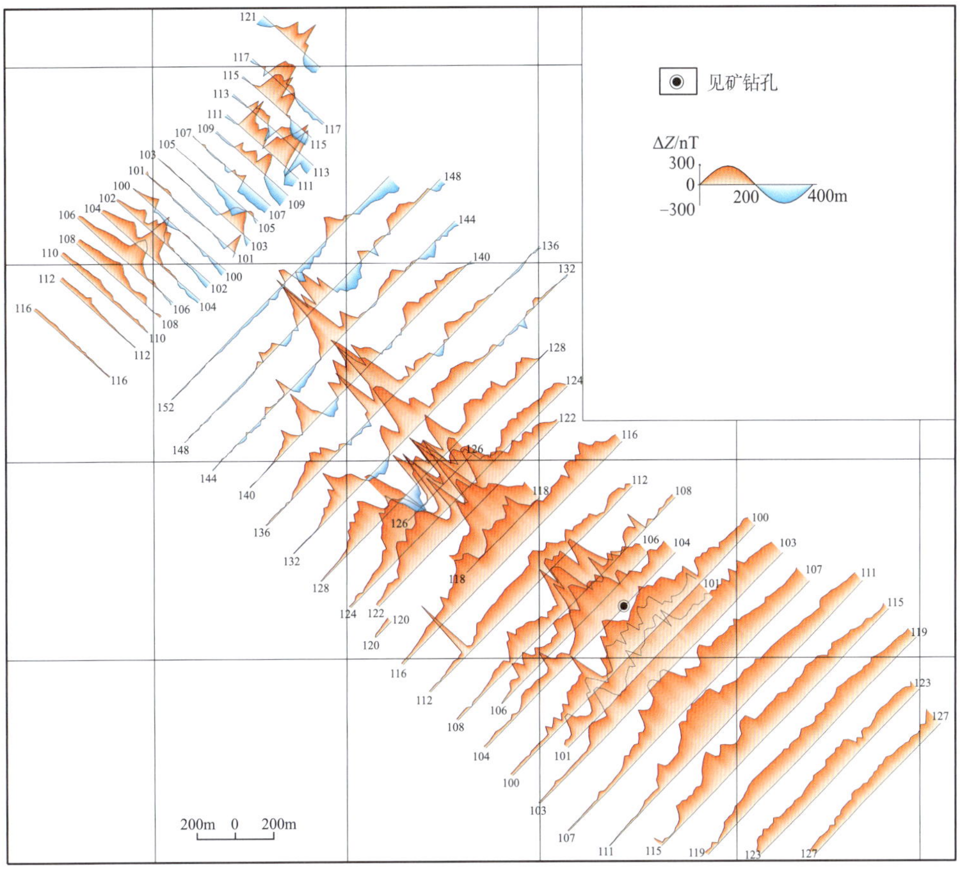

图 3　矿区地磁 ΔZ 剖面平面图

2.4　磁异常解释

根据异常所处的地质环境，异常特征和性质，将异常分为三类。第一类异常，编号为 C1，位于测区西部，轴向 NW 向，主要分布在霞岚岩体上，异常场值高，峰值窄，梯度陡，正异常北侧往往有负异常相伴，由霞岚钒钛磁铁矿引起；第二类异常，位于测区东部，分布在霞岚岩体与 AnD 接触带或 D－C_1sh 地层中，均为 NE 向走向，异常规则，场值亦较高，梯度较缓，认为与矿有一定关系，编号为 C2－1，C2－2；第三类异常，编号为 C3－1，C3－2，C3－2，分布在 $J_{2-3}gj$ 及 $\gamma_5^{2(3)}$ 中，异常形态不规则，在剖面上呈锯齿状跳跃，认为是 $J_{2-3}gj$、$\gamma_5^{2(3)}$ 引起的非矿异常。

3　钻探验证

1972 年 1 月至 1973 年 12 月，广东省地质矿产局七二三地质大队开展了兴宁罗岗霞岚钒钛磁铁矿区详细地质普查工作并提交了地质普查报告。

矿区共完成主要工作量钻探 17 个，进尺 7493 m。矿区钒钛磁铁矿产于辉绿辉长岩体中下部，只有似层状主矿体 7 层，相互平行产出。单矿体长 200～1550 m，平均厚度 4.18～50.53 m，地表风化矿深度 12.8～56.6 m。

另外，根据钻探控制矿体及其围岩的形态，对矿区内 2 条剖面地磁异常反映的地质体进行了正演，图 4 为其中 1 条剖面地磁异常的正演结果图。正演结果求出矿体的有效磁化强度为（20000～30000）$\times 10^{-3}$ A/m，采用矿床中岩矿和风化矿的矿石体重 3.44 t/m^3 和正演的磁铁矿矿体的体积，估算出霞岚钒钛磁铁矿区铁矿石资源量为已探明铁矿石储量的 1.85 倍，表明还有进一步找矿前景。

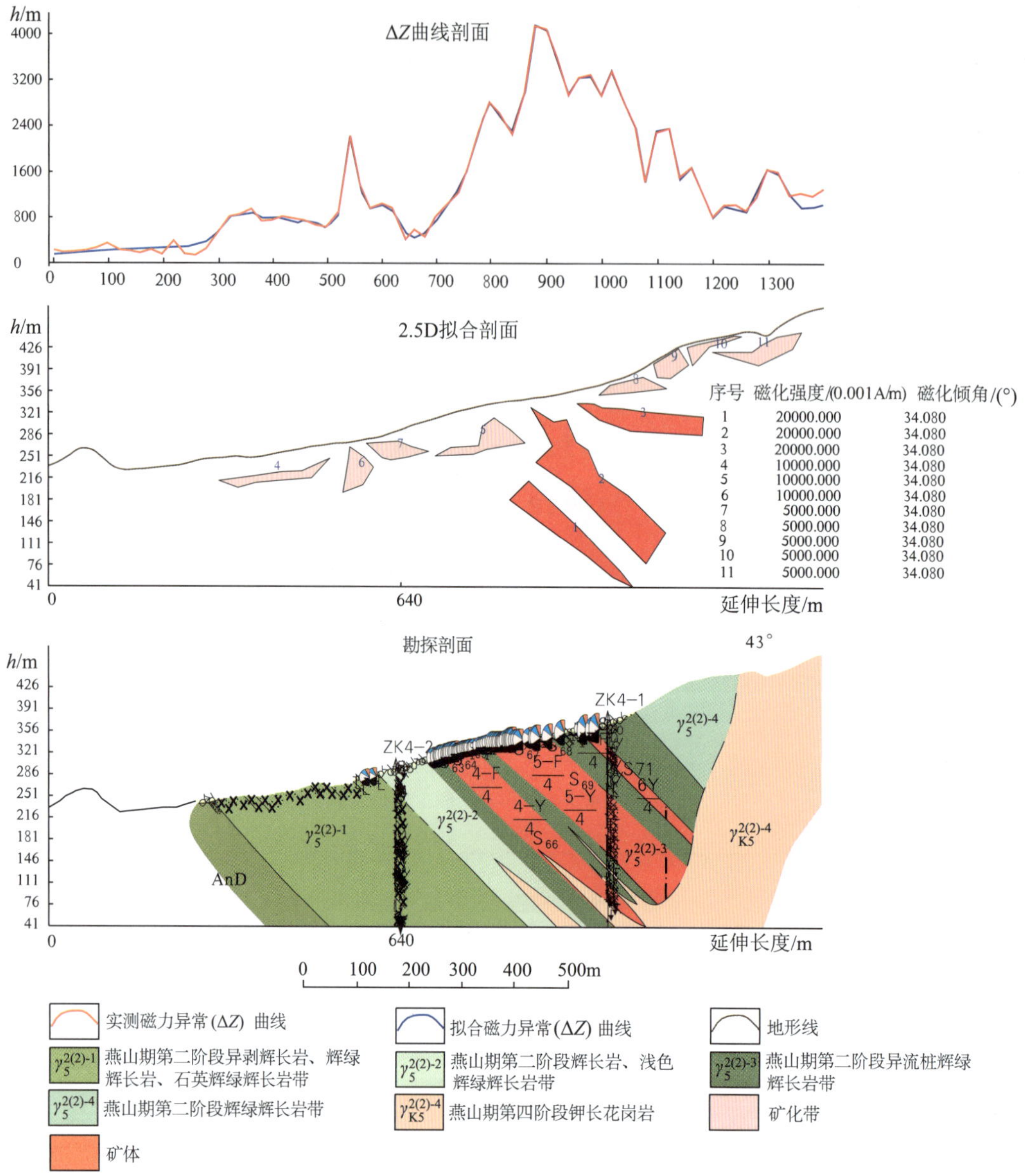

图4　霞岚矿床模式图

4　结论

根据1∶2万地面磁法测量成果，圈出了C1、C2－1、C2－2等六个地磁异常，分解了M13A航磁异常。前人认为霞岚附近的壹天灰岩及霞灰岩出露地段，处在航磁异常的正负过渡部位，属于具有进一步找矿价值的远景区。但通过1∶2万地面磁法和对前人资料分析，我们认为径肚里至径门一带为主要的异常区，是普查找矿的重要地段，壹天灰岩及霞灰岩出露地段没有地磁异常，不具有找矿远景。

通过对本区磁异常特征及地质背景的研究，从而得出以下几点结论：

1）从磁异常特征及地质情况看，C1异常为霞岚辉绿辉长岩体或其分异的钒钛磁铁矿引起，花岗岩属“超覆”在此地质体上。

2）C2－1异常，初步推断为隐伏在$\gamma_{K_5}^{2(3)c}$与AnD地层接触带内局部富集的磁铁矿体或其他磁性物体引起。

3）C2－2异常形态完好，为低缓异常，推断为有一定埋深的磁性体引起。但从反演磁参数值较低及结合该处地质特点，认为可能是隐伏在泥盆—下石炭统中的贫磁铁矿或其他磁性较低的磁性体引起。

4）C3－1、C3－2异常是中上侏罗统高基坪群$J_{2-3}gj$岩层引起的非矿异常，C3－3异常主要是钾长花岗岩$\gamma_{K5}^{2(3)c}$引起。

5）工作区范围内与夕卡岩型磁铁矿成矿有关的P_1q与$C_{2+3}ht$灰岩分布区没有磁异常显示，表明没有寻找夕卡岩型磁铁矿的前景。

参考文献

广东省地质矿产局. 1988. 广东省区域地质志[M]. 北京：地质出版社.

李培忠，于津生. 1993. 黑龙江碾子山晶洞碱性花岗岩岩体年龄及其意义[J]. 地球化学，(4).

刘士毅. 2008. 如何继续利用磁异常找深部矿[R]. 中国地质调查局发展研究中心.

朱裕生. 1993. 中国矿床成矿模式[M]. 北京：地质出版社.

EXAMPLE OF THE M13A AEROMAGNETIC ANOMALY IN GUANGDONG PROVINCE FOR PROSPECTING

Li Shu-hua

(Geophysical Prospecting Brigade of Guangdong Province, Guangzhou 510800, China)

Abstract: The M13A aeromagnetic anomaly is discovered when 1：200, 000 aeromagnetic anomalies, located Xialan vanadium-titanium magnetite zone. Ground inspections identified three abnormal central location study by aeromagnetic anomalies within the mine, geomagnetic anomalies and geological conditions such as summed Xialan vanadium titanium magnetite mineralization model and infer two mine-induced abnormalities, two rock body abnormalities, thus the next step guidelines prospecting work.

Key words: magnetite; aeromagnetic anomaly; geomagnetic anomaly; metallogenic model

磁法在广西南丹芒场多金属矿田上的应用效果

谢绍彬　朱国器

（广西地球物理勘察院，广西 柳州 545005）

摘　要：以航磁资料为基础，结合丹池成矿带区域成矿特征，通过加强对航磁异常的综合研究，运用大比例尺的地面磁测开展异常剖析，充分利用已有的磁测资料进行处理、推断解释，在半定量、定量的推断成果上，开展物探异常查证，取得了较好的找矿效果，为地质找矿提供有用的信息。说明航磁对寻找与磁性矿物有关的金属矿具有一定的指导作用。

关键词：高精度磁测；航磁；反演计算；应用效果

芒场多金属矿田位于南丹县西北部，北面与贵州省荔波县接壤，西南出海大通道和黔桂铁路纵贯矿田腹地（图1），地理坐标为东经107°28′49″～107°29′04″，北纬25°07′09″～25°08′10″，面积约2.3 km^2。矿产资源有锡、锌、铅、铁、银等10多种。

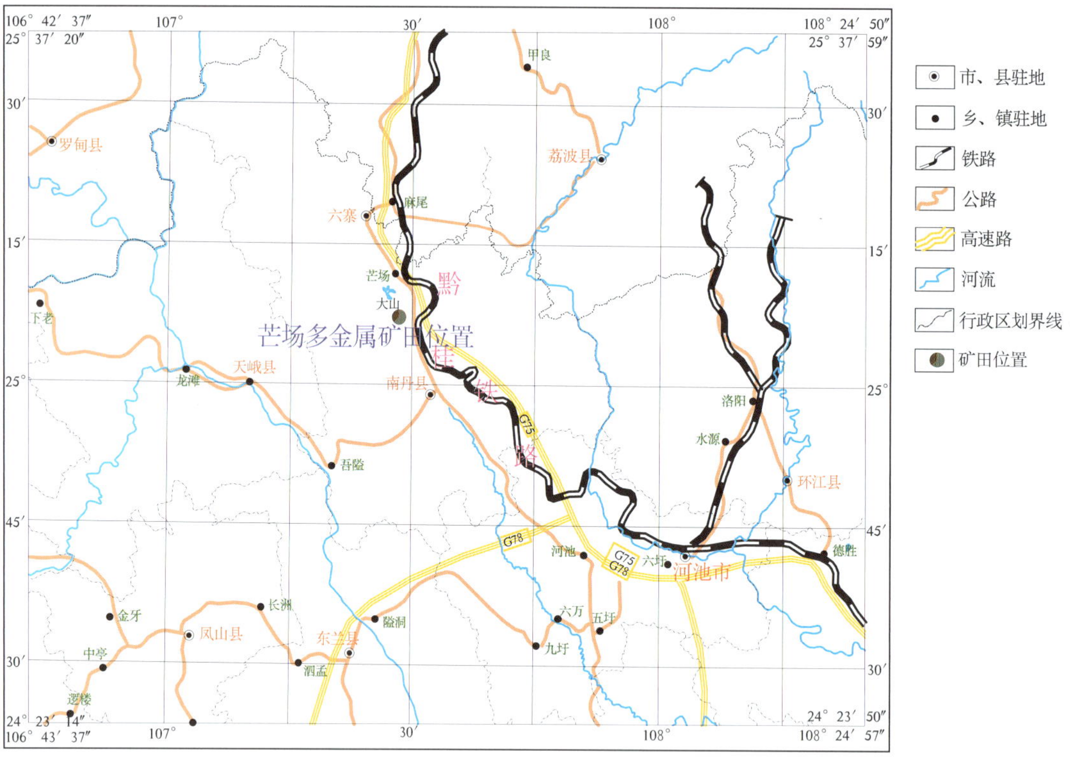

图1　南丹芒场多金属矿田

1959年地质部航物探大队905队在滇黔桂开展的百分之一以寻找石油构造为目的的航磁工作覆盖全区，区内发现并编号的异常有：桂C59－15、桂C59－16、桂C59－17、桂C59－18等四个。其中桂C59－17、桂C59－18号异常分别反映了南丹芒场和大厂的多金属矿田。但因飞行高度大，测线网度稀，异常面貌不够清晰。1980年广西航空物探队在河池地区开展1∶5万航空物探工作，通过航测，区内共发现航磁异常19处，包括1959年发现的异常4处，和新发现的局部异常桂C552、554、

546、547 等 15 处，为该区地质填图和矿产预测提供了佐证资料和依据。

为在该区进一步寻找铁及多金属矿产和查证桂 C59－15、桂 C59－16、桂 C59－17、桂 C59－18 号异常引起的地质原因，一些地质队在芒场等地区开展了各种比例尺的地质、物化探工作，其中对桂 C59－17、桂 C59－18 号异常的性质有了较明确的认识。

1　地质概况

1.1　区域地质背景

大地构造位置处于扬子陆块Ⅴ－2－8－1 右江前陆盆地与Ⅴ2－5－1 凤凰－大庸（宜州）台缘盆地交汇处丹池凹陷褶皱带，属晚古生代—中生代基底断陷带，中生代后挤压褶起呈紧密的复式褶皱－断裂构造组合（广西地矿局，1985）。芒场矿田位于丹池锡多金属成矿带北段（图 2）。

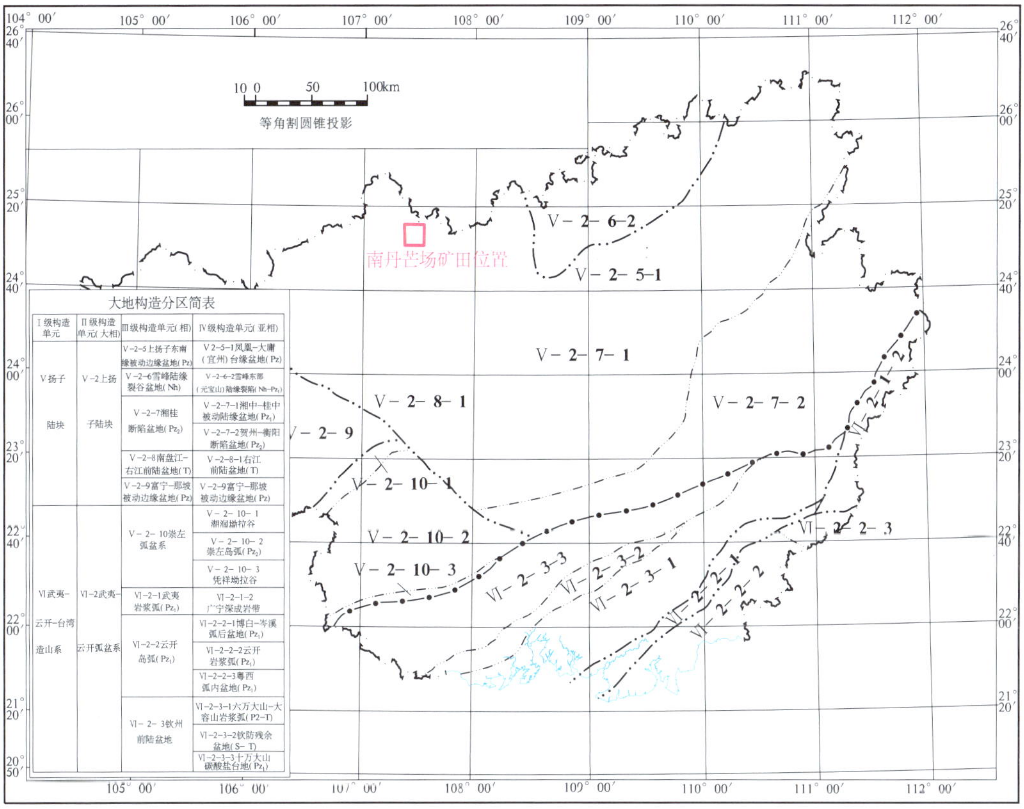

图 2　南丹芒场多金属矿田大地构造位置图

1.2　成矿地质环境

芒场锡多金属矿位于芒场矿田中部。泥盆系中统纳标组（D_2n）和罗富组（D_2l）是本区的主要赋矿层位。芒场矿田内出露各种岩脉 20 条，其岩性有中酸性的黑云母石英安山玢岩和黑云母石英闪长玢岩及酸性的石英斑岩、花岗斑岩等，深部在汇龙拗发现隐伏黑云母花岗岩和白云母斑状花岗岩体，它们同属燕山晚期产物，通过研究认为，隐伏花岗岩体是一典型的富含钨锡等多金属的岩体，与锡多金属矿床的形成有密切联系。

区内地层、岩性组合复杂，褶皱、断裂发育，燕山晚期中酸性脉岩及黑云母花岗岩岩脉、岩株发育，蚀变及矿化强烈（图 3）。

1.3　矿床地质特征

矿体主要产于中泥盆统纳标组上段（D_2n_2）的石英砂岩或石英岩状砂岩中，部分产于断裂中的

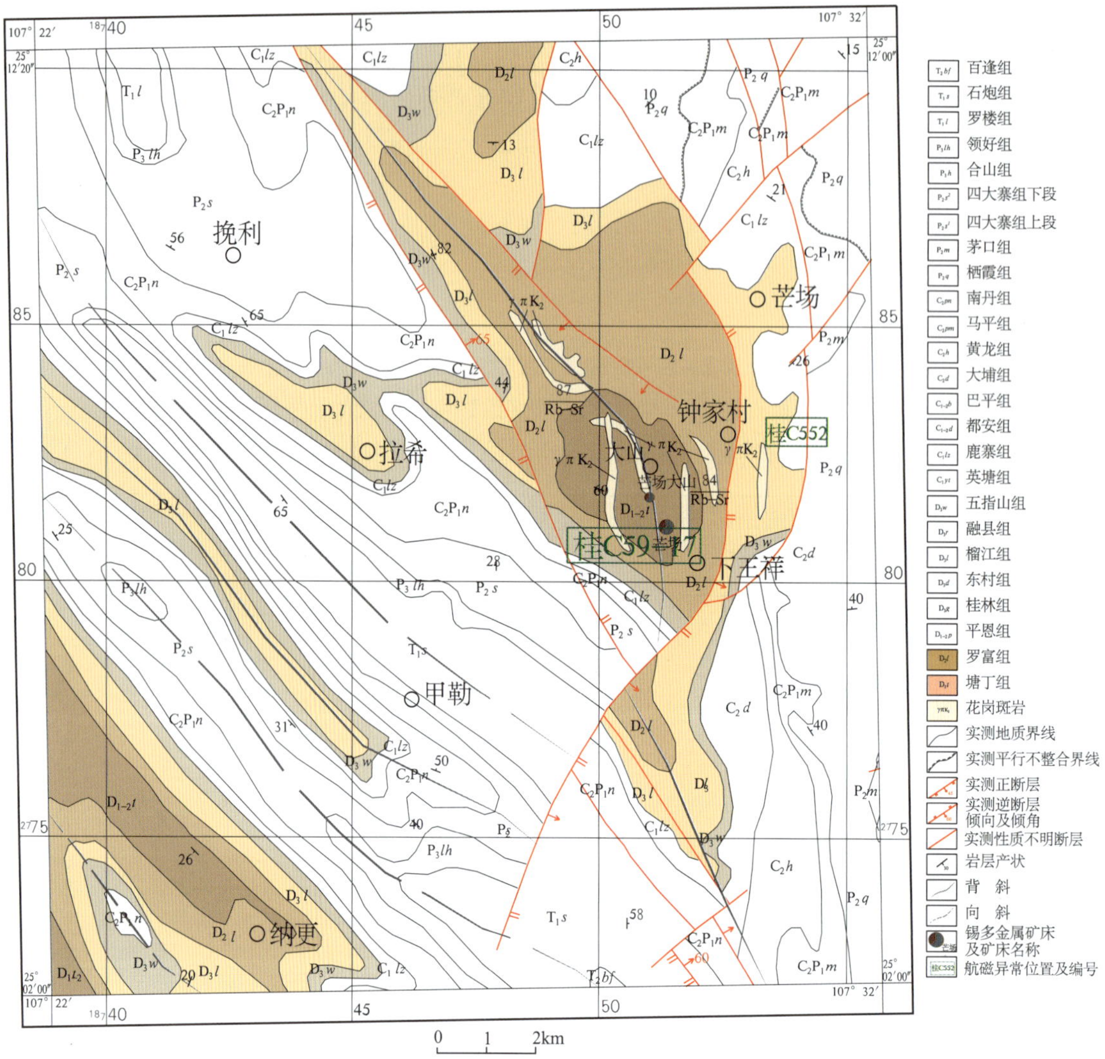

图3 南丹芒场地质矿产图

罗富组下段（D_2l_1）地层和纳标组上段（D_2n_2）地层及花岗岩体内外接触带。受地层、岩性、构造及接触带产状控制。矿区内有矿体220个，其中细网脉型似层状矿体162个、大脉型银锡锌矿体30个、接触破碎带矿体28个。矿体分布相对集中，规模大小不等，最长1100 m，最宽1200 m，总体走向近S－N向，倾向NE向。矿床形成所需的能源以及成矿物质来源与芒场隐伏花岗岩体有关，芒场锡多金属矿属沉积混合热液叠加改造矿床。

2 磁异常特征分析

2.1 航磁异常的发现

广西南丹芒场多金属矿田范围内，分布有航磁异常2处（图4），即大山桂C59－17和钟家村桂C552航磁异常（广西壮族自治区航空物探队，1981），是广西航空物探队1981年8月发现的。

大山桂C59－17异常平面上呈北陡南缓，北侧出现负值，轴向NW向。钟家村桂C552异常为NW向拉长的小异常，幅值低，叠加在桂C59－17异常之上。

2.2 岩石的磁性特征

测区地表出露的主要岩性以角岩的磁性最强，其中 $\bar{\kappa}=254.07\times10^{-5}$ SI、$\bar{J}r=3551.31\times10^{-3}$ A/m，其他岩石属微弱磁性或无磁性（表1）。

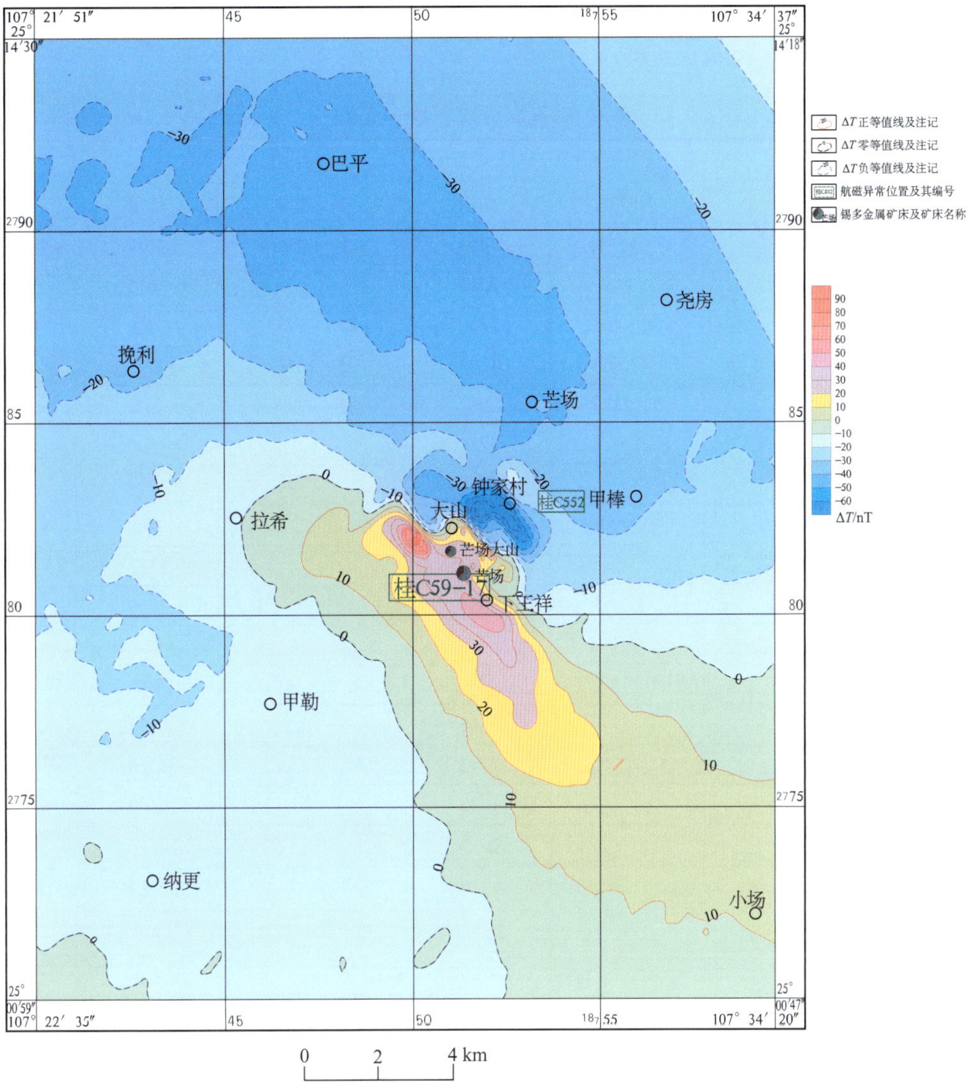

图 4　南丹芒场航磁 ΔT 等值线图

表 1　地表岩石标本磁参数一览表

岩性	块数	κ/（10^{-5}SI）		Jr/（10^{-3}A·m^{-1}）		备注
		变化范围	均值	变化范围	均值	
含炭硅质岩	10	0.26～3.57	1.14	0.40～2.67	1.04	资料为本队采集送桂林地院测定
泥岩	20	-2.23～87.43	3.37	0.77～2365.36	8.02	
硅质泥岩	10	-1.49～12.20	0.97	0.86～86.93	3.00	
灰岩	10	7.56～16.62	11.51	1.38～11.38	2.90	
炭质灰岩	12	-0.82～8.79	2.04	0.38～25.1	4.89	
硅质岩	10	-0.33～11.51	2.34	1.42～31.12	5.66	
构造角砾岩	25	-1.33～47.63	5.54	0.14～146.44	2.02	
花岗斑岩	10	3.51～15.16	9.37	0.25～42.02	6.48	
粉砂质泥岩	10	3.32～15.09	7.00	16.94～48.15	26.67	
破碎泥岩	10	2.73～43.62	8.85	0.15～4.02	0.54	
角岩	5	33.54～709.28	254.07	945.44～25585.63	3551.31	
闪长玢岩	10	7.40～28.09	21.49	0.47～42.01	6.28	
铁锰结核			23.28		2.02	

此外，根据需要采集了五个钻孔岩心的物性标本送测，并收集了本队科技处以往测定的本区岩心磁性资料（广西物探队等，1986）（表2）。

表2　钻孔岩心磁参数一览表

岩性	块数	κ/（10^{-5}SI）		Jr/（10^{-3}A·m^{-1}）		备注
		变化范围	均值	变化范围	均值	
角岩	308	0～11675	1413	0～14825	1017	资料来源，本次工作实测及收集本队科技科资料
砂岩夹角岩	1		3284		1615	
角岩夹砂岩	6	288～4931	1880	256～1433	752	
砂岩	25	0～15899	1309	73～10413	839	
透辉石角岩	6	0～2326	285	220～2700	811	
磁黄铁矿	13		4287		3900	
黄铁矿石	10		1151		1194	
钙质砂岩	4		495		892	
黄铜矿化角岩	2		1644		1253	
含多金属矿石	161		3364		1789	
含多金属矿化角岩	12		573		864	
泥灰岩	9		183		992	
灰岩	4		0.62		0.93	
钙质泥岩	5		7.45		1.25	
硅质泥岩	1		1.32		0.03	
炭质泥岩	2		2.37		0.76	
硅质岩	2		2.17		2.81	
角岩化泥岩	2		26.47		17.56	
石英岩	1		9.79		14.62	
钙质砂岩	2		149.02		307.73	
同生角砾岩	3		132.76		73.68	
条带状钙质角岩	105		817		1069	
条带状角岩	141	0～11606	692	0～11245	822	
条纹状角岩	3		95		131	

由表2可知，磁异常区的钻孔岩心的磁性以磁黄铁矿矿石、角岩较强，其 κ 值一般大于 1200×10^{-5}SI，Jr 大于 1000×10^{-3}A/m；磁性最强者为磁黄铁矿，其 $\overline{\kappa}=5384\times10^{-5}$SI，$\overline{Jr}=3900\times10^{-3}$A/m。正常磁场区的钻孔岩心基本无磁性。

2.3　航磁异常分析

桂C59－17航磁异常落于丹池褶断带中北段之芒场背斜轴部，该区构造复杂。出露地层为中、上泥盆统泥岩、页岩、砂岩、白云质灰岩；燕山晚期中酸性花岗斑岩及长石石英斑岩呈岩墙、岩脉产出。区内蚀变范围较大，主要集中在大山一带3 km^2 范围内，泥质灰岩已普遍角岩化，其次有硅化、绢云母化、黄铁矿化、磁黄铁矿化、大理岩化等。磁黄铁矿磁性最强，$\overline{\kappa}=3149\times10^{-5}$SI，$\overline{Jr}=2228\times10^{-3}$A/m，磁黄铁矿化角岩化次之，$\overline{\kappa}=780\times10^{-5}$SI，$\overline{Jr}=7940\times10^{-3}$A/m，异常主要由磁黄铁矿化角岩引起。区内有3处小型以锡多金属矿床。

桂C552航磁异常落于芒场背斜东翼钟家村一带，出露地层为上泥盆统硅质岩、泥岩、条带状灰岩等。次级褶曲发育，有一S－N向正断层通过异常西侧，并有燕山晚期正长石英斑岩呈岩脉产出。据相邻大山桂C59－17航磁异常物性资料推测，磁异常是由磁黄铁矿化角岩和与多金属矿共生的磁黄铁矿引起。

2.4 地面磁测异常特征

据航磁异常特征，广西物探队在1980年做过1∶5万地面磁测检查工作，所获得地磁 ΔZ 异常与航磁 ΔT 异常形态相近，位置相当（图5），面积比航磁异常稍小，强度高，梯度陡，ΔZ 异常明显受地层、构造控制，呈NW向走向。异常南西侧宽、缓，北东侧陡，且呈锯齿状跳跃。说明磁性体是向WS向倾斜的。

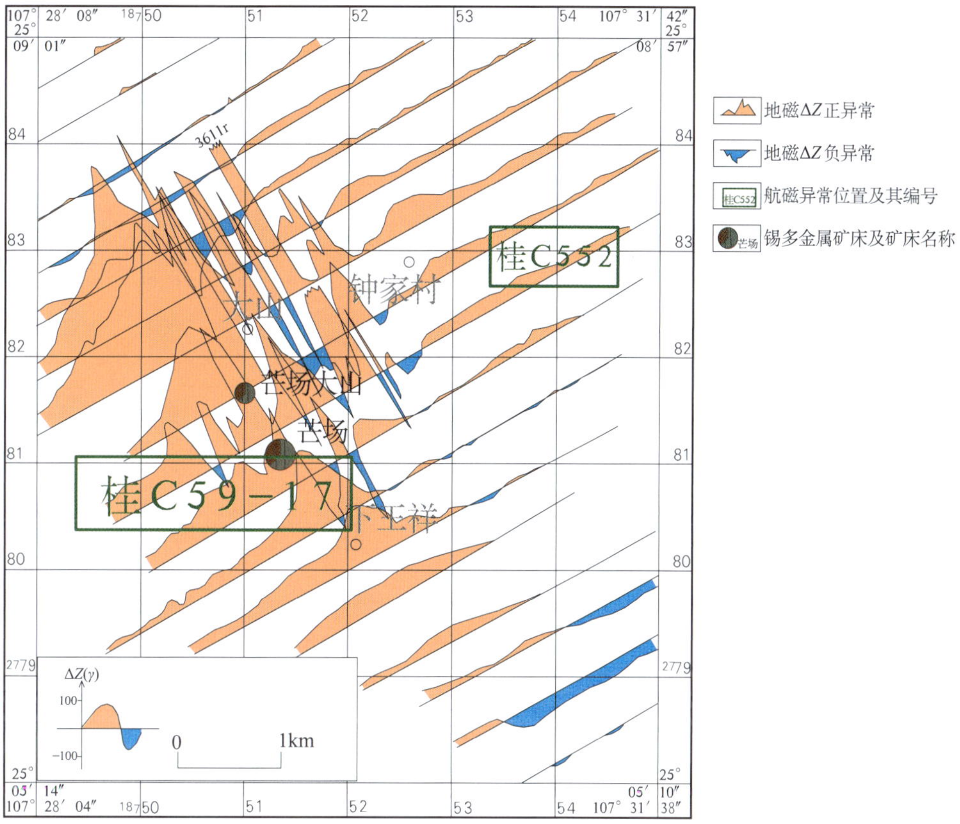

图5　南丹芒场大山钟家村地磁 ΔZ 异常剖面平面图

（据广西物探队，1981）

1∶1万地磁 ΔZ 异常（图6）为一系列环形分布的带状异常，大体可分为两圈。外圈为M53—M52—M51—M2，内圈为M56—M55—M54—M53′。外圈异常梯度缓、范围大、形态较规则、强度较弱；内圈异常范围小、梯度大、形态不规则、强度较高。

3　应用

3.1 矿致异常反演及推断解释

在对航磁异常进行解释的基础上，对M53、M53′、M54、M56等地磁异常进行了人机交互选择法反演（申宁华等，1985）。由于50、72线（位置见图7）被多个钻孔控制，故磁异常采用实际参数。计算结果表明，上述异常范围内的磁性体埋深在150 m标高以上，共有3个磁性体，其总体形态为一不规则的大板状体，但其总体产状仍和岩层产状趋向一致。磁性体最大磁化强度 $\overline{J}r=6107\times10^{-3}$ A/m。在异常范围内，均有Sn、Zn多金属矿体（脉）赋存。其中72线的ZK72017在M54正负异常转折点上，具中等磁性的磁性体内，发现三层矿，厚度分别为2.2 m、7.49 m、4.4 m，Sn品位分别为2.46%、4.62%、0.43%。

本矿田最重要的似层状锡、锌矿体，即位于M53′、M56异常范围内。据钻孔资料对异常进行正

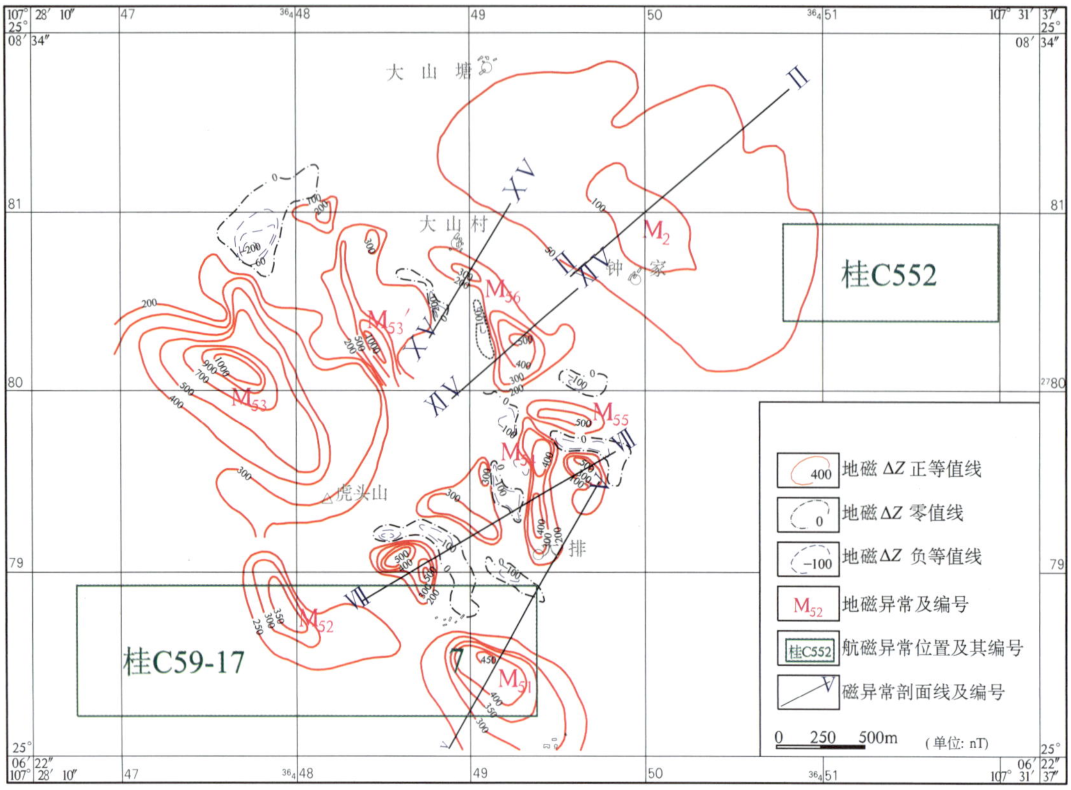

图 6　南丹芒场大山钟家村地磁 Δ*Z* 异常平面等值线图

（据广西物探队，1981）

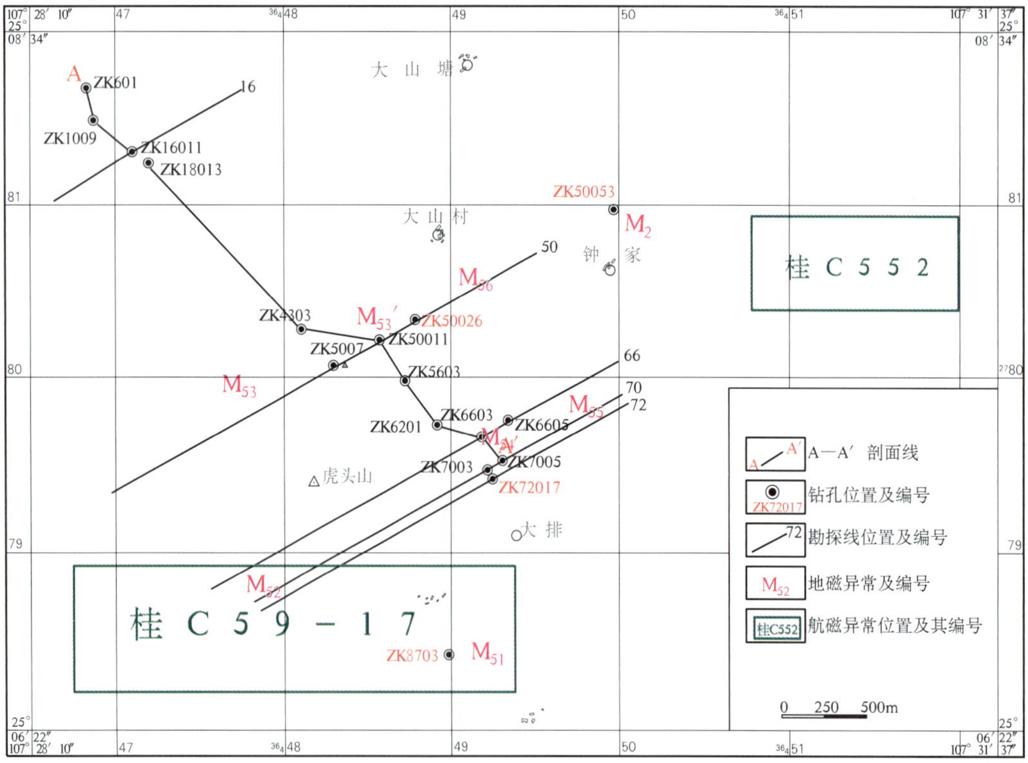

图 7　南丹芒场多金属矿钻孔控制位置分布略图

（反）演（图8）结果表明，除了钻孔所控制的磁性体外，深部尚有范围较大的磁性体（标高从400～350 m）存在（图8），其中ZK50026孔在孔深975 m处（图9），蚀变角岩仍具有很强的磁性（$\bar{\kappa}=9822\times10^{-5}$SI）。

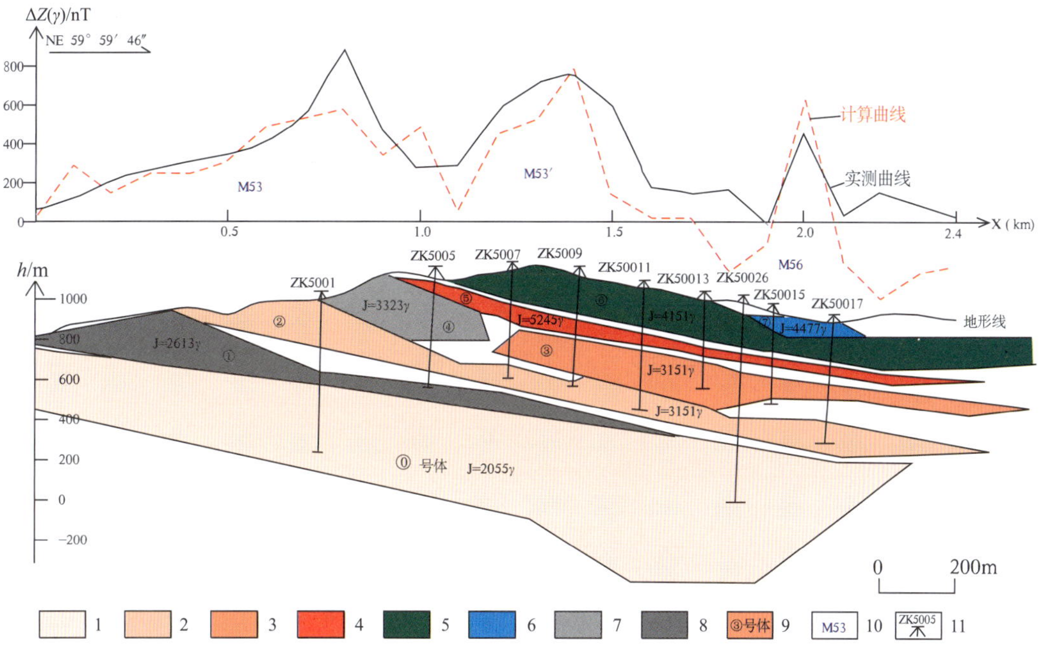

图8　50线磁异常反演计算剖面

1—角岩或角岩化岩石；2—多金属矿化岩石；3—黄铁矿化岩石；4—磁黄铁矿化岩石；5—锡、锌矿化岩石；6—锡矿化岩石；7—黄铜矿化岩石；8—蚀变角岩或蚀变化岩石；9—推断磁性体及编号；10—地磁异常及编号；10—钻孔位置及编号

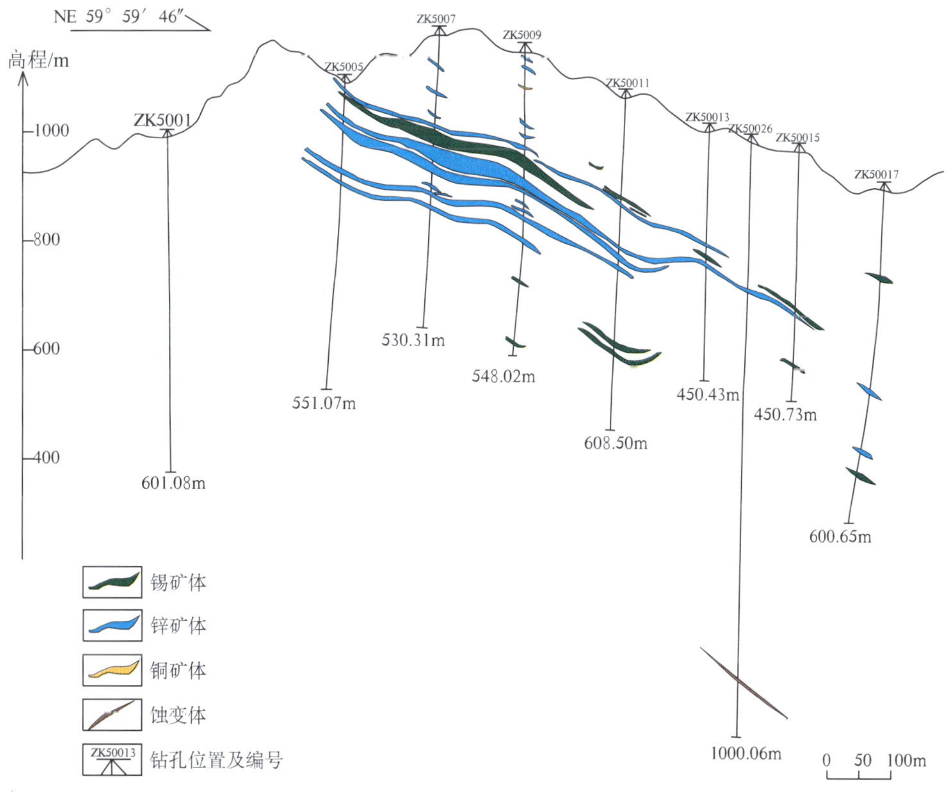

图9　50线钻孔查证略图

此外，还对位于环形异常外圈的M51磁异常进行了选择法反演，其结果如图10所示，磁性体为一向SW向倾斜的厚板状体。经ZK8703孔查证，磁性体为多层次板状体，系由一套微含磁黄铁矿细脉之角岩类岩石、粉砂岩组成的，但未发现锡、锌等多金属矿化。

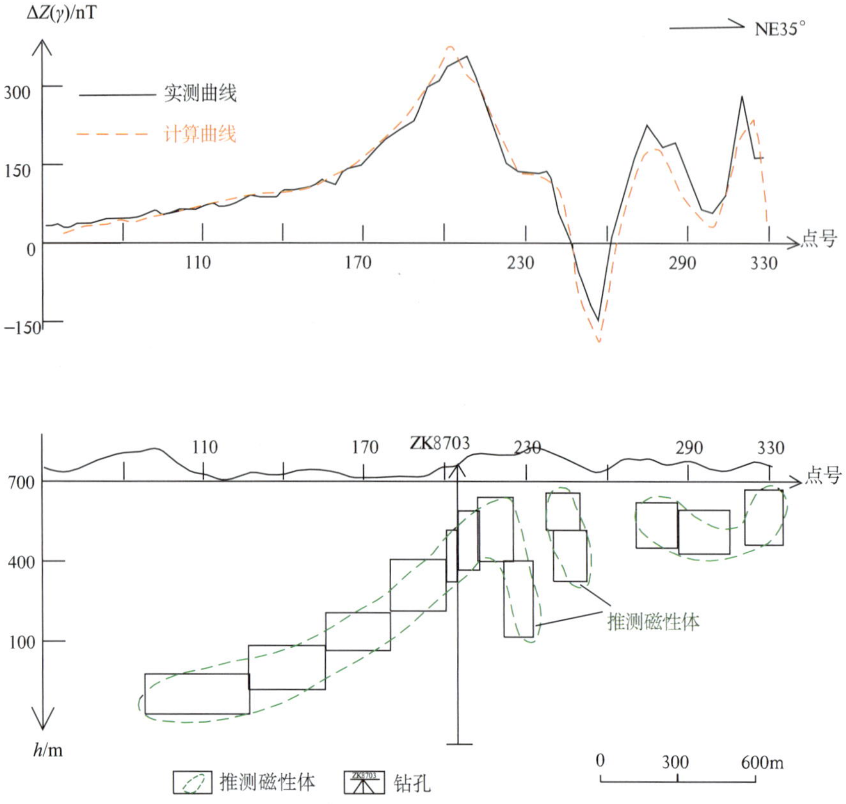

图10　M51磁异常Ⅴ剖面解释图

M2磁异常为低缓磁异常，经解释推断求得磁性体的顶端埋深为520 m；经ZK50053验证，磁性体为条带状泥岩、钙质泥岩及少量砂岩夹角岩，含星散状细脉状黄铁矿和磁黄铁矿，分布极不均匀。磁性体最低标高为 -150 m。在孔深710～805.29 m的石英砂岩中见黄铁矿、黄铜矿、磁黄铁矿化、铁闪锌矿、闪锌矿化，但很不连续，矿化较弱。其中在722.34 m，见一层薄层状锌矿脉，含Zn 3.11%，

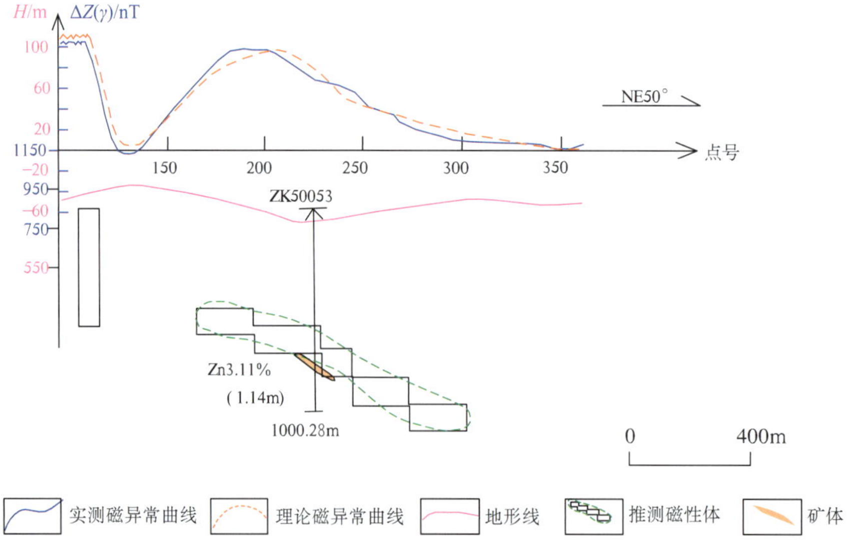

图11　M2磁异常Ⅱ剖面解释图

厚度1.14 m（图11）。

通过以上磁异常研究，推断解释矿致异常如下：

1）环形分布的磁异常，外圈异常虽然规模大，但岩石蚀变程度不高，不含或少含多金属矿体。

2）环形分布的磁异常，内圈异常虽然规模相对较小，但磁性体磁性较强，岩石蚀变程度高，大部分异常范围内都有锡、锌多金属矿体存在。此外，从含矿磁性体的赋存深度分析，磁性体的含矿性也与标高有一定关系，即含矿磁性体均大致在0 m标高以上。

3）矿田所有磁性体，均为多层板状组合体。内圈异常磁性体底部标高变化较大，在400～－350 m范围内起伏；而外圈异常磁性体，底部标高则更深而变化较小。由此，也可以根据隐伏花岗岩体“盖层”的磁性壳的起伏状态，推测内圈范围内，岩体凸起和凹陷幅度较大。

3.2 应用效果

1）对航空磁测发现的航磁异常点，部署大比例尺高精度地面磁测检查，获得了高清晰的磁异常信息。

2）对磁异常进行反演，求取磁性地质体的空间位置，然后钻孔验证，得到最终解释成果，为地质找矿提供有用信息。

3）本区磁黄铁矿或磁黄铁矿化蚀变岩石与多金属矿关系密切，它们往往相互伴生或多金属矿产在磁黄铁矿化范围内。航磁异常主要由磁黄铁矿化岩石引起，局部亦与伴生的磁黄铁矿及多金属矿化有关。经钻孔查证，发现多金属矿化岩石与航磁异常平面位置吻合较好，为扩大多金属矿产找矿远景提供了证据。

4 结语

1）航空磁测获得的资料，与地面磁测取得的资料相当，可以有效地进行异常的推断解释。

2）高精度磁测、航空磁测、反演是广西南丹芒场多金属矿田勘查中最常规、经济和有效的方法。

3）在进行地质勘查时，应充分利用已有航（地）磁测资料进行重新处理、推断解释，挖掘出对地质找矿有用的信息。

4）航磁资料对物探推断解释的指导作用效果显著，对今后物探找矿有深远意义。

参考文献

广西地矿局. 1985. 广西壮族自治区区域地质志[M]. 北京：地质出版社.

广西物探队，桂林冶金地院，广西航测队. 1986. 广西区域岩石物性调查报告[R].

广西物探队. 1981. 南丹县芒场测区磁法普查成果报告[R].

广西壮族自治区地质矿产局. 1989. 广西南丹芒场多金属矿田地质—地球物理—地球化学模型研究[R].

广西壮族自治区航空物探队. 1981. 广西河池地区航空磁力和航空放射性测量成果报告[R].

申宁华，管志宁. 1985.《磁法勘探问题》[M]. 北京：地质出版社.

磁测工作在广西多金属矿勘查中应用实例

朱国器　温融湘　谢绍彬　刘秀飞

（广西地球物理勘察院，广西 柳州 545005）

摘　要：以广西苍梧县社垌矿区为例，利用磁、重、电等综合物探方法开展多金属矿产勘查，通过地、物、化等综合信息的综合研究，为物探在地质找矿中的应用，展示了一个较好的先例，所获得的结果相互验证，从地表到深部立体勘查逐步深入，避免了单一方法的片面性和物探多解性，在磁法勘查中探明隐伏蚀变体的部位和形态特征，为钻探提出依据，有效降低了多金属矿资源勘查风险，在苍梧社垌地区取得了较好的效果。

关键词：高精度磁测；磁异常特征；激电中梯；地球化学特征

广西苍梧县社垌钨矿区是一个多年来经过地质、化探调查圈定的成矿条件较好的区域，特别是以寻找铜、钨、钼、铅、锌为主的多金属矿的有利地段。通过1∶50000化探普查土壤测量，圈出了W、Cu、Pb等异常。认为元素含量高、组合好，经初步查证见到了钨钼矿（化）体，地表矿化现象普遍，但因覆盖较厚，多年的工作没有明显突破。2009年，在社垌矿区开展了高精度磁扫面，并配合激电中梯剖面测量工作，圈定电、磁异常，根据磁异常特征结合区域地质构造特征、地球化学特征及重力场特征等综合成果，推断出矿化蚀变体，布置钻探验证发现所推断的矿化蚀变体接触带内外普遍分布含钨钼的石英小脉，部分富集成钼矿体，最大见矿厚度33.69 m。为解决地质勘查工作的部署提供了依据。

1　地质概况

1.1　区域地质背景

社垌矿床位于南华准地台桂中－桂东台陷区内的大瑶山凸起东北部，凭祥—大黎深断裂的东段，大瑶山东部金多金属成矿带上，同时也是我国著名的钦杭成矿带中南段，该区集中了我国57%钨矿资源，广泛发育与燕山期与花岗岩有关的钨锡铜铅锌多金属矿床，成矿地质条件十分优越（图1）。

1.2　矿区地质特征

1.2.1　地层

工作区出露地层主要为寒武系黄洞口组a段至d段。它是一套浅海相类复式砂泥质沉积，岩性主要为轻变质长石石英杂砂岩、绢云板岩，及砂岩与板岩、泥岩互层（图2）。

黄洞口组a段（ϵh^{a}）：薄－中层绢云板岩夹中－厚层长石石英杂砂岩，未见底。

黄洞口组b段（ϵh^{b}）：底部不等粒长石石英杂砂岩，中上部为杂砂岩与绢云板岩互层。

黄洞口组c段（ϵh^{c}）：底部厚层－块状石英杂砂岩，中上部为杂砂岩与绢云板岩互层。

黄洞口组d段（ϵh^{d}）：底部中－粗粒长石石英杂砂岩，下部为含粉砂泥岩、泥岩夹杂砂岩，上部为石英杂砂岩夹粉砂泥岩、泥岩。

1.2.2　构造

（1）断层

断层以NW向为主，主要有F_3、F_4、F_7断层等。

其中F_3断层即区域性平顶冲－岭脚逆断层，倾向西，倾角约70°，破碎带宽度0.6～1.0 m，沿

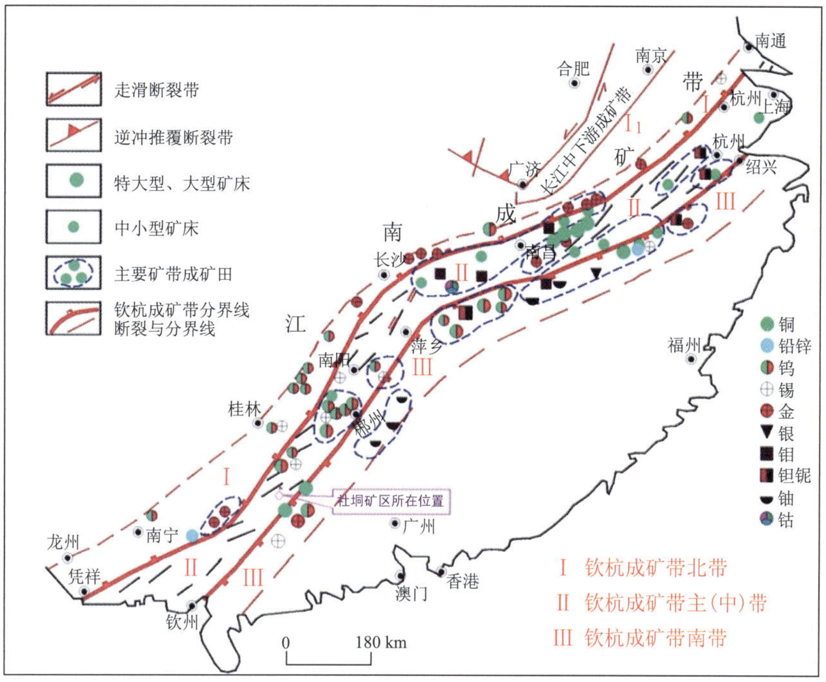

图1　社垌矿区所处的区域地质背景

（据杨明桂，2011）

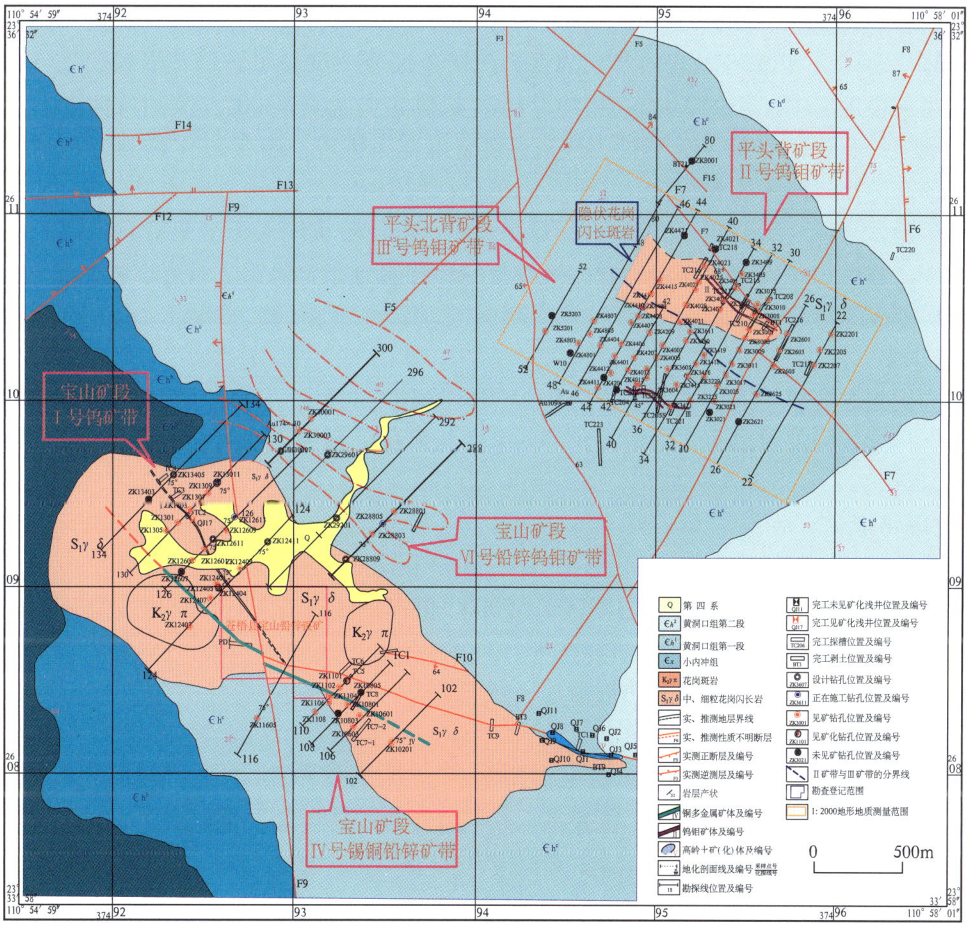

图2　社垌矿区地质简图

断层有角砾岩带、硅化，黄铁矿、石英脉和花岗岩脉等。该断层在矿区中部为近 S－N 向走向，南部折向 ES 向，两端延伸至矿区外。

F_4 断层分布在矿区南部，呈 NWW 向，产状 215°∠80°，切割宝山花岗闪长岩体，表现性质为正断层。破碎带宽度 0.5～20 m，具强烈硅化（或石英脉化）、黄铁矿化等，在龙塘村以东的 BT9 见强烈石英脉化、黄铁矿化，两侧具高岭土化，局部见铜铅锌锡矿化。在宝山一带有石英斑岩沿破碎带侵入，并形成宝山斑岩型铅锌铜矿。

F_7 断层：位于平头背北东面，Ⅱ号钨钼矿带的外侧，长约 1 km，倾向 220°，倾角 60°～80°，破碎带宽 1～2 m，具硅化角砾岩及强烈的黄铁矿化，表现为张性断裂。地表普遍具褐铁矿化，含 Au 0.1～0.3g/t，BT21、TC212 等工程见品位 0.78～0.9g/t 的金矿化。

（2）褶皱

工作内褶皱构造发育，呈线状紧密排列，褶皱形态非常复杂，小的向背斜转换频繁且无明显规律，地层重复出现。

比较明显得褶皱为平头背不对称背斜，轴部位于平头背村一带，轴向近 E－W 向，长度大约 1.5 km，南西段被 F_3 切割而不完整。北西翼出露不全，北东部转折端较为舒缓，倾向 350°～40°，倾角 20°～40°；南东翼倾向 140°左右，倾角 50°～70°，转折剧烈。有两组相向的裂隙带横切平头背背斜，倾向 30°或 210°，倾角 50°～85°，并充填有含钨钼矿的石英脉、花岗斑岩脉等，形成了矿区主要的两个含矿构造带——Ⅱ号矿带及Ⅲ号矿带。

1.2.3 岩浆岩

工作区主要出露有加里东期社山花岗闪长岩体和半隐伏的平头背花岗闪长斑岩体；另在测区分布有小面积的侵入岩，呈岩枝、岩株、岩墙和岩脉产出，属燕山晚期中酸性浅成岩，岩石种类有：石英斑岩、花岗斑岩、花岗闪长（斑）岩等。主要有社山岩体、平头背岩枝等。

社山岩体（$S_1\gamma\delta$）：出露于社山一带。岩性为浅灰色蚀变中细粒黑云母花岗闪长岩，侵入于寒武系黄洞口组第一段地层中，长约 3 km，宽约 1 km，长轴走向为 NW300°。其间有两个后期超浅成小岩株侵入，规模约 500 m×300 m，岩性为浅灰色黑云母花岗斑岩；还有一沿 F_4 断裂侵入的含矿石英斑岩，主要形态为小岩筒状或者脉状，几乎全岩矿化，现为宝山铅锌银矿的主采对象。

平头背半隐伏岩体（$S_1\gamma\delta\pi$）：出露于平头背一带。呈岩枝状侵入于平头背背斜寒武系黄洞口组第一段砂岩中，岩性为花岗闪长斑岩。岩体接触带内外普遍分布含钨钼之石英小脉，部分富集成钼矿体，最大见矿厚度 33.69 m。

1.2.4 围岩识变

工作区内围岩蚀变较普遍，主要有角岩化、夕卡岩化、硅化（石英岩化）、（磁）黄铁矿化、云英岩化、绢云母化、局部重晶石化、萤石化等，其中与矿化关系密切的为夕卡岩化、石英岩化、磁黄铁矿化及绢云母化等。

1.3 地球化学特征

1.3.1 水系沉积物异常

1981 年，我院开展广西苍梧县高垌测区 1：50000 化探详细普查工作时，在工作区内圈定了水系沉积物异常 2 处、重砂异常 15 处、土壤异常带（3、4、5 号）三条 25 处，各异常吻合极好，其中土壤异常平面分布特点与岩浆岩活动及热液活动、断裂构造密切相关。

1.3.2 土壤金属测量

土壤测量成果显示，发现有平头背与宝山两个 W 异常高度浓集中心，最高 W 异常值达 934×10^{-6}，通过普查工作现已初步查明为矿致异常，异常分布与矿体分布完全吻合。

2 区域重磁异常分析

通过对航磁测量和区域重力调查成果的研究（图 3），重力异常呈明显得重力低，推断以社山为中心的深部存在较大的岩浆岩基；航磁异常呈弱磁力高，局部磁异常主要反映了古龙岩体具一定的磁性，社山岩体不具磁性，两岩体应为不同期次的岩体；在社垌周边磁异常图上磁异常的线性展布特征明显，主要有 NW 向和 NE 向两组，反映了区内构造发育，矿区处于区域构造复合部位；NW 向构造控岩特征明显，沿大黎－古龙－社垌－人和一线的 NW 向航磁异常带与出露的岩体展布的位置对应较好，表明磁异常与区内出露的燕山期岩体关系密切，可较好的圈定同类的隐伏岩体。

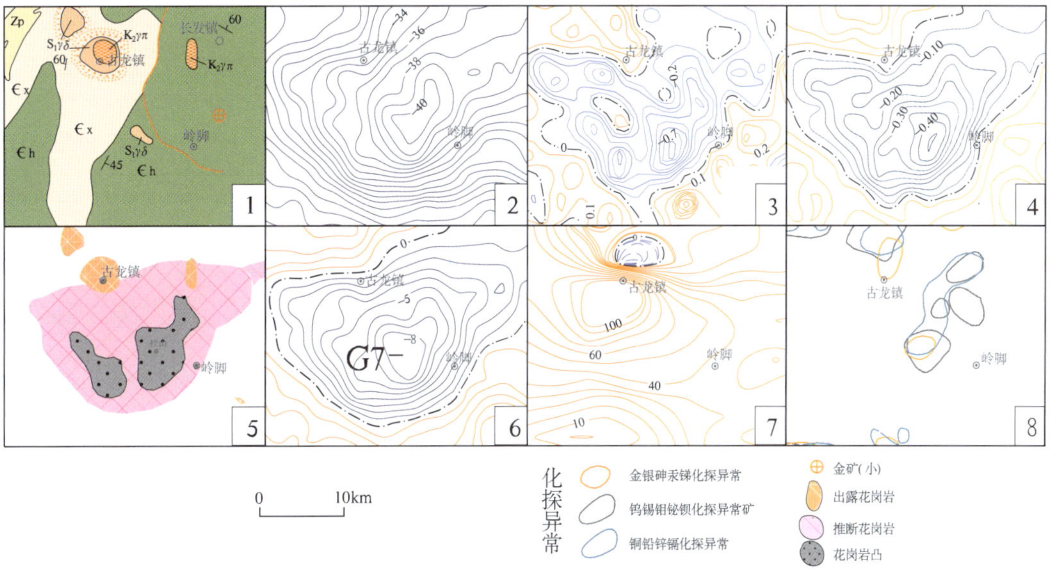

图 3　社垌预测区古龙—社山岩体综合剖析图

1—地质矿产图；2—布格异常；3—重力垂向二导（$s=4$ km）；4—重力垂向二导（$s=8$ km）；5—成果推断图；6—剩余异常（16 km×16 km）；7—航磁异常；8—化探异常

从社垌矿区周边航磁异常图（图 4）可见工作区处于 NW 向相对高磁异常带的西南端，磁异常带存在两个正负相伴的局部异常，主要反映了出露的大黎岩体和古龙岩体，社山岩体没有形成明显得磁异常，表明这些岩体的成岩时代和岩性可能存在一定的差异。

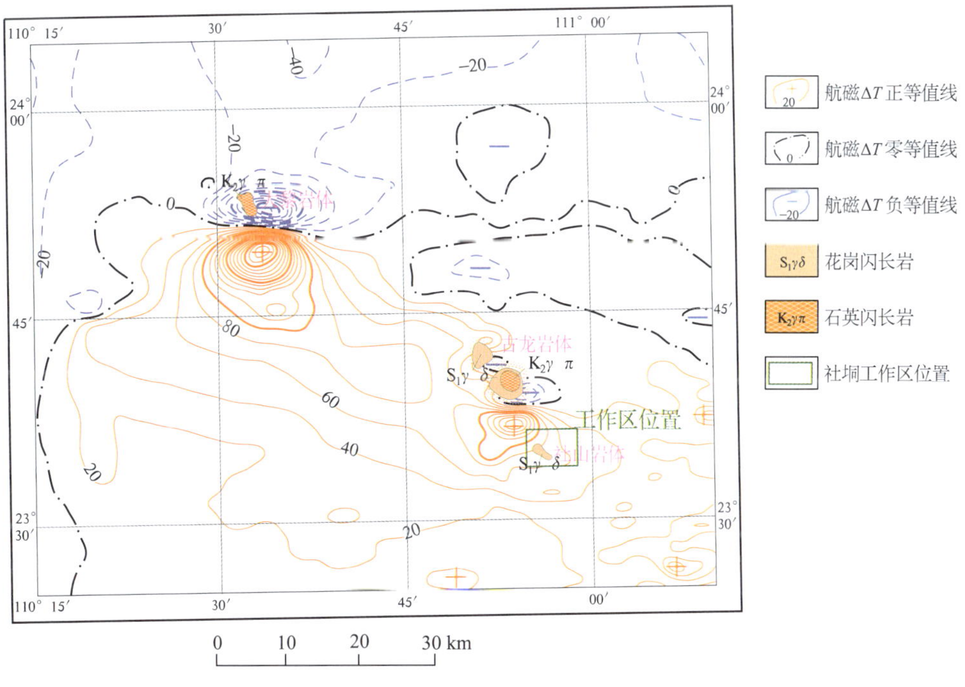

图 4　社垌矿航磁异常图

3 物探工作及成果解释

3.1 物性特征分析

通过对矿区采集的标本进行物性统计（表1），发现矿区金属矿或金属矿化岩（矿）石极化效应较强，视电阻率较低，而砂岩、泥岩等围岩的极化效应相对较弱，视电阻率较高。二者存在明显得电性差异，为开展电法类勘测提供了物理前提。但炭质岩的电性特征与金属矿或金属矿化岩矿石相近似，会对电法电法类勘测产生一定的干扰，因此在电法勘测时应引起注意。

表1 矿床岩石的电性参数表

岩性描述	统计块数/块	极化率/%		视电阻率/（Ω·m）		平均密度（g·cm^{-3}）
		变化范围值	平均值	变化范围值	平均值	
细砂岩	141	3.7~11.38	7.304	2360.8~88873.9	35661.17	2.689
矿化细砂岩（含辉钼矿）	20	4.2~22.1	11.59	13563~127455	50745.1	2.745
花岗闪长岩	36	1.15~13.07	6.958	59.9~372505	331625	2.684
矿化花岗闪长岩（黄铁矿化）	66	0.75~12.3	9.412	2755.35~434569	277020.1	2.64
角砾岩	1	2.41	2.41	12419	12419	2.65
铅锌矿	4	7.46~15.35	11.5	276.7~799.6	556.8	3.25
石英岩化白钨矿化	2	12.57~13.0	12.8	153529~179241	166385.6	2.8
泥质粉砂岩	1	7.71	7.71	69046	69046	2.70
含钼夕卡岩	1	10.22	10.22	24367	24367	2.70
方解石脉	1	6.34	6.34	102568	102568	2.71
炭质岩	2	27.2~89.2	58.22	6507~6841	6674	2.79

据表2可见，泥岩、砂岩一般具微磁性－极微磁性，花岗斑岩、石英岩和弱蚀变体一般具有弱磁性，矿石或矿化岩石一般具有中等磁性，随着矿化程度增高磁性亦增强，矿石或矿化岩石与围岩磁性差异较明显，因此该区开展磁测工作具有较好的地球物理前提。

表2 测区主要岩（矿）石磁化率测定及统计结果表

岩矿石名称	标本数块	平均磁化率/（4π×10^{-6}SI）	备注1	备注2
长石石英杂砂岩	4	4.1		地质采集矿（化）样
含硅泥岩	4	13.1		
白云石绢云母石英岩	5	12.5		
含粉砂泥岩	5	6.8		
含硅泥岩	4	13.2		
泥质粉砂岩	5	40.5		
花岗斑岩	5	14.6	龙塘岩脉	
	4	3.3		
	5	22.9	宝山岩体	
花岗闪长岩	5	22.8		
蚀变流纹岩	6	3		
弱蚀变流纹英安斑岩	6	14.6	花岗闪长斑岩	
蚀变闪长斑岩	5	701.6	磁黄铁矿化	
蚀变花岗闪长斑岩	5	226	磁黄铁矿化	
变质中细粒石英砂岩	5	21.1		
石英岩化砂岩	5	21.9	白钨矿石	

续表

岩矿石名称	标本数块	平均磁化率/（$4\pi\times10^{-6}$SI）	备注1	备注2
夕卡岩	5	72.3		地质采集矿（化）样
角岩	5	11.8		
铜铅锌矿化构造角砾	4	1.8		
石英脉型白钨矿	5	11.9		
	4	4.5		
石英脉型钨铜矿	6	39.4		
钨铜矿夕卡岩	6	93.6		
变质中细粒砂岩	5	79.6	白钨矿石	
黄铁矿脉	6	43.7		
磁黄铁矿化砂岩	5	497.4	磁黄铁矿化	
铅锌矿化花岗闪长岩	6	9.5	铅锌矿化	
磁黄铁矿化花岗闪长岩	5	124.8	磁黄铁矿化	
磁黄铁矿化花岗闪长岩	5	137.7	磁黄铁矿化	

3.2 电、磁异常特征

在社垌矿区实施了1∶1万的高精度磁测扫面工作和1∶1万激电扫面工作。分别圈定了电、磁异常。

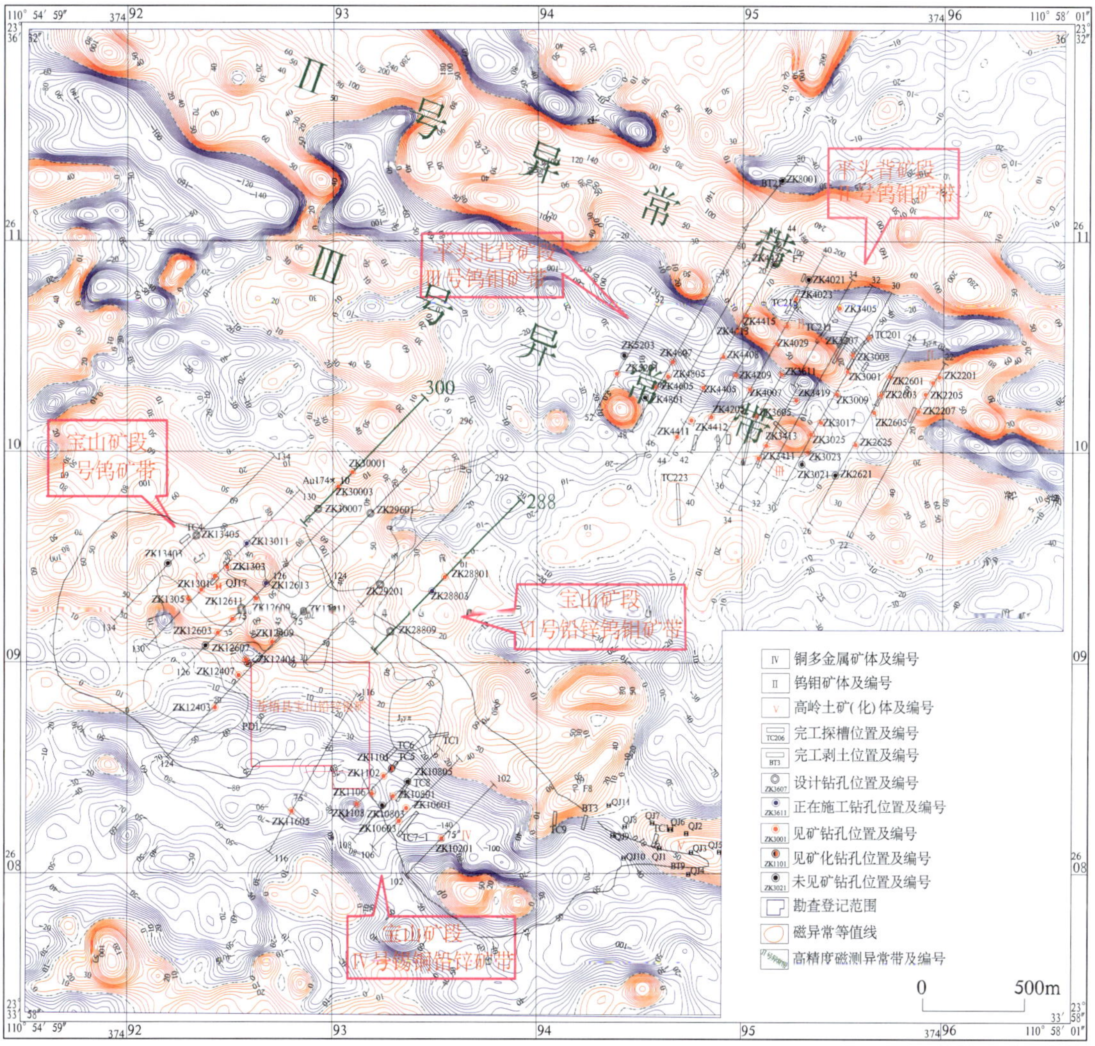

图5 广西苍梧铜钨钼多金属矿区1∶1万高精度磁测 ΔT 等值线平面图

通过高精度磁测扫面，磁异常主要以一组 NW 向条带状、串珠状展布为特征（图 5），主要有三条异常带异常强度大、连续性好，蚀变强，是找矿的最有利部位。从异常的分布特征看，Ⅰ、Ⅱ号异常带强度大，连续性好，可能与区域性的构造带形成的蚀变区带有关，Ⅲ号异常带为低磁异常带，与Ⅱ号异常带平行，呈串珠状展布，主要反映岩体蚀变形成的磁性体异常特征。出露的宝山岩体区为低磁异常异常区，岩体周边多个局部异常呈环形展布，岩体不具磁性，局部异常主要反映了岩体周边矿化蚀变形成的磁性体异常特征。

通过对磁异常作向上延拓 1000 m 数据处理，异常特征主要表现为北高南低的两大异常分区，推断矿区北侧深部可能存在一较大的磁性界面，与重力推断的隐伏的社垌中酸性岩体顶界面形成的蚀变有关，深部具有较好的找矿潜力。

开展 1∶10000 激电中梯剖面测量，宏观上呈北侧为高极化区，南侧为相对低极化区。共圈出了多条激电异常带，大致呈 NW310°展布，与磁异常带的展布特征相近（图 6），其中多条异常带与磁异常带重合，认为可能与多金属矿化有关。通过综合地质物探异常特征分析，磁Ⅰ号异常带与激电异常 $D\eta_{s1}$、$D\eta_{s3}$、$D\eta_{s4}$、$D\eta_{s5}$ 相关性较好，处于岩体的外接触带具有较好的成矿条件，是找隐伏矿较好的区域，通过施工两个物探验证孔赋矿围岩为黄洞口组的碎屑岩，白云母角岩化强烈。现在 288 线、300 线各有一个钻孔控制，相距 600 m，见有 5 个细脉状的铅锌矿体和 8 个白钨矿体。钨矿体厚度 1.0～9.46 m，含 WO_3 0.078%～0.5%，局部见钼矿化，初步认为是似层状矿体。

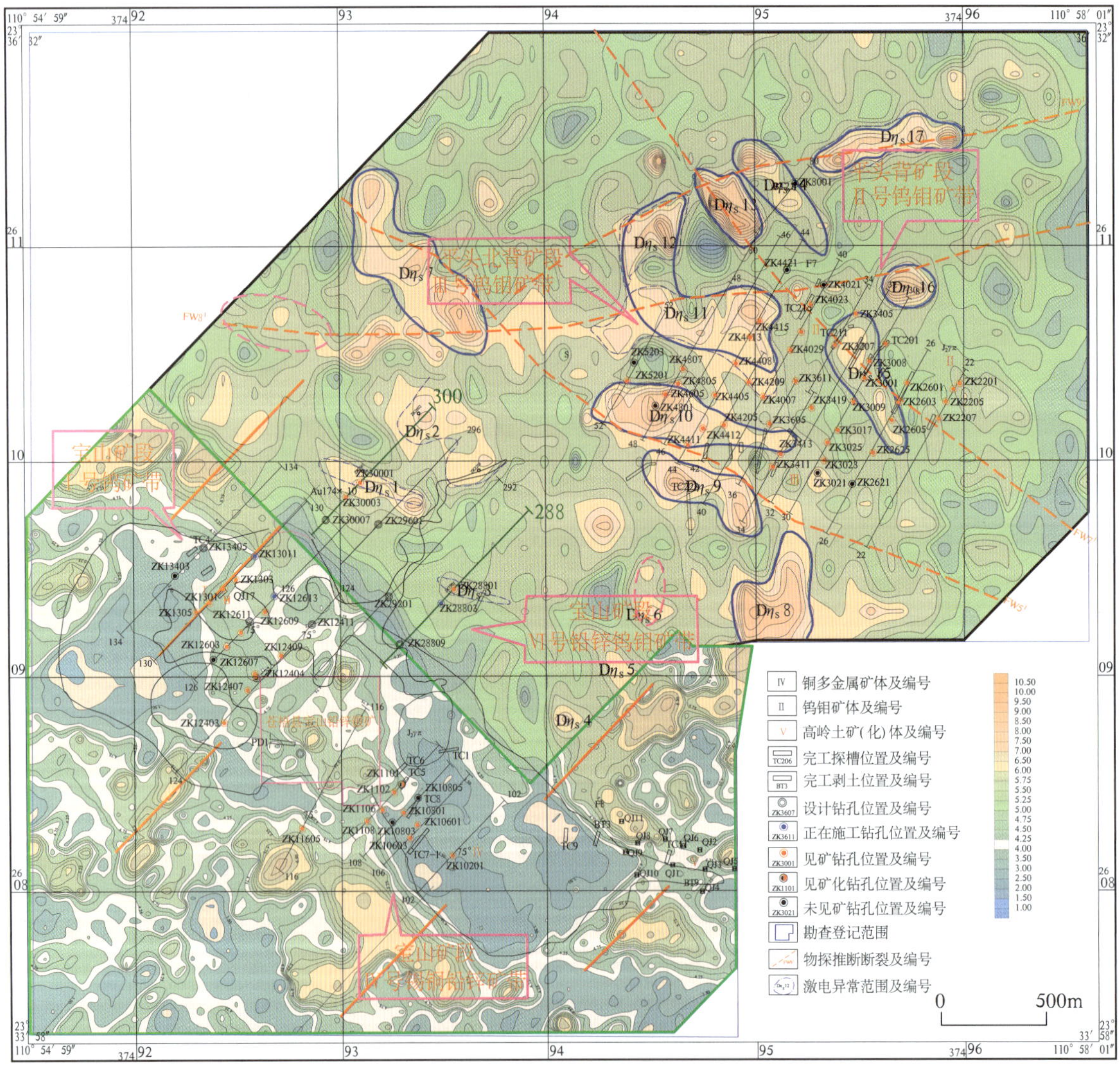

图 6　广西苍梧县社垌铜多金属矿区 1∶1 万视极化率等值线平面图

3.3 矿致异常推断解释

通过对磁异常带特征和激电异常带特征的分析，结合钻孔资料，最终推测角岩化、夕卡岩化或矿化磁性体是导致电、磁异常的主要因素，推断其空间位置大致如下图（图7、图8）所示，为地质找矿提供了有用信息。

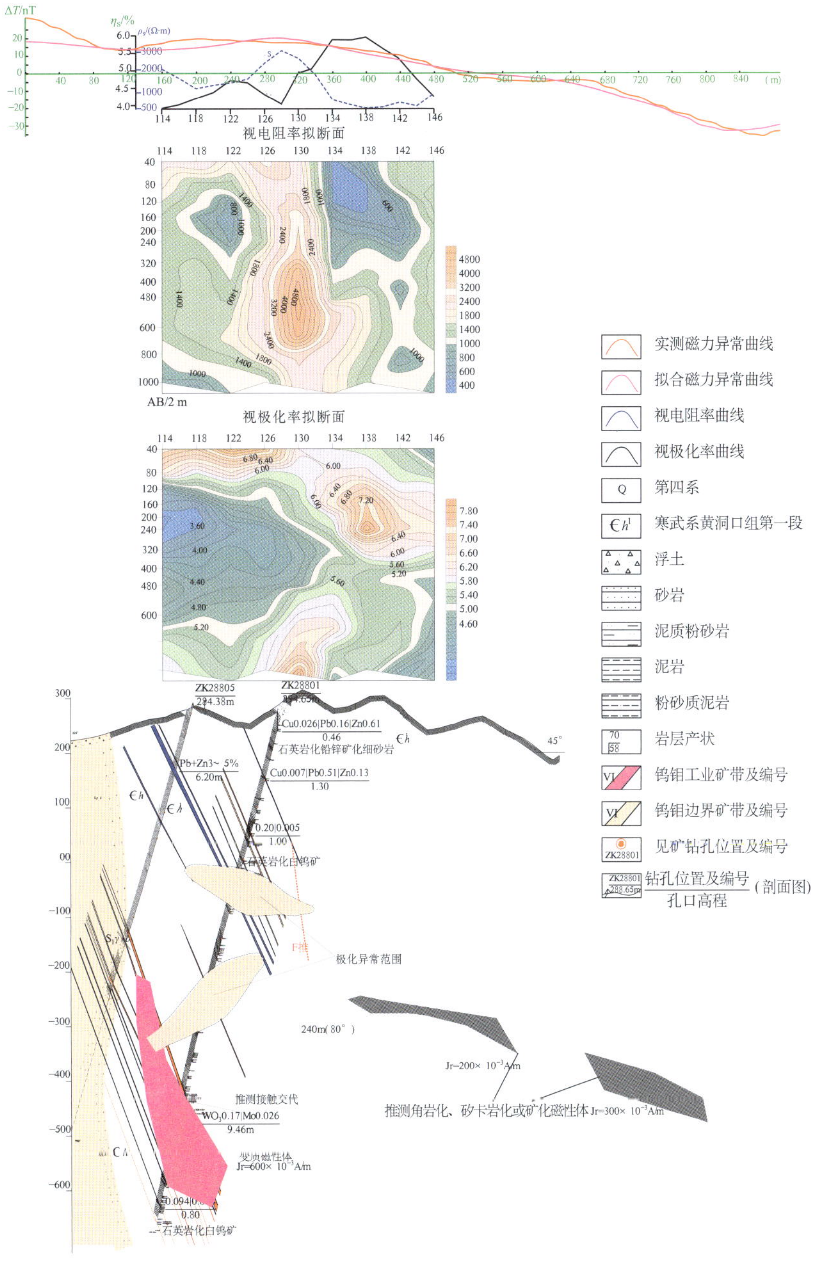

图7 广西苍梧县社垌铜多金属矿区288线物探综合剖面图

4 结语

在成矿条件较好的区域及外围，寻找深部矿、隐伏矿时，通过开展区域重力调查，圈定出隐伏、半隐伏岩体的空间展布特征及起伏形态；结合电、磁异常，初步查明工作区异常的展布规律，结合区内地质、物、化、遥等综合信息开展综合评价；根据矿点的钨、钼多金属矿控矿地质条件和含矿构造带、矿化有利地段，优选成矿研究靶区具有重要意义。

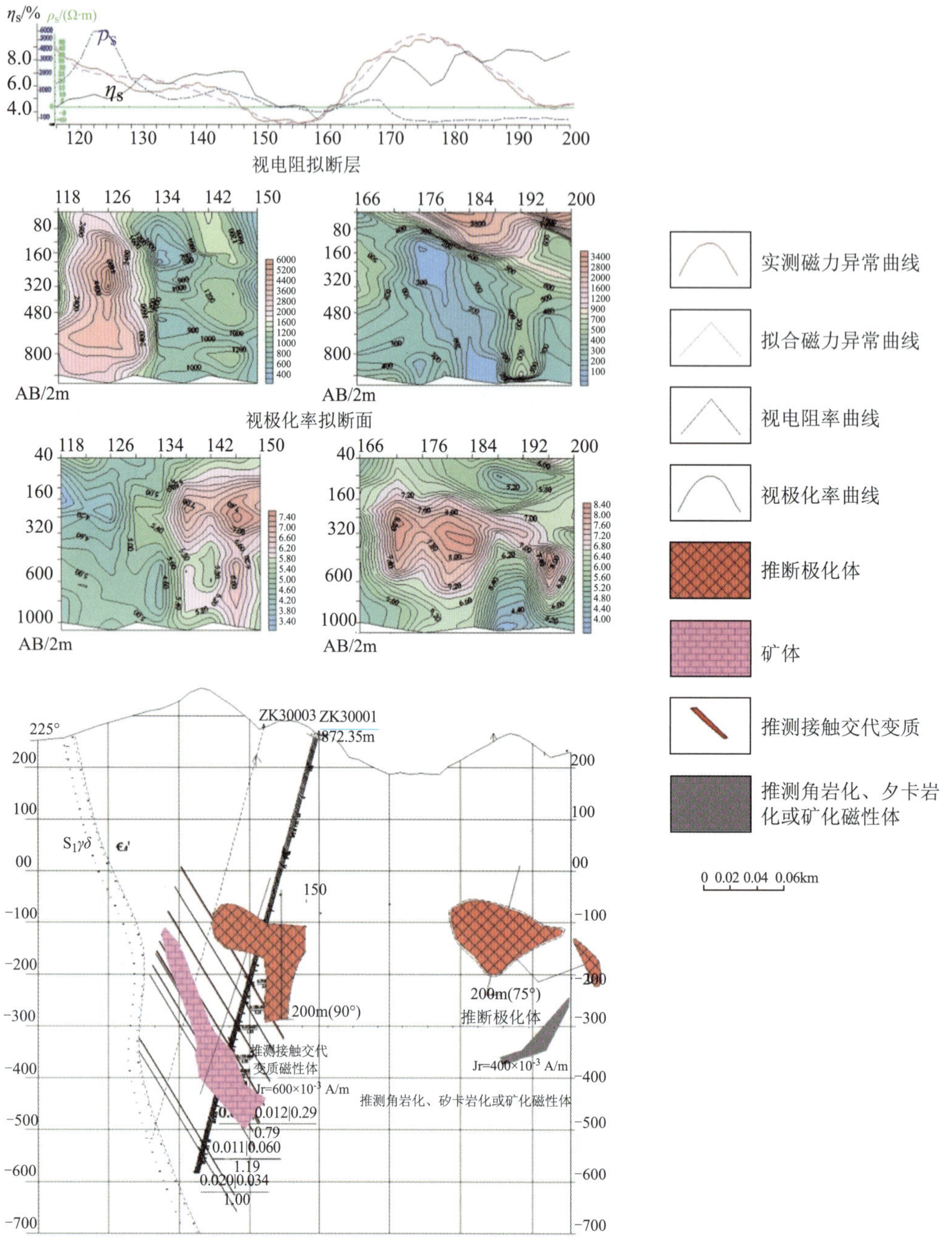

图 8　广西苍梧县社垌铜多金属矿区 300 线物探综合剖面图

参考文献

（略）

广西融安县凤凰山银矿地质-地球物理找矿模型

刘秀飞

（广西地球物理勘察院 广西 柳州 545005）

摘　要：本文阐述了凤凰山银矿的地质和重磁异常找矿特征。该银矿位于负磁异常区内、重磁异常梯度带，虽与异常没有直接对应关系，但与磁源体有空间和成因联系：①银矿位于磁原体（岩体）外接触带；②深磁源体推测为花岗岩类，具有弱磁性（$Js=100\times10^{-3}A/m$）。

关键词：地质构造；矿产；磁异常

1　引言

桂C－1979－483异常为1979年航磁测量时发现，异常长轴近E－W向，南侧为正，$\Delta T\text{max}=290\ \text{nT}$，北侧伴生负异常，$\Delta T\text{min}=-100\ \text{nT}$，处于西大明山的边缘地带，进行过三级地检工作，曾做过1：5万～1：10万的路线检查，地磁ΔZ异常形态与航磁异常形态极为相似，异常落于矿化蚀变带上，推断由深部隐伏岩体及接触蚀变带引起。

异常附近是融安县凤凰山式银、锰等多金属矿开发重点区。该区地质构造发育，岩浆活动强烈，对金属矿成矿十分有利，而磁异常对凤凰山矿床也有明显得反应，多个地质队在该矿床上做了详细的工作，发现了具有开采价值的银矿床及矿点。

2　地质概况

凤凰山位于大明山复背斜北翼东端，区域上由寒武系岩层构成褶皱主体，E－W向构造占主导地位。

2.1　地层

本区出露地层以寒武系为主，泥盆系仅分布于测区北侧及外围。

1）寒武系第一段：深灰色页岩，夹长石石英砂岩，本区未出露。第二段：砂岩夹泥岩，砂岩以长石石英砂岩为主，次为石英砂岩，中细粒或不等粒构造，含炭质。第三段：下部为灰－灰绿色薄层状泥岩，厚层状粉砂质泥岩，含少许炭质；上部为黄灰色长石石英砂岩为主夹页岩，砂岩为厚层状，细粒或不等粒结构，顶部为砂页岩互层或页岩夹砂岩。第五段：灰白色石英砂岩，长石石英砂岩，厚层状，灰绿色泥岩，上部为砂泥岩互层。

2）泥盆系下统莲花山组：呈角度不整合覆盖于寒武系之上。下部为中粒石英砂岩夹泥页岩，粉砂岩；上部为砂质砂岩，粉砂岩及泥岩。下统那高岭组：以中层状砂质泥岩、泥岩为主，中部夹一层细粒灰岩，泥砂岩。下统郁江组：中层状细砂岩，粉砂岩夹薄层状砂质泥岩、泥岩等，顶部为中层状泥质灰岩。

第四系更新统：冲积黄、黄红色亚粒土层，仅出露于本区东北部。

2.2　构造

1）凤凰山构造以E－W向为主，其次有NW向、NE向、NNE向及NWW向构造。E－W向构造：以E－W向复背斜为主，由寒武系岩层构成，轴向近E－W向的长条状。线状的背斜和向斜相同连续发育。复背斜处为泥盆系岩层分布区。区域上复背斜中走向断裂较发育，岩层破碎，节理和裂隙很发育。

2）NW 向构造：本测区西部有一条规模较大的 NW 向断层（中东－罗维）通过，走向 310°，长 26 km，切割寒武系、泥盆系。断层倾向 NE 向，倾角 60°，为平推正断层。此断层两侧发育一些羽毛状 E－W 向和 S－N 向的小断层及破碎带节理等。

3）NWW 向构造：NWW 向断裂是该区主要控矿构造，位于复背斜轴部附近，斜切复背斜，控制着矿体的延深。由于断裂多期活动，产状性质较为复杂。在凤凰山地区发现角岩化、硅化、云英岩化等蚀变现象，因此推测有中酸性隐伏岩体侵入其中。

2.3　矿产

在凤凰山范围内已发现银、锰、铁等矿产；而银矿最具规模，矿体延深较长，厚度较为稳定，目前已控制含矿带出露长度 1.5 km，往西仍有延伸，大多数矿体厚度较大，银的含量均达工业品位。

3　矿床地质及地球物理特征

3.1　矿床地质特征

银矿床位于大明山复背斜北翼东端，出露寒武系中上统，即小内冲组及黄洞口组，小内冲组为细砂岩、粉砂岩与页岩互层。黄洞口组为不等粒砂岩、长石石英细砂岩、粉砂岩夹页岩，为银矿化主要产出部位。

该银矿是沿断裂充填的脉状矿。容矿断裂是 NWW 向和 NNW 向两组，银矿就产于断裂破碎带之中或其顶底板的近硅化碎裂围岩中，其中 NWW 向断裂组是主要的控矿和赋矿构造。初步认为银矿与隐伏岩浆岩有成因联系。

3.2　岩（矿）石物性特征

隆安县凤凰山银矿床岩（矿）石物性参数统计结果如表 1 所示。隆安县凤凰山银矿床岩（矿）石物性特征如下：

表 1　隆安县凤凰山银矿区域岩石物性表

地层（岩体期次）符号	σ/（$g\cdot cm^{-3}$）	κ/（$4\pi\times10^{-5}$SI）	Jr/（$10^{-3}A\cdot m^{-1}$）	电阻率/（$\Omega\cdot m$）	极化率/%
E	2.29	<3	<3	25	1
K	2.46	<3	<3	20	4
J	2.45	<3	<3	20 ~ 90	1
T	2.53	<3	<3	40	1
P	2.62	6	<3	103	1
C	2.65	<3	<3	103 ~ 104	<3
D	2.68	<3	<3	104	<3
€	2.46	<3	<3	104 ~ 105	<1
γ	2.58	22	5	104	1.2
$\beta\mu$	2.84	76	12	102 ~ 106	2

控矿地层：寒武系黄洞口组一段（ϵh^1）、小内冲组（ϵx），密度较低。

成矿岩浆岩：隐伏中酸性岩体，出露燕山期石英斑岩和辉绿岩体；隐伏中酸性岩体，具有低密度、微磁性、高电阻率，引起显著重力低，辉绿岩体引起局部重力高。

3.3　重磁异常特征

3.3.1　重力异常

矿区位于靖西—扶绥重力低异常区，-54×10^{-5} m/s^2 ~ 56×10^{-5} m/s^2 布格重力异常等值线之间的梯度带内；位于 NE 向 16 km×16 km 窗口剩余重力低异常（L 桂－158－64 西大明山重力低）的东北部边缘，-1×10^{-5} m/s^2 ~ 2×10^{-5} m/s^2 剩余重力异常等值线之间。

布格重力异常的主要特征表现为向西开口的“V”字形重力异常低。采用 16 km×16 km 窗口计算的剩余重力异常的主要特征为四周环绕重力高（G桂142－61、G桂159－68和G桂171－68）的、呈近E－W向展布的哑铃状重力异常（L桂159－64），详见图1。这一重力异常特征主要反映了隐伏酸性岩体（西大明山岩体）底部相连、顶部局部隆起的特征。

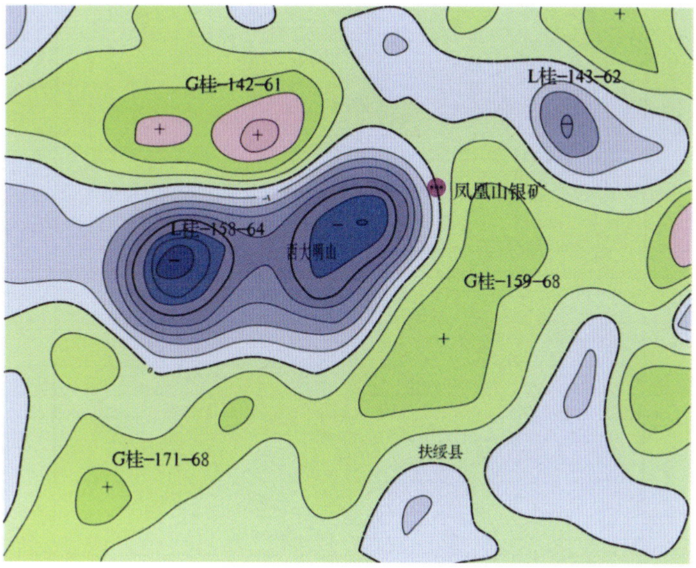

图1　广西隆安县凤凰山银矿区16 km×16 km窗口剩余重力图

3.3.2　*磁异常*

银矿处于区域航磁负磁场中相对高值叠加局部异常群的北侧伴生航磁负异常区，深源磁异常北东边缘（重磁推断隐伏西大明山岩体北东部边缘）；凤凰山南部航磁异常强度大，ΔT_{max}=290 nT（图2）。

地面高精度磁测结果，航磁异常分解成多个地磁异常，银矿处于区域负磁场中，局部有弱缓升高趋势（图3）。

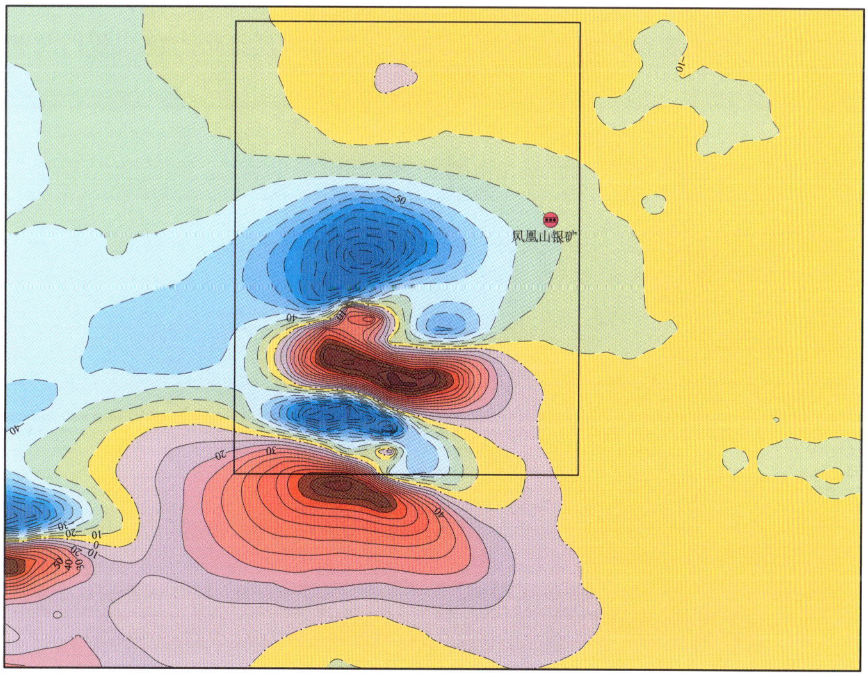

图2　广西隆安县凤凰山银矿预测区航磁 ΔT 等值线平面图

（图中矩形框为地磁异常区）

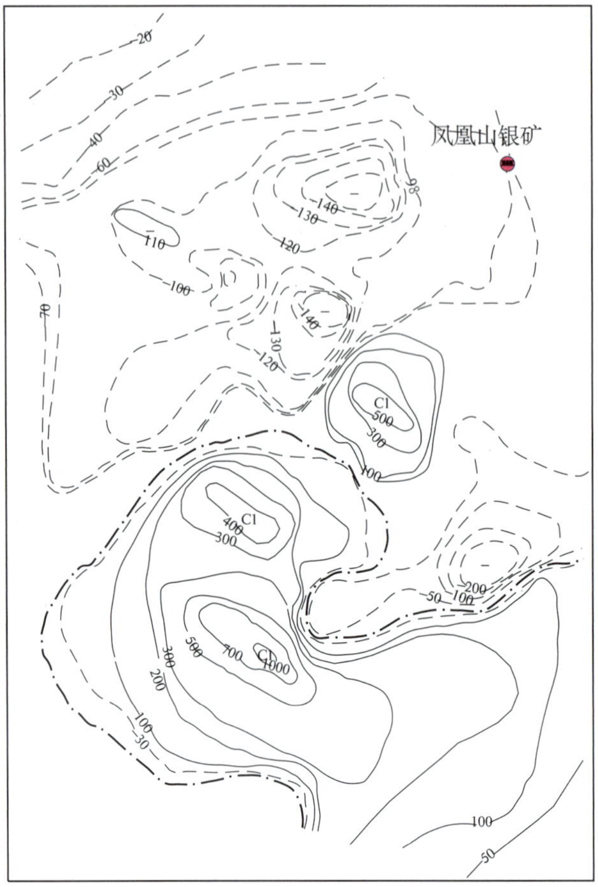

图3　广西隆安县凤凰山地区（图2中框内）地面高精度磁测 ΔT 等值线平面图

3.3.3　地质－地球物理综合模型

依据已知的隆安县凤凰山银矿床的成矿地质条件、成矿物质来源、矿体特征、矿物物性特征，重力异常特征，航磁异常特征等要素，建立了隆安县凤凰山银矿床所在位置地质矿产及物探剖析图、隆

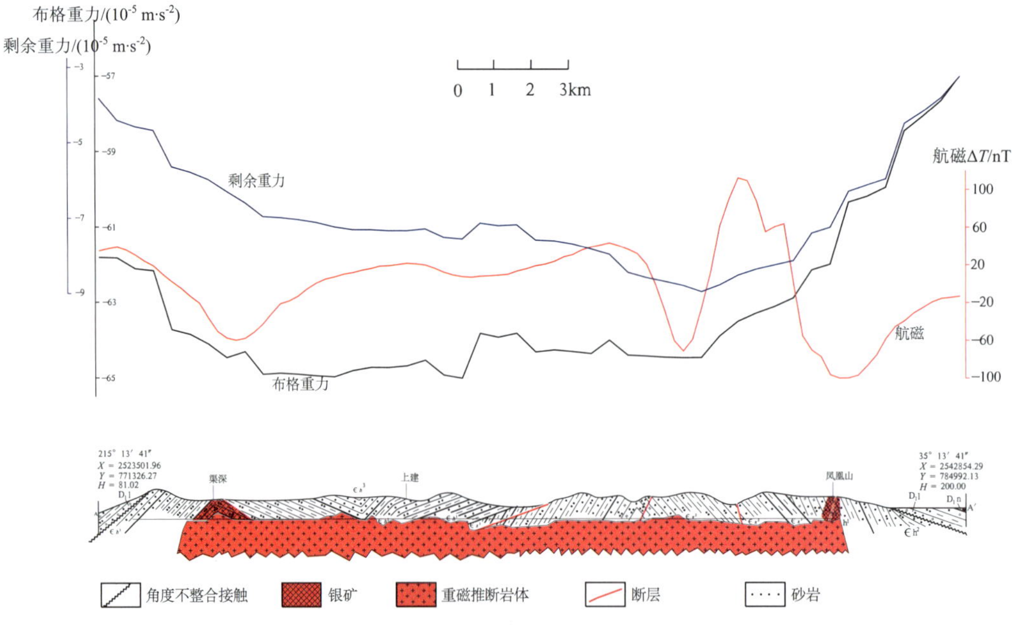

图4　广西隆安县凤凰山重磁概念模型图

安县凤凰山银矿典型矿床重磁概念模型图及隆安县凤凰山地区银矿地质—地球物理综合预测要素表（图4、图5，表2）。

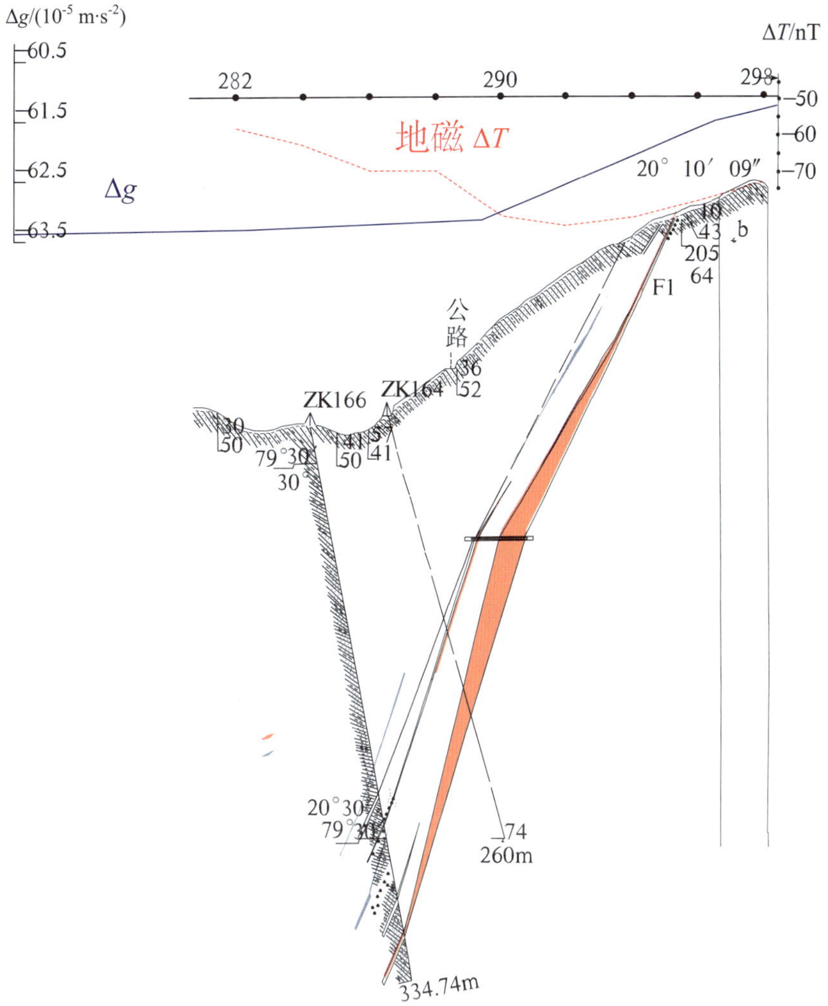

图5 凤凰山银矿剖面图

表2 隆安县凤凰山地区银矿地质－地球物理综合预测要素表

	标志分类	信息显示			要素分类
地质	地层	寒武系黄洞口组第二段上部			重要
	岩性	压碎岩、碎裂砂泥岩、铁锰质胶结角砾岩			重要
	构造	断裂破碎带、主要为北西西向，次为北北西向			重要
	岩浆岩	隐伏花岗岩类			必要
	围岩蚀变	硅化、铁锰帽、碳酸盐化			重要
地球物理	探测目标物或目的物	隐伏岩体	蚀变带	矿化带或矿体	必要
	物性	弱磁性 、低密度	中等磁性、中等密度	弱磁性、高极化率	重要
	航磁异常	一级及次级叠加异常分别为岩体及蚀变的反映。银矿在负磁场中			重要
	重力异常	重力低带；剩余重力负异常			重要
	地面激电	高背景带与矿化带对应			次要
	井中物探	不同方位 $\Delta V_2 y$ 异常可指示井旁高极化体的存在			次要

矿区出露寒武系地层、NW 向破碎带。磁异常显示为负异常，重力显示为梯级带，重磁推断隐伏岩体（西大明山岩体）的边缘部位，附近有重磁推断 NW 向断裂带（百色—合浦断裂）通过。

矿床位于航磁正异常北侧伴生负异常区，负磁场值可达 -100 nT，推断其主要由隐伏岩浆岩与围岩（寒武系地层）发生强烈蚀变引起。矿床处重力显示为从平缓的负异常抬升的梯级部位，也就是重力推断岩体的边缘部位。

综上所述，凤凰山式碎屑岩中脉状银矿地处寒武系地层、断裂破碎带、岩浆岩边缘部位。该区磁异常为多场源叠加，呈 E - W 走向，南正北负。银矿在负磁场区内，与异常没有直接对应关系，但与磁源体有空间和成因联系：①银矿位于磁源体（岩体）外接触带；②深磁源体推测为花岗岩体，具弱磁性。利用中酸性岩体可引起重力低异常这一特征圈定岩体，确定岩体边缘，利用重力的其他特征圈出断裂带；凤凰山式碎屑岩中脉状银矿与硫有一定的伴生关系，而硫常常可以引起高极化，所以利用激电法对于预测银矿也有一定的指导意义。再结合其他资料可以达到利用重、磁、电方法预测凤凰山式碎屑岩中脉状银矿的目的。

4 结论与建议

银矿在负磁异常区内，与异常没有直接对应关系，但与磁源体有空间和成因联系：①银矿位于磁原体（岩体）外接触带；②深磁源体推测为花岗岩类，具有弱磁性（$Js = 100 \times 10^{-3}$ A/m），该隐伏岩体分别在凤凰山、西大明山南、北坡呈岩株上凸，其中凤凰山埋藏最浅，上顶深度 497 m（广西地球物理勘察院，1993）。

岩浆岩带及岩体亦是找矿的重要指示，广西有磁性矿床均位于岩体的磁性蚀变带上，结合重磁异常，对寻找矿床起到重要作用。

参考文献及资料

广西地球物理勘察院. 1993. 广西隆安县凤凰山地区高精度磁测成果报告[R].

陕西 M87－1 航磁异常见矿实例

高勇浩　张省举

（陕西省地质调查中心，陕西 西安 710068）

摘　要：M87－1 航磁异常位于陕南地区大西沟，为 1965 年航空磁力测量所发现。1967 年春开始进行异常查证，在地面磁法、自电、化探原生晕等面积性工作基础上，进行了钻探验证，证实 M87－1 航磁异常及其相关的地磁异常均为矿致异常，并探明大西沟铁矿为大型菱铁矿床。

关键词：铁矿；航磁异常；异常查证

“航磁异常地面查证从 1959 年开始，70 年代寻找铁铜矿时达到高潮。陕西省地矿系统及冶金地勘系统通过在陕南和渭北大规模的查证工作，证实大西沟、黄龙铺、鱼洞子、毕机沟、楼房沟、板房子、太要等一批重要异常，经勘探发展成为工业矿床”（陕西省地方志编纂委员会，1993）。本文介绍的大西沟铁矿就是这一时期通过对航磁异常进行地面查证发现的，已探明储量 30208.6×10^4t。

1　异常发现与见矿过程概述

原地质矿产部航空物探遥感中心于 1965 年在陕南地区进行 1：10 万航磁测量，发现了一大批有价值的航磁异常，位于柞水县东南部大西沟一带的，编号为 M87－1 的航磁异常就是其中之一。

1967 年春，冶金地质勘探公司 714 队组织力量到现场对 M87－1 航磁异常进行检查，由于该异常范围大、异常强，在整个异常区又没有发现非矿的强磁干扰，因此认为该异常很可能是矿致异常，大大地增强了在该区寻找铁矿的决心。在几个月内就完成了 8 km^2 的磁法、自电、化探原生晕的面积工作，在这些比较系统的调查数据的基础上，对异常的规模第一次提出了比较清晰的定性认识，并提出结合地质加速对大西沟磁异常进行评价。

为了结合地质快速评价，提出“第一批钻孔布设于 2、86、48、58、70 等剖面，要求孔间距要稍大，深度也要大，以穿透含矿层为原则”。1968 年在 2 剖面打下了 22 孔，1969 年春又相继打了 182、482、581 三个孔，经过取芯化验分析，发现磁铁矿多数不够品位，而菱铁矿品位普遍较高。

通过对磁异常及钻孔资料的反复分析与研究，认为“大西沟磁异常，总的来说是由一个统一的磁性层所引起的。按地质条件，磁性层是由薄层、多层的磁铁矿，或与黄铜矿共生的磁铁矿以及磁铁矿化的重晶石脉所构成。目前发现的主要的菱铁矿也赋存在磁性层中”。本区除了存在有单纯的菱铁矿外，绝大多数菱铁矿均不同程度含有磁铁矿，即都有磁性。通过分析对比，发现菱铁矿与磁性层在空间位置上存在一定的关系，具有一定的规律性，这就为利用磁法在本区寻找和评价磁铁矿、菱铁矿奠定了基础。

2　地质与地球物理场特征

2.1　地质特征

大西沟铁矿床大地构造位置为南秦岭弧盆系刘岭前陆盆地（图 1）。

矿床的地质位置位于南秦岭海西褶皱带，其北及北西方向邻近印支期九华山粗晶斑状花岗岩的舌状突出处，与主矿体相距 2 ~3 km；西南方向有较晚时期的迷魂阵花岗闪长岩。南侧有山阳 - 风镇深断裂通过，向西与平牟断裂相接。断裂两侧分布有中酸性小岩体。

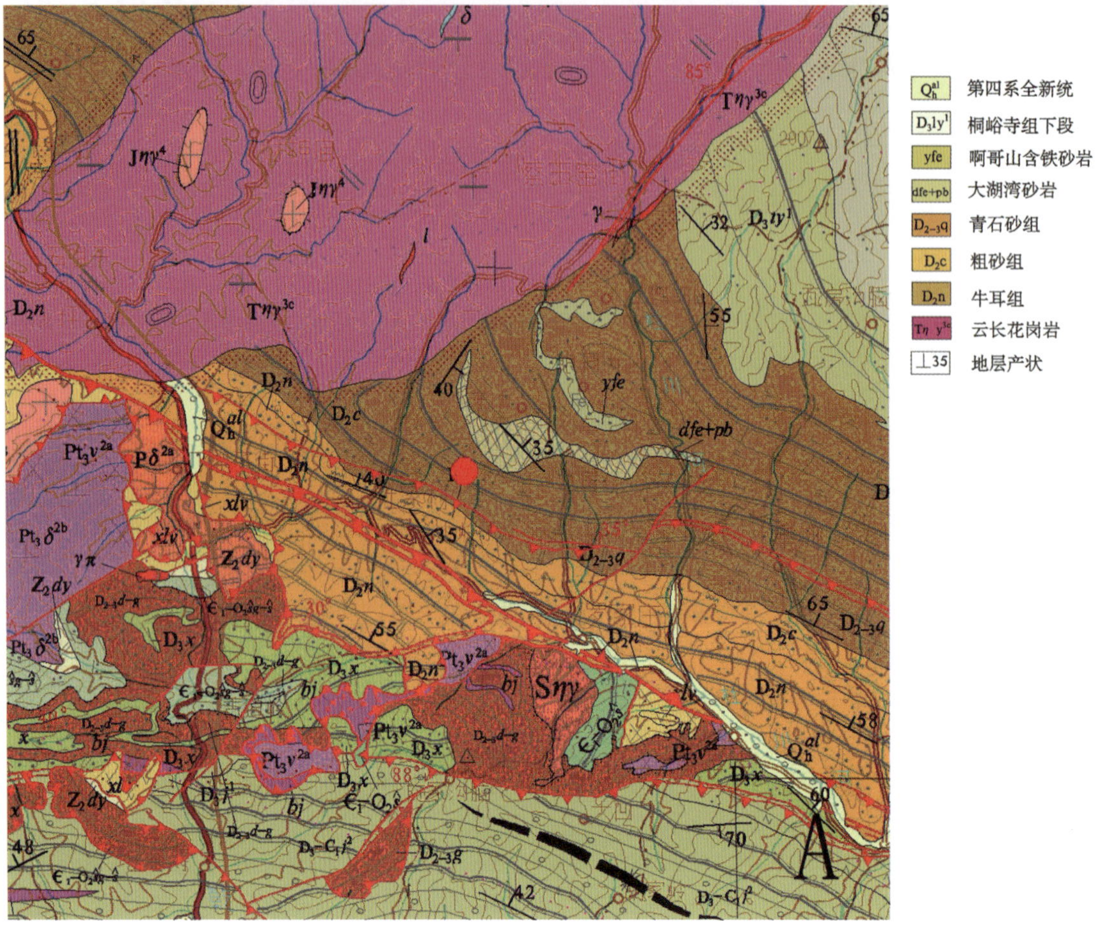

图 1　1∶250000 地质矿产图

2.1.1　成矿地质作用

柞水县大西沟菱铁矿床的成矿地质作用为海相沉积作用，沉积建造为海相黏土质碎屑 - 碳酸盐含铁建造，成矿地层为中上泥盆统青石垭组下段，菱铁矿含矿层为 $D_{2-3}ql^{3-2}$，其上部为条带状菱铁绢云千枚岩夹菱铁矿。大西沟北主要为泥灰岩、蚀变绢云千枚岩。中部为灰 - 灰绿色绢云千枚岩，局部夹磁铁粉砂岩。下部为菱铁千枚岩及菱铁矿层，底部绿泥绢云母千枚岩夹炭质千枚岩。

2.1.2　成矿构造

褶皱构造：矿区构造基本形态为一单斜层，属文公庙向斜之南翼，地层基本走向 280° ~320°，倾向 NE 向，倾角一般 20° ~45°，在矿区中段形成一对平缓的向斜和背斜构造。其影响深度均不大，仅涉及含矿岩系的中上部地层，局部使向斜轴部至北部背斜轴部一段矿层增厚。

矿体呈层状产出，严格受地层控制，与围岩呈整合关系，与地层同受构造变形。菱铁矿属沉积成因。片理是后期石英磁铁矿脉及石英菱铁矿脉控制构造之一。

矿后断裂构造在成矿要素图上最为明显，主要为一组 NW 向的斜正断层或逆断层，一般错断矿体，断距数米至十余米。最大垂直断距 35 m，如图 2 所示。

2.1.3　成矿特征

大西沟矿床矿体按其产状、构造形态及矿物共生组合关系可分三类：第一类为层状菱铁矿体；第二类为层状重晶石磁铁矿体；第三类为脉状磁铁矿。以第一类为主。

层状菱铁矿体：主矿体为 6 号、7 号以及 8 号、9 号、25 号、32 号等小矿体。7 号矿体为矿区最

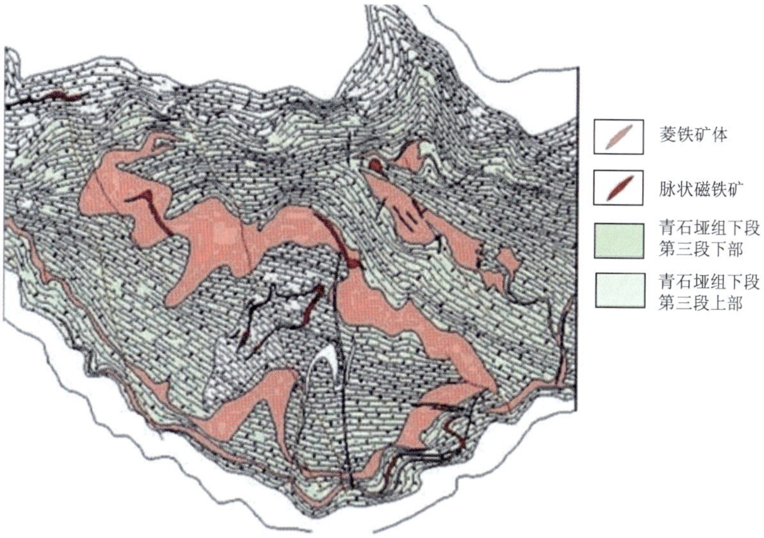

图 2　大西沟沉积型铁矿床成矿要素图

大的一个矿体，长约 2000 m，最大斜深 870 m，矿体厚度一般变化在 20 ~ 80 m，最大厚度 181.38 m，平均厚度 51.40 m。矿体形态呈层状，产状倾向 NE 向，倾角 25° ~ 33°。

层状重晶石磁铁矿体：属此类的矿体有 10 号、11 号、14 号 17 号小矿体，矿体产于含矿岩系上部磁铁重晶石绢云千枚岩中，呈层状产出，矿体长一般百米至数百米，厚度数米至十余米。

脉状磁铁矿体：属此类的矿体有 20 号、18 号、1 号小矿体，矿体沿断层裂隙产出（如 20 号、1 号），也有沿片理产出（如 12 号、18 号）。矿体呈大脉状或细脉状带产于含矿岩系中。矿体长度在 200 m 以下，厚度一般数米，如图 3 所示。

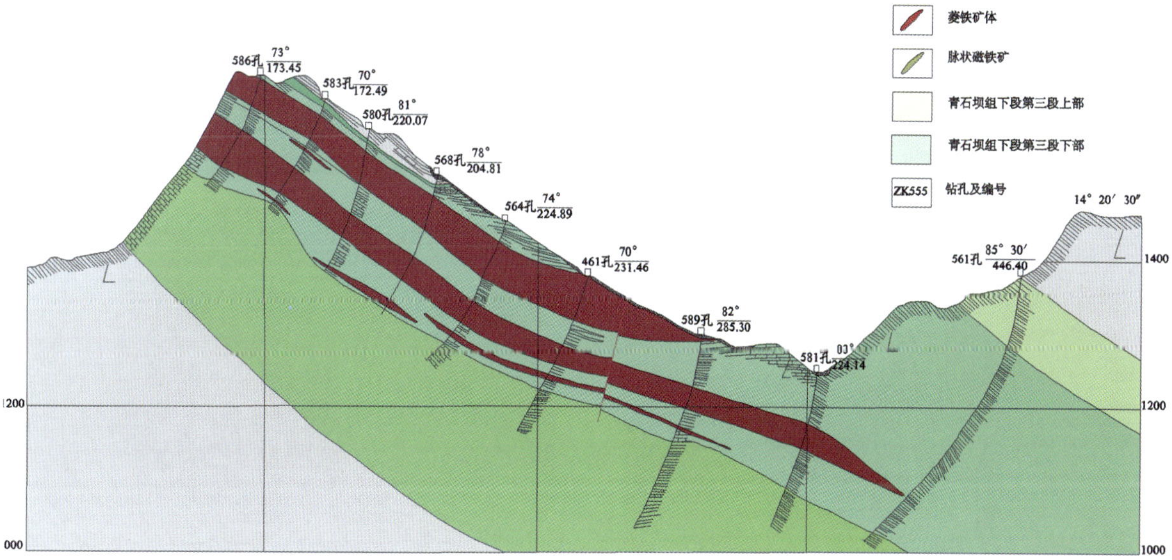

图 3　大西沟铁典型矿床地质剖面图

2.2　地球物理场特征

2.2.1　成矿特征（张省举等，2011）

矿床磁性层的外围有一个具有显著磁性特点的包围圈，一是磁性强（平均值在 745×10^{-3} A/m 左右，最大可达到 1320×10^{-3} A/m），二是剩磁一般比感磁大 2 ~ 10 倍。

2.2.2 区域重、磁异常特征

矿床所在地区和所在位置的重力数据原始比例尺为 1：20 万，航磁数据比例尺为 1：5 万。

布格重力异常南高北低，由南北两个未封闭异常构成，异常值在 -170×10^{-5} m/s^2 ~ -132×10^{-5} m/s^2，大西沟铁矿床处于布格异常梯级带上（图 4）。

剩余重力异常由 NE 走向的串珠状异常构成，异常幅值变化范围在 -14×10^{-5} m/s^2 ~ 8×10^{-5} m/s^2，大西沟铁矿床位于串珠状异常的中北部（图 5）。

图 4 区域布格重力异常图

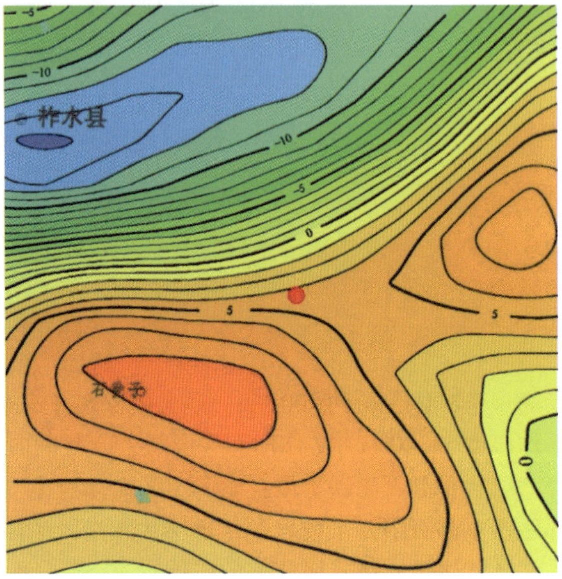

图 5 区域剩余重力异常图

航磁 ΔT 异常由三部分构成，东部由 NE 向的串珠状异常构成；西部由未封闭的强磁异常构成，中间由等值线密集的负异常构成，异常值在 −280 nT ~ 320 nT，大西沟铁矿床位于负异常南西侧（图 6）。

航磁 ΔT 化极异常由西部的未封闭异常与中侧等值线密集的负异常、东部 NE 向弱异常构成，铁矿床位于负异常南西侧（图 7）。

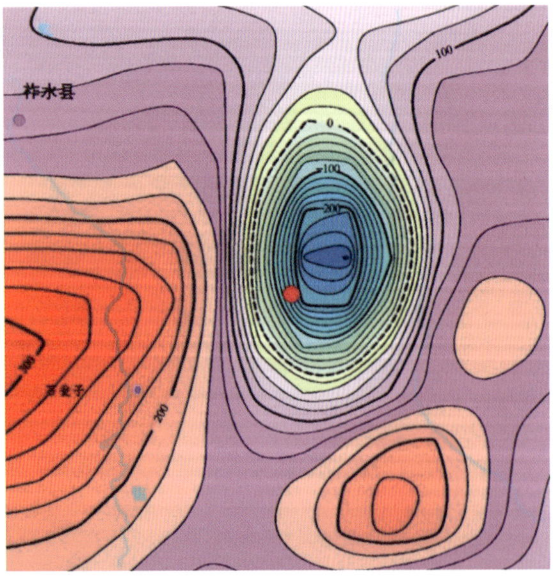

图 6 区域航磁 ΔT 等值线平面图

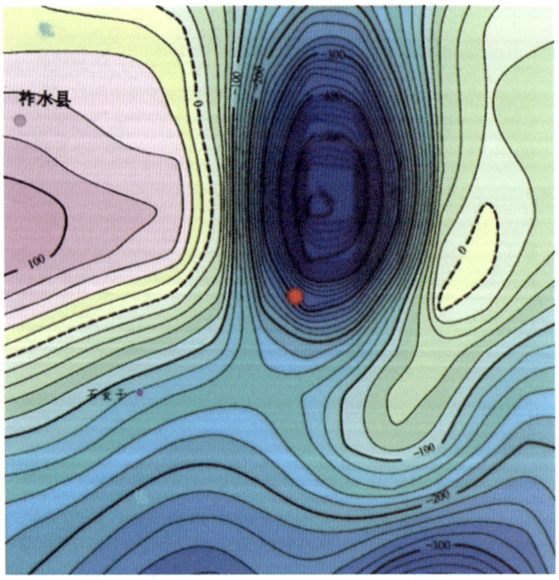

图 7 区域航磁 ΔT 化极等值线平面图

航磁 ΔT 化极垂向一阶导数异常分为东西两部分，东部由 NE 走向的串珠状异常构成；西部由椭圆状异常构成，长轴呈 S－N 向，中部由等值线密集的负异常构成，大西沟铁矿床位于负异常的南西侧（图 8）。

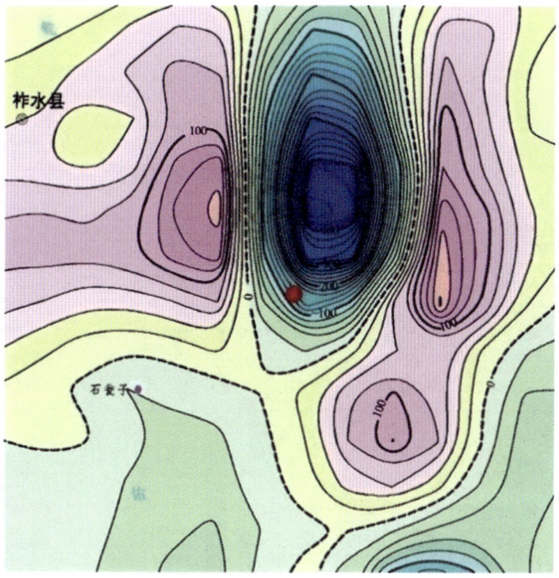

图 8　区域航磁 ΔT 化极垂向一阶导数等值线平面图

图 9　区域航磁 ΔT 化极等值线平面图

2.2.3　*局部磁异常特征*

航磁 ΔT 化极异常可以分为南、中、西三部分，南部由呈 E－W 向未封闭强磁条带状异常构成，中部由呈 E－W 向未封闭强磁条带状异常构成，西部由呈 S－N 向未封闭强磁异常构成，周侧有等值线密集的负异常伴生，大西沟磁铁矿位于中部异常的南侧（图 9）。

航磁 ΔT 化极垂向一阶导数异常可以分为南北两部分，南部由呈 E－W 向的未封闭强磁条带状异常构成，北部由 E－W 向 NE 向的串珠状异常构成，周侧有等值线密集的负异常伴生，大西沟铁矿床位于北部异常的南侧、正负梯度带上（图 10）。

图 10　局部航磁 ΔT 化极垂向一阶导数等值线平面图

2.2.4 所在位置重磁场特征

1：2000 地磁 ΔZ 异常由三条走向呈 NW 向的串珠状异常构成，三条异常带相互平行，分别位于东北、中、西南部。矿区地磁异常整体呈 NW 向，东南部呈现 NE 向，与矿体走向完全一致。矿体位置（图 11 中红色部分）与地磁异常极值区关系密切（图 11）。

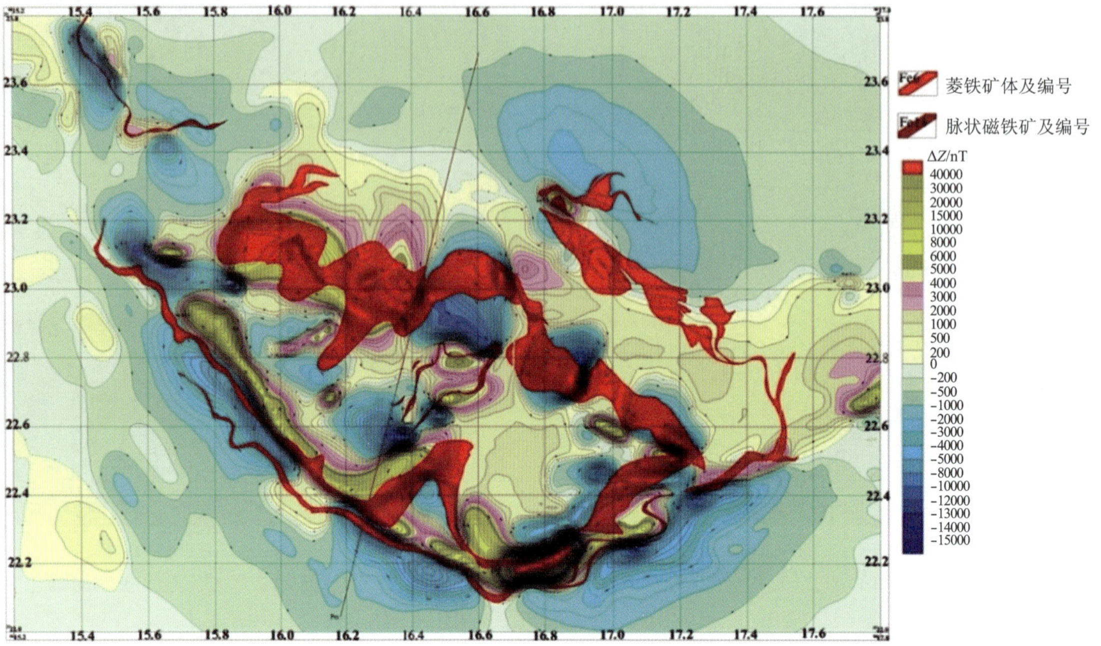

图 11　地磁 ΔZ 异常等值线平面图

3　推断解释与定量计算

由于 M87 - 1 航磁异常范围大、异常强，在整个异常区又没有发现非矿的强磁干扰，因此认为 M87 - 1 航磁异常为矿致异常。

从磁法和自电异常的规模及总体特征来看，反映出区内矿体的总体规模是很大的，走向长达 4000 m，利用区内南侧各处已被切割出来的或是已接近地表的磁铁矿产生数值强、梯度大的磁异常特点，推断南侧密集的等值线带为矿体顶端，北侧规则宽缓的负异常则反映矿体下端。由此可见沿倾斜方向的延深长度也是很大的。异常的复杂性，反映了区内矿体的多层性（张省举等，2012）。

根据异常特征、钻探剖面与物性数据等对见矿磁异常进行了定量计算，并对见矿异常进行 2.5D 反演，根据计算结果按照磁异常拟合体积法计算矿床资源量为 35100×10^4t。钻探控制实际储量 30208.6×10^4t。图 12 为定量解释剖面之一。

4　查证见矿

通过地质评价及大量钻孔的验证，搞清了 M87 - 1 航磁异常及其相关的地磁异常的来源及形态，证实 M87 - 1 航磁异常及其相关的地磁异常均为矿致异常。从此一个大型铁矿宣告诞生。

在钻探验证中，从 46 剖面（图 13）发现，比较单纯的菱铁矿从上向下延深到 463 钻孔中逐渐变厚，相对的磁性层平均磁化强度减弱；也就是说，在磁性层与菱铁矿在空间位置上有一定规律性的前提下，当磁性层变弱了，对直接寻找磁铁矿或“磁性铁矿”的意义小了，但却具有间接寻找菱铁矿的意义。

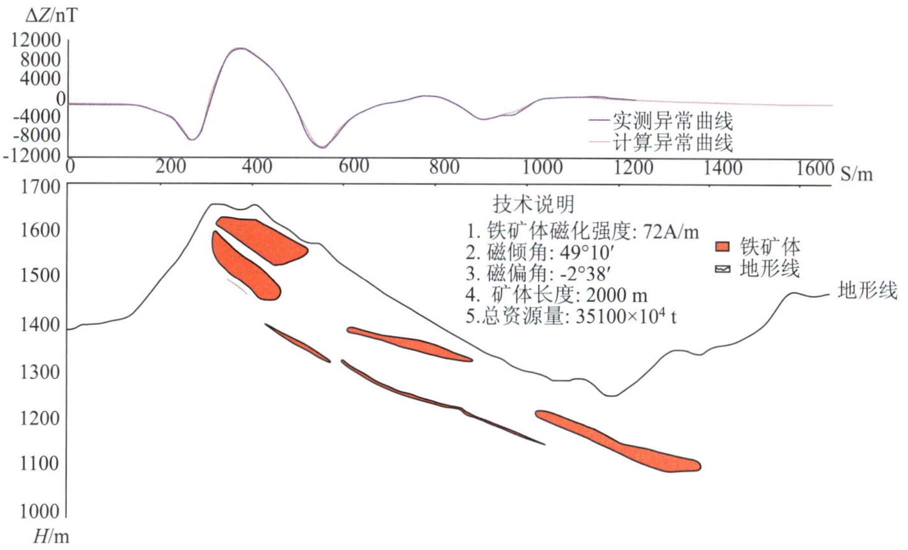

图 12　陕 C－19669M（87）1 大西沟铁矿床地磁异常定量解释图

（注：使用地面 1∶2000 磁测数据，以矿产预测组提供的地质剖面为初始模型）

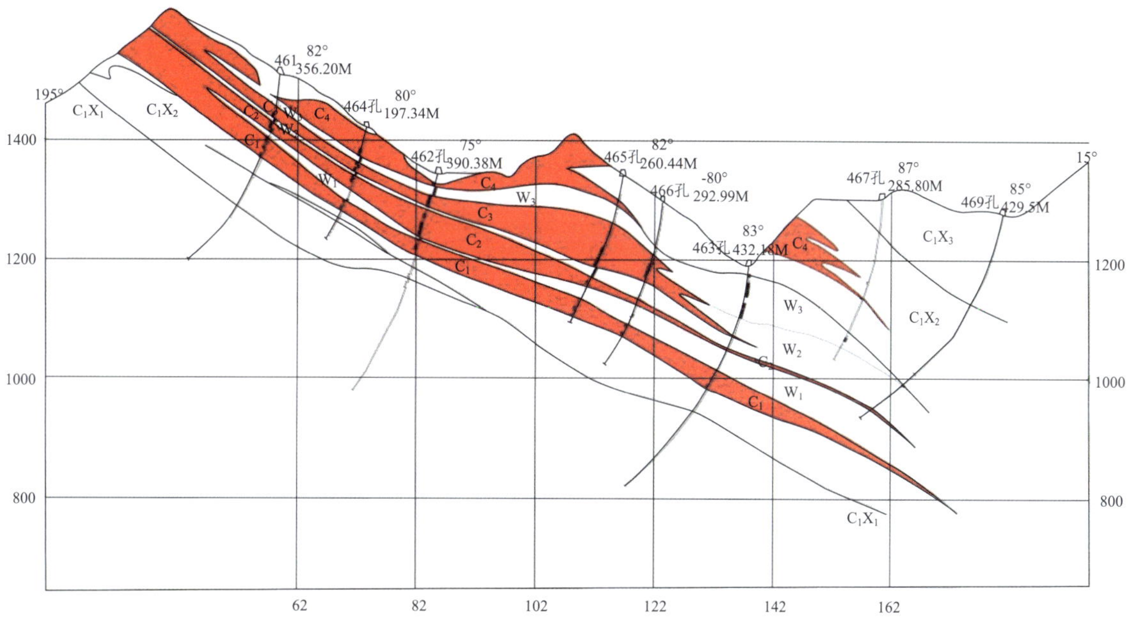

图 13　陕西柞水大西沟铁矿床磁性层及磁铁矿与菱铁矿分布第 46 剖面图

C_1X_1—绢云母千枚岩；C_1X_2—铁质绢云母千枚岩菱铁千枚岩；C_1X_3—绢云母千枚岩钙质绢云母千枚岩；C_1 ~ C_4—磁性层；W_1 ~ W_3—无磁性层

基于这一认识，在利用强磁异常寻找磁铁矿的同时，利用较弱一些的磁异常在本矿床的延伸方向和本矿床邻近类似的地质条件的地段间接寻找菱铁矿取得了很大成功，很多钻孔都在弱磁性或无磁性层中见到了菱铁矿。例如：461、465、469 钻孔在 W2 无磁性层中见到了菱铁矿，464 钻孔在 W3、W2、W1 无磁性层中见到了菱铁矿，462 钻孔在 W3、W1 无磁性层中见到了菱铁矿，466 钻孔在 W1 无磁性层中见到了菱铁矿，463、467 钻孔在 W3 无磁性层中见到了菱铁矿。

6 号、7 号矿体均为层状菱铁矿体，其各类矿石比例如表 1 所示。目前该矿已发展成为全国大型菱铁矿床之一，占陕西省铁矿石总量的 47.6%。主要以生产磁铁精矿粉、菱铁精矿粉和球团矿为主，年生产铁精粉 100 $\times 10^4$t 以上。

表1 6、7号矿体各类矿石比例表

矿体号	矿石类型	占储量百分比/%	工业储量/万吨	平均品位（Fe）/%
6	菱铁矿	35.87	799.5	26.64
	磁铁菱铁矿	20.1	448	29.54
	磁铁矿	44.08	981.3	34.42
7	菱铁矿	43.79	4208.7	26.73
	磁铁菱铁矿	27.22	2616.1	27.51
	磁铁矿	28.99	2786.3	31.86

致谢：在本文的编写过程中得到了国家航遥中心周道卿老师的热心指导和帮助，得到了陕西省地质调查中心领导及潜力评价项目组的大力支持和指导，并得到了中心各部门的积极配合，在此一并表示感谢！

参考文献及资料

陕西省地方志编纂委员会. 1993. 陕西省志第四卷－地质矿产志[M]. 西安：陕西人民出版社.

张省举，等. 2011. 陕西省矿产资源潜力评价典型矿床地质地球物理特征总结[R]. 陕西省地质调查中心.

张省举，等. 2012. 陕西省矿产资源潜力评价磁测资料应用研究定量计算图册[R]. 陕西省地质调查中心.

宁夏铁克苏庙航磁异常查证工作的体会和认识

尹秉喜　杨勇　武丹　朱谡赫
（宁夏回族自治区地质调查院，宁夏 银川 750021）

摘　要：在铁克苏庙航磁异常查证中，采用了面积性高精度地面磁测，并辅以大比例尺高精度重、磁剖面和音频大地电磁测深剖面综合测量，得出磁异常埋藏深度大的结论，并通过钻探工程进行了验证。该异常查证工作经验表明，在航磁异常查证中采用多种物探方法进行综合解释，具有相互约束，相互验证的必要性。

关键词：航磁异常；综合物探；铁克苏庙

1985 年原地矿部航空物探遥感中心 909 队在鄂尔多斯北部地区进行 1∶20 万高精度航空磁测工作中圈定了鄂尔多斯台地西北缘铁克苏庙航磁异常。由于该磁异常与桌子山察干郭勒铁矿磁异常具有相似的地质成矿背景和异常特征，推测可能为矿致异常。为此，笔者以中国地质调查项目“内蒙古格朔山－宁夏石嘴山铁矿成矿区航磁异常查证”为研究平台，在充分收集和研究以往有关资料的基础上，利用大比例尺地面高精度磁测、重力剖面测量及音频大地电磁测深剖面测量手段，通过综合解释并选择有利地段进行了钻探工程验证，本文利用查证结果对铁克苏庙航磁异常引起的原因及磁性体的特征进行了讨论，并提出了新的认识。

1　铁克苏庙磁异常特征

铁克苏庙磁异常处于桌子山－马家滩古隆起上，位于鄂尔多斯凹陷磁场区内，桌子山磁场区以南，分布一主异常和一次级异常。其中，主异常中心坐标为东经 107°07′20″，北纬 38°58′38″，形状呈近似圆形状，为规则的三度异常，异常范围达 1963 km^2，ΔT 极大值 940 nT，西北翼较陡并伴生100～400 nT的负值，在 1∶20 万重力异常图上其磁异常对应着一重力高异常，布格重力最大值大于 －75 mgal；次级异常位于主异常西南侧，中心地理坐标为东经 106°58′36″，北纬 38°50′43″，走向 NEE 向，长 25 km，宽 10～15 km，异常范围 300 km^2 左右，ΔT 极大值 400 nT，西北翼较陡并伴生 100～200 nT的负值。

2　磁异常所处的地质构造背景

2.1　大地构造位置

查证区在大地构造上处于华北陆块之鄂尔多斯地块西北缘。其西半部属鄂尔多斯西缘坳陷带的桌子山—陶乐古隆起，东半部属鄂尔多斯洼陷。根据石油地震勘探资料，其间以切穿基底层的阿色浪深大断裂为界。前者在晚古生代后以褶皱隆起为主（即桌子山－马家滩古隆起），上覆的中生界白垩系和新生界厚度多在 1000 m 以内，工作区北侧的桌子山和西侧贺兰山北段已经有古生代地层和太古—元古宙基底变质岩系出露于地表；后者则在古生代后以凹陷沉降为主，沉积并保存了巨厚的中生界白垩系和新生界，古生代地层和太古—元古宙基底被深埋达数千米。

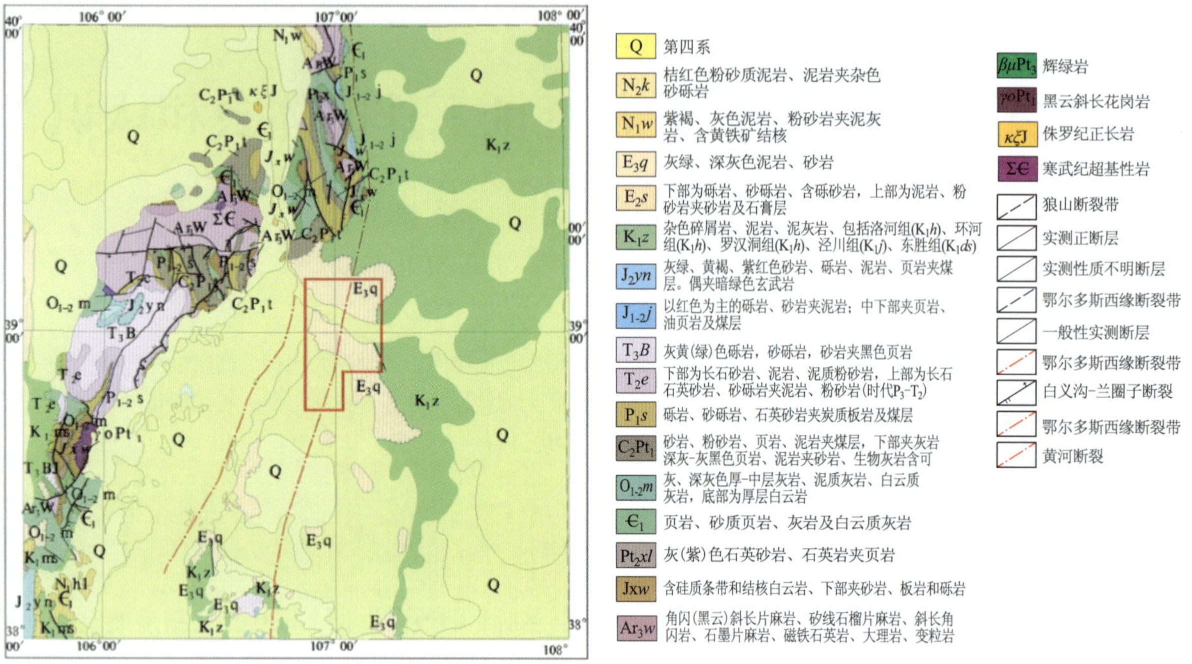

图 1　区域地质简图

2.2　地质特征

区域综合地层区划隶属华北地层大区，晋冀鲁豫地层区，鄂尔多斯地层分区，贺兰山—桌子山地层小区。查证区地表全被新生界和中生界覆盖，未见前白垩系出露；在贺兰山北段及桌子山地区出露有新太古界，上元古界青白口系（Qb），下古生界的寒武系（∈）、奥陶系（O），上古生界的石炭系（C）、二叠系（P），中生界的三叠系（T）、侏罗系（J）和白垩系（K）等地层（图 1）。其中，察干郭勒组为千里山群（Ar_3q）主要含铁层位，察干郭勒铁矿床即位于此含矿层位，该层位是磁异常查证预期的目标层位。

区域上主体构造线方向为 NNE 向。自西向东有贺兰山褶断隆起带（至北端与桌子山褶断隆起带相接）、银川新生代断陷盆地、桌子山 - 马家滩古隆起带和鄂尔多斯中生代洼陷等四大构造单元组成。各构造单元间均以大型断裂为界，自西向东为贺兰山东麓断裂、黄河断裂和阿色浪深大断裂。其中黄河断裂为断面向西陡倾的正断层，主要切割了古生界以上（包括新生界）的地层；阿色浪深大断裂为断面向西陡倾的逆冲断层，主要切割了古生界以下（包括基底层）的地层。

3　工作思路及技术路线

随着新方法、新技术的广泛应用，在航磁异常查证工作中，必须强调地质、物探、化探、遥感的新理论、新方法和新手段的使用，各种方法相互结合，间接找矿和直接找矿并重，已知矿致异常类比分析，强化综合方法找矿，为异常查证行之有效的技术手段。所以在异常查证中，综合物探手段的选取必须结合查证区的地质、化探、遥感等信息确定（李华等，2012；刘鹤峰等，2006）。

在“内蒙古格朔山 - 宁夏石嘴山铁矿成矿区航磁异常查证”项目中，首先对工区的区域重力特征、1∶20 万航磁特征进行分析研究；然后结合区域地质矿产特征选取了 1∶5 万地面高精度磁测扫面进行异常优选，在地面磁测扫面初步解释的基础上，布置 1∶1 万重、磁、电综合物探剖面，通过联合反演，结合区域地质资料对异常进行综合推断解释，然后采用钻探工程验证，最后依据钻探验证结果对磁异常进行新的解释，并提出认识和下一步工作的建议（图 2）。

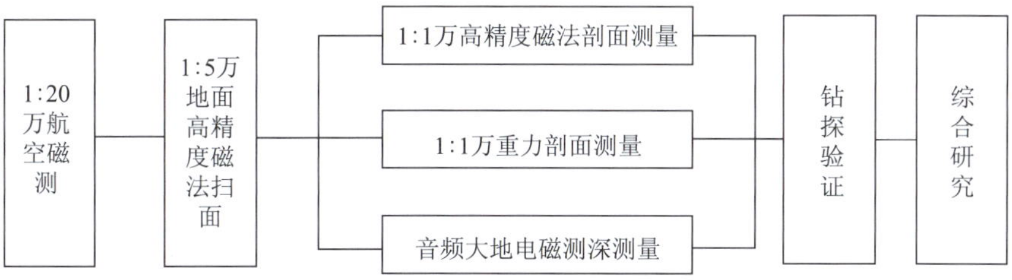

图2　铁克苏庙航磁异常查证技术路线

4　查证工作中的地球物理方法综合应用

4.1　区域重力场特征和区域航磁场特征

4.1.1　区域重力场特征

区域范围内布格重力场总体呈现由东向西逐渐下降的背景场特征，在背景场上叠加了贺兰山隆起、银川盆地、桌子山－马家滩古隆起三个局部重力异常（图3）。这些局部重力异常面积相差悬殊，幅度高低不等，按一定的走向呈带状集中分布。重力异常梯级带规模宏大，十分醒目。这些特征与该区的地质构造相对应：基底及下古生界隆起区的重力异常为相对高，银川盆地的重力异常为相对低。桌子山－马家滩古隆起一带的重力高异常区分布有铁克苏庙、代兰塔拉、察干郭勒等航磁异常区，重、磁异常的位置基本吻合，构成较典型的重磁同高的综合地球物理异常。

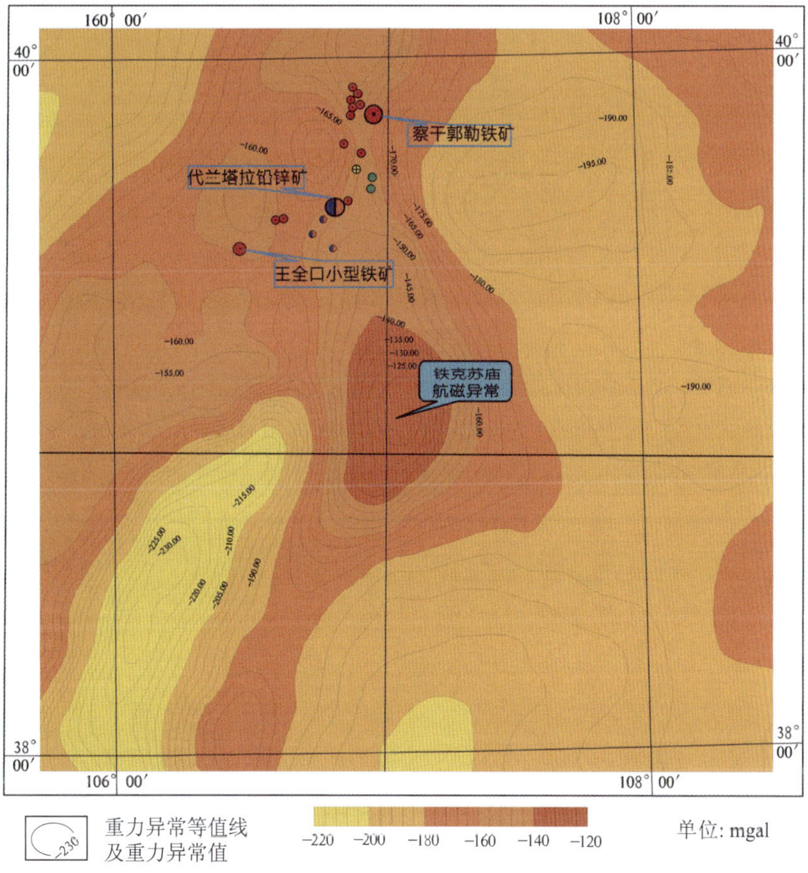

图3　区域布格重力异常图

4.1.2 区域航磁特征

区域上航磁异常主要有四个磁场分区，即贺兰山北段、桌子山、银川盆地、鄂尔多斯凹陷（图4）。其中，贺兰山北段磁场区是由磁场强度中等（200 nT）、水平梯度大、E－W向分布的异常群组成，异常多对应出露的新太古界地层及其中的一些辉绿玢岩脉。桌子山磁场区分布于查证区北侧的桌子山地区，分布有代兰塔拉和察干郭勒两个磁异常。其中，代兰塔拉磁异常分布面积较小，异常走向近于E－W向，磁异常强度最大127 nT，异常变化梯度西北平缓、南东陡立，代兰塔拉铅锌矿位于南侧梯度带上；察干郭勒磁异常分布面积大，异常形态为椭圆状，长轴近E－W向，异常强度最大544 nT，异常变化梯度为南陡北缓之特点，并在西侧显现一局部磁异常，异常区被大面积中、新生界地层覆盖，在其西侧的局部异常对应于桌子山出露的新太古界千里山群（Ar_3q）变质岩系，察干郭勒磁铁矿位于该局部异常上。银川盆地磁场区位于鄂尔多斯西缘的银川断陷盆地，其磁场特征表现为幅值变化约数十纳特的负磁场。鄂尔多斯凹陷磁场区：磁场特征表现为总体磁场强度不高，而单个磁异常具面积大、强度高之特点，集中分布于鄂尔多斯凹陷西北缘，本次研究的铁克苏庙磁异常就位于此区域内。

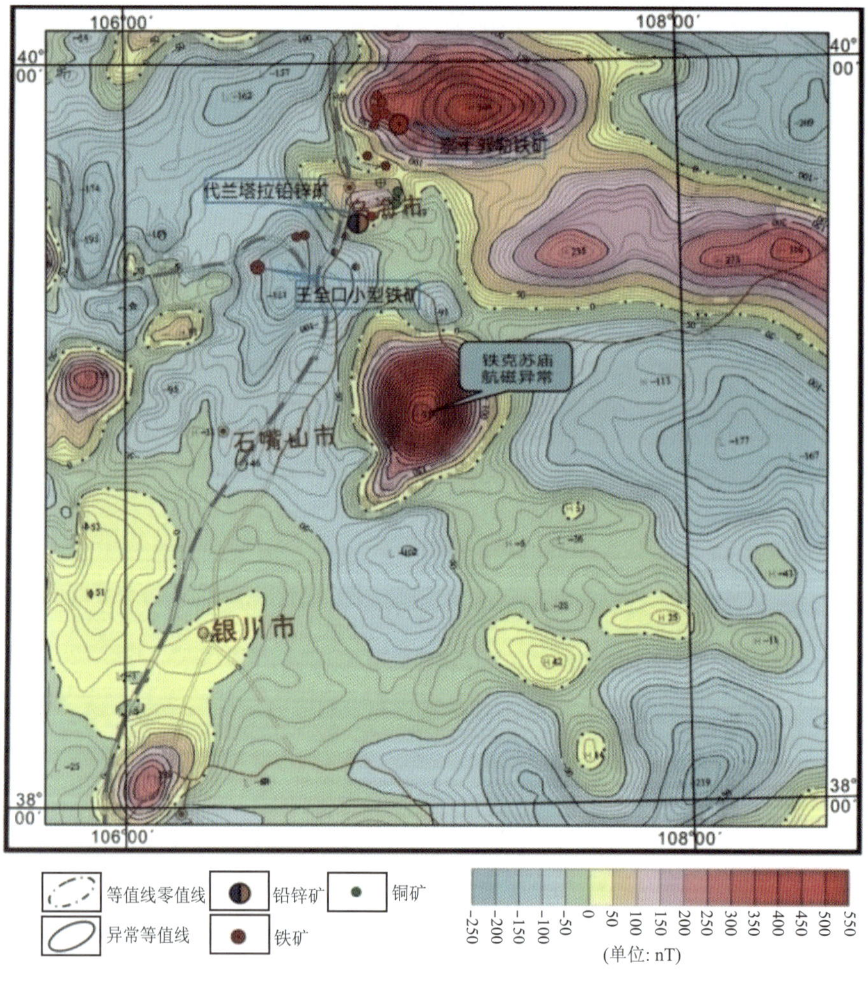

图4 区域航磁异常图

4.1.3 区域重力、航磁异常的推断

重磁异常解释中借助了研究区地质资料、物性资料的研究，以达到解决隐伏地质体特征的目的。通过分析重磁平面等值线图和平面剖面图特征，并通过延拓、导数等位场数据处理可揭示深部构造和区域构造格局，推断较大的浅地表或隐伏地质体、断裂带，为探讨区域成矿构造的控制因素提供依据（Zhang et al.，2007；曾昭发，2006）。

对区域重磁异常分析研究发现：①区域内的断裂构造在重力异常图上显示较为明显得重力异常梯度

带，磁异常局部有规律地呈线状异常带分布，且沿走向可急剧中断、错开、拐折。如贺兰山东麓断裂、黄河断裂、车道阿色浪断裂带等。②沿桌子山－马家滩古隆起分布的磁异常均表现为明显得重力高特征，并且在北部的代兰塔拉和察干郭勒两个磁异常上已发现代兰塔拉铅锌矿和察干郭勒磁铁矿。从区域重力、航磁异常特征看，铁克苏庙航磁异常与察干郭勒磁铁矿具相似的重磁异常特征，类比分析，铁克苏庙航磁异常很可能是新太古界变质岩系中的磁铁石英岩、磁铁角闪片麻岩等含磁铁矿岩系富集所致。

4.2 地面高精度磁测

4.2.1 方法选择依据

地球物理方法的选择主要是依据探测目标体与围岩之间的物性差异，同时考虑具体的地质条件（李建军等，2006）。从上述区域地质背景条件及对铁克苏庙航磁异常的初步定性解释，并对收集的区域周边露头岩石标本物性测量结果进行总结分析，可知查证区上覆的中新生代地层均为无磁的沉积岩，目标层位新太古界变质岩系中的磁铁石英岩、磁铁角闪片麻岩及含磁铁矿岩系具较强的磁性，这为查证选择地面高精度磁测开展工作提供了物性前提。

4.2.2 数据采集及处理

磁法工作包括1∶5万扫面工作及1∶1万磁法剖面测量。其中，1∶5万扫面网度500 m×100 m，1∶1万磁法剖面点距40 m。仪器选用质子磁力仪G856。利用RGIS软件进行了化磁极、向上延拓及求取一阶导数等数据处理方法来研究磁异常的性质。

4.2.3 成果解释及推断

1∶5万地面高精度磁测工作圈定的地磁异常的形状特征基本与原1∶20万航磁异常的形状特征相同，但地磁异常强度比航磁异常强度高40～50 nT，地磁异常中心略向西北方向发生偏移，地磁异常包含了一个主异常及其西南部一个次级异常（图5）。

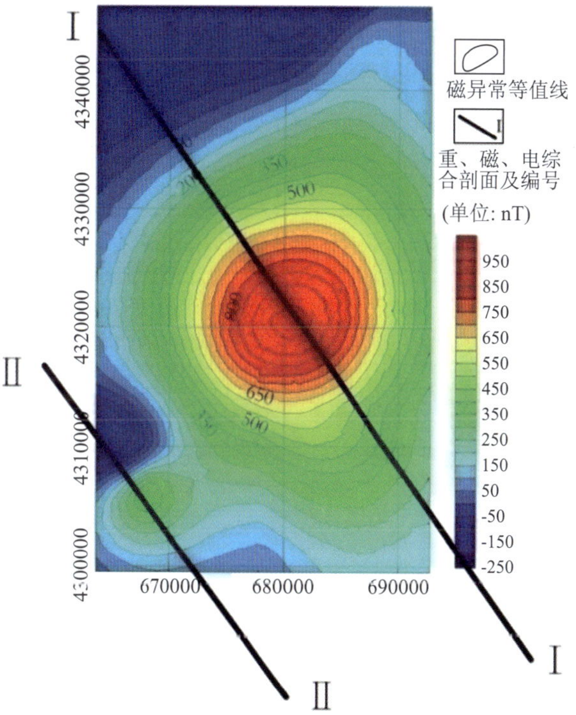

图5 地磁异常特征及综合剖面布置

地磁主、次级异常的形态均较规则，主异常面积大于1000 km^2，次级异常面积300 km^2。异常均对应区域重力高，重力最大值大于－75 mgal，高出区域背景场100 mgal左右，可见该异常属重、磁同高异常。通过磁异常上延处理，上延2 km后，ΔT主异常极大值850 nT，次级异常极大值在150 nT，极小值－110 nT，主、次异常形态仍基本完整；上延5 km后主异常形态完整，次级异常基本消失，表明次级异常体较主异常体规模小，且埋深较浅。

4.3 地面重力剖面测量

4.3.1 方法选择依据

从区域重力异常特征看，磁异常所在位置对应于布格重力高，综合区域地质背景特征，认为目标地质体与重力高异常具有密切的关联，且目标地质本身也与围岩有较大的密度差异。因此，选择了高精度重力剖面测量。

4.3.2 数据采集及处理

重力剖面测量采用加拿大产CG－5型重力仪，近区地改采用野外实地目估的方法。分0～10 m和10 m～20 m两圆域环八方位。0～10 m利用锥形地形改正公式，10 m～20 m利用扇形地形改正公式。观测结果经固体潮、零点位移、正常重力值、高度改正、布格改正、地形改正等改正计算测点重力异常值。最后进行了包括剩余重力异常提取等处理。提取剩余重力异常时选择300个点距即1.2 km

的窗口分离浅部的局部异常，并采用五阶分解小波变换对原始数据进行处理。

4.3.3 成果解释及推断

通过重力剖面测量，查证区的重力异常可划分为四类。①由新太古界贺兰山群变质岩基底隆起引起的重力高异常；②由新太古界贺兰山群变质岩基底凹陷引起的重力低异常；③由基性或超基性岩引起的重力高异常；④由基底凹陷，中、新生代沉积盆地引起的重力低异常。

对比高精度磁测异常，Ⅰ剖面的G3、G4重力高异常及Ⅱ剖面的G10重力高异常与正磁异常对应，构成较典型的重磁同高异常，Ⅰ剖面上剩余重力异常在北西低南东高的背景场上彼此大致呈串珠状的变化，反映了剖面上各地层横向密度的不均匀性。Ⅱ剖面剩余重力异常形态较为简单，呈现“两高夹一低”的局部异常特点。

4.4 音频大地电磁测深剖面测量

4.4.1 方法选择依据

音频大地电磁测深对中、深部的地质构造具有很好的反映，能够较好的反映基底的起伏情况。据此，选用音频大地电磁测深法，开展重、磁、电综合物探剖面测量工作。

4.4.2 数据采集及处理

音频大地电磁法仪器选用V8电法工作站。测量方式利用天然场源进行张量测量，工作频率10 Hz～100 kHz，电偶极矩大于20 m。数据处理采用MTSoft 2D系列软件，首先对野外数据进行剔野值、去噪、静态校正及近场校正等处理，然后进行一维及二维反演成像。

4.4.3 成果解释及推断

从Ⅰ剖面电阻率断面图特征来看（图6），电阻率垂向分带特征明显，基本显现了区域地层的沉积特征，上部低阻对应于白垩系及其下伏侏罗、石炭、二叠纪地层，深部高阻则代表了古生界及其较老岩层的起伏变化。在剖面20 km的位置，垂深200 m左右存在明显错动，推断可能发育有深大断裂，其位置与阿色浪隐伏深大断裂位置较吻合。Ⅱ剖面电阻率特征与Ⅰ剖面较为相似（图7），与磁异常对应位置的深部显示明显高阻特征，反映了深部基底的隆起。

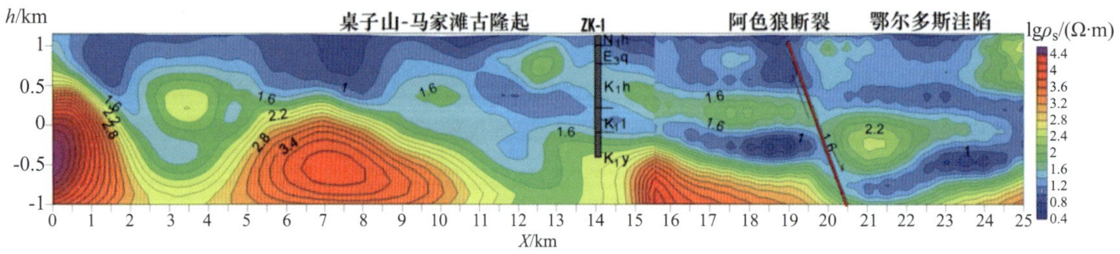

图6 Ⅰ剖面音频大地电磁测深解释成果图

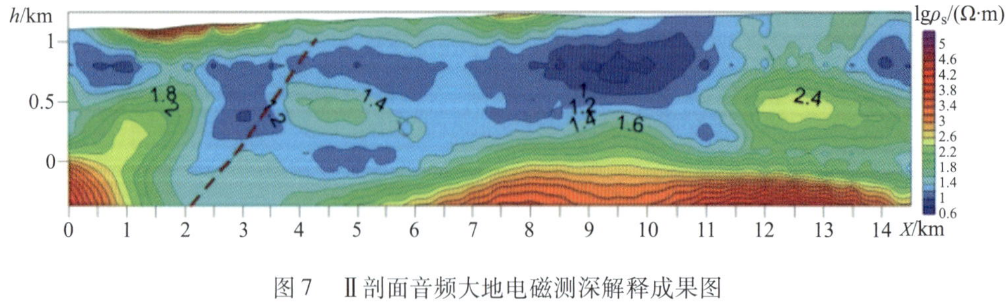

图7 Ⅱ剖面音频大地电磁测深解释成果图

4.5 综合物探解释及其工程验证

4.5.1 综合剖面解释

地面高精度磁异常化极后，其中心位置与布格重力高、剩余重力高相对应，说明磁性体具有相对较大的密度。

根据岩（矿）石物性特征，若磁性体为新太古代千里山群含磁铁矿的变质杂岩，则应表现为高磁、高重、低电阻率特征；若为基性—超基性岩体，则表现为高磁、高重、高阻特征。从地面高精度磁力、重力及音频大地电磁测深测量结果来看，在磁、重异常中心位置 1400 m 深度存在一倾斜状的低阻带，因此推断磁异常为新太古代千里山群含磁铁矿的变质杂岩引起的可能性比较大。应用收集的区域周边露头物性资料（表 1），以音频大地电磁测深测量结果为约束，对上述两条重、磁剖面进行了 2.5D 反演，结果如图 8 和图 9 所示。

表 1　区域物性资料表

地层及岩（矿）石	平均密度/（$g \cdot cm^{-3}$）	磁化率/（10^{-6}CGSM）	剩余磁化强度/（10^{-6}CGSM）	电阻率/（$\Omega \cdot m$）
第四系 Q	1.47			50～300
新近系—古近系（N－E）	2.42			5～100
白垩系—三叠系（K－T）	2.54			
二叠系—泥盆系（P－D）	2.60			
奥陶系—寒武系（O－Є）	2.67			100～500
新元古界青白口系（Qb）	2.74			
新太古界千里山群 Ar_3q	2.78	284～1587	107～14448	
变质基性岩		1340	2479	＞500
辉长辉绿岩		11606	51244	
片麻岩		23～120	326～2853	
辉绿岩		2599	7615	
灰黑色黑云片麻岩		671	2892	
灰绿色斜长混和岩		1578	14448	
灰绿色变粒岩		1173	506	
磁铁矿	4.16	25400～47370	94066～169722	

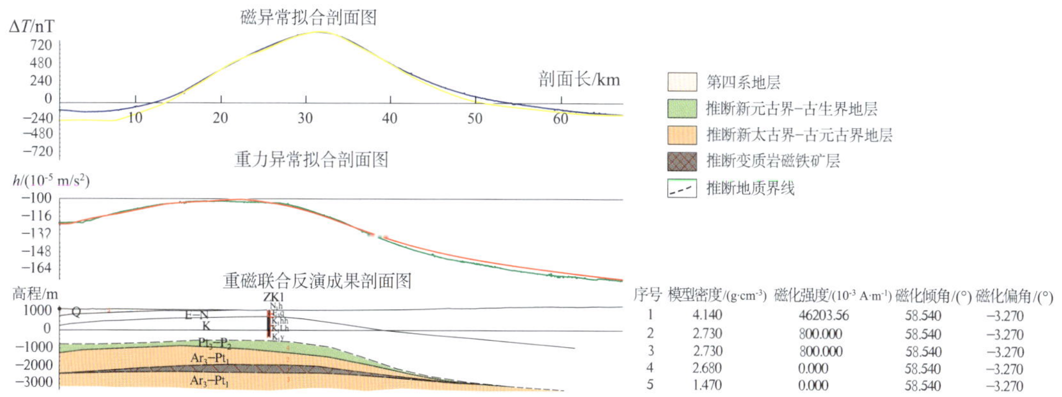

图 8　Ⅰ剖面综合反演图

由图 8 可见，在主磁异常中心位置的地下，新生界及中生界地层的厚度约 2000 m，古生界及新元古界地层的厚度约 500 m；下覆新太古界—古元古界地层厚度较大，顶板埋深在 2500 m 左右；强磁性体位于新太古界变质杂岩地层中，磁性体埋深 3300 m，磁性体的密度为 4.14g/cm^3，磁化强度为 46203.56×10^{-3}A/m。

由图 9 可见，引起次级磁异常的磁性体明显受控于本区发育的隐伏逆冲断层，其断层上盘奥陶系顶界面埋深约 700～800 m，与煤田勘探所揭示的奥陶系界面基本一致；奥陶系下覆新太古界—古元古界地层埋深约 1200 m 左右；强磁性体位于新太古界—古元古界地层中，向东倾，推测其最小埋深约 2000 m 左右。反演得到其磁性体密度为 4.0g/cm^3、磁化强度为 41457.63×10^{-3}A/m。

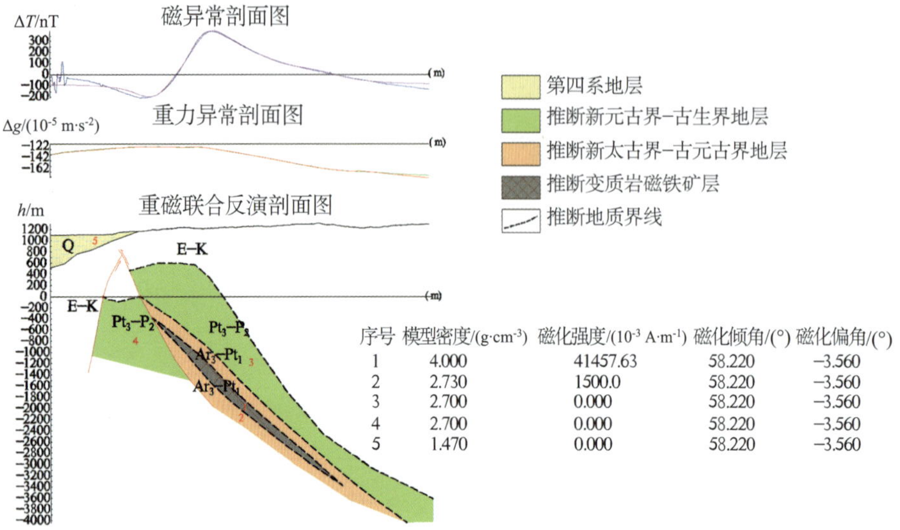

图 9　Ⅱ剖面综合反演图

4.5.2　工程验证

在主异常中心、2.5D 反演强磁性体的凸起部位实施了 ZK1 孔钻探验证，钻探深度 1503.6 m。结果表明，钻井所遇全部为中、新生代地层。经磁化率及井地磁三分量测井，1440 m 以上地层均显示无磁性、1440 m 后有增强趋势。根据井地磁三分量测井结果，推断强磁性体顶板埋深在 2700 m 以下，磁化强度在 50000×10^{-3}A/m 以上，产状为平缓南倾的“板状体”。钻探及测井结果与 2.5D 反演结果基本一致。由于钻探深度太浅，未能发现期望的目标层——新太古界千里山群变质岩系地层和磁铁矿体。

此外，在钻探中孔内多次出现涌水现象，特别是 986～988 m 位置为热水，涌水量 278 m^3/d，水位高度 18 m，水头压力 0.18 mPa，孔口水温 38℃，矿化度为 8441.78 mg/L。

5　讨论与认识

众所周知，地球物理勘探方法本身具有不确定性和多解性，再加之地质情况的复杂多样性，单靠一种方法很难达到查证预期的目标，必须综合运用多种方法进行相互约束，相互验证，排除单一方法的多解性。本次利用综合物探进行了磁异常查证，尽管没有实现预期的目的，但从综合物探剖面反演解释与工程验证结果对比来看，引起铁克苏庙磁异常的强磁性体的埋藏深度大，利用重、磁、电综合物探方法进行异常查证的选择是正确的。

本次查证钻孔布置在重、磁高异常区中部、低电阻率位置，从钻孔中出现高矿化度热水涌水现象表明，该钻孔位置很可能偏离了目标地层上隆区，低阻异常可能为沿断层破碎带上涌的高矿化度地下热水所致。因此在实际工作中，地球物理异常的综合解释要充分考虑地质构造条件，充分考虑一切可能引起地球物理场变化的多种因素。

参考文献

李华，王永华，艾斯卡尔，等. 2012. 西南山区矿调中的地球物理综合找矿技术成果[J]. 物探与化探，36(4)：523–528.

李建军，张许平，刘鸿福. 2006. 磁法与测氡法结合寻找地热资源[J]. 物探与化探，30(4)：289－292.
刘鹤峰，马友谊，郝跃生，等. 2006. 创新思维与找矿实践[M]. 北京：地质出版社，108－162.
曾昭发，吴燕冈，郝立波，等. 2006. 基于泊松定理的重磁异常分里方法及应用[J]. 吉林大学学报:地球科学版，36(2)：279－283.
Zhang Minghua, Xu Deshu, Chen Jianwen. 2007. Geological shrtlcture of the yellow sea area from regional gravity and magnetie interpretation [J]. Applied Geophysics, 4(2): 75－83.

Experience and understanding in the verification of Tiekesumiao aeromagnetic anomalies in northwest margin of Ordos Mesa

Yin Bing-xi, Yang Yong, Wu Dan, Zhu Xuan-he

Abstract: In the verification of Tiekesumiao aeromagnetic anomalies, with the help of using the area of high-precision magnetic and the comprehensive explanation of using a large scale high precision gravity and magnetic profile and audio magneto telluric sounding profile, we draw a conclusion of the buried depth of abnormal magnetism which is to be inspected by drilling protect. Meanwhile, we would like to clarify that using various methods of geophysical prospecting to explain anomaly inspection has the necessity of mutual bound and mutual verification.

Key words: Aeromagnetic anomalies; Comprehensive geophysical prospecting; Tiekesumiao

甘肃北山地区勒巴泉航空物探异常查证见矿实例

黄旭钊　徐昆　梁月明　周道卿　杨雪
（中国国土资源航空物探遥感中心，北京 100083）

勒巴泉航空物探异常位于甘肃省肃北县，为2002年在新疆－甘肃北山地区航空综合站测量时首次发现，磁异常编号为甘C－2002－146，2003年地面踏勘异常时发现勒巴泉铜矿化点，同年进行了探矿权登记，登记区面积15.37 km^2。中国国土资源航空物探遥感中心与甘肃省地质调查二院和地调院于2005～2013年，完成了甘肃省肃北县马鬃山勒巴泉铜矿区的地质和物化探及工程验证等工作。地、物、化、遥资料数据分析结果表明，勒巴泉铜矿外围及其所处成矿带具有寻找斑岩热液型铜多金属矿床的潜力。本文介绍了甘肃省勒巴泉航空物探异常的查证及解释成果，共圈出各类铜金矿化体十余处、矿化带长约4 km，其中部分探槽工程揭露的矿化体已达工业品位，圈定的磁、电和化探异常为测区地质研究及寻找铜等多金属矿产提供了重要的线索，对研究区今后寻找铜多金属矿的构造背景具有一定的指导意义。

1　地质矿产背景

1.1　构造

勒巴泉航空物探异常区（简称勒巴泉地区，下同）位于马鬃山南地势较开阔地带，天山褶皱系北山褶皱带近中央部位。区内自震旦世始，经受了蓟县期、加里东期、华力西期、阿尔卑斯期等多期次构造运动。由于各期构造运动的影响，致使区域构造复杂、褶皱重叠、断裂交织、构造线相互干扰。由北而南形成了一系列轴向近E－W向、大致互相平行的隆起和凹陷。褶皱由北而南包括明水复背斜、草狐勒哈德复背斜、双井－同双昌口山间坳陷、马鬃山复向斜带、双鹰山复背斜、梧桐井复背斜带。由于受断裂影响，形态不完整，产状倒转。断裂构造主要为近E－W向及NW向、NE向三组，S－N向断层亦有少量分布。

1.2　地层

勒巴泉地区中新生界分布最广，古生界因岩体侵入、断层破坏及第四系覆盖，分布零星。出露地层主要为中上志留统公婆泉群（$S_{2-3}g^n$）和下志留统勒巴泉群第四岩组（S_1lb^4）、二叠系以及第四系，如图1所示。

第四系（Q）分布于河谷平原、山间坳陷以及山前倾斜平原一带。岩性主要为砾石、砂、黏土及亚黏土。成因类型属陆相，冲积－洪积、堆积。

二叠系（P）主要分布在普查区的北部一带，岩性主要为炭质板岩、砂岩及砾岩，粉砂质板岩，及钙质细砂岩、粉砂岩加泥灰岩等组成。为一套海相－海陆交互相建造。

志留系（S）分布较为广泛，分为中上志留统公婆泉群和下志留统勒巴泉群。公婆泉群为该区的主要地层，分为两个岩性段，下部岩性段为深灰色或灰黑色英安岩，随凝灰质含量变化，时而为凝灰质英安岩，时而为英安质凝灰岩，该段含有火山角砾，但是数量少，粒径也小，为含角砾的英安岩；该段顶、底部均有含铜层位，与公婆泉铜矿赋矿层位相同。上部岩性段为安山岩段，以灰绿－暗绿色为主，夹凝灰质安山岩或安山质凝灰岩，其底部为凝灰砾岩及生物碎屑灰岩，厚度185～420 m，最厚达610 m。下志留统勒巴泉群岩性为灰绿色千枚岩，夹少量浅变质安山岩，以及少量绢英岩，岩石产状较为稳定，走向近E－W向，倾角陡。

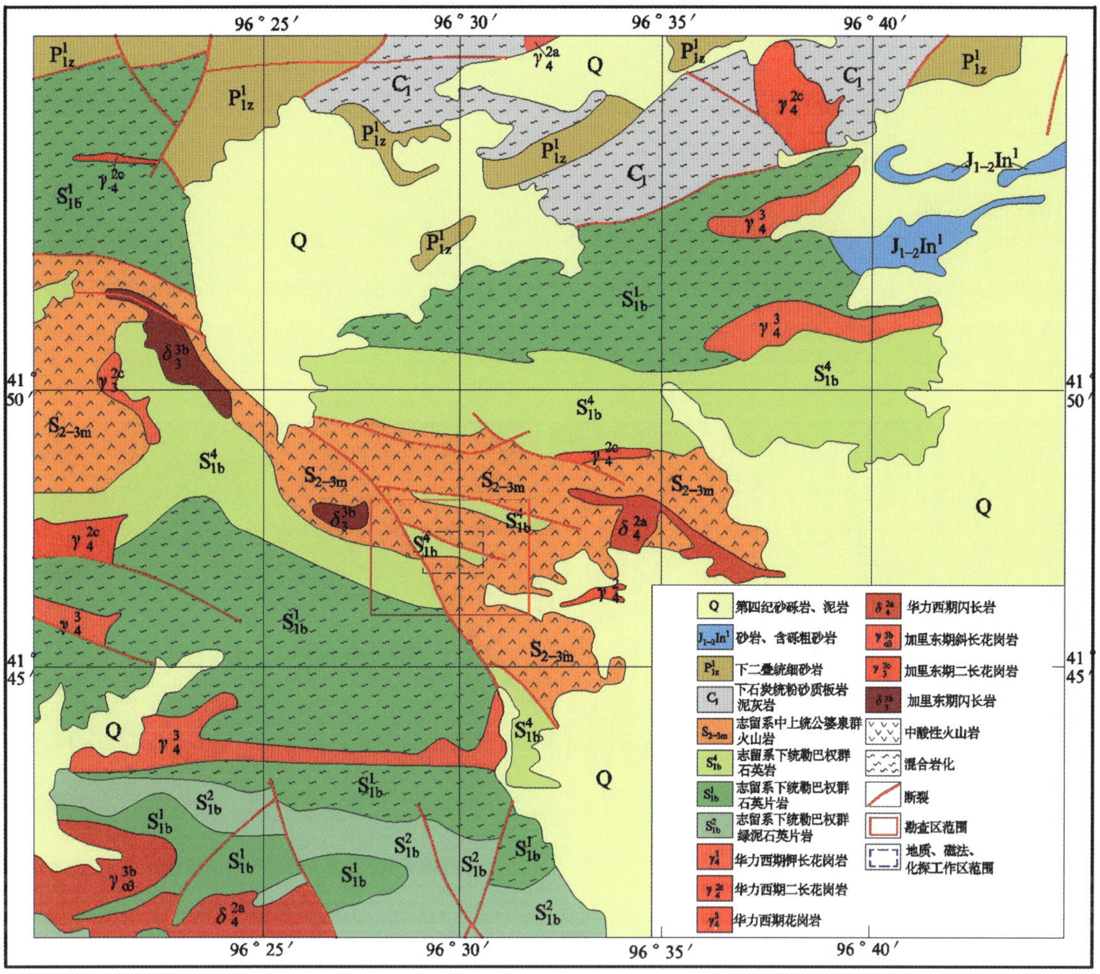

图1　甘肃北山勒巴泉铜矿区域地质图

1.3　侵入岩

勒巴泉地区岩浆侵入活动强烈，影响范围较广，出露面积较大，以酸性、中酸性岩类分布最广，脉岩也很发育。侵入岩以华力西中晚期为主，加里东晚期次之。岩浆活动与构造运动有明显依赖关系，内生成矿作用亦与其密切相关。具有代表性的花岗岩体是华力西中期石板墩钾长花岗岩体及七一山二长花岗岩体和加里东晚期花岗岩，多沿断裂带侵入。花岗岩体内接触带上的矿产有铁、铜、铅（锌）及稀有、放射性元素。闪长岩体主要分布于普查区东部一带，与其有关的矿产有稀有金属及多金属。

勒巴泉地区内脉岩发育，主要出露中－基性岩脉，花岗岩零星分布。其中基性岩脉、闪长岩破碎程度比较高，且在基性岩脉接触带上角岩化比较严重。

1.4　矿产

勒巴泉地区内没有已知矿床，仅有几个铜、铁矿点。勒巴泉地区外围矿产有铁、铜（伴生铅、锌）、金等矿，如狼娃山铁矿、红石山铬铁矿、公婆泉铜矿和狼娃山金矿等，其中公婆泉铜矿床位于勒巴泉地区东南部，矿区出露地层主要是中上志留统中酸性火山岩及下志留统复理石建造，下志留统主要岩性为火山沉积岩、中性火山岩、中基性火山熔岩、砂岩、砾岩、大理岩等；中上志留统（公婆泉群）由岛弧火山岩组成，主要岩性有：安山质火山粗碎屑岩、集块岩、安山岩、中酸性火山熔岩、英安岩、大理岩等，其中的安山岩、英安岩中多处见有矿化。

野外异常检查时在勒巴泉一带，发现中上志留统中的安山岩层内发育一条铜、金、银多金属矿化体，化学分析铜元素高达3.45%，伴生的金、银接近工业品位，是一条具有较大潜力的多金属矿化带。勒巴泉地区的地质特点与公婆泉铜矿区相似，具有形成火山热液型铜矿的良好地质条件。

2 地球物理及地球化学特征

2.1 航磁异常特征

甘C－2002－146航磁异常位于勒巴泉以东约2 km。在1∶5万航磁 ΔT 剖面平面图上，处于平稳低缓的磁场区内，呈E－W向连续反映在7条测线上，航磁异常西弱东强，西部仅几十纳特，向东增至200余nT；在1∶5万航磁 ΔT 化极等直线平面图上，为NWW向走向的椭圆形异常，异常强度500余nT（图2）。

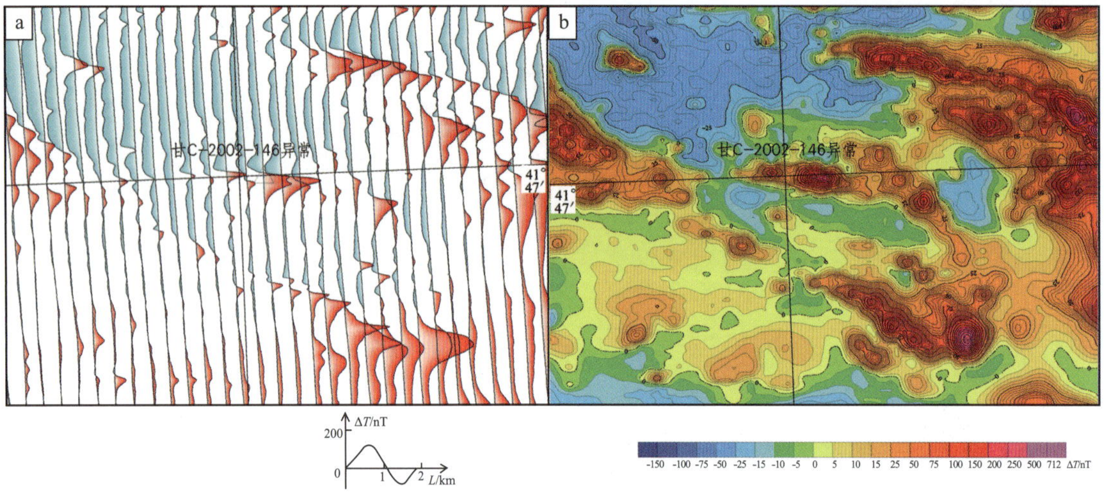

图2 甘C－2002－146异常航磁图

a—航磁 ΔT 剖面平面图；b—航磁 ΔT 化极等直线平面图

2.2 航电异常特征

三频航电甘D－2002－55异常与航磁甘C－2002－146异常的东段相对应，在2020Hz航空电磁异常分布图和8020Hz航空电磁异常分布图中，电磁响应均比较明显（图3）。

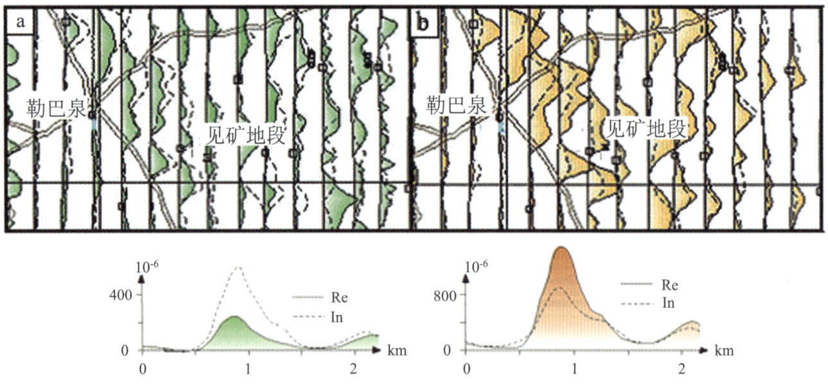

图3 航空电磁异常分布图

a—2020Hz航空电磁；b—8020Hz航空电磁

2.3 航放异常特征

在甘C－2002－146异常区，航空 γ 能谱总量和K、U、Th含量均显示为区域性低值，仅在其上叠加了不太明显得高值异常（Th 含量除外），而在 F 参数图上则呈现相对高值异常反映（图4）。F 参数是指示蚀变作用的灵敏参数，这是因为在蚀变作用中，钾的次生富集往往具有普遍意义。许多内生矿床（Sn、W、Cu、Mo、Au 等）均伴有钾化现象，F 参数有助于圈出这类蚀变带。经地面实测，在铜矿体上 K、U 元素含量确有增加，其中 K 在本区含量在2%左右，而在铜矿体上 K 含量则大于4%，U 元素也有同样现象。由于在区域上这种变化很弱，所以在原图上没有反映，但是在 F 参数图上得到了清晰的显示。

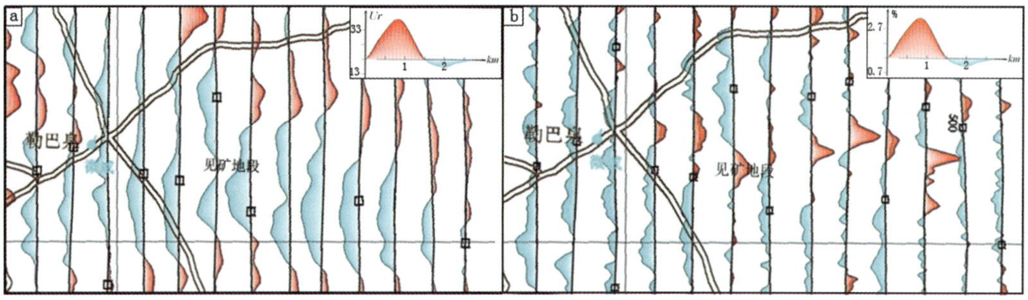

图4　勒巴泉地区航空 γ 能谱 Tc（a）与航空 γ 能谱 F 参数（b）剖面对比图

2.4　岩（矿）石磁性特征

根据磁化率实测结果，氧化铜（孔雀石化蚀变安山岩）矿石的磁化率平均值为 329×10^{-5}SI，属弱磁性体；原生铜矿石（含辉铜矿、斑铜矿化蚀变安山岩）和安山玢岩的磁化率较高，平均值为 653×10^{-5}SI，安山岩的磁化率平均值 618×10^{-5}SI，蚀变安山岩的磁化率平均值 2418×10^{-5}SI 其他岩石的磁化率平均值都小于 41×10^{-5}SI，基本属无磁性物质（表1）。因此，辉铜矿、斑铜矿、孔雀石化的蚀变安山岩、安山岩及安山玢岩的磁化率明显高于勒巴泉区其他岩石，能引起较强异常的物质只有安山岩及安山玢岩，利用高精度磁法测量，可以圈定含铜矿的安山岩的分布范围，从而指导我们间接找矿。

表1　异常区磁化率特征一览表

岩性	块数/块	磁化率 κ/（10^{-5}SI）		
		最大值	最小值	平均值
辉铜矿、斑铜矿化蚀变安山岩	11	5339	20	653
孔雀石化蚀变安山岩	45	1519	11	329
安山岩	54	11306	30	618
蚀变安山岩	37	42937	29	2648
大理岩	4	54	20	41
含炭板岩	9	26	14	20
石英岩	8	21	5	13
砂岩	33	79	9	28
安山玢岩	2	1264	44	655
二长花岗岩	7	40	8	19

2.5　岩（矿）石电性特征

辉铜矿、斑铜矿化蚀变安山岩（原生铜矿石）的极化率最高，平均值为5.44%，含炭板岩次之，平均值为3.06%，砂岩的平均极化率为2.18%，孔雀石化蚀变安山岩（氧化铜矿石）和其他岩石的极化率差异性不大，一般为1.61%～1.85%，为该区岩石的背景值（表2）。区内足以引起激电异常的岩（矿）石只有含炭板岩和原生铜矿石，由于含炭板岩为无磁性特征，因而含炭板岩引起的激电异常可以结合高精度磁测结果排除。因此，当原生铜矿石具备一定规模时，利用激发极化法结合磁法可以圈定矿致异常。

表2　勒巴泉铜矿区岩矿石极化率参数测定统计一览表

岩性	块数/块	极化率 η/%		
		最大值	最小值	平均值
辉铜矿、斑铜矿化蚀变安山岩	11	36.97	1.04	5.44
孔雀石化蚀变安山岩	25	2.84	0.77	1.62
安山岩	54	4.83	0.35	1.70
蚀变安山岩	37	15.93	0.77	2.20
大理岩	4	2.80	0.93	1.62
含炭板岩	9	5.03	2.06	3.06
石英岩	8	2.41	0.79	1.50
砂岩	19	2.90	0.73	2.18
安山玢岩	2	1.87	1.83	1.85
二长花岗岩	7	2.31	0.97	1.61

2.6　岩（矿）石地球化学特征

Cu元素异常主要分布在普查区的中部、西部和东北部的部分地段，其他地段零星分布，范围与含铜蚀变带的范围及展布方向一致，并伴生Ag、Au、As、Sb及Ni元素异常。Cu元素最高含量为1.535%，表现出明显得富集特征。Au元素在普查区分布比较零散，含量平均为1.63×10^{-9}，最高可达1.748 g/t（表3）。

表3　勒巴泉铜矿区各元素地球化学特征统计表

元素	极大值	极小值	样品数/件	均值	离差	变异系数	异常下限	偏度	峰度
$Au/10^{-9}$	1747.87	0.17	1050	1.63	1.37	0.84	4.36	0.20	-0.38
$Ag/10^{-9}$	576.00	16.00	1053	36.98	9.69	0.26	56.37	0.02	-0.35
$As/10^{-6}$	173.50	0.80	992	3.40	1.71	0.50	6.82	0.36	-0.11
$Co/10^{-6}$	47.60	1.90	993	24.59	6.06	0.25	36.70	-0.40	-0.43
$Cu/10^{-6}$	15351	4.20	1040	49.92	34.23	0.69	118.38	0.07	-0.35
$Mo/10^{-6}$	5.40	0.12	1100	0.86	0.48	0.57	1.83	0.19	-0.64
$Ni/10^{-6}$	237.40	3.70	1078	41.00	20.77	0.51	82.54	-0.32	-0.16
$Pb/10^{-6}$	57.10	2.20	1069	7.17	2.71	0.38	12.58	0.31	-0.34
$Sb/10^{-6}$	32.21	0.22	1025	1.20	0.50	0.41	2.20	-0.03	-0.33
$Zn/10^{-6}$	547.40	9.60	1007	51.30	15.00	0.29	81.31	0.06	-0.22

3　地面查证及综合解释

2003年地面踏勘检查航磁异常甘C-2002-146异常时，在异常区内发现了铜矿化体，并进行了矿产登记。为了进一步解释该异常，中国国土资源航空物探遥感中心与甘肃省地质调查二院和地调院合作，先后在异常区开展了1∶5000地质草测、1∶5000磁法面积性测量、1∶10000和1∶5000岩屑测量、地质槽探，对地表发现的铜矿化线索采用物探、化探和地质等综合手段进行评价，结合地表追索控制和激电测深，了解矿体埋深、延伸及产状变化，结果如图5～图7所示。

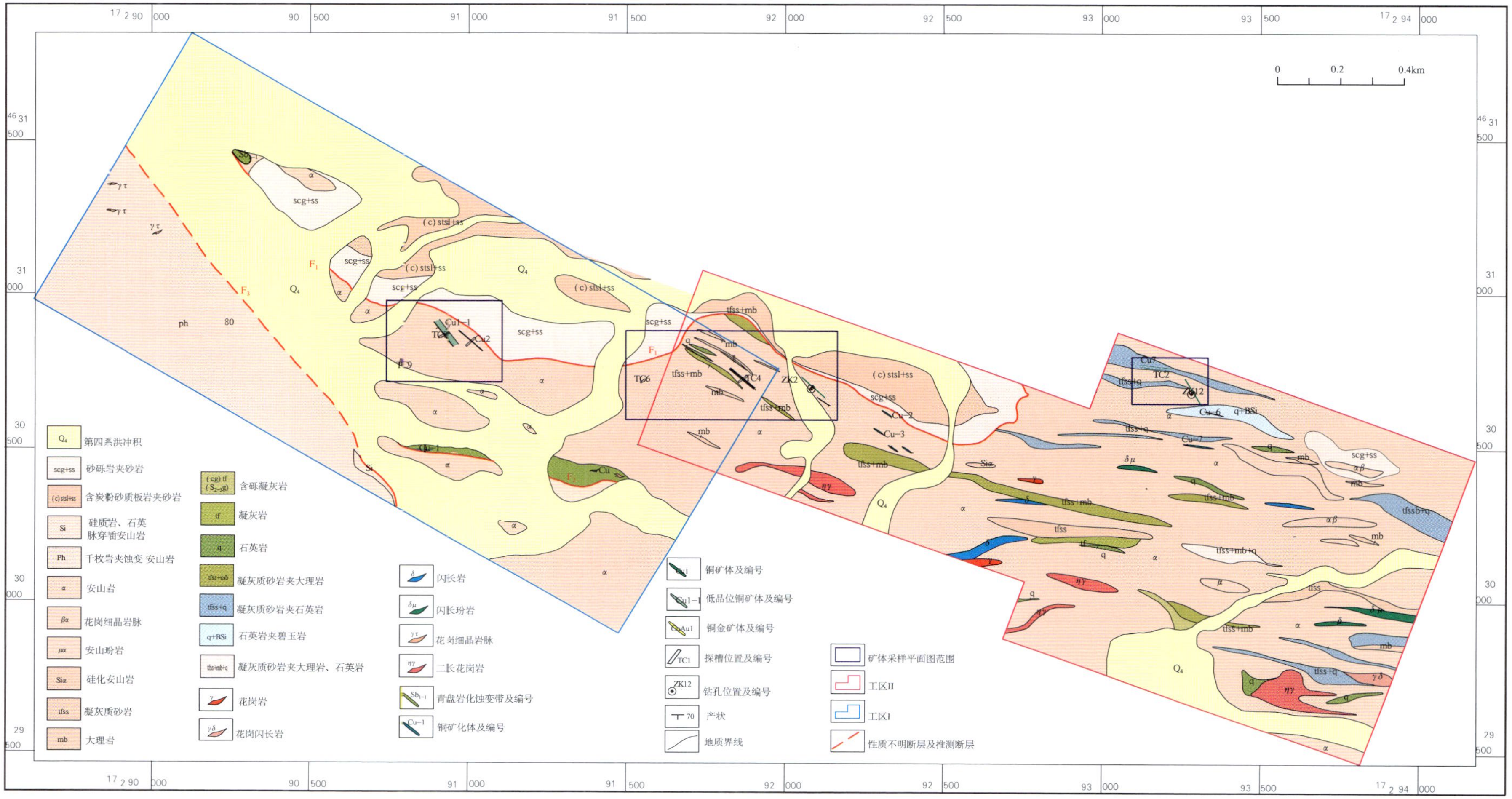
0 0.2 0.4km
第四系洪冲积
砂砾岩夹砂岩
含炭黏砂质板岩夹砂岩
硅质岩、石英脉穿插安山岩
千枚岩夹蚀变 安山岩
安山岩
花岗细晶岩脉
安山玢岩
硅化安山岩
凝灰质砂岩
大理岩
含砾凝灰岩
凝灰岩
石英岩
凝灰质砂岩夹大理岩
凝灰质砂岩夹石英岩
石英岩夹碧玉岩
凝灰质砂岩夹大理岩、石英岩
花岗岩
花岗闪长岩
闪长岩
闪长玢岩
花岗细晶岩脉
二长花岗岩
青盘岩化蚀变带及编号
铜矿化体及编号
铜矿体及编号
低品位铜矿体及编号
铜金矿体及编号
探槽位置及编号
钻孔位置及编号
产状
地质界线
矿体采样平面图范围
工区II
工区I
性质不明断层及推测断层
图5 勒巴泉地区地质图

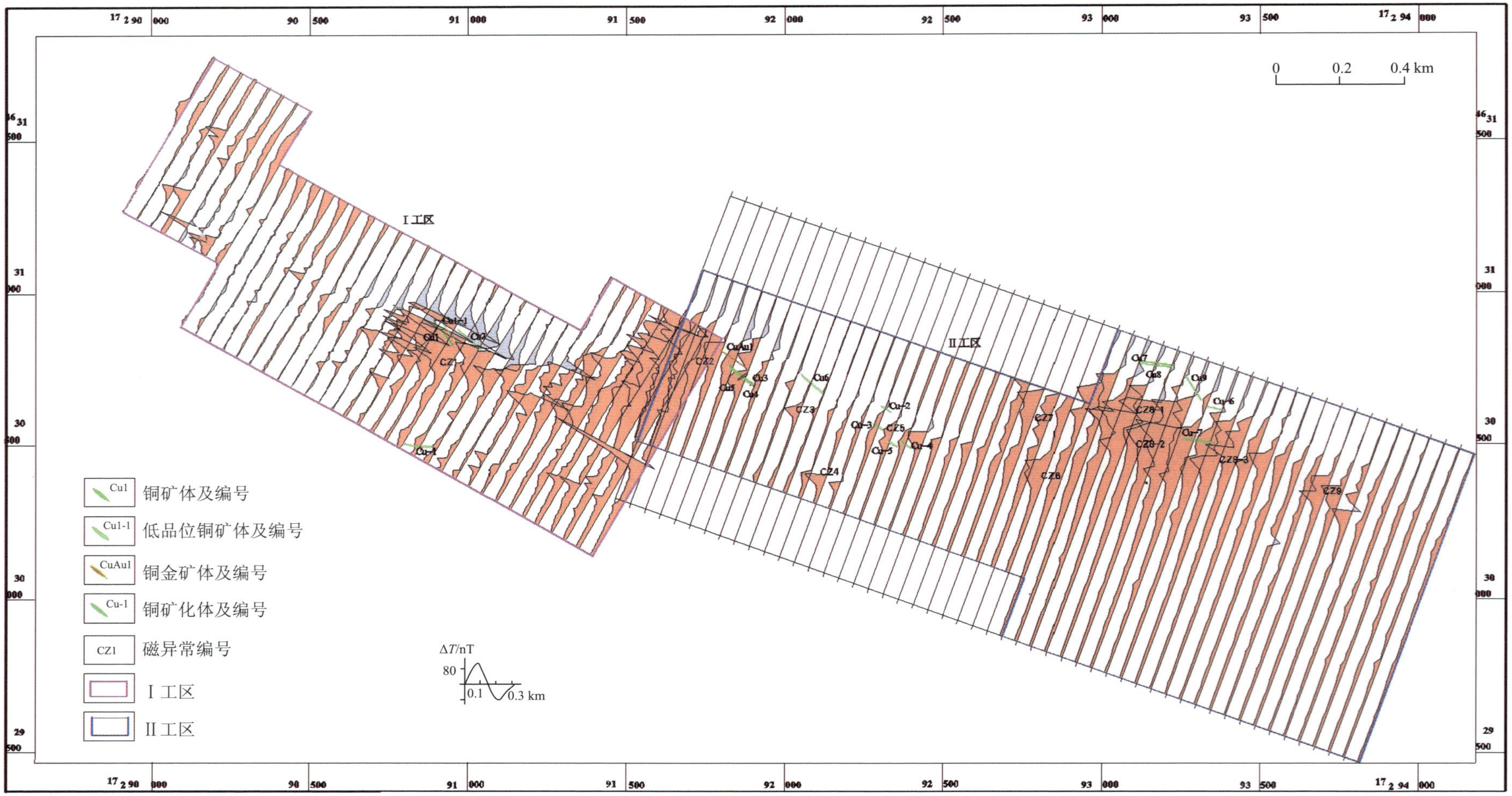

图6　勒巴泉地区高精度磁测ΔT剖面平面图

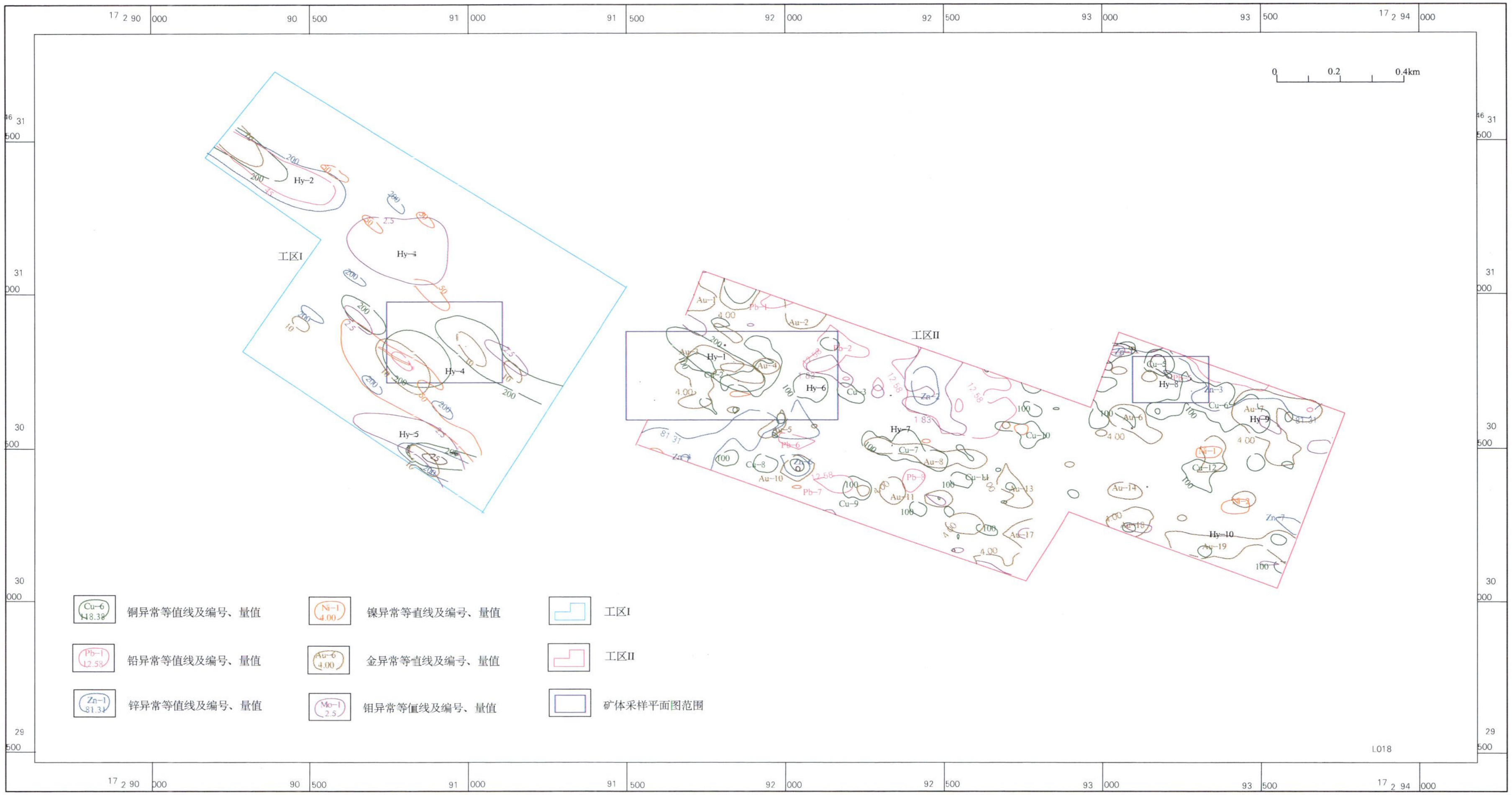

图7 勒巴泉地区铜、金、铅、锌、镍、钼组合异常图

通过对该区进行面积性磁测工作，共发现地磁异常9处，编号分别为CZ1～CZ9。经1：10000、1：5000岩屑测量圈出了几处多元素异常浓集中心带，经对异常进行综合分析，并经地表工程及地质验证后，圈出了多条铜（金）矿（化）体，在此基础上结合各异常元素的组合及所处的地质特征，圈出10处化探异常，编号分别为Hy－1～Hy－10。下面仅重点描述地磁异常CZ2特征及综合解释。

地磁异常CZ2分布于Ⅱ工区北西角，异常面积较大，北部伴有较强的负异常，整体呈NW向走向，梯度较缓，磁异常最高达450 nT，异常区岩性主要以灰绿－暗绿色安山岩为主。在局部地段安山岩破碎蚀变强烈，具孔雀石化、绿帘石化、碳酸盐化、硅化及黄铜矿、辉铜矿等。根据物性测定结果，大理岩的磁化率为33×10^{-5}SI，地磁异常的分布范围与安山岩的分布较为吻合。

地磁异常CZ2与化探异常Hy－1对应较好，化探异常由Au－3、Au－4、Cu－1、Cu－2等异常组合而成，主要元素组合为Cu、Au、Sb，其中Cu元素最高含量为0.710%，Au元素最高含量为1.748g/t。对在该磁异常区发现的铜矿化线索进行踏勘的同时，在其北部发现一蚀变安山岩露头（编号Cu（Au）－1），具孔雀石化、硅化、绿帘石化、黄铜矿、辉铜矿（图8）。露头长5～10 m，宽2～3 m。经采样分析，铜品位为1.7%～4.7%，金品位0.7～1.3g/t，最高金品位为13g/t。

图8　含斑铜矿、黄铜矿和辉铜矿等原生铜矿石标本

为了对地磁异常和化探异常进行验证，在地磁异常的中心部位布置了两条探槽，分别为TC4、TC5。在TC4中发现三条矿体，三条矿体长均为200 m左右。经采样分析Cu3平均含量为1.33%，矿体宽度1 m；Cu4平均含量为0.92%，矿体宽度2 m；Cu5平均含量为0.63%，矿体宽度1.5 m。

为了进一步了解深部的含矿性，在该地磁异常中心又布置了激电测深（图9）。从图中可以看出，视极化率随着勘探极距的加大，深部视极化率值逐渐增大，最大为3.347%；而视电阻率（ρs）深部也相对较低，为一低阻高极化特征。经初步解释，认为极化体顶部埋深约50 m，厚度较大，向下尚未完全封闭，极化体向南缓倾，且随埋深的增加而富集；推断该矿体深部有明显得金属硫化物富集，深部可能含矿性较好。经钻探验证（终孔深250 m），该孔打在破碎带中，在200余m见一层1 m厚铜矿体（品位1.04%），其余仅见矿化现象，应进一步安排深部工程验证。

使用同样的方法推断CZ1、CZ5、CZ8由含铜矿的蚀变安山岩引起，CZ3、CZ6、CZ7、CZ9由安山岩及安山玢岩体引起，CZ4为不明原因异常。

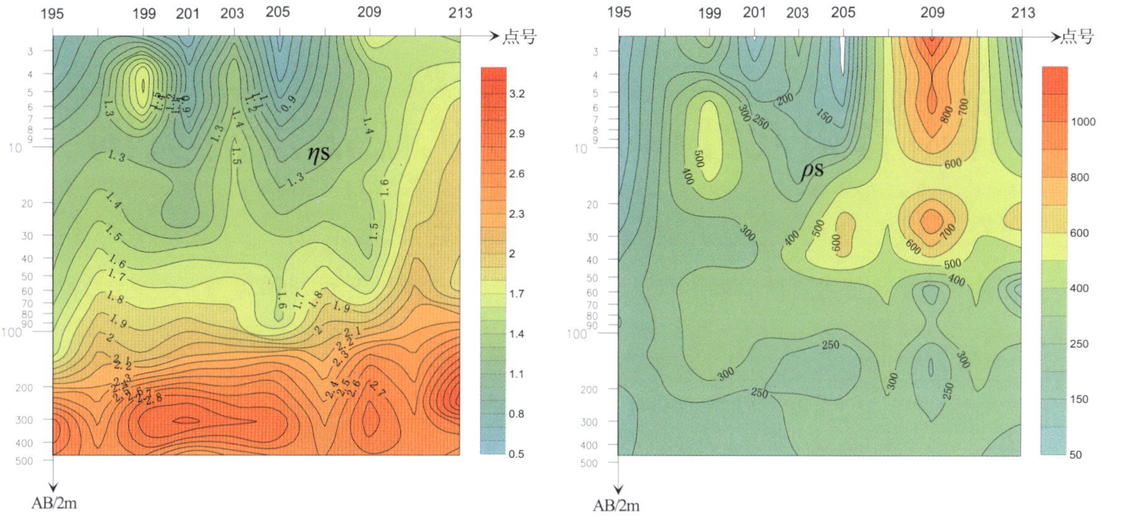

图 9　Ⅱ工区 VIII 线激电测深 ηs、ρs 断面图

4　结论

目前，勒巴泉地区控制近 E－W 向矿化带长 4 km，宽 300～800 m，该带已有古采坑（井）近 20 余处，发现铜金矿（化）体 10 余处，从矿化规模及古采坑（井）数量及综合勘探情况来看，该区具有较好的勘探前景，应在磁异常与化探综合异常对应较好的地区，进一步布置验证钻孔，以期在深部找矿中有所突破。

勒巴泉地区综合找矿实践表明，应用磁法、地球化学岩屑测量、地质填图等综合手段，结合激电测深，通过多参数分析，互相补充、互相验证，能够有效圈定铜、金等矿（化）体。

参考文献及资料

杜刚，李卫红，杨文彬，等. 2003. 巴泉－公婆泉陆缘弧主要特征及动力学背景[J]. 甘肃地质学报，(1).

梁月明，黄旭钊，徐昆，等. 2003. 新疆－甘肃北山地区西段固体矿产航空物探勘查成果报告(内部资料).

徐昆，吴云，何海军，等. 2013. 甘肃省肃北县勒巴泉铜矿详查阶段报告(内部资料).

许荣科，鲁胜章，李兴德，等. 2010. 甘肃北山公婆泉铜矿矿集区成矿构造剖析及成矿预测[J]. 地质与勘探，46(1)：93－101.

袁利东，张明. 2010. 甘肃省肃北县公婆泉铜矿地球化学特征及矿床成因[J]. 华北国土资源，1：9－11.

张雨莲，许荣科，陕亮，等. 2009. 甘肃北山公婆泉斑岩铜矿区域地球化学异常结构模式[J]. 物探与化探，33(4)：406－410.

甘肃省肃北红柳疙瘩铁矿磁法找矿实例

王 洋 谢志峰 缪淑君 华天月
（甘肃省地矿局第二地质矿产勘查院，甘肃 兰州 730020）

摘 要：红柳疙瘩铁矿矿体赋存在华力西期中粗粒角闪辉长岩体中，岩石变质作用基本以动力变质作用、蚀变作用和热液作用为主。华力西期中粗粒角闪辉长岩具有强磁性、高导电性和高极化率特性，可以形成明显得磁和激电异常，地面高精度磁测和激电测量可以达到良好的找矿效果。

关键词：铁矿；磁法；激电中梯；激电测深

红柳疙瘩铁矿位于甘肃省肃北县红柳疙瘩井，20 世纪 80 ~ 90 年代前人完成了区调工作，经高精度磁测，电磁综合剖面及激电测深大致查明了含矿辉长岩体的物性特征及其分布范围，在辉长岩分布区圈出了一个磁电综合异常，经过钻探验证为矿致异常，发现 3 条主矿体。取得了较好的找矿效果。

1 开展工作的技术前提条件

1.1 地质背景

1.1.1 地层

红柳疙瘩地区出露地层主要有石炭系（C）、侏罗系（J）、白垩系（K）及第四系（Q）等（图1）。

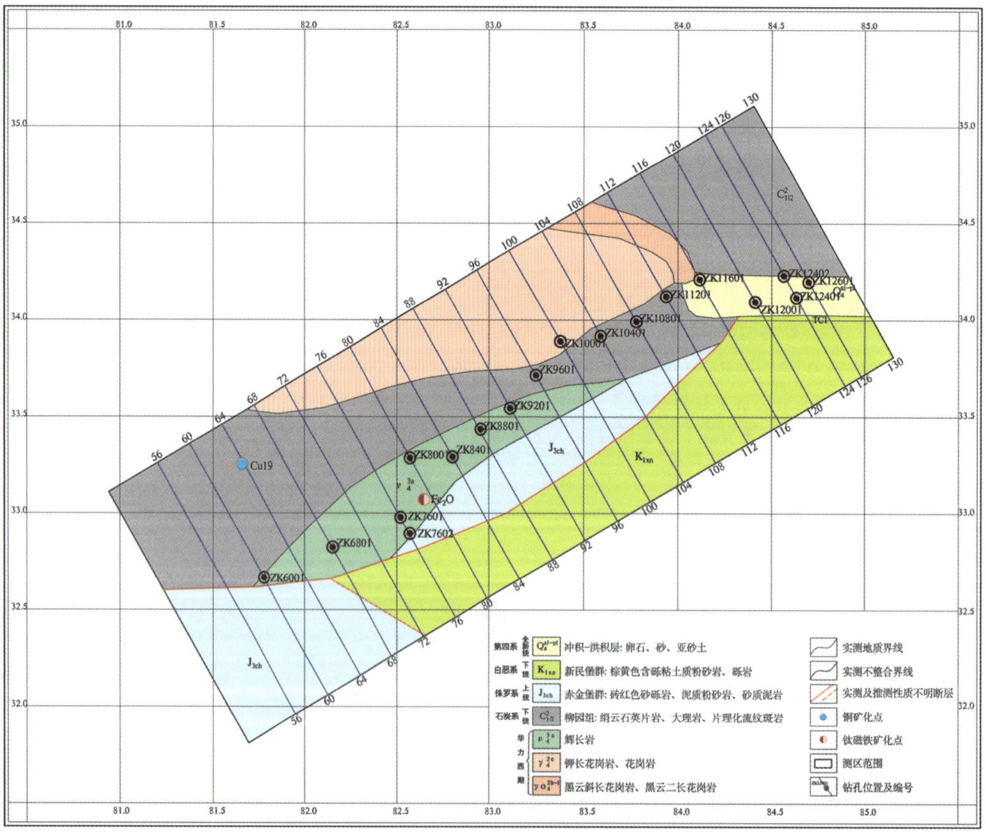

图1 红柳疙瘩地质简图及工作部署图

1.1.2 构造

普查区位于格鲁玛井—红柳疙瘩北断裂南侧，区内断裂构造十分发育，以 E－W 向为主，该组断裂控制了区内火山岩及沉积建造的分布，为区内主要的导矿构造；NE 向次之，该组断裂控制了测区内矿产及含矿岩脉的分布，为区内主要的控矿构造。据已揭露的采坑控制长度约 3 km，产状 160°，倾角为 80°～85°，据擦痕判断为逆断层。

1.1.3 岩浆岩

普查区内侵入岩主要为华力西中期中酸性侵入岩和华力西晚期基性岩，中酸性侵入岩岩性主要为黑云母斜长花岗岩、黑云二长花岗岩（γo_4^{2b-1}）和钾长花岗岩、花岗岩（γ_4^{2c}），基性侵入岩主要为辉长岩（υo_4^{3a}）。

1.1.4 变质作用及围岩蚀变

矿体赋存在华力西期中粗粒角闪辉长岩体中，岩石变质作用基本以动力变质作用、蚀变作用和热液作用为主。动力变质作用主要体现为岩体中破碎带十分发育，岩石局部碎裂程度较高，受挤压应力的影响，局部已变质形成构造泥。蚀变作用主要体现在辉长岩岩体的绿泥石化和绿帘石化，局部见叶腊石化，此类次生蚀变多沿岩石裂隙发育，另外，在近地表处，常见岩石具褐铁矿化、赤铁矿化。热液作用主要体现在岩石裂隙中可以发现不均匀分布的细石英脉、长石细脉等，是后期热液作用的结果。

1.2 岩（矿）石物性特征

本区正长岩、花岗岩磁性最弱，属无磁性，其中正长岩磁化率在（61～67）×10^{-5}SI 变化，常见值为 64×10^{-5}SI；花岗岩磁化率在（0～23）×10^{-5}SI 变化，常见值为 4×10^{-5}SI（表 1）。石英闪长岩、斜长角闪岩、闪长岩具有弱磁性特征，其常见值在（113～223）×10^{-5}SI 变化，但斜长角闪岩的磁化率变化范围较小，磁化率值在（207～231）×10^{-5}SI 变化，常见值为 223×10^{-5}SI，因而也不足以引起磁异常；石英闪长岩和闪长岩的磁化率值变化范围较大，其中石英闪长岩的磁化率值在（27～1819）×10^{-5}SI 变化，常见值为 113×10^{-5}SI，个别岩石磁性可达到中等强度；闪长岩的磁化率值在（18～5214）×10^{-5}SI 变化，常见值为 118×10^{-5}SI，个别岩石可达到中等磁性、甚至更强。斜长闪长岩、角闪岩、辉长岩显示为中等磁性—强磁性特征，磁化率常见值在（1648～4324）×10^{-5}SI 变化，但斜长闪长岩的磁参数值变化较小，在（1875～1891）×10^{-5}SI 变化，常见值为 1885×10^{-5}SI，只能达到中等磁性；而角闪岩和辉长岩的磁化率值变化范围较大，其中角闪岩的磁化率值在（66～12354）×10^{-5}SI 变化，常见值为 1648×10^{-5}SI，辉长岩的磁化率值在（315～12316）×10^{-5}SI 变化，常见值为 4324×10^{-5}SI。从上述磁化率变化范围和常见值看，本区角闪岩和辉长岩的磁性从弱磁性—强磁性均有显示，但多数情况下角闪岩只表现为中等磁性，而辉长岩则可显示为中等、甚至强磁性特征。

表 1　红柳疙瘩井物性测定结果一览表

岩性	标本数/块	磁化率/（10^{-5}SI）			电阻率/（Ω·M）			极化率/%		
		最小	最大	常见值	最小	最大	常见值	最小	最大	常见值
正长岩	6	61	67	64	22	751	101	0.63	4.82	1.81
花岗岩	34	0	23	4	111	3197	533	0.75	6.35	4.29
石英闪长岩	18	27	1819	113	151	1969	341	3.34	6.82	4.68
斜长闪长岩	3	1875	1891	1885	146	359	235	6.39	20.9	12.88
斜长角闪岩	3	207	231	223	120	158	141	2.19	2.99	2.58
闪长岩	18	18	5214	118	117	1144	318	2.11	8.89	3.74
角闪岩	21	66	12354	1648	66	1769	208	3.42	43.66	8.85
辉长岩	28	315	12316	4324	13	537	95	0.64	71.55	20.64
含钛磁铁矿辉长岩	3	306	20195	2308	16	1854	173	6.17	27.76	12.40

本区含钛磁铁矿辉长岩的磁化率值变化范围则较大，在（306 ~ 20195）$\times 10^{-5}$SI 变化，常见值为 2308×10^{-5}SI，最大值大于 20000×10^{-5}SI，表现为强磁性特征，这是由于含有较多磁铁矿的缘故。

区内岩（矿）石电阻率多在 95Ω·M ~ 533Ω·M，极化率值在 1.81% ~ 20.64% 变化。本区辉长岩的电阻率最低（95Ω·M）、极化率最高（20.64%）。其次是正长岩具有较低电阻率（101Ω·M）和最低极化率（1.81%），在本区引不起激电异常。另外斜长角闪岩也具有较低电阻率（141Ω·M）和较低的极化率（2.58%）。角闪岩和斜长闪长岩具有中等电阻率值（208Ω·M ~ 235Ω·M）和中等极化率值（8.85% ~ 12.88%）。闪长岩和石英闪长岩具有较高电阻率值（318Ω·M ~ 341Ω·M）和较低的极化率（3.74% ~ 4.68%）。花岗岩具有最高电阻率（533Ω·M）和较低极化率值（4.29%），本区大面积出露的花岗岩和黑云母斜长花岗岩、二长花岗岩则不会引起激电异常。

本区含钛铁矿具有较低电阻率值（173 Ω·M）和中等极化率值（12.40%）。

1.3　地球化学特征

本区地球化学异常规模较大，元素套合性好，衬度较低，有明显得浓集中心，异常主要由含钛铁矿的辉长岩和局部含铜的石英片岩等引起，区内最普遍的矿化为褐铁矿化，是由含铁辉长岩地表氧化而成，是引起异常的主要因素，其次可以观察到的矿化为石英片岩中的孔雀石化，也是引起异常的重要因素。

1.4　区域矿产特征

区域内矿产以有色金属、贵金属、固体燃料为主。空间分布上，北部、南部以贵金属为主，中部以有色金属及固体燃料为主。

红柳疙瘩井钛磁铁矿：矿体赋存于中细—细粒辉长岩中，多呈不规则透镜状。矿石结构以致密块状为主。矿石成分以磁铁矿、钛铁矿为主。

红柳疙瘩北西铜矿：矿化赋存于黑云母石英片岩夹大理岩与黑云母斜长花岗岩的外接触带，距岩体 50 ~ 100 m 之石榴子石、透辉石夕卡岩中。夕卡岩有 5 条，一般长 50 ~ 200 m，宽 0.5 ~ 1 m，最大者断续长 350 m。在 5 条夕卡岩中，所见铜矿化不连续，一般矿化长 10 ~ 15 m，最大者连续 45 ~ 50 m，宽 0.2 ~ 0.6 m，品位最高为 1.35%，一般为 0.14% ~ 0.39%，属接触交代型。

金庙沟金矿：矿点位于旧井北—金庙井断裂南侧，出露地层为奥陶—志留系下岩组，主要由灰色、黑色薄层状绢云母千枚岩和灰绿色薄层状绿泥千枚岩互层所组成，夹大理岩。岩层产状 190° ~ 200°。倾角 63° ~ 82°，构成一单斜岩层。

2　工作方法

区内含矿辉长岩具有强磁性、高导电性和高极化率特性，因此选取地面高精度磁测及激电中梯测量是寻找铜、金多金属矿和钛磁铁矿的有效方法。

在工作区首先开展 1∶1 万地面高精度磁测，查清工作区内磁异常分布状况及异常的形态和强度，然后进行 1∶1 万激电中梯测量，大致查明了测区激电异常及其异常起因。在异常重要部位进行磁法精测剖面，配合地质、电法等综合剖面工作，初步确定引起异常地质体的埋深、产状、延伸情况。通过磁、电物性标本测定，结合地质综合分析，推断异常性质，确定矿与非矿异常，为下一步工作及工程验证提供依据。

3　应用实例

3.1　地面高精度磁测

1∶1 万地面高精度地磁测量结果，在测区中部，出现了横贯测区东西的地磁异常带 M2，该异常带由 M2 -1、M2 -2、M2 -3、M2 -4、M2 -5、M2 -6、M2 -7、M2 -8、M2 -9 等 9 个局部异常组成。异常带表现为两头宽、中间细的特征，异常两侧走向总体近似于 NEE 向，中间为 NE 向。南北两侧等值线密集、集中，梯度较陡，磁异常等值线密集地带应是辉长岩岩体的边界（图 2）。

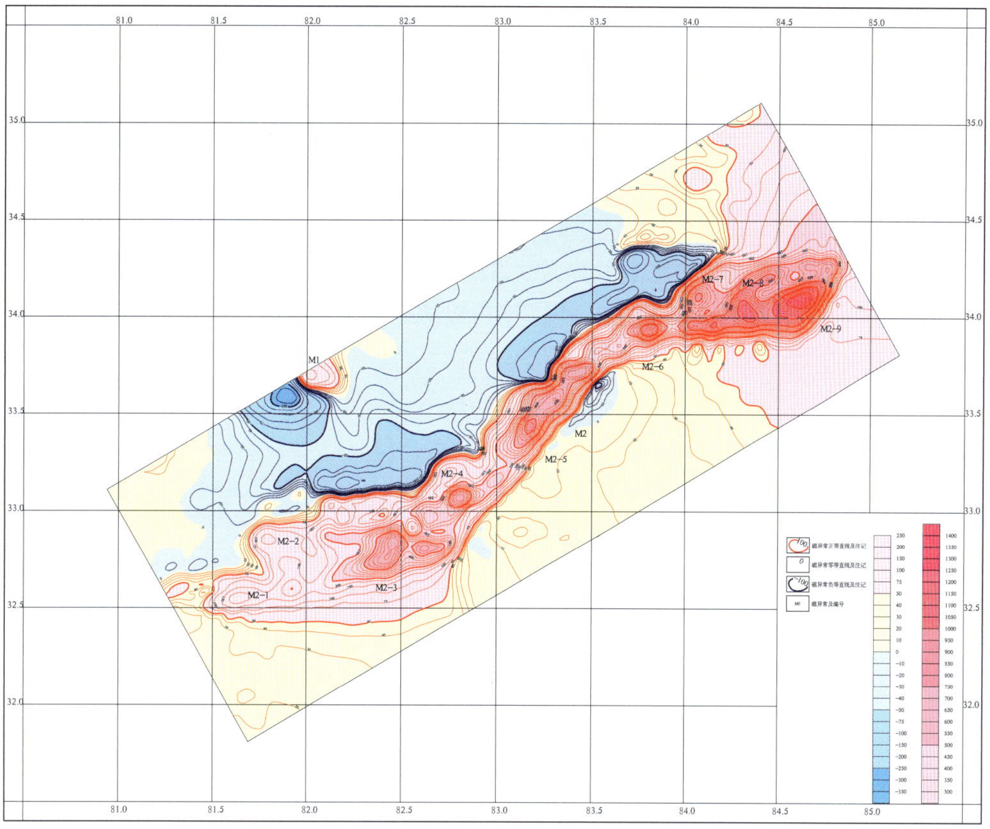

图 2　矿区 ΔT 等值线图

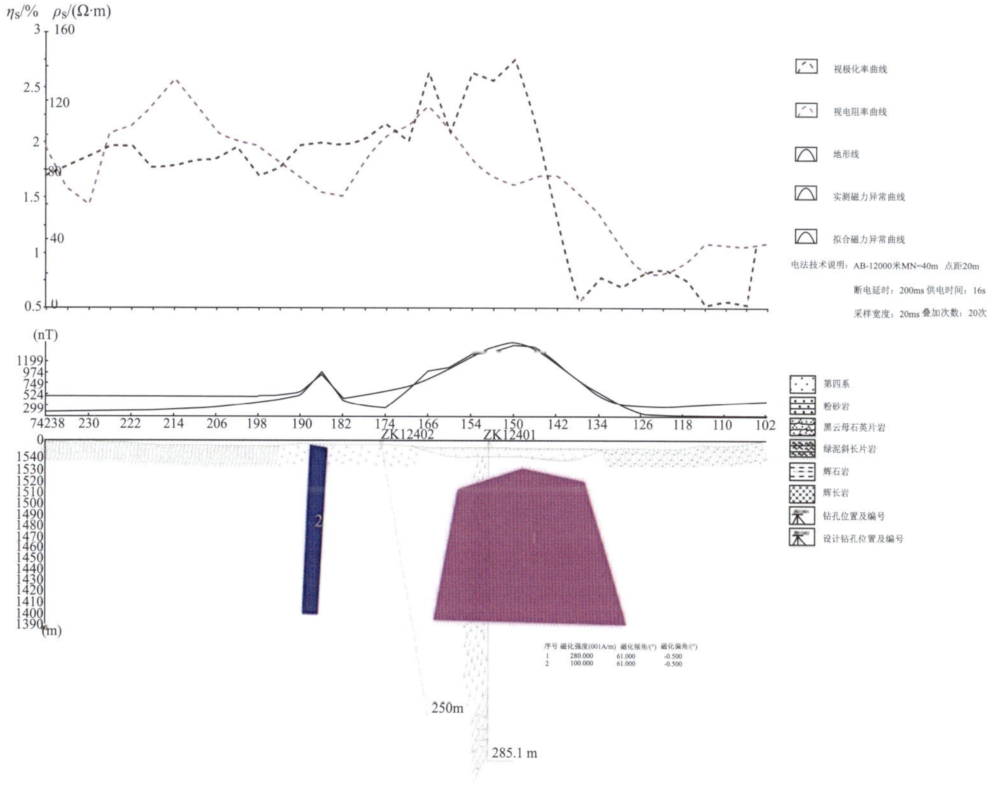

图 3　红柳井钛磁铁矿 124 线物探综合剖面图

由于 M2 异常带具有未化极时其北侧有负异常伴生，而化极后负异常则出现在南侧的特征，判定 M2 异常带引起的磁性地质体的产状总体为北倾，另外根据磁异常两侧等值线比较密集的特点，推断其产状也较陡。根据对 124 线剖面地磁异常的定量反演结果（图 3），磁性体埋深由西向东加大，呈“八字形”产出。

3.2 激电中梯成果及解释

根据局部地磁异常和激电异常特征，在本区圈定出由 M2 磁异常带和 JD3 激电异常组成的综合异常 1 个，M2 异常带的分布范围基本与激电异常（JD3）一致（图 2、图 4）。

视极化率异常等值线平面图（图 4）中，以 2% 视极化率异常值可大致圈定地层、侵入体的边界。

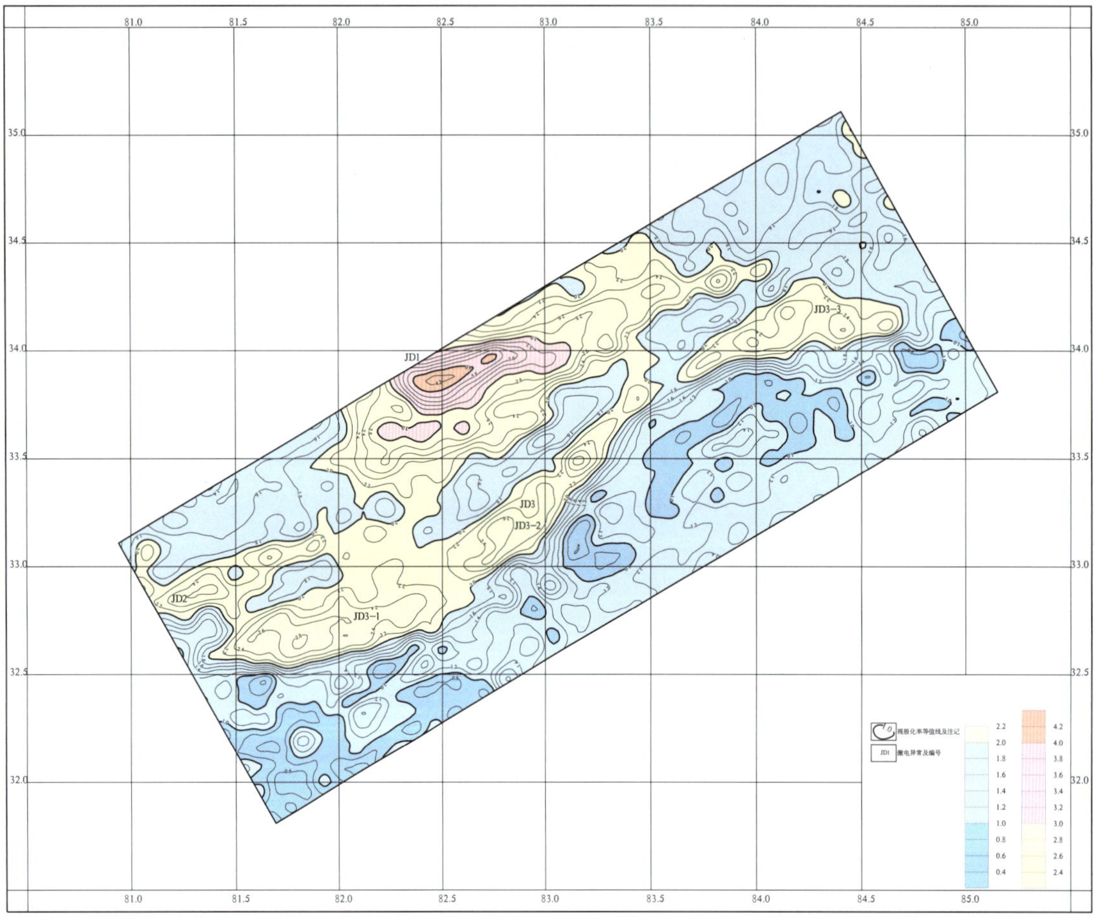

图 4　矿区视极化率异常平面图

3.3 激电测深成果及解释

针对磁异常及激电中梯异常特征，在 62 线、82 线、124 线做了激电测深工作。从所做的激电测深资料（图 5 ~ 10）看，在相应位置均不同程度的出现了视极化率异常。

综合分析磁异常、激电中梯异常和激电测深资料表明，该综合异常西部表现为高磁异常、高电阻率异常和较高极化率异常，中部和东部反映为较高视电阻率、较高极化率、高磁力异常，异常总体是由具有磁性的基性辉长岩和钛铁矿所引起，在 124 线 154 点进行工程验证，深部见到钛铁矿体。

4 结论

1）在工作区所做的 1∶1 万地面高精度磁测与激电中梯测量，其结果清楚地反映了辉长岩岩体的界线，为地质找矿提供了指导性意见和工作依据。

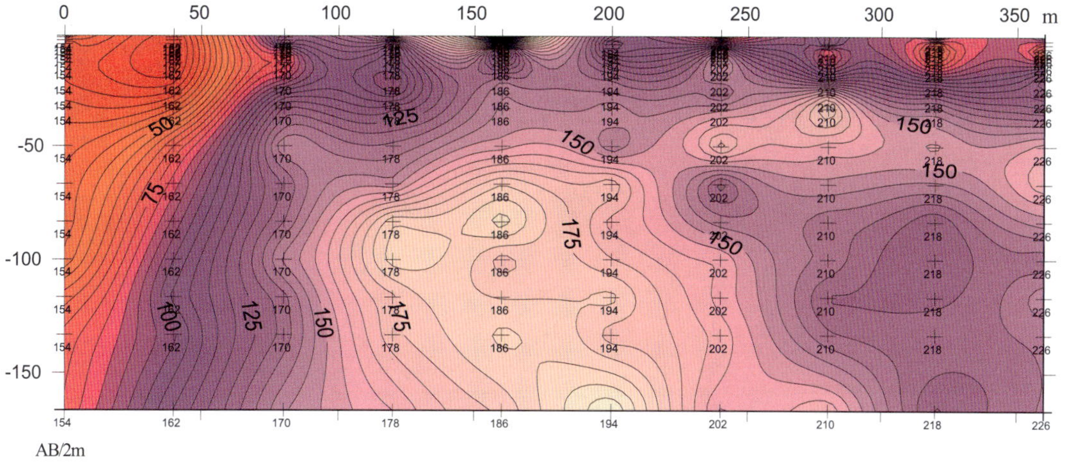

图 5　62 线 154 点～226 点激电测深视电阻率（ρs）异常断面图

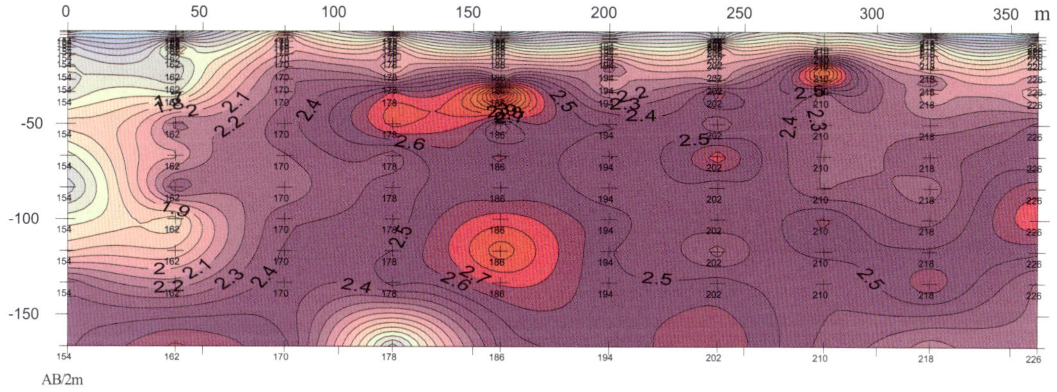

图 6　62 线 154 点～226 点激电测深视极化率（ηs）异常断面图

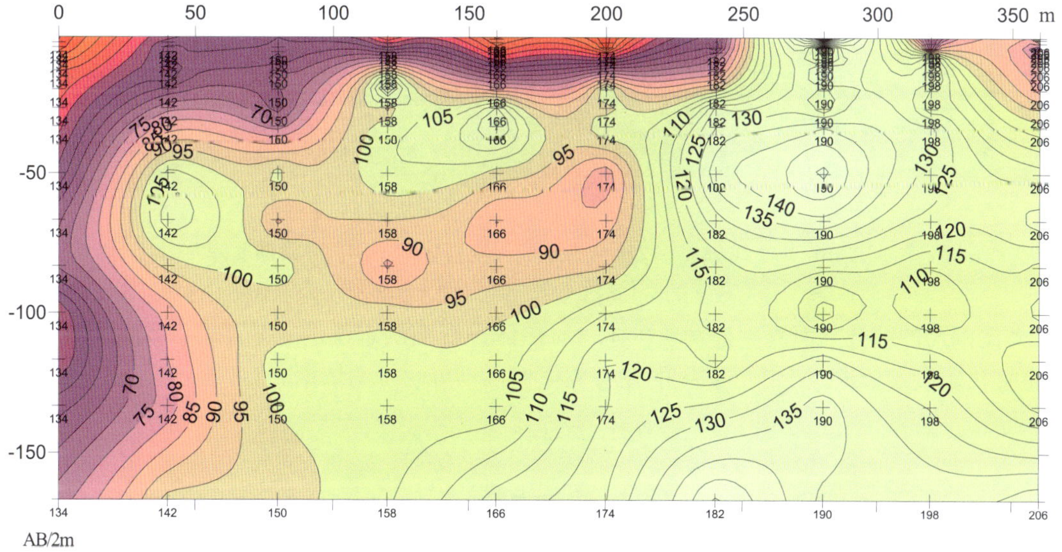

图 7　82 线 134 点～206 点激电测深视电阻率（ρs）异常断面图

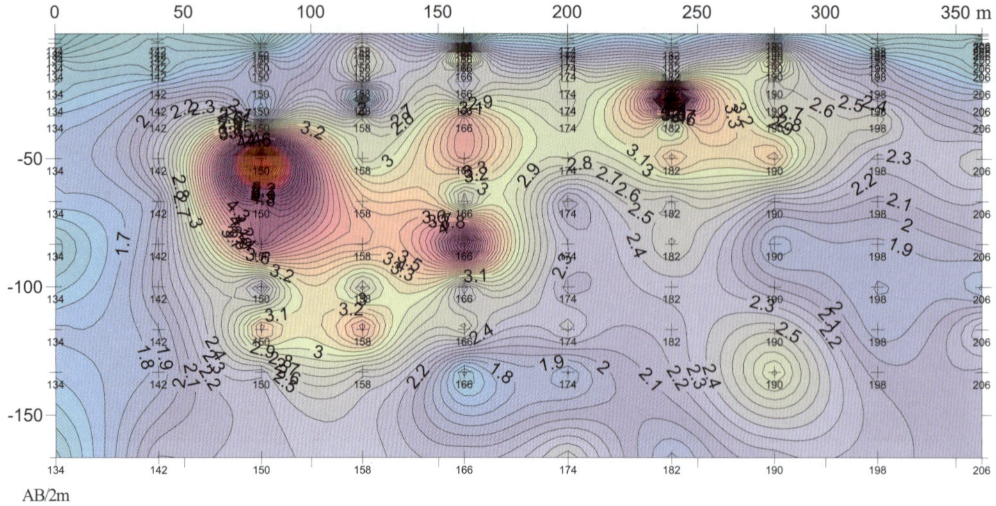

图 8　82 线 134 点 ~206 点激电测深视极化率（ηs）异常断面图

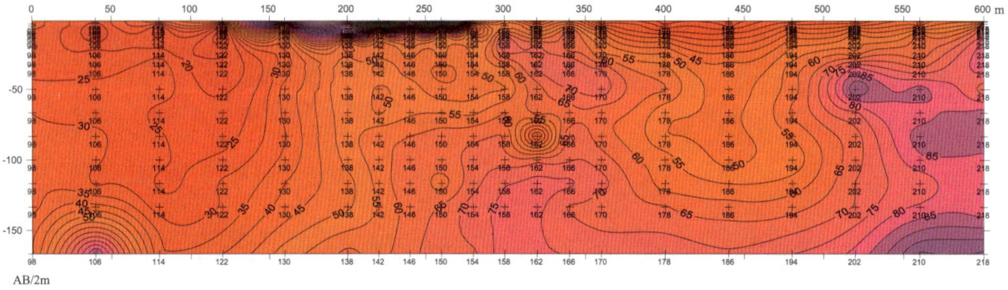

图 9　124 线 98 点 ~218 点激电测深视电阻率（ρs）异常断面图

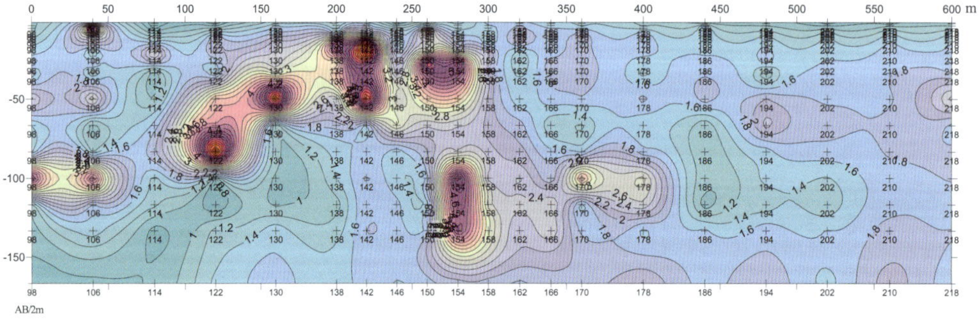

图 10　124 线 98 点 ~218 点激电测深视极化率（ηs）异常断面图

2）大比例尺的综合剖面测量是发现矿体、对矿体进行准确定位的有效手段，为总结和分析找矿标志，建立找矿模式，进一步指导矿区的勘查工作提供不可缺少的依据。

参考文献

管志宁. 2005. 地磁场与磁力勘探[M]. 北京：地质出版社.

刘天佑. 2007. 位场勘探数据处理新方法[M]. 北京：科学出板社.

张明华. 2005. 重磁电数据处理解释软件 RGIS[M]. 北京：地质出板社.

甘肃北山地区红山铁矿磁测找矿效果和隐伏矿预测

李百祥　王洋　缪淑君
（甘肃省地矿局第二地勘院，甘肃 兰州 730020）

摘　要：红山铁矿床产于青白口系变质岩中，属低品位大型沉积－变质型磁铁矿床。此类矿床的岩（矿）石中磁铁矿石具有较强磁性，围岩几乎无磁性。矿床的航（地）磁异常一般呈条带状展布，延伸范围较大，且与铁矿层的走向基本一致；当矿体出露或埋深浅时，磁异常呈连续性好、梯度陡、强度高的单峰异常，并伴有一定的负值异常。当矿床埋藏深度大时，表现为强度不大的低缓异常，是磁测找隐伏矿的地质－地球物理标志。趁全国矿产资源潜力评价之际，系统研究矿区以往磁测和勘探资料，提出预测隐伏矿及其赋存的构造有利部位，经钻探取得很好的找矿效果。

关键词：铁矿；磁法；找矿模型；隐伏矿

1　红山铁矿矿区概况

红山铁矿处于天山兴蒙造山带北山构造带中带双鹰山复背斜南翼。自西而东由5个矿段组成。赋矿地层为青白口系大豁落山群第四岩组上部，矿区内矿体沿罗雅楚山背斜的西段及两翼分布，走向总体呈近E－W向展布，局部为NE－SW向。其中Ⅰ、Ⅱ矿段出露主要含矿层由透辉（透闪）阳起石及铁矿层组成，Ⅲ、Ⅳ、Ⅴ矿段铁矿赋存在硅质板岩、石英岩中。

红山铁矿具有层位稳定，沿走向延长较远，呈层状、似层状与围岩产状一致，以及矿石成分简单的特点。矿石成分主要有磁铁矿、石英、阳起石、角闪石等，含铁品位24%～36%，最高45.63%。属低品位大型沉积－变质（即热水喷流沉积（SEDEX）型）磁铁矿床。

根据矿段的分布特点，可将5个矿段划分成3个矿区，其中Ⅰ、Ⅱ、Ⅲ矿段构成酒钢山铁矿区，包括M148、M168和M 169三个航磁异常；Ⅳ矿段构成独红山铁矿区，包括M145和M 146两个航磁异常；Ⅴ矿段构成砂井东铁矿区，包括M170、M171和M 1969三个航磁异常。

2　地质－地球物理特征

2.1　铁矿区地质特征

2.1.1　含矿地层

青白口系是本区重要的赋矿地层，出露比较广泛。大豁落山群可分为4个岩组，主体以碳酸盐岩为主。第四岩组为红山铁矿的重要含矿岩系，各矿区铁矿体均产于该层位之中。其顶部为绢云绿泥千枚岩夹石英砂岩；上部为磁铁石英岩、磁铁矿层，局部地段磁铁矿呈角砾状，并含少量镜铁矿、赤铁矿，有时蚀变为阳起石、透闪石、透辉石化磁铁石英岩；中部为数米厚石英白云石大理岩，石英砂岩，局部地段出现含砾砂质灰岩，下部为黑云绿泥绢云千枚岩。

该区青白口系出露较全，就沉积相而言，属稳定类型。岩石组分简单，由富燧石条带的镁质碳酸盐岩及少量碎屑岩组成。与下伏蓟县系为平行不整合接触。

2.1.2　构造

红山地区主要由罗雅楚山背斜和砂井向斜构成紧密的线状褶皱。罗雅楚山背斜位于红山地区南中部，北东与砂井向斜毗邻，南侧被加里东期石英闪长岩侵入破坏。该背斜为M148～M169航磁异常控制矿层展布的主体构造。背斜轴向300°，出露长22 km，平均宽4 km，向西倾伏，倾伏角20°～30°。核部由含石墨大理岩、条带状大理岩和白云质大理岩组成，两翼由含绢云母石英岩、含矿层组成，南北两翼具对称性，相背倾斜，倾角35°～70°。北翼地层出露较全，南翼由于断层破坏，造成地层和矿带缺失。

砂井向斜位于红山地区东部。核部由碎屑岩组成，两翼由硅质岩、碎屑岩和大理岩组成。轴向NW向，向西渐转为E－W向，呈现南东收敛而抬起，北西开阔而倾伏的形态。核部有闪长岩体及辉长辉绿岩枝侵入。北东翼的贫磁铁矿层分布在砂井东矿区次级背斜构造的两翼，走向稳定，与青白口系大豁落山群关系密切。

2.1.3　*岩浆岩*

区内岩浆活动频繁而强烈，加里东期有石英闪长岩（δo_3）、辉长辉绿岩（$\nu_3-\beta\mu_3$），在罗雅楚山背斜核部、砂井向斜北东翼次级背斜核部及独红山矿区北西部均有出露；海西期花岗岩（γ_4^{2c-d}）呈岩基状侵入于罗雅楚山背斜与砂井向斜的衔接部位。区内岩脉发育，尤以测区东部的NE向辉绿岩脉为多，一般宽数米至数十米，长200～400 m，最长者可逾1 km。局部辉绿岩脉由于后期蚀变作用，辉石颗粒边部析出磁铁矿颗粒，使岩石具中强磁性。

2.1.4　*矿体及围岩蚀变*

Ⅰ～Ⅳ矿段之磁铁矿产于同一层位，含矿围岩均为透辉石、阳起岩及透闪石阳起岩。矿层上盘为砾岩，下盘为绢云母石英岩，东西断续延长6.65 km，Ⅰ～Ⅲ矿段位于罗雅楚山背斜北翼，地表仅见一层矿，矿层北倾，倾角50°左右。矿体露头北侧已施工的钻孔见矿。矿层较稳定北倾，矿区位于罗雅楚山背斜之倾伏端，呈马蹄形向NW向—SW向倾伏，倾角40°左右。

红山地区较普遍地发育透辉石化和透闪石化，局部伴有绿泥石化，在铁矿层及其近旁比较强烈。由地表及钻孔岩心可见，黄铁矿与磁黄铁矿含量一般3%～5%，局部条带可富集成块状磁黄铁矿矿石，含量可达65%，多沿岩石裂隙呈细脉状分布。Ⅴ矿段矿层赋存于青白口系大豁落山群硅质板岩及石英岩层中。由于花岗岩体的侵入破坏，个别矿体呈残留体产在岩体边部，含矿围岩均为透闪石阳起岩。

区内的磁铁矿床与地层关系密切、层位稳定，矿石成分单一，所具条带状构造与围岩层理平行，且磁铁矿具赤铁矿假象。铁矿在时间、空间、物质来源上均与海底热水喷流沉积作用有密切关系。铁矿的沉积环境受控于青白口纪晚期断陷海盆，矿体的赋存部位为罗雅楚山复式向斜南翼的次级背斜中。因此，认为该区磁铁矿床具备沉积变质铁矿的特点。但该区又具备多种围岩蚀变，深部硫化物有增多的趋向，反映出该矿床可能经受了多期次的热液改造。

2.2　铁矿区地球物理特征

2.2.1　*酒钢山铁矿区岩（矿）石物性特征*

按测网系统地采集物性标本，测定了各类岩（矿）石标本的磁参数值，分别进行了归类统计，其结果见表1。

表1　酒钢山铁矿岩（矿）石磁性参数统计表

岩（矿）石名称	统计点数	磁化率/（10^{-5}SI）			剩磁/（$10^{-3}A\cdot m^{-1}$）			备注
		极大值	极小值	均值	极大值	极小值	均值	
磁铁矿	124	30000	3000	13500	86500	650	13300	酒钢山Ⅰ、Ⅱ、Ⅲ矿区（M169、M148、M168）
磁铁矿化阳起岩岩	29	82600	760	32100	4500	60	1900	
透闪石化阳起岩	21	1745	37	1200	100	6	88	
蚀变辉绿岩	29	18800	30	11300	1300	2	840	
辉绿岩	58	163	65	95	13	5	8	
变砂岩	19			60			37	
硅质板岩	12			34			96	
大理岩	11			18			65	
花岗岩	152			0			0	
石英岩	5			35			35	
砂砾岩	3			470			70	

由物性统计资料表明：

1）矿石与围岩之间磁性差异甚大，可达 $n \times 10 \sim n \times 10^2$ 倍以上，磁铁矿在地表引起数千到数万纳特的强磁异常，可形成明显、规则、具有一定走向的磁异常带。同时，由于矿体厚度、埋藏深度的变化又可形成多个异常中心或数级异常，当埋深较大时，在地面测得的异常规整、低缓。同一类型矿石标本磁性差异也很大，磁化率与磁铁矿品位呈正相关关系，也就是说矿石磁性的大小还取决于变质作用的强弱，变质作用强，磁铁矿含量就高，磁性就强；反之磁性就弱。同一地段磁铁矿磁性垂向变化不大，说明深部磁铁矿品位无明显增高。矿石与矿化围岩均以感磁为主，二者的 Q 值均小于 1。

2）近矿的蚀变岩石（磁铁阳起岩、透闪阳起岩、磁铁变砂岩）具有一定磁性（$\kappa =$（3700 ~ 82600）$\times 10^{-5}$SI，$Jr =$（100 ~ 9600）$\times 10^{-3}$A/m），一般均分布于矿体两侧或与矿体互层，因而异常是两者的综合反映。

3）闪长岩、辉绿岩、辉长辉绿岩由于磁性不均，蚀变程度不一，就局部地段，从无磁到强磁者均有，地表多反映为跳跃不规则的磁场。

4）其余岩石为无磁到微弱磁性，如：大理岩、石英岩、硅质板岩、变砂岩等，不足形成磁异常，均表现为平静的正常磁场。

总之，在酒钢山一带用磁法圈定磁铁矿其干扰因素只是近矿的蚀变岩石，其余的岩体（层或脉）可以由异常特征加以区分。

2.2.2 航（地）磁异常特征

宏观整个红山地区，航磁异常走向由 E－W 向转为 NW 向（图 1），与区内地层走向一致。区域磁场以波动的负磁异常为主，强度一般在 －50 ~ －150 nT，异常基本是在南北两条带上分布。南带异常范围大、连续性好、均为梯度陡、强度高的单峰值异常，走向 N55° ~ W80°，处于酒钢山、砂井子一线，航磁异常（如：M148、M169、M168、M170、M171、M196）分布地段多有磁铁矿体（点）出露。北带独红山矿区，航磁异常沿 E－W 向分布，均以单个的独立异常出现，如 M145、M146 等。另外在测区外围分布的 M167、M172、M173、M174、M175、M176 等航磁异常为辉绿辉长岩引起的岩性异常。

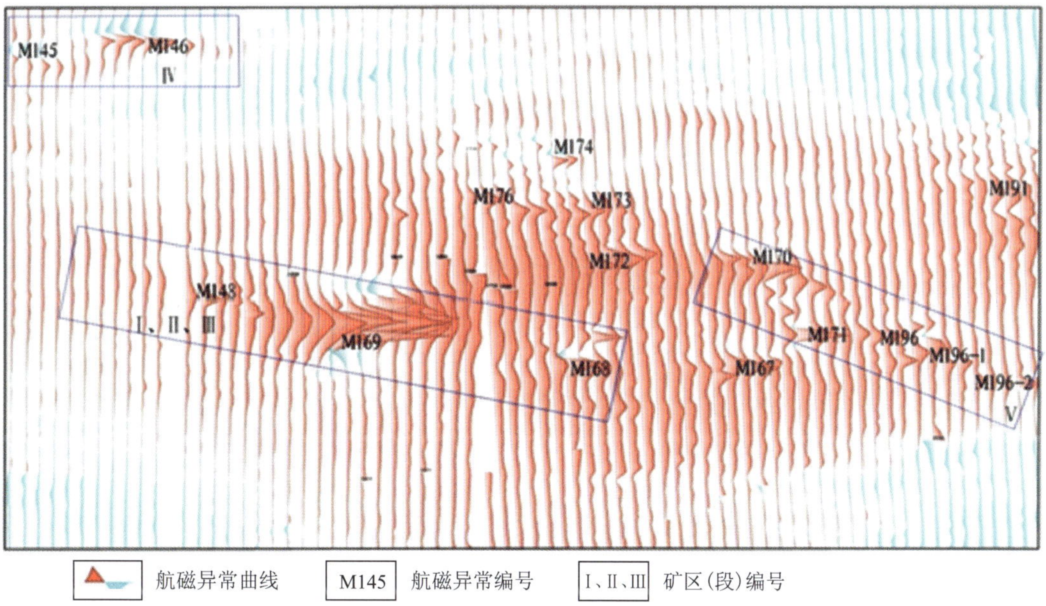

图 1　红山铁矿航磁异常分布图

（1）酒钢山矿区（Ⅰ、Ⅱ、Ⅲ矿段）

地磁 ΔZ 异常（图 2）对应着航磁异常 M148、M169，M168。按异常特征及分布地段可分为四种

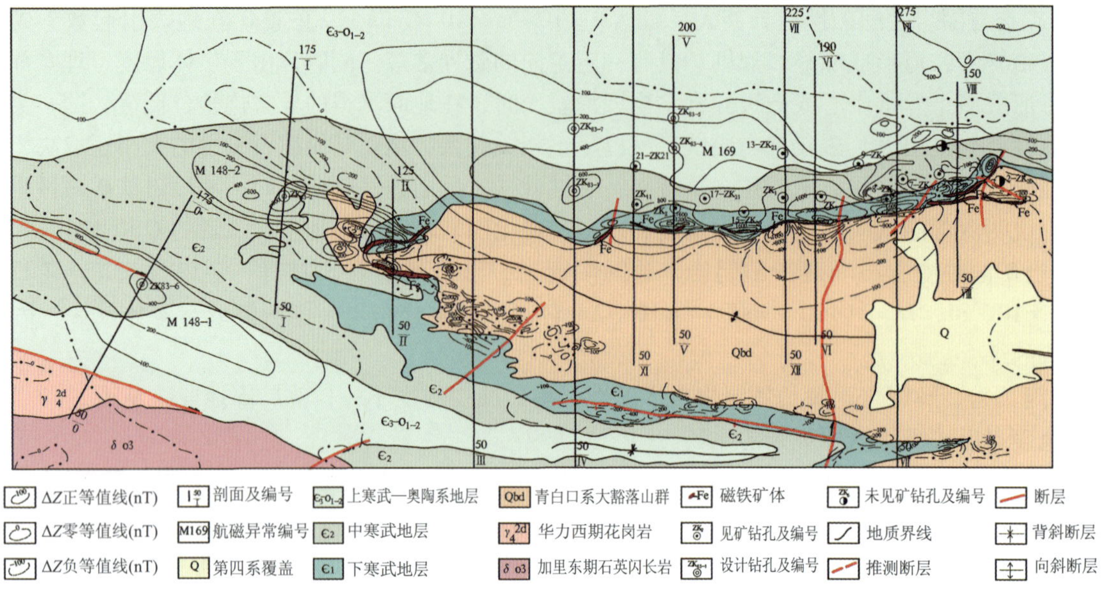

图2　酒钢山（Ⅰ、Ⅱ、Ⅲ）矿区地质与地磁异常综合平面图

类型。

1）与出露矿体吻合的磁异常，分布在勘探线Ⅴ～Ⅷ中部，异常范围狭窄，幅值高，梯度陡，正负异常紧密伴生，平面图边界等值线密集。磁异常的走向范围与出露矿体吻合，由其强度可和岩体磁异常区分。

2）隐伏与出露矿体伴随磁异常，分布在Ⅳ～Ⅴ勘探线，此类磁异常分布于出露矿体边缘，与第一类磁异常呈垂向及旁侧叠加关系，磁异常总的特征是形态规则、范围较大、幅值较强。其中Ⅴ勘探线及西侧经钻探验证为磁铁矿体引起，和出露铁矿体一样，均赋存在青白口系大豁落山群之中，且多以薄层状矿体处于背斜构造的北翼。

3）隐伏矿体异常分布在矿区西南部0～Ⅰ勘探线之间，异常范围大，约6 km×1 km，北西45°呈扁椭圆形，梯度较缓，极值为460 nT，两翼近于对称且有微小负值出现。

4）沿断裂分布的由辉绿岩体（脉）引起串珠条带状负异常，分布在Ⅳ～Ⅴ勘探线之间南端，异常连续性差，幅值小，在剖面平面图上多以点异常出现。

上述前三种异常类型，反映铁矿所处背斜部位不同、剥蚀程度各异，背斜构造由东向西倾覆，剥蚀程度由东向西减弱，第①类是出露矿体的磁异常特征，第②类是出露矿体与隐伏矿体并存的磁异常特征，第③类是预测隐伏矿体的磁异常特征。

（2）砂井东矿区（Ⅴ矿段）

地磁 ΔZ 异常（图3）对应着航磁异常（M170、M171、M196），磁异常总体走向 NWW 向，有4条正负相间带状异常错列扭曲展布，反映4个主矿体，在扭曲端异常宽缓，与矿层处在背斜倾伏端对应。

与磁异常对应铁矿赋存在青白口系大豁落山组第四岩段一套含铁碎屑岩建造，铁矿体主要赋存于背斜倾伏端及两翼次级褶曲发育部位。分南北两个矿带，南矿带有 Fe1、Fe2、Fe3 三个主矿体，北矿带以 Fe4 为主，余为零星小矿体。Fe1 矿体长440 m，均厚5.02 m，Fe2 矿体长1650 m，均厚8.75 m，Fe3 矿体长546 m，均厚6.35 m，Fe4 矿体长6250 m，均厚5.93 m。

（3）独红山矿区（Ⅳ矿段）

地磁 ΔZ 异常（图4）对应着航磁异常（M145、M146）的北侧梯度带，ΔZ 磁异常正负相间总体呈 E－W 走向，可分为南北两带，向东收敛，向西变宽。

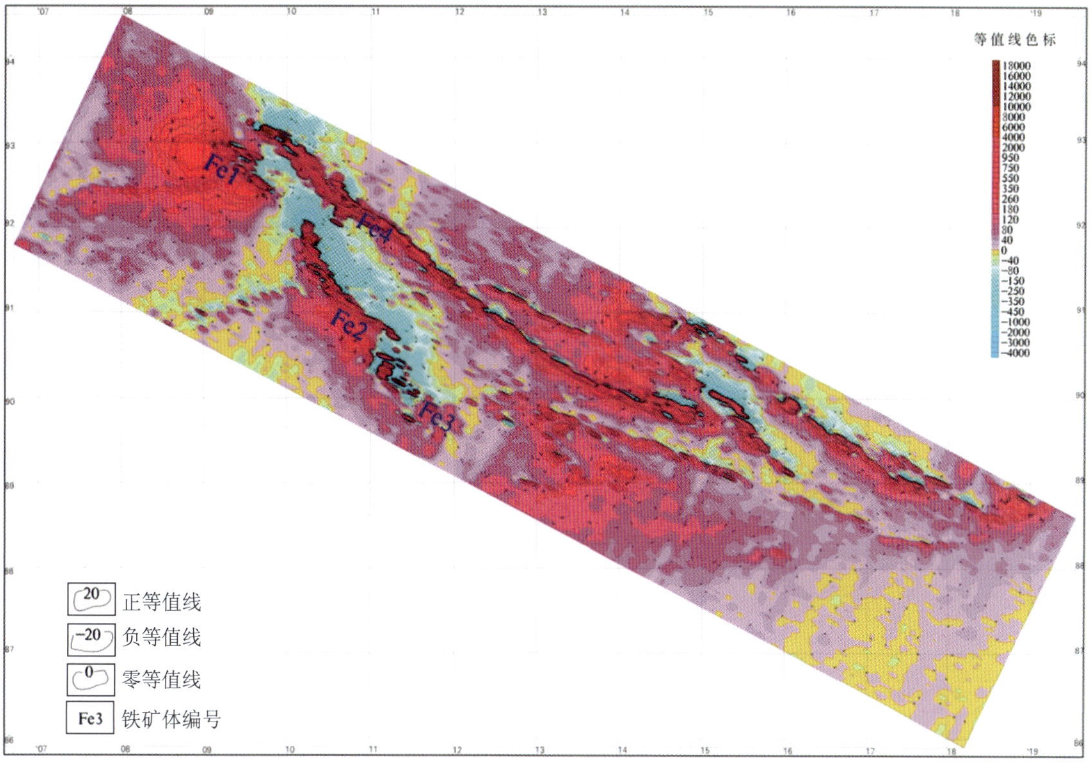

图 3　砂井东（Ⅴ）矿区地磁 ΔZ 异常平面图（1∶10000）

（据甘肃地矿局物探队）

铁矿分布于次级背斜两翼的青白口系大豁落山组第四岩段中，分南、北两带呈 E－W 向展布，共有 4 条矿体：Fe1 矿体长 500 m，均厚 4.7 m，Fe2 矿体长 1060 m，西段均厚 4.80 m，中段均厚15.4 m，东段均厚 13.5 m，Fe3 矿体长 600 m，均厚 3.5 m，Fe4 矿体长 440 m，平均厚 9 m，控深 80 m。

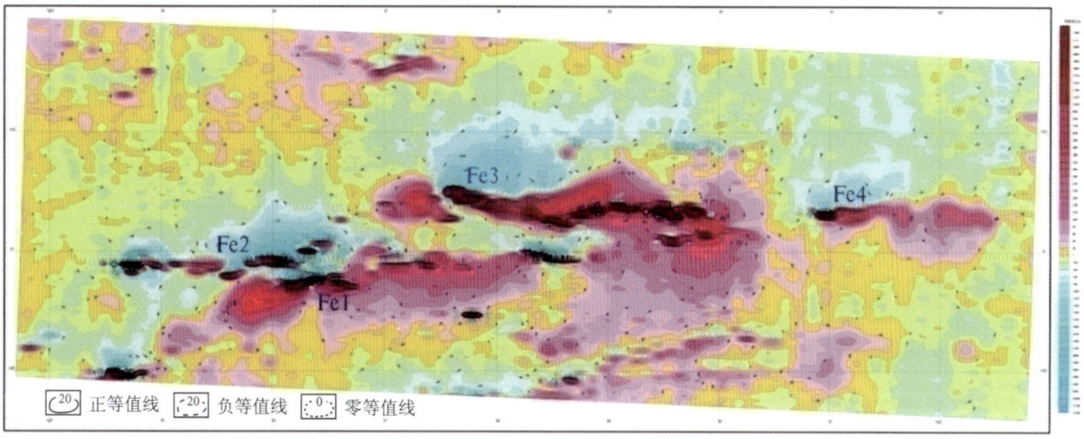

图 4　独红山（Ⅳ）矿区地磁 ΔZ 异常平面图（1∶10000）

3　找隐伏磁铁矿模型

1）探测目标物与探测目的物对磁铁矿体而言是一致的。

2）主要干扰体，在矿区为沿断裂分布的辉绿岩体（脉），呈串珠条带状负异常，磁异常连续性差，幅值小，在平面图上多以点异常出现，与磁铁矿引起的磁异常有明显区别。

3）依据物性参数、地质特征和实测磁异常，采用“二度半人机交互选择法程序”进行探测目的物磁异常演算。

当剥蚀程度较大，探测目的物——磁铁矿体出露地表并有隐伏矿体存在的情况下形成的磁异常（图5），例如在罗雅楚山背斜北翼，出露矿体顶、底板是青白口系大豁落山群含砾大理岩和绢云母绿泥石片岩为无磁或弱磁，矿体有效磁化强度 54000×10^{-3} A/m，有效磁倾角62°，出露矿体可引起数千 nT 尖峰磁异常，隐伏矿体随埋深不同可引起幅值降低的圆滑低缓磁异常，在青白口系大豁落山群的铁矿已有钻孔控制见矿。随埋深增加，磁异常变得更为宽缓圆滑，埋深在400 m以下青白口系大豁落山群含磁铁矿层的隐伏矿体可引起500～600 nT磁异常。旁侧含磁铁矿层是由磁异常推测的隐伏磁铁矿体。

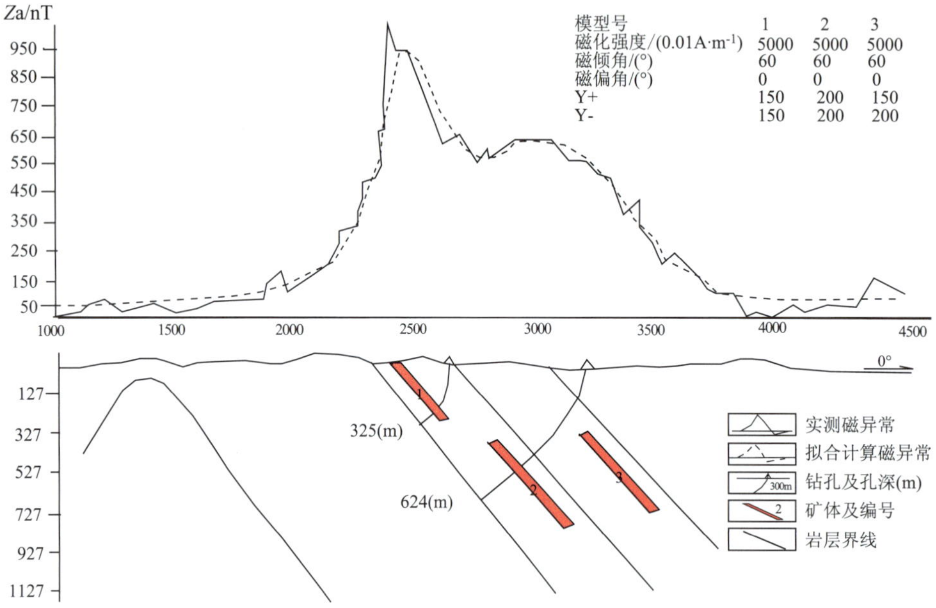

图5　出露与隐伏矿地质－地球物理找矿模型

当剥蚀程度较小、地表无矿体出露或浅部矿体不存在，但存在一定埋深的隐伏矿体时（图6、图7），磁异常变得低缓（600 nT），且两翼对称又无负值，即隐伏矿体的倾角与有效磁倾角基本一致，属顺层磁化，以此作为隐伏矿体的地质－地球物理综合找矿模型，用来推断隐伏矿体。

4　找矿模型的应用

根据红山铁矿地质－地球物理找矿模型，对区内实测磁异常进行了模型类比和解释推断。

矿区处在罗雅楚山背斜倾伏段南翼，地表出露多为硅质板岩，变长英质粉砂岩，地表未见磁铁矿体。存在长1500 m、宽500 m、极大值500 nT的低缓磁异常（图2），通过磁异常实测剖面拟合，推断磁异常由隐伏矿体引起（图5）。

另在独红山矿区（图3）和砂井东矿区（图4），在控矿背斜构造倾伏段南翼，已知矿体旁侧仍有低缓磁异常和沿走向条带状磁异常存在，指示出隐伏矿体存在。

近年来，红山铁矿深部找矿相继有所进展和突破，红山铁矿Ⅱ矿段西约4 km杨岭，钻探验证隐伏铁矿层厚度达19.25 m，TFe品位28.04%；在Ⅳ矿段西背斜构造倾伏端钻探验证，已在30～40 m处穿过铁矿层；红山Ⅴ矿段东侧岔路口，初步估算铁矿石资源量 3460×10^4t。由此可见，罗雅楚山和石人子山两个复式向斜是红山式铁矿最具潜力的找矿远景区和扩大找矿的有利地段。

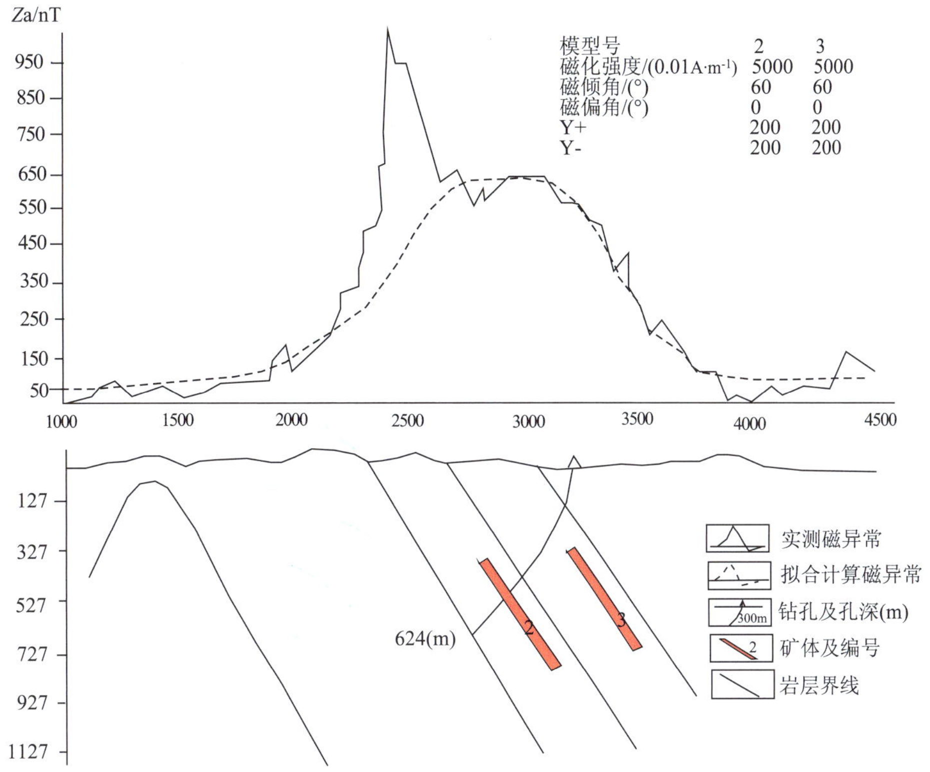

图 6　推演隐伏矿体找矿模型

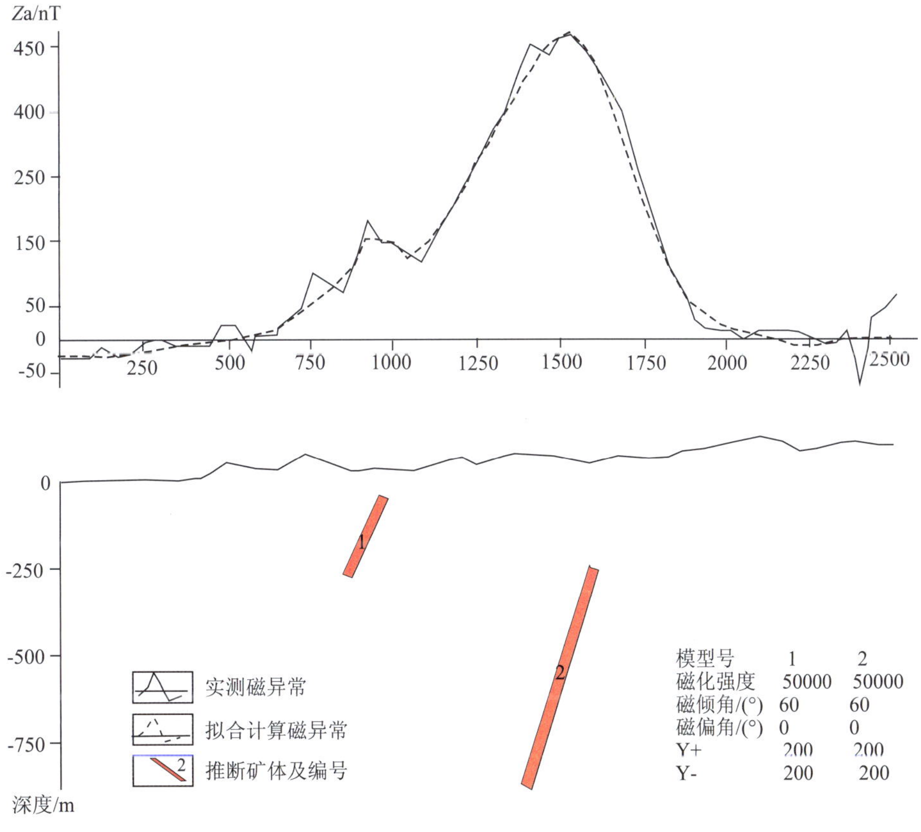

图 7　预测隐伏矿体找矿模型

5　结语

1）磁铁矿是磁法直接找矿的目的物，又是间接找矿的目标物，低缓磁异常是寻找隐伏磁铁矿的主要找矿标志。

2）区内控矿因素，其构造因素是背斜构造的倾伏端、向斜构造的核部是沉积变质铁矿有利含矿部位；其地层因素是青白口系大豁落山群是沉积变质铁矿赋存层位。

3）建立地质－地球物理找矿模型，地质－地球物理找矿模型是预测、寻找隐伏矿行之有效的方法与手段。

参考文献

聂凤军，江思宏，白大明，等. 2001. 北山地区金属矿床成矿规律及找矿方向[M]. 北京：地质出板社.

裴耀真，谢成连. 2008. 红山铁矿床成因及成矿机制探讨[J]. 地质找矿论丛. 23(1)：54～57

孙文珂，孙焕振，刘士毅，等. 2002. 中国矿床发现史(物探化探卷)[M]. 北京：地质出版社.

王忠，李百祥. 2008. 甘新蒙北山地球物理场特征与矿产分布的关系[J]. 甘肃地质，(4)：51～57.

杨建国，谢春林，王小红. 2011. 北山地区基本构造格局及优势矿产资源潜力[M]. 北京：地质出板社.

杨建国，谢春林，张贵明. 2009. 甘肃北山红山喷流沉积型铁矿床－前寒武纪一种铁矿新类型[C]. 第九届全国矿床会议论文集，北京：地质出板社.

殷勇，殷先明. 2008. 甘肃北山重要金属矿床类型及找矿预测[J]. 甘肃地质，(2)：9～18.

左国朝，刘义科，李绍雄. 2011. 甘肃北山地区罗雅楚山—大红山一带区域构造格局、褶皱样式及断裂系[J]. 甘肃地质，20(1).

左国朝，刘义科，李绍雄. 2010. 甘肃北山地区红山铁矿床成因及成矿机制[J]. 甘肃地质，19(3)：20～23

青海省尕林格航磁异常查证及发现铁多金属矿实例

程洪明　范光雄　许海庆　张占雄　寇玉才
（青海省第三地质矿产勘查院，青海 西宁 810001）

摘　要：青海省地质局物探队于1976～1980年对青海省格尔木地区1：50万航磁测量发现的异常进行了地面检查评价，其中尕林格铁多金属矿就是这次对航磁异常检查、验证的结果，后续工作证实该矿床为一铁多金属矿床（已达中型）。本文对该航磁异常的检查、验证、见矿的工作过程做一总结，对今后航磁异常查证和寻找铁及铁多金属矿具有借鉴意义。

关键词：航磁异常；查证；铁多金属矿

1　概述

原地质部航空物探大队904队和902队于1966～1975年在柴达木盆地及其边缘山区分别进行了1：100万、1：50万航空磁测，在柴达木盆地南缘山前区进行了少量1：20万航空磁测，发现了大量的航磁异常，其中M512航磁异常位于尕林格地区。1976年青海省地质局物探队在中灶火—尕林格地区进行了航磁异常检查工作，在M512航磁异常上投入了1：5万磁法测量，圈出了地磁C59号异常范围，该异常由七个局部异常组成，编号分别为C59－1、C59－2、C59－3、C59－4、C59－5、C59－6、C59－7。当年对其中C59－2投入了1：5000磁法测量，提出了验证孔位。1977年青海省地质局第一地质队首先验证见矿；1978年在C59－3、C59－5异常上钻探见富矿，1979～1980年青海省地质局第六地质队、第八地质队进入该区协同工作，探明C59号磁异常是由伴生有铅、锌的中型铁矿床引起。

2　矿区地质及地球物理特征

2.1　矿区地质矿产概况

尕林格铁矿床的大地构造位置处于柴达木准地台之祁漫塔格断褶带和东昆仑北坡断隆交接部位。在区域上归属秦祁昆地层区，出露地层主要是早古生代滩间山群一套中基性火山岩组、碳酸盐岩组、碎屑岩组。

矿区地层（包括矿体）被第四纪盖层覆盖，厚度达170～200 m。矿区地层与附近的肯得可克矿区一致，划归为奥陶系滩间山群。主要岩性为一套泥质硅质岩、石英砂岩和大理岩（图1）。

区内构造据钻孔资料显示，可能是一个NW向展布的向斜构造，向斜轴部为英安岩；沿向斜轴部及近轴翼部（北翼）出现两条规模较大的纵张构造破碎带，轴南1～1.2 km处有可能存在一条大型逆冲断层。

根据地磁异常呈NW向串珠状分布的特点，推断矿区内可能存在一条NW向展布的深部隐伏断裂。

区内岩浆活动频繁，以晚三叠世－早侏罗世最为强烈，形成多种岩性的侵入岩和火山岩，矿区西段为大片花岗岩－花岗闪长岩，东段以火山岩为主。主要岩性为花岗岩、花岗闪长岩、闪长岩、蚀变辉长岩、蛇纹石化辉长岩、英安岩、闪长玢岩－安山质凝灰岩。矿化富集部位往往在花岗岩－花岗闪

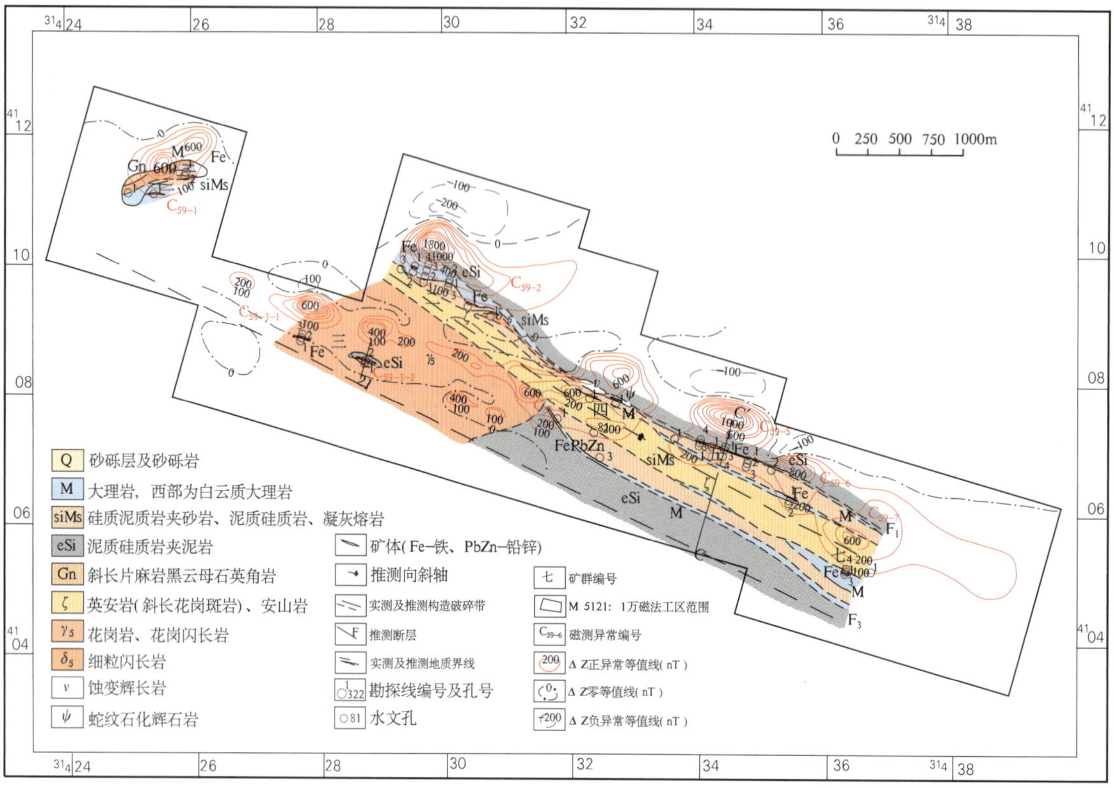

图1 尕林格矿区地质矿产及磁异常分布图
（据尕林格矿区资料编制）

长岩侵入体与围岩的接触带附近或捕虏体中。地层中成矿元素含量并不高，因此，可以间接判定花岗岩—花岗闪长岩为成矿母岩，沿向斜轴部或其翼部形成的纵张断裂既是控岩导矿构造，又与其附近的层裂隙一起构成直接的控矿构造。矿体集中分布于大理岩层位中，但当含矿热液中矿化浓度较大、成矿环境相对较封闭、成矿作用时间较充足的情况下，其他岩性中也能形成裂隙充填式矿体。

矿床由七个矿集群组成，所属矿体54个。矿集群自西向东，由北向南断续分布，矿群与矿群之间大致呈雁列式排列，总体倾向SSW，倾角65°～75°。Ⅴ－Ⅱ号矿体规模最大，矿体长度1000 m，厚度50 m，一般矿体长100～400 m，厚8～20 m。矿体形态呈透镜状，复合分支分布。矿体集中分布于大理岩层位中。矿体内部结构复杂，矿石类型较多，各类型矿石彼此频繁交替，孔间不连接，线间难对应。

矿石类型：①磁铁矿：致密块状、浸染状、条带状、脉状、角砾状；②硫铁矿：块状—浸染状黄铁矿、磁黄铁矿；③铅锌矿：浸染状、脉状。

矿石矿物组合：磁铁矿、黄铁矿、磁黄铁矿；少量黄铜矿、铅锌矿；偶见白铁矿、毒砂。脉石矿物：透辉石、蛇纹石、方解石、石榴子石、绿帘石、阳起石。

铁矿石品位：Fe_2O_3 30%～65%，TS 10.44%～28%；伴生组分及含量：Cu 0.09%、Pb 2.11%、Zn 1.16%，其他：Co、Ga、Au微量。

矿石结构构造：半自形－他形粒状结构、填隙结构、胶状结构、乳滴状结构；致密块状、浸染状、条带状、细脉－网脉状、角砾状、花斑状等构造。

该矿床总体可划分为三个成矿阶段，即夕卡岩阶段、磁铁矿阶段、硫化物阶段，各阶段成矿元素及蚀变各有特点。

2.2 矿区地球物理特征

根据钻孔岩心标本测定了该区岩（矿）石物性参数，经物性资料整理、统计结果见表1。

表1　尕林格矿区孔中岩（矿）石物性参数统计表

岩矿石名称	块数/块	K平均值（10^{-5}SI）	Jγ平均值（10^{-3}A·m^{-1}）	$Q=Jr/Ji$	电性		密度
					电阻率ρ平均值/（Ω·M）	极化率η平均值/%	平均值/（g·cm^{-3}）
稠密浸染—致密块状磁铁矿（包括含多金属复合矿石）	281	4.78×10^{5}	5.90×10^{4}	0.29	397	27.7	4.4（196块致密块状磁铁矿）、3.6（247块致密块状磁铁矿）
稀疏浸染状磁铁矿	241	9.21×10^{4}	2.70×10^{4}	0.69			3.2（220块）
磁黄铁矿	97	3.04×10^{4}	1.34×10^{4}	1.04			3.5（138块稀－块状磁黄铁矿）
含磁铁矿夕卡岩	50	1.04×10^{4}	1.6×10^{3}	0.37			3.6（45块含矿夕卡岩）
磁铁矿化角岩	26	2.98×10^{4}	1.00×10^{4}	0.80			3.0（63块磁铁矿磁黄铁矿化角岩）
铅锌矿	35	弱	弱		1422	19.6	3.4（8块浸染状方铅矿闪锌矿）
角岩	33	弱	弱		4443	4.6部分矿化）	3.0（24块矿化角岩）
硅质泥质岩	408	弱	弱		4587	2.1	2.7（260块）
夕卡岩	108	弱	弱				3.0（121块）
英安岩	173	弱	弱				2.6（161块）
花岗岩类	6	弱	弱		4346	2.1	2.8（37块花岗斑岩）
闪长岩	89	弱	弱				2.7（84块）

据表1数据分析，矿区具有如下磁性特征：

1）磁铁矿、稠密浸染—致密块状磁铁矿具有强磁性。矿区磁化率平均值为（4.78×10^{5}）$\times10^{-5}$ SI，剩余磁化强度平均值为（5.90×10^{4}）$\times10^{-3}$A/m。

2）稀疏浸染状磁铁矿和磁黄铁矿均为中—强磁性。矿区磁化率平均值为（9.21×10^{4}）$\times10^{-5}$ SI，剩余磁化强度平均值为（2.70×10^{4}）$\times10^{-3}$A/m。

3）含磁铁矿夕卡岩、磁铁矿化角岩等也具有中－强磁性，属近矿围岩，与磁铁矿体一起能引起较强的磁异常，难以区分。

4）铅锌矿、夕卡岩、花岗岩类、硅质泥质岩、大理岩、灰岩、白云岩等均无磁性，与磁铁矿体之间存在明显得磁性差异。

5）在尕林格矿区存在印支期闪长岩体，但磁性很弱（小丁悬丝式磁力仪分辨率）。

6）火山岩具有弱磁性，磁化率平均值为1257×10^{-5}SI；剩余磁化强度平均值14000×10^{-3}A/m；但磁性分布不均匀，其磁场表现为锯齿状跳跃的磁异常，且以负异常为主。这是本区火山岩的一大特色。

通过上述分析发现，本区磁性矿体具有强磁性，可与围岩之间存在明显得磁性差异，能引起上千纳特的磁异常。以往工作经验证明，本区磁法找矿效果为最佳，并取得了很好的地质找矿效果。

3　磁异常特征及解释推断

3.1　磁异常特征

3.1.1　航磁异常特征

从本区1∶50万航磁平面等值线图（图2）上看，尕林格矿区处于航磁M512号（原编号）异常一带。航磁M512号异常位于降低磁场区，磁场值为－90 nT～－120 nT，局部异常为幅值约20 nT左右的升高异常。

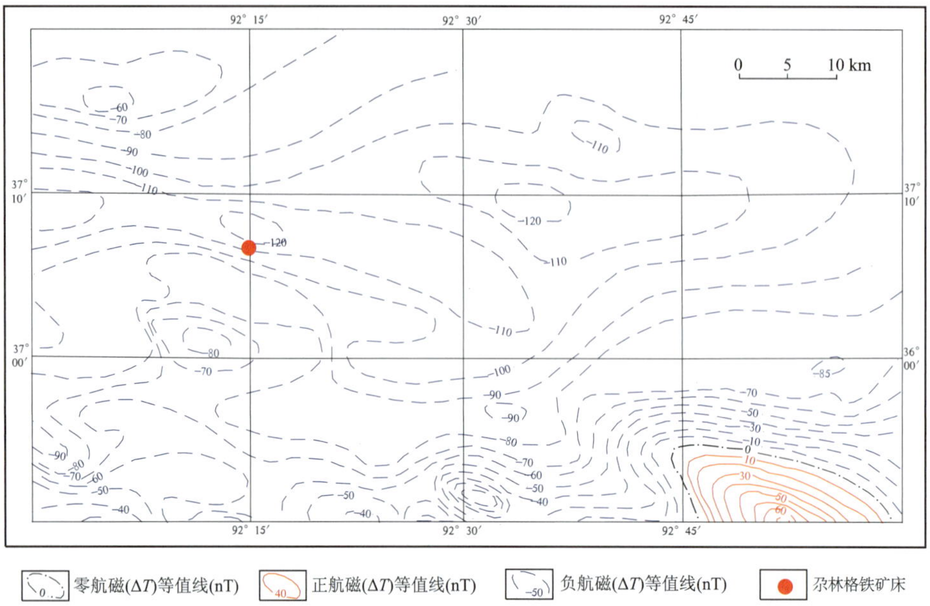

图 2　尕林格地区 1∶50 万航磁（Δ*T*）异常等值线平面图

3.1.2　地磁异常（1∶5 万）特征

20 世纪 70 年代青海物探队航磁异常检查，对 M512 号异常区进行了 1∶5 万地面磁测（Δ*Z*）检查，发现了 7 处局部异常，单个异常大致呈椭圆状，形态较规则，梯度陡。7 处异常呈串珠状、沿近 E－W 向排列分布；异常强度 600 nT～1800 nT。异常带分布面积约 30 km^2，具有一定规模（图 3），推断为矿致异常。2007 年青海金星矿业公司出资，委托青海省地质调查院进行 1∶5 万地面高精度磁测（Δ*T*）重新扫面，圈出磁异常与前人发现的 7 处局部异常吻合（图 4）。

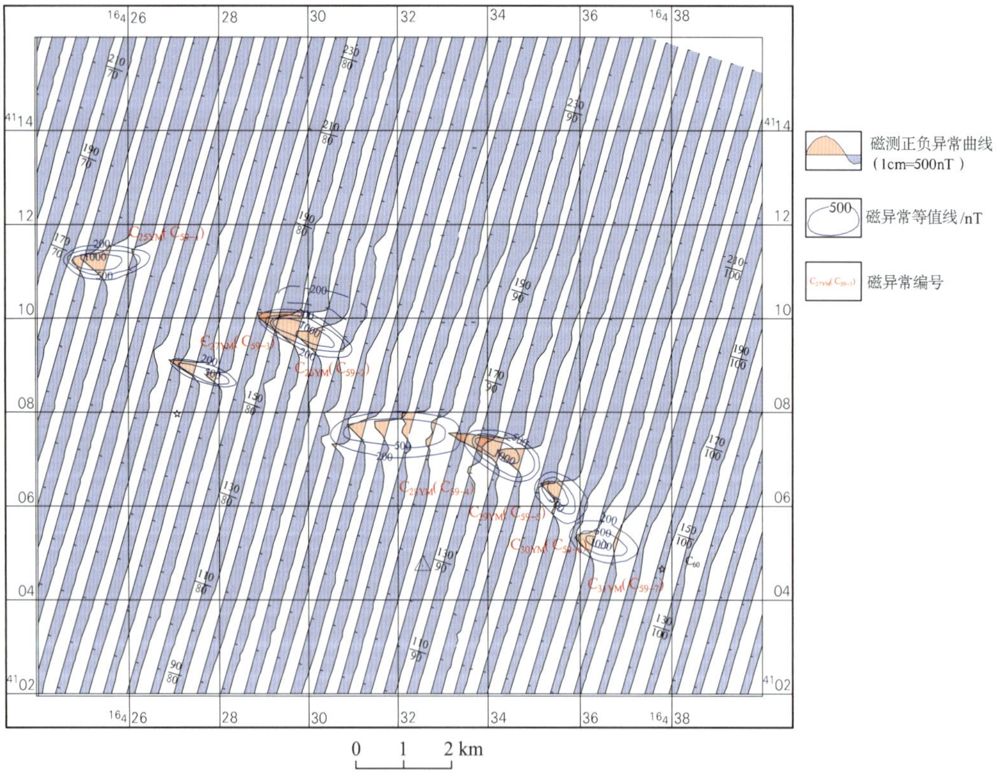

图 3　尕林格地区 1∶5 万地磁（Δ*Z*）异常剖面平面图

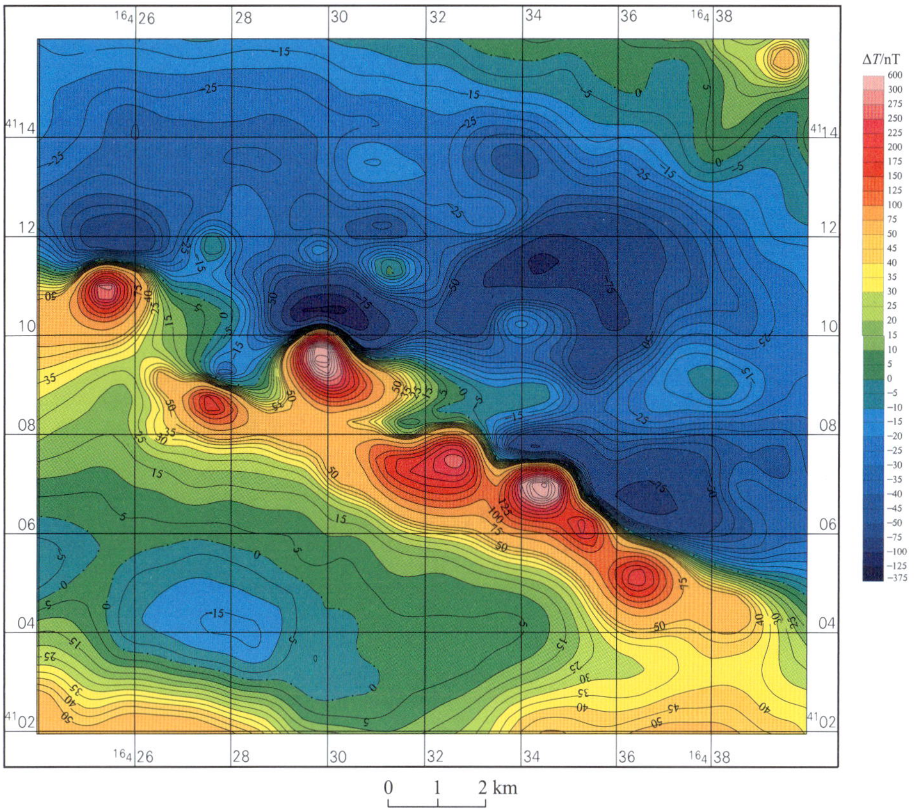

图 4 尕林格地区 1：5 万地磁（Δ*T*）异常等值线平面图

3.1.3 地磁异常（1：1 万和 1：5 千）特征

在尕林格矿区 1：5 万地面磁测（Δ*Z*）工作基础上，对发现的 7 处局部地磁异常，进行了 1：1 万磁法详查工作，并对 C59－5 异常进行了 1：5 千加密测量。其结果，异常特征基本与 1：5 万地磁异常特征一致，但异常形态反映得更加具体、完整、异常细节更加清楚（图 5、6、7）。

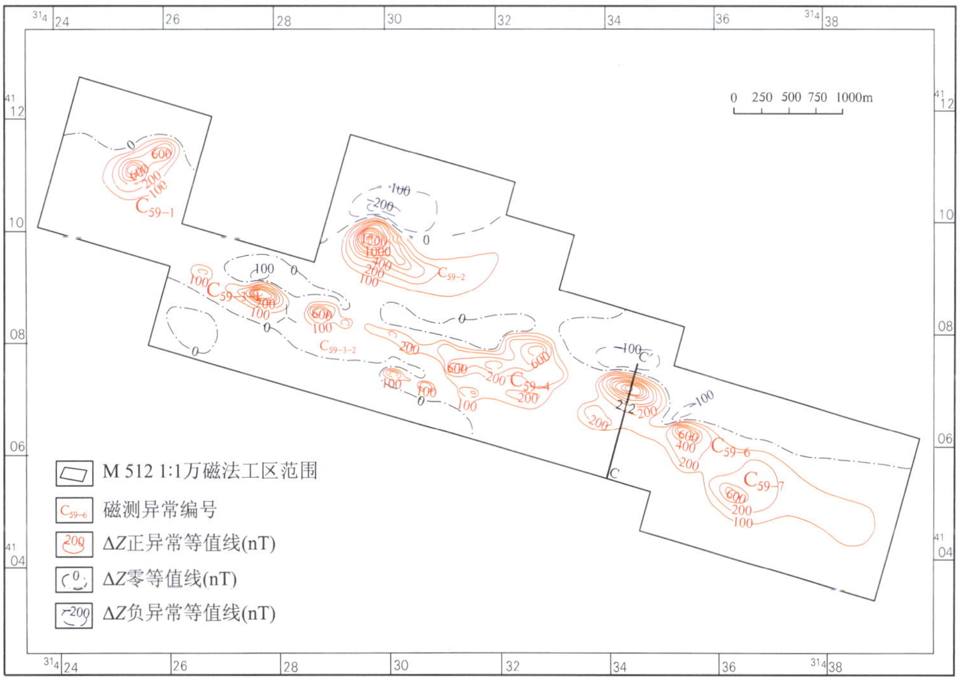

图 5 尕林格矿区 1：10000 地磁异常等值线平面图

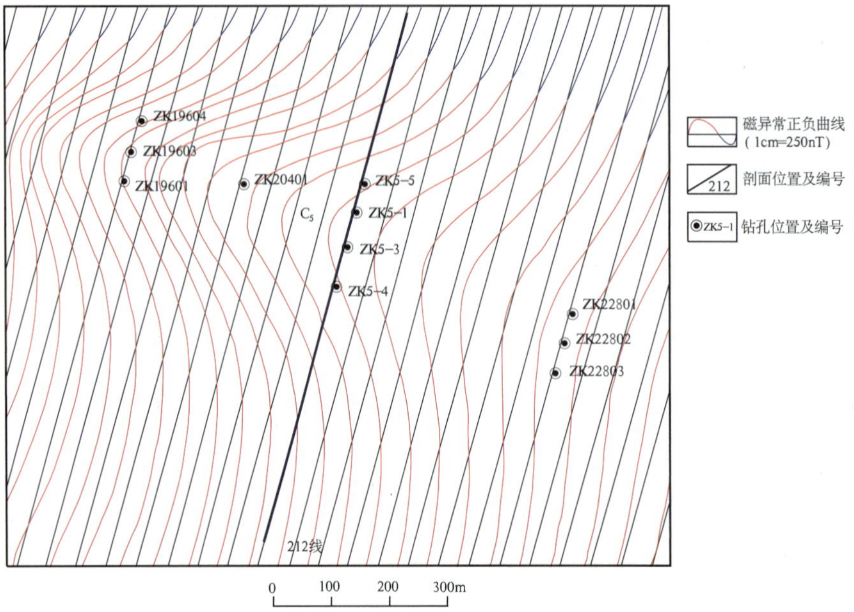

图 6 尕林格矿区 1：5000 C59 –5 号异常剖面平面图

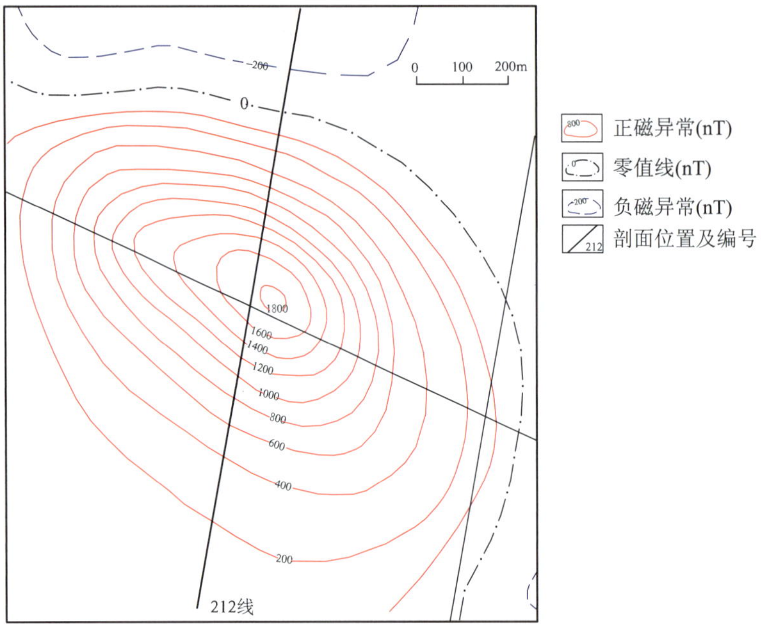

图 7 尕林格矿区 1：5000 C59 –5 号异常等值线平面图

在 C59 –5 号异常上选择 212 线进行了 1：2000 的地磁（ΔZ、ΔH）剖面测量（图 8），对该剖面异常进行了定量解释，并确定了验证孔位。后经验证，这 7 处磁异常均由磁铁矿体引起。该异常区地表被第四系覆盖，厚度达 170 ~ 200 m；矿区共圈出铁矿体 47 条，矿体最长 1000 m，最厚 50 m，一般长 100 ~ 400 m，厚 8 ~ 20 m，品位一般 30% ~ 42%，最高达 60%。提交 D 级铁矿石资源量 4068.2 × 10^4t；铅金属量 0.6t，锌 2.3 × 10^4t，铜 952t，银 5565 kg。矿床成因类型为夕卡岩型。2008 年青海地质调查院承担“青海省矿产资源潜力评价”项目，在祁漫塔格地区开展了典型示范工作，选定尕林格铁多金属矿作为典型矿床进行了研究，对 212 线剖面磁异常再次进行了 2.5D 反演，根据 212 勘探剖面控制矿体的埋深、形态及岩心磁物性测定结果，给定模型参数：磁铁矿体的剩余磁化强度 Jr =

4000×10^{-2} A/m，磁化倾角 56°；岩体的剩余磁化强度 $Jr = 300 \times 10^{-2}$ A/m，磁化倾角 56°；磁偏角 0.5°，剖面方位 30°。反演结果（图 9）：磁性矿体空间展布形态与钻探控制的矿体形态基本一致，矿体埋深 200 m，延深 500 m；计算的磁异常与实测磁异常相吻合。目前，对该矿床正在进行详细勘探工作，预测铁矿石资源量可达 8000×10^4t 左右。

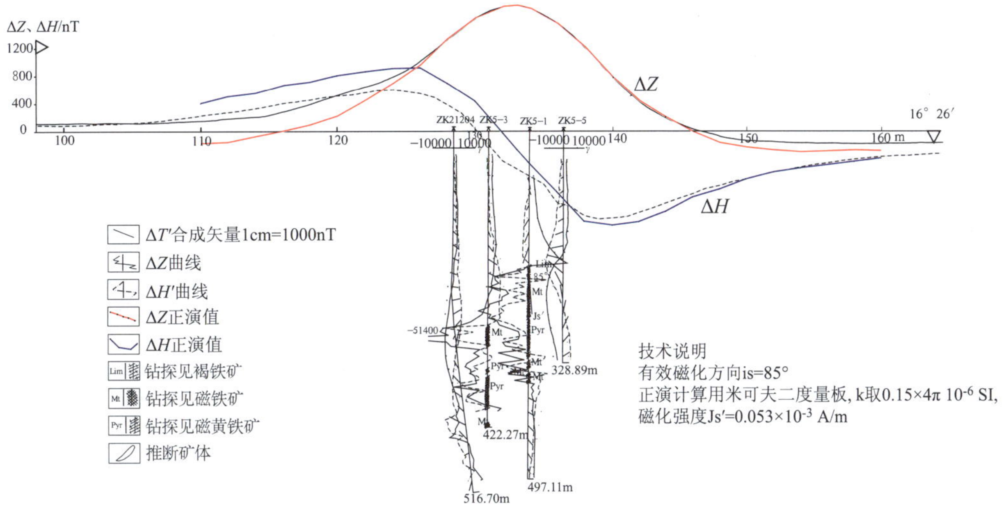

图 8　尕林格矿区 212 线 1∶2000 地磁（ΔZ、ΔH）剖面图

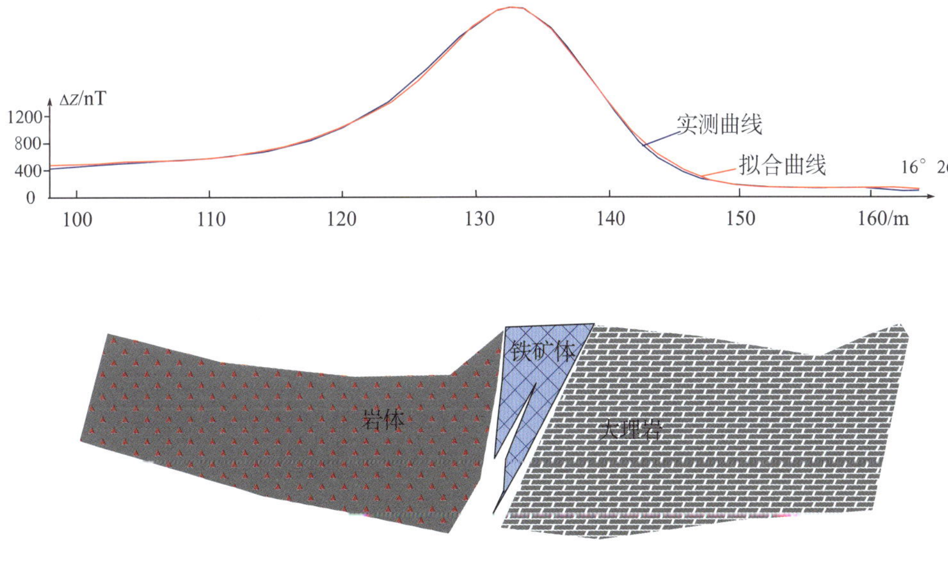

图 9　尕林格矿区 212 线地磁异常 2.5D 正演结果

正演参数：剖面方位 NE30°；磁倾角 56°；剩余磁化强度 3500×10^{-2} A/m；磁偏角 1.3°；$Y_1 = -700$ m；$Y_2 = 700$ m

3.2　磁异常解释推断

尕林格地磁 C59 异常与航磁 M512 异常相对应，航磁（ΔT）异常为大面积负值背景上的局部升高异常（约 20 nT），长约 15 km。1976 年对其做二级地面检查，地面 ΔZ 异常由 7 个局部异常组成，编号为 C59－1～C59－7。异常沿 NWW 方向展布，断续长约 14 km，强度 500～1900 nT，北翼稍陡，南翼稍缓，北侧有 100～200 nT 的负异常，单个异常近似为椭圆形或长椭圆型，具有三度体异常的特征，为解剖异常，同年对 C59－2 作了 1∶5000 详查，对 C59－1、2、4、5 异常分别做了剖面 Ⅰ～Ⅴ。

由于异常地处戈壁滩，缺乏地质资料，因此异常的定性解释主要采取了剖面计算和邻近的已知野马泉铁矿地磁异常 C3、4、5 及缔敖苏磁铁矿化地磁异常 C33 对比的方法。通过对地磁异常 C59－1、

2、4、5的剖面计算，特别是向下延拓计算表明，异常垂向梯度在（60～100）nT/m，磁性体磁化强度接近于0.01×10^{-3}A/m，形状参数大于1，延拓曲线两端均有明显得收敛趋势，这些特征均与铁矿异常相似。地磁异常C59－2的强度和与其相关的磁性体的埋深可与野马泉地磁异常C5－1的强度和与其相关的磁性体的埋深进行对比，垂向梯度、磁化强度虽比野马泉铁矿地磁异常低，但远比缔敖苏铁矿化地磁异常高。另外，地磁异常C59－2上Ⅴ剖面有明显得极化率异常，185/Ⅴ及284/Ⅰ点（分别为地磁异常C59－2和C59－5的中心）上激电测深曲线尾部以陡倾角（45°以上）上升，具有矿异常特征，综合上述资料，航检报告推断地磁异常C59为铁矿异常。

4 结束语

从上述成果来看，航磁找矿效果是非常好的。在野马泉—尕林格地区发现的主要矿床多数是航磁测量发现异常、经地面二级检查发现矿产，因此，分析区内主要矿床在航磁图上的异常特征、对比地空异常特征，总结出一般规律，如航磁孤立异常以及强异常带边缘的次级叠加异常，反映了强磁性体的存在，是寻找铁矿重要线索，有些异常是磁铁矿的直接反映。由于青海地处青藏高原，山高、气候恶劣，航测飞行困难。目前，青海省境内大部分地区航磁资料是1∶50万或百万资料，局部有1∶20万资料。根据我们的研究，小比例尺航磁资料在解决地质构造问题方面非常有效，在矿产预测方面，显得比例尺过小。为了矿产资源潜力评价与勘查，在条件允许的情况下，尽可能开展1∶5万航磁测量，航磁异常查证定会在发现铁及多金属矿等磁性矿床上发挥巨大的作用。

参考文献及资料

寇玉才，等. 2010. 尕林格夕卡岩型铁多金属矿床地质－地球物理模型［J］. 西北地质，43（2）：20－31.

寇玉才，薛广仁，等. 2012. 青海省矿产资源潜力评价磁测资料应用研究成果报告［R］.

青海省物探队. 1978. 青海省格尔木县1976年航磁异常检查报告［R］.

青海省物探队. 1984. 青海省格尔木市巴音郭勒—小灶火地区物化探普查报告［R］.

青海省有色地质矿产勘查局地质矿产勘查院. 2010. 中国地质大学（武汉）. 青海省格尔木市尕林格铁多金属矿床深部找矿物探方法应用研究［R］.

张明华，乔计花，等. 2011. 重磁电数据处理解释软件RGIS［M］. 北京：地质出版社.

青海野马泉地区磁法找矿实例

范光雄　程洪明　张占雄　景向阳　寇玉才

（青海省第三地质矿产勘查院，青海 西宁 810001）

摘　要：东昆仑祁漫塔格地区已成为青海省乃至全国重要的铁多金属成矿带，在该成矿带上，截至目前，已发现多个大、中型铁多金属、铜镍硫化物矿床，成矿类型主要有夕卡岩型、斑岩型、喷流沉积型、喷流沉积＋夕卡岩型、岩浆熔离型等。野马泉铁多金属矿床处于东昆仑祁漫塔格成矿带中西部，最近几年勘查成果显著，铁已达中型、多金属已达大型规模；成矿类型属于喷流沉积＋夕卡岩型。在发现和扩大矿床规模期间，磁法发挥了非常重要的作用。本文简要总结了磁法在该区找矿工作过程中所发挥的指导作用以及研究低缓磁异常特征、寻找多金属矿的新思路，以便磁法在找矿工作中发挥更加重要的作用。

关键词：野马泉；航磁异常；地磁异常；铁多金属矿；夕卡岩

1　概述

1966 年，原地质部航空物探大队九〇四队在柴达木盆地及其边缘山区开展了 1∶100 万（成图比例尺 1∶50 万）航磁测量工作，野马泉地区飞行高度较低（800 m 左右），局部异常反映比较明显（图 1）。航磁资料为研究区域地质构造和间接、直接普查找矿提供了丰富的资料。

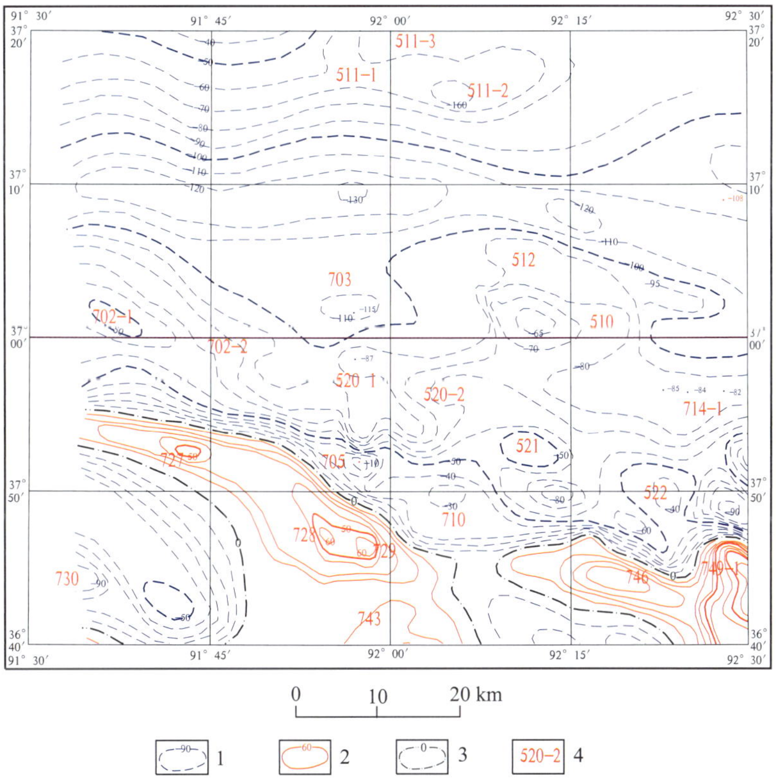

图 1　野马泉地区航磁异常图

1—ΔT 正异常等值线；2—ΔT 负异常等值线；3—ΔT 磁异常零值线；4—ΔT 磁异常编号

1968～1970 年，青海省地质局物探队在那陵郭勒河至巴音河山前覆盖区开展了 1∶5 万、1∶2.5 万地磁测量，在野马泉地区圈出地磁异常 15 处，并对发现的 M1、M4、M5、M9 和 M10 地磁异常进行了磁法详查，认为异常多由磁铁矿引起。1976～1977 年，青海省地质局地质一队采用钻探等手段，对 M5 异常进行了普查评价，初步确定了矿床的规模。2005～2006 年，青海省地质调查院在野马泉地区 M4、M5 磁异常区开展了铁、锌矿详查；2004～2009 年，青海省地质调查院和青海省第三地质矿产勘查院先后分别对该区 M1、M2、M3、M6、M7、M8、M9、M10、M11、M12、M13 等磁异常区进行了铁多金属矿普查，并对 M9 和 M10 磁异常区进行了铁多金属矿详查。该区找矿大致分两个阶段，2000 年以前以找铁为主，2004 年至今以找铁多金属矿为主。目前，该区探明铁矿资源量已达中型，多金属矿资源量已达大型。该区寻找铁矿和铁多金属矿的过程中，磁法发挥了非常重要的作用。

2 地质特征

2.1 地层

区内第四纪风积、洪积物广布，据钻探资料和零星露头，地层自老至新有寒武—奥陶系滩间山群（∈Ot）：岩性为大理岩、硅质岩、角岩、石英岩，局部见玄武岩、硅质岩、角岩、石英岩与大理岩呈互层状。上泥盆统牦牛山组（D_3m）：主要分布在区内西南部，岩性为安山岩夹英安岩，凝灰熔岩。上石炭统缔傲苏组（C_2d）：为一套滨－浅海相沉积岩系，自下而上分为三个岩性段，即夕卡岩、硅化灰岩段（C_1^2d）；角岩、石英砂岩段（C_2^2d）；大理岩、含炭灰岩段（C_3^2d）。中、下二叠统打柴沟组（$P_{1-2}dc$）：下段为黑色燧石条带灰岩、结核灰岩，上段为碎屑岩及灰岩。

2.2 构造

区内褶皱不发育，仅在东南部见有一个背斜构造，由石炭纪碳酸盐岩组成。轴向 NWW 向，北翼地层倾向北，倾角 8°～27°，南翼地层倾向南，倾角 17°～35°。该褶皱核部见有磁异常显示，表明核部是良好的储矿部位。断裂较发育，区内共出露有 17 条断裂，另外在北矿带有较多的隐伏断裂，根据其形成时间可分为成矿前断裂、成矿期断裂和成矿后断裂。

2.3 岩浆岩

区内岩浆活动频繁。侵入岩：岩浆总体自西南向北东侵入，以印支期侵入岩最发育，燕山期次之，且多叠加于印支期岩体内。印支期侵入岩类型主要有花岗闪长岩、含黑云母闪长岩及斑状二长花岗岩，局部有斜长花岗岩。燕山期侵入岩岩性较单一，为钾长花岗岩。喷出岩：主要有早古生代裂谷裂隙式喷出岩和晚泥盆世陆相喷出岩。早古生代喷出岩以玄武岩为主。脉岩：区内脉岩主要有辉绿玢岩（$\beta\mu$）、闪长玢岩（$\delta\mu$）及闪长岩脉。

2.4 变质岩

热变质岩主要为角岩化和方解石重结晶；接触变质主要为夕卡岩化；动力变质主要为岩石碎裂和糜棱岩化。铁与接触变质关系密切，多金属矿则与热液蚀变关系更为密切。

3 地球物理特征

3.1 岩（矿）石物性及磁异常特征

3.1.1 磁性特征

由于矿区大部分为第四系所覆盖，故所采集的标本多以钻孔岩心为主。共采集测定各类岩（矿）石磁性标本 309 块，测定及统计结果见表 1。

由物性统计结果分析可知，磁铁矿石、磁铁矿化夕卡岩、黄铁磁铁矿化夕卡岩、灰白色磁黄铁矿化夕卡岩、磁铁矿化角岩显示强磁性特征；灰绿色铅锌矿化夕卡岩具中等磁性，其他各类岩（矿）石具弱磁性或无磁性。表明引起该区磁异常的地质体为磁铁矿矿石及磁铁矿化岩石。

表1 野马泉矿区岩（矿）石磁性测定结果统计表

标本名称	块数/块	磁化率（κ）/（10^{-5}SI）			剩余磁化强度（Jr）/（10^{-3} A·m^{-1}）			备注
		最小值	最大值	平均值	最小值	最大值	平均值	
磁铁矿	16	1038	1216977	223170	20538	9145589	1622659	
磁黄铁矿化夕卡岩	14	2	161473	14991	254	2194267	353879	
褐铁矿化夕卡岩	10	107	2453	659	27	3403285	343308	有磁铁矿化
夕卡岩	15	133	717	303	10.	5314.5	886.4	
透辉石夕卡岩	20	108	39125	5395	86.3	295503.6	45122.5	有磁铁矿化
闪锌方铅矿化夕卡岩	5	143	356562	75090	111.9	927871.1	209514.8	有磁铁矿化
闪锌方铅矿石	11	260	456732	73075	1068.3	2641017	493768	有磁铁矿化
孔雀石化夕卡岩	10	175	98979	31805	24.9	336257.7	52209.9	有磁铁矿化
闪锌矿化夕卡岩	5	187	1053	647	181.7	23920.9	6218.1	
角岩	36	34	25383	2763	20.7	32698.8	3514	
花岗闪长岩	72	4	567	169	7.1	1332.9	106.8	
褐铁矿化花岗闪长岩	10	20	352	237	38.5	123.4	72	
蚀变花岗闪长岩	10	465	973	684	24.2	188	99.3	
石英砂岩	15	30	857	281	31.2	946.1	169.1	
大理岩	29	92	2967	420	6.6	713.2	109.9	
夕卡岩化大理岩	2	29	346	188	54.0	77.4	65.7	
灰岩	25	4	129	55	2.6	71.3	27.5	
结晶灰岩	5	13	286	135	29.8	140.7	75.1	

3.1.2 电性特征

共采集测定各类岩（矿）石电性标本150件，测定及统计结果见表2。

表2 野马泉矿区岩（矿）石电性测定统计结果表

岩矿石名称	块数/块	电阻率ρ/（Ω·M）			极化率η/ %			备注
		最大值	最小值	平均值	最大值	最小值	平均值	
磁铁矿石	58	2690.7	1.67	397.1	61.9	3.26	27.7	钻孔岩心
多金属矿化夕卡岩	23	4727	7.3	1421.7	58.9	1.14	19.6	钻孔岩心
硅化灰岩	10	237.5	69.5	115.7	1.52	0.2	1	钻孔岩心
蚀变花岗岩	15	4612.1	4148.6	4345.9	6.14	0.96	2.1	钻孔岩心
角岩	17	4679.6	4197.6	4443.4	34.36	1.01	4.6	部分矿化
石英岩	4	4856.5	353.6	3629.5	2.12	0.25	0.4	部分矿化
大理岩	10	4856.5	387.6	3779.1	1.01	0.14	0.5	部分矿化
砂岩	7	4895.3	4199.7	4588.6	3.43	1.48	2.1	部分矿化
褐铁矿	6	4416.5	3634.6	4002.6	3.64	0.21	1.2	部分矿化
炭质和石墨化灰岩	2	12.8	5.2	9	19.6	17.2	18.4	部分矿化

从表2中可以看出，磁铁矿石和多金属矿化夕卡岩具高极化率、低电阻率特征，硅化灰岩具低极化率、低电阻率特征，炭质和石墨化灰岩具低电阻、高极化特征，其余岩石具低极化、高电阻率特征。电阻率测井结果显示磁铁矿体和多金属矿体的电阻率很低，在10 Ω·M以下，磁铁矿化、多金属矿化岩石的电阻率一般在50 Ω·M左右，非矿化围岩的电阻率一般在200 Ω·M左右。由此可见，本区能引起低阻高极化激电异常的地质体有磁铁矿体、多金属矿体、多金属矿化夕卡岩、炭质和石墨

化灰岩。本区除炭质和石墨化灰岩干扰外，矿与非矿之间存在明显得电性差异。

3.2 航磁异常特征

在野马泉地区与铁多金属矿有关的航磁异常编号为520－1（图1）。由图1可见，航磁异常－90 nT等值线发生突变，向NW方向弯曲，数值向东南方向增高20 nT左右。这说明，由于铁矿的存在，引起了航磁等值线的突变、弯曲，场值增高约20 nT左右。也可以推断航磁异常520－1是野马泉铁矿引起的，这被后来的地磁异常验证所证实。

3.3 地磁异常特征

1968～1970年，1∶5万地磁测量，于野马泉矿区及外围共发现15处地磁异常（图2、图3）。将矿区发现的14处地磁异常分为南、北两个异常带。南异常带位于普查区中南部，沿花岗闪长岩、钾长花岗岩与石炭纪大理岩接触带分布，呈向南突出的马蹄形，长约13 km，有磁异常5个，即M1、M2、M6、M9、M10。北异常带位于北部覆盖区，长达数千米，本异常带有M3、M4、M5、M7、M8、M11、M12、M13、M14。对M9、M10异常开展了1∶2千磁法详查，故选以M9异常为例阐述其特征如下。

M9异常：M9异常分为5个子异常，其中M9－1、M9－3异常规模相对较大，M9－1异常呈SWW向的椭圆状，以正值为主，梯度陡，强度高。M9－3异常呈NW向带状展布，以正值为主，北侧有弱负值异常伴生，梯度较陡，强度较高，极大值达3000 nT。在这两处子异常范围内高极化低电阻率激电异常规模大，呈近E－W向展布，与地磁异常展布方向基本一致，激电异常多位于磁异常的北侧约200 m，这与多金属矿体位于铁矿边部密切相关。经钻孔验证为铁矿引起。共发现3条主矿体，长350～500 m，延深25～325 m，平均厚1.92～6.31 m。两处子异常内矿体沿走向连续，矿体局部厚大，矿种以铁为主，其次为多金属矿体。多金属与铁共生或伴生。M9－2、M9－4、M9－5异常呈NWW向，由多个椭圆状异常组成，一般以正值为主，有稍强的负值伴生，规律性不强。

4 异常验证结果

自从1968～1970年，青海省地质局物探队在野马泉地区圈出15处地磁异常以后，并对发现的M4、M5、M9、M10和M1、M3、M6、M7地磁异常开展了1∶2000～1∶5000磁法详查，结果显示：地磁异常重显性好，普查与详查圈定的磁异常形态、强度等变化不大，认为异常多由磁铁矿引起。

1968～1970年，青海省地质局地质一队对野马泉地区M1、M3、M4、M5、M13利用钻探工程进行了验证。发现了具工业价值的磁铁矿体、铁锌矿体，于M1、M3、M4、M5异常内共提交C2级铁矿石资源量1489×10^4t，其中M4磁异常区229×10^4t，M5异常区924×10^4t，并于1971年提交了《青海省格尔木县野马泉地区铁矿地质普查报告》。

1976～1977年，青海省地质局地质一队采用钻探对M5异常进行了普查评价。提交C2级铁矿石量516.38×10^4t，锌金属量7.07×10^4t，C2级锌表外金属量0.03×10^4t，初步确定了矿床规模，于1978年提交了《青海省格尔木县野马泉铁矿区M5磁异常普查评价报告》。

2001～2003年，青海省地调院开展了青海省格尔木市肯德可克矿区外围多金属矿普查，在野马泉矿区南侧约1 km处，发现矿化蚀变带3条，并在蚀变带中发现11条铅、锌矿体，概算Pb、Zn矿表内金属量1.3×10^4t。

2003年，青海省地调院开展了青海省格尔木市野马泉地区多金属矿普查，在野马泉M1异常区对铁矿和夕卡岩进行了多金属含矿性检查，新发现铅锌矿体1条，矿体长200 m，厚度1.6～1.97 m。

2004～2009年，青海省地质调查院和青海省第三地质矿产勘查院，在青海省地质矿产勘查开发局的统一部署下，在野马泉地区针对M1～M14磁异常全面开展了查证和勘查工作，取得了令人瞩目的地质找矿效果。利用磁异常在该区预测评价或指导找矿效果给予了高度肯定。

野马泉矿区有14处磁异常，分为南北两个磁异常带，与磁异常带对应的有南、北两个矿带。

北矿带：分布于矿区北部覆盖区，包括的磁异常有M3、M4、M5、M7、M8、M11、M12、M13、

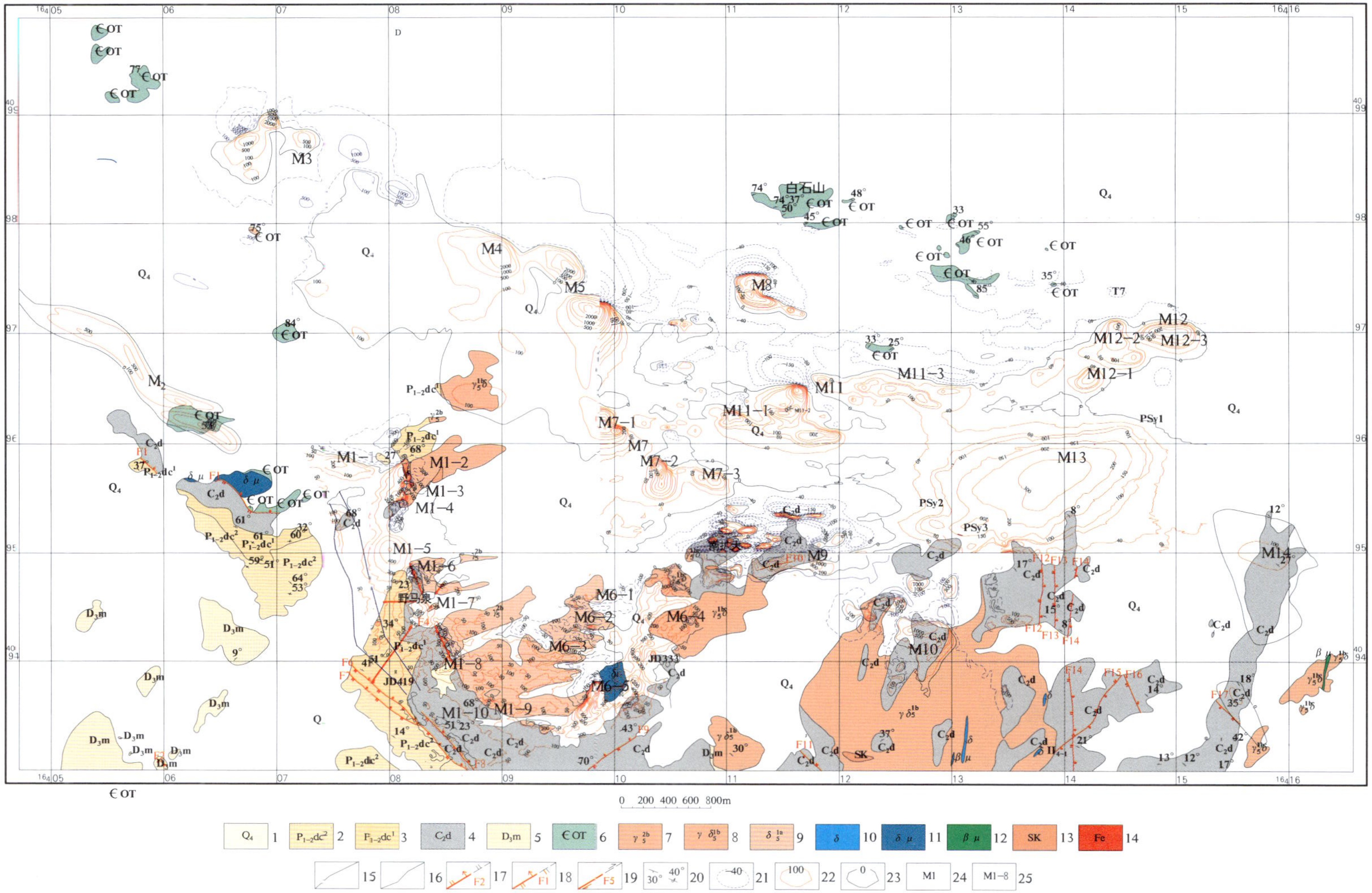

图2 青海省格尔木市野马泉地区地质及地磁综合成果图

1—第四纪全新世风成砂及冲洪积物；2—中、晚二叠世打柴沟组碎屑岩及灰岩；3—中、晚二叠世打柴沟组燧石条带灰岩、结核灰岩；4—晚石炭世缔敖苏组硅化灰岩、大理岩、含炭灰岩、角岩、变石、英砂岩、石英岩；5—晚泥盆世牦牛山组安山岩夹英安岩、凝灰熔岩；6—寒武-奥陶纪滩间山群大理岩、硅质岩、角岩、石英岩，局部玄武岩；7—燕山期肉红色钾长花岗岩；8—印支期灰白色花岗闪长岩；9—印支期含黑云母闪长岩；10—闪长岩脉；11—闪长玢岩脉；12—辉绿玢岩脉；13—夕卡岩；14—磁铁矿、赤铁矿体；15—实测地质界线；16—地层不整合界线；17—正断层及编号；18—逆断层及编号；19—平移断层及编号；20—正常与倒转岩层产状；21—负地磁异常曲线；22—正地磁异常曲线；23—地磁零值线；24—1/5万地磁异常编号；25—1/2千、1/5千高磁异常编号

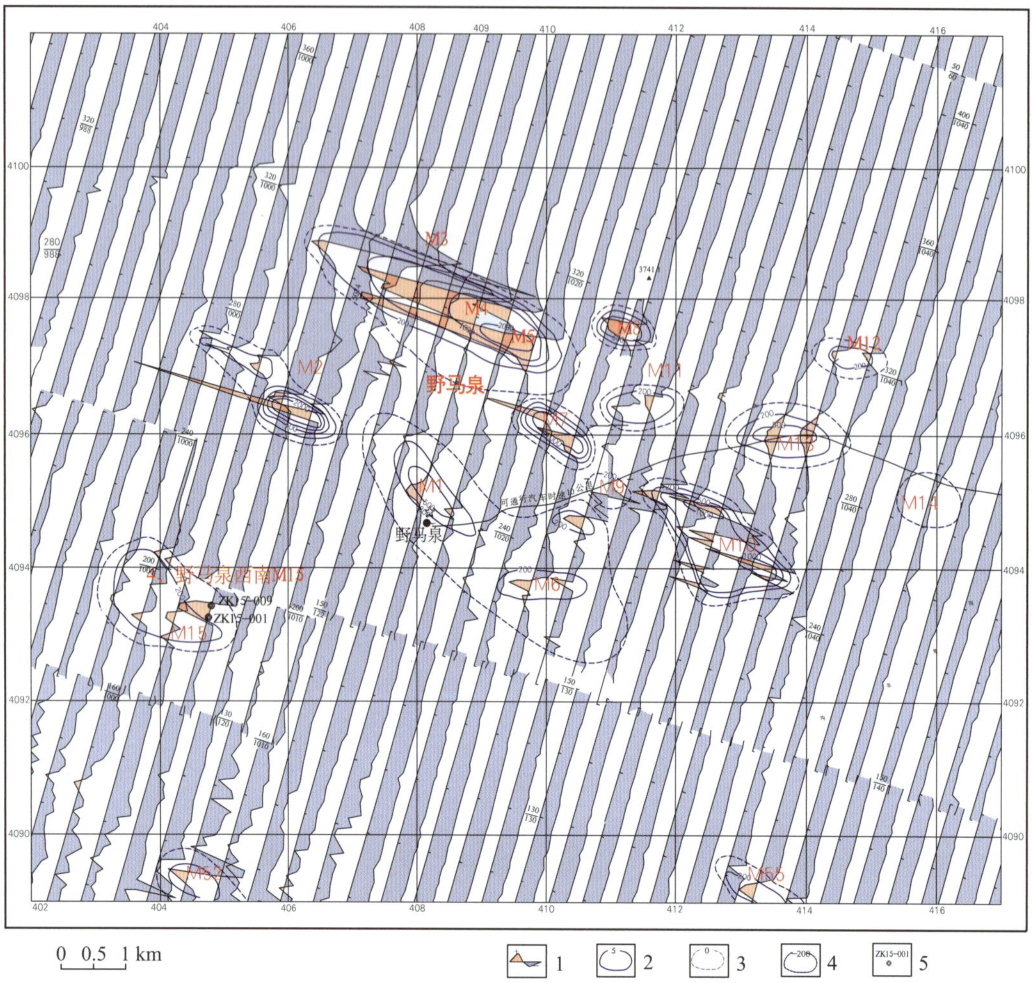

图3　青海省格尔木市野马泉地区磁测 ΔZ 异常剖面平面图

1—正负磁异常剖面曲线；2—正等值线（nT）；3—零等值线（nT）；4—负等值线（nT）；5—设计钻孔位置及编号

M14。矿带为印支期岩体侵入与寒武－奥陶纪滩间山群形成的接触交代变质带，受NWW向断裂控制，矿带形态呈NWW向带状，长逾10 km，宽20～350 m。带内岩石以夕卡岩为主，其次为大理岩和硅质岩、角岩。目前矿带内已发现矿体78条，西侧矿种有铁、锌、铜，东侧矿种单一，以铁为主。矿体多呈透镜状、不规则状，其中M3、M4、M5异常区矿体规模较大。目前，该区M3、M4、M5异常区已完成地质详查，进入开发阶段。

南矿带：位于矿区中南浅山区，地表风成沙覆盖严重，包括磁异常五个，即M1、M2、M6、M9、M10（图4）。矿带为花岗闪长岩、钾长花岗岩与大理岩接触带，矿带南侧为印支期花岗闪长岩体和燕山期钾长花岗岩体。北侧为上石炭世缔傲苏组。带内岩石以夕卡岩为主，其次为大理岩 、石英砂岩、角岩。目前矿带内已发现矿体72条，西侧矿种以铁、铜为主，有少量锡、铅、锌，东侧有铁、铅、锌、铜、钴等，地表局部地段见铁帽。矿体产于夕卡岩中，矿带宽度大的地段矿体规模相对较大。

在M9、M10、M1、M3、M6、M7、M13磁异常内共发现94条铁、铁多金属及多金属矿体。主矿体有五条即M9Ⅰ、M9ⅹⅣ、M10Ⅰ、M3Ⅵ和M1ⅹⅢ。M9、M10异常区矿体总体呈板状，倾向北东，倾角较缓，一般为5～20°，主矿体长450～950 m，平均厚5.56～7.41 m，其中M9异常验证结果如图5所示。已发现的矿石类型极其复杂，主要有磁铁矿矿石、闪锌矿矿石、方铅矿矿石、黄铜矿矿石、方铅矿－闪锌矿矿石、黄铜矿－磁铁矿矿石、黄铜矿－磁黄铁矿矿石、方铅矿－闪锌矿－磁铁

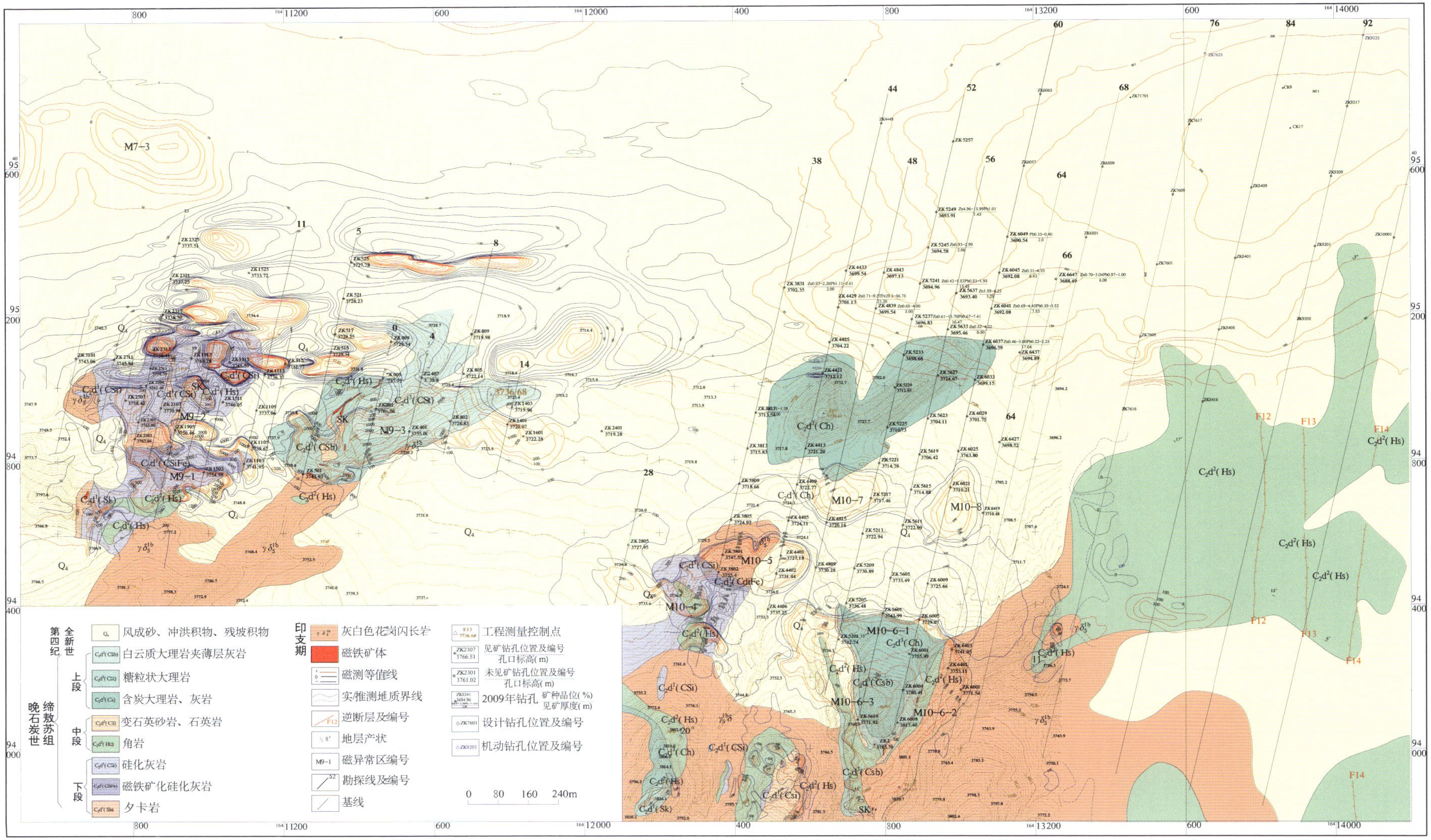

图4 野马泉M9、M10异常区地质矿产及地磁综合成果图

矿矿石。磁铁矿矿石呈他形－半自形粒状结构，次为斑状结构、交代残留结构，以浸染状构造为主，次为致密块状、条带状、斑杂状、团块状、草束状、放射状及不规则脉状构造，局部受构造破坏见角砾状构造。闪锌矿矿石：多呈他形－半自形粒状结构，次为叶片状结构、包含乳滴状结构、镶嵌状结构，具脉状构造、浸染状构造、次有条带状构造、团块状构造。方铅矿矿石：他形粒状结构、浸染状构造。黄铜矿矿石：不规则粒状结构、叶片状结构、包含乳滴状结构，浸染状、团块状构造。

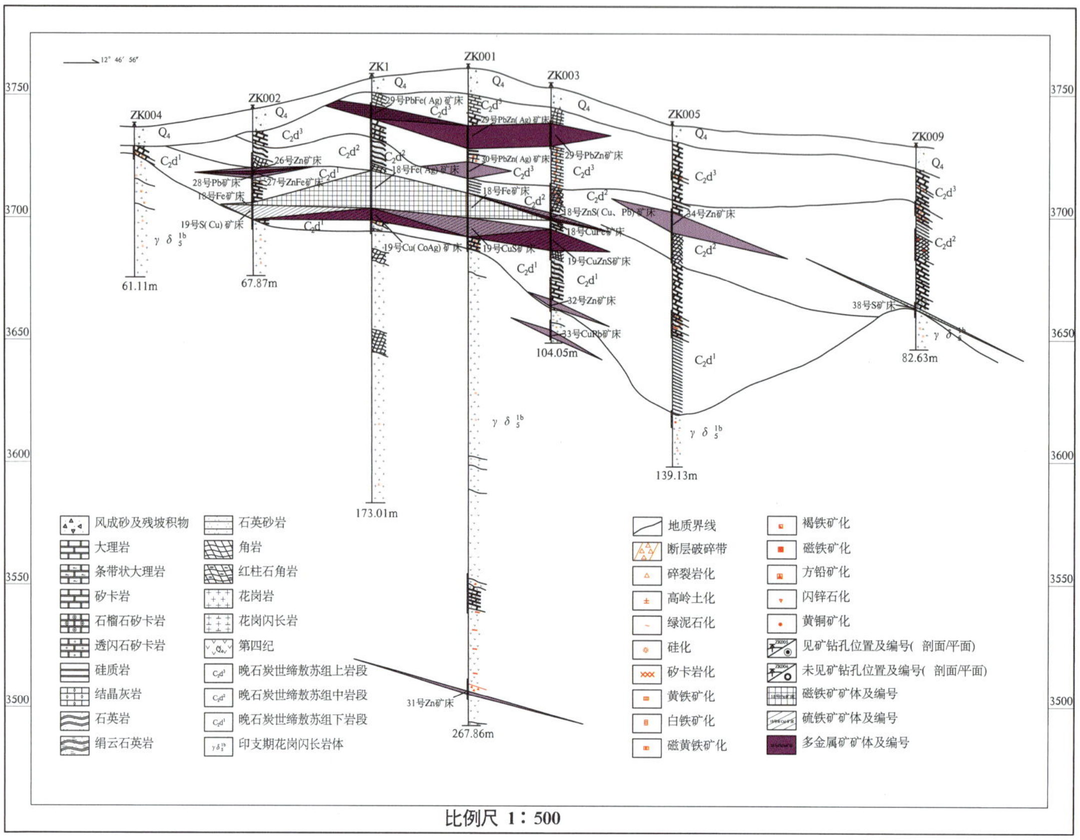

图5　野马泉 M9 异常区 0 勘探线剖面图

矿石工业类型主要有：铁矿石、锌矿石、铅矿石、铜矿石、铅锌矿石、铁铜矿石、铁铅锌矿石等。在 M9、M10 异常区 TFe 平均品位为 41.39%，Cu 平均品位为 0.85%，Pb 平均品位 1.96%，Zn 平均品位 2.89%。已形成具有一定规模的铁多金属矿床。

野马泉矿区目前已验证 12 处异常，除 M2 磁异常外，其余 11 处均为磁铁矿或磁黄铁矿引起，并在铁矿体中及铁矿边部发现有较好的多金属矿体。随着地勘工作程度的不断提高，对磁异常的研究认识也在不断深入。近几年来，在野马泉地区对低缓磁异常区或负磁异常区配合电法工作，进行钻探验证，发现众多具有一定规模的多金属矿体，在该区寻找多金属矿取得了很好的效果。经验证明，检查研究低缓磁异常对于寻找铁多金属具有重要意义。今后在区域找矿工作中应对低缓磁异常引起足够的重视。

5　结束语

野马泉铁多金属矿床处于东昆仑祁漫塔格成矿带中西部，在发现和找矿扩大矿床规模期间，磁法发挥了非常重要的作用。首先通过航磁测量扫面，快速搜索磁异常；其次进行 1∶5 万地面磁测扫面，有效圈定磁性地质体或矿体分布范围；再次利用 1∶2000～1∶10000 大比例尺磁测资料，对磁性地质体或矿体进行准确定位、定性，对找矿潜力进行评价；地质和勘探工作快速跟进进行勘探和验证，是由磁异常转变成形成规模矿床的有效找矿模式。另外，最近几年在该区低缓磁异常或负磁异常中寻找出大量的铜、铅、锌矿和埋深较大的厚大铁矿体，是一个比较成功的范例，在低缓磁异常和负磁异常中寻找多金属矿体是一种崭新的找矿思路。目前，野马泉周边地区及区域上的1：5万区调（含物化探）工作正在开展，做好选区工作，加强高值磁异常边部低缓磁异常或负异常的验证，有望实现间接寻找多金属矿的突破。

参考文献

陈海福，李世金，等. 2013. 岩浆熔离型铜镍矿床特征－青海东昆仑寻找岩浆熔离型矿床取得的重大进展及认识(内部)[R].

寇玉才，薛广仁，等. 2012. 青海省矿产资源潜力评价磁测资料应用研究成果报告[R].

李东生，张占玉，等. 2010. 青海卡尔却卡铜钼矿床地质特征及成因探讨[J]. 西北地质，祁漫塔格及邻区地质找矿专集.

青海省地质局物探队. 1968. 青海省格尔木县野马泉工区生产报告[R].

青海省地质局物探队. 1969. 青海省格尔木县野马泉地区69年度物探工作总结报告[R].

青海省地质局物探队. 1970. 青海省格尔木县野马泉地区70年度物探工作总结报告[R].

青海省地质局物探队. 1978. 青海省格野马泉地区物化探工作程度简报[R].

宋忠宝，贾群子，等. 2010. 东昆仑祁漫塔格地区野马泉铁铜矿床地质特征及成因探讨[J]. 西北地质，祁漫塔格及邻区地质找矿专集.

张爱奎，范光雄，等. 2013. 青海省格尔木市野马泉M9、M10磁异常区地质详查报告[R].

磁法在新疆叶里克一带找铁矿过程中的应用

查斌
（新疆维吾尔自治区地质矿产勘查开发局第二地质大队，新疆 喀什 844002）

摘　要： 叶里克一带位于慕士塔格－阿克赛钦 Fe－Cu－Au－Pb－Zn－白云母－宝玉石成矿带及国土资源部确立的新疆西昆仑塔什库尔干铁矿整装勘查区的中部，成矿地质条件优越，中国国土资源航遥中心在赞坎—苏巴什一带完成的 1∶5 万航磁调查在叶里克一带圈定了 11 个航磁异常，结合地面开展的 1∶1 万地面高精度磁法测量和 1∶1 万磁法剖面测量，在叶里克一带发现了 4 处铁矿床，初步估算资源量在 2×10^8t 以上。证实了该区航磁异常和地面磁异常由磁铁矿体引起，说明利用航磁先进行大面积选区，再利用地面磁法验证在叶里克一带找铁矿效果显著。

关键词： 铁矿；磁法；叶里克

1　区域地质矿产特征

工作区位于羌塘弧盆系内的塔什库尔干－甜水海地块，出露地层分属于羌北－昌都－思茅地层区（喀喇昆仑地层分区）中的塔什库尔干小区（王世炎等，2004），该小区西邻塔阿西结合带，东缘康西瓦结合带，以古元古界布伦阔勒岩群为主体，呈 NW 向展布，该陆块经历了多次构造运动，地层普遍受区域动力热液变质作用，变质程度高达角闪岩相，内部构造较复杂，岩浆活动频繁。

工作区位于巴颜喀拉－松潘成矿省西昆仑南部的慕士塔格－阿克赛钦（陆缘盆地）Fe－Cu－Au－Pb－Zn－白云母－宝玉石矿带中（董连慧等，2010），以赋存于古元古界地层中的沉积型铁矿为主要特征。铁矿床具有成群成带分布特征，是一条极有找矿前景的铁成矿带。通过近几年的地质工作已发现并评价了具大—中型规模远景的铁矿床 6 处，综合信息显示区内找铁矿潜力巨大。

2　航磁异常特征

区内共分布有 11 个航磁异常（图 1），其中 1 个由 1∶100 万航磁调查首次发现、10 个由 1∶5 万航磁调查首次发现，局部伴生负磁异常。

新 C－99－11 航磁异常是一个乙$_2$类异常（熊盛青等，2001），为 1∶100 万航磁调查首次发现，异常强度为 200～300 nT，梯度变化为（20～30）nT/km，航磁 ΔT 最高值为 901 nT，异常位于协尔波利萨依沟顶海拔高程约 5200～5550 m 的山脊附近，出露地层主要为布伦阔勒岩群。叶里克一带整体位于西昆仑强烈正磁异常变化带上，沿该带分布一条强度较大、梯度强烈变化的 NW 向正磁异常带，属于一级找矿远景区。

在 1∶5 万航磁 ΔT 等直线平面图上，总体呈一条强度较大、梯度强烈变化的 NW 向正负伴生的条带状磁异常带和负值不大的磁异常，长 15 km、宽 16 km，异常强度变化为－388～1374 nT（乔春贵等，2008）。现已发现叶里克、老并、塔辖尔、协尔波利铁矿。

新 C－2008－1200 异常位于工作区中部，处于海拔 5210 m 的山顶，飞行高度 200 m，极大值为 1040 nT。经查证该异常区已发现叶里克Ⅰ、Ⅱ、Ⅲ、Ⅴ号四条磁铁矿带，通过磁法测量、地表槽探及少量钻探控制，矿带长 800～47530 m，宽 10～125 m。

新 C－2008－1201 异常位于工作区南部，极大值点坐标为 E75°32′49″，N37°25′56″。处于海拔

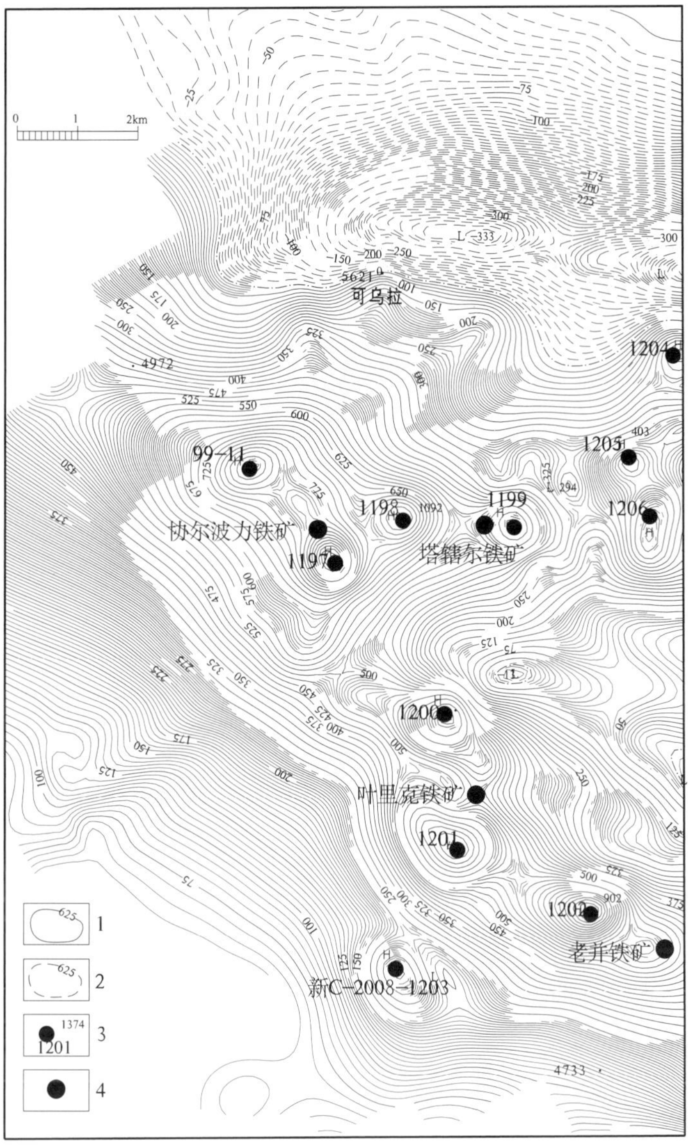

图1 叶里克一带航磁异常分布图

1—正航磁异常；2—负航磁异常；3—航磁异常位置、编号及极大值；4—已发现的铁矿床

5450 m 的山顶，飞行高度 350 m，极大值达 1374 nT。经查证该异常区目前已发现了叶里克Ⅳ号磁铁矿带，通过磁法测量、地表槽探及少量钻探控制，矿带长 6100 m、宽 40 ~ 180 m，向南还有延伸。

新 C－2008－1202 号异常位于工作区南东部，极大值点坐标为 E75°33′41″，N37°22′34″，处于海拔 5030 m 的山顶，飞行高度 400 m，异常强度达 902 nT。该异常南段对应于老并磁铁矿床，并发现了磁铁矿体；通过地面磁法测量在异常北段发现Ⅳ、Ⅵ、Ⅶ、Ⅷ号磁铁矿带，矿带向南延入老并矿区。

新 C－2008－1203 异常位于工作区南部，极大值点坐标为 E75°31′29″，N37°22′06″。异常区海拔高度 5460 m，飞行高度 340 m，为强磁异常旁侧的叠加异常，在三条剖面上反映明显，极大值为 277 nT。

新 C－2008－1198 异常位于工作区中部，极大值点坐标为 E75°31′35″，N37°26′00″。异常区海拔高度 5040 m，飞行高度 700 m，极大值达 808 nT。经查证已发现Ⅱ号磁铁矿带。

新 C－2008－1199 异常极大值点坐标为 E75°32′49″，N37°25′56″，异常处于海拔 5440 m 的山顶，

飞行高度250 m，极大值达895 nT。经检查，发现了Ⅰ号磁铁矿带。

新C-2008-1205异常位于工作区中东部，极大值点坐标为E75°34′08″，N37°26′32″。异常处于海拔5295 m的山顶，飞行高度400 m，极大值为403 nT。

新C-2008-1206异常位于工作区中东部，极大值点坐标为E75°34′22″，N37°26′01″。异常处于海拔5280 m的山顶，飞行高度300 m，极大值为463 nT。

新C-2008-1204异常位于工作区北东侧。极大值点坐标为E75°34′44″，N37°27′25″。处于海拔5295 m的山顶，飞行高度450 m，极大值为309 nT。经查证发现了Ⅵ号磁铁矿带。

3 地面磁测方法技术与航磁异常查证效果

3.1 地面磁测方法技术

矿区内开展了1∶1万地面高精度磁法测量、1∶1万地面高精度磁法剖面测量及自由网磁测工作。根据实地地形情况，测线敷设以GARMIN eTrex Venture手持导航型GPS确定工作基点，以半仪器法敷设测线，该型号的GPS在正常接收信号时水平定位精度小于5 m。

磁力仪采用的是美国G856-AX高精度质子磁力仪。测量工作线距为100~400 m，局部加密至50 m，基本点距10~40 m，局部异常区加密至5 m。

每日开工前先在GPS中输入每条测线的两个端点坐标数据，用GPS导航逐点定位测量。基点位于正常场内，附近无磁性干扰物，磁场的水平梯度和垂直梯度变化较小，在半径2 m、高差0.5 m范围内变化不超过2 nT。仪器测量前进行了一致性校验，校验结果符合标准。每天开工和结束每台仪器均回到基点进行校验，早晚两次读数经日变改正后的差值均小于设计的均方误差。每个闭合观测起始于校正点，终于校正点，在校正点上前后两次读数经日变改正后的差值小于4 nT。外业工作中探头方位一致、高度一致，发现异常地段加密测点，多次重复观测，在磁异常高值区用标签标记其位置及数值，确保磁测结果的准确性。全区只设一个日变观测站。日变观测使用G-856AX质子磁力仪进行，每30 s观测一次。在一个工作日内，日变观测开始于各仪器的早基点观测之前，结束于晚基点观测之后。

3.2 航磁异常查证效果

通过对区内分布的11个航磁异常进行查证，发现了3处铁矿床共29条磁铁矿体（不含老并矿区），几乎均为矿致异常。通过工作发现（极大值）ΔT值>800 nT的航磁异常（如1198、1199）均发现了铁矿（化）体，且产出的铁矿（床）点具有局部集中、成群成带分布的特征，规模较大的地磁异常中心与航磁异常中心位置基本一致。反映出利用航磁先进行大面积选区，再利用地面磁法验证在叶里克一带找铁矿效果很好。

4 地面磁异常特征

4.1 主要岩（矿）石物性特征

在叶里克和塔辖尔矿区共采集了403个磁化率数据，根据岩矿鉴定成果将出露的主要岩（矿）石类型划分为8种（表1）。根据统计结果（查斌等，2012），将区内各岩（矿）石的磁性差异划分为低、中、高三类。其中，低磁化率岩石主要有大理岩、角闪片岩、夕卡岩，磁化率一般小于377×10^{-5}SI；中等磁化率岩石主要为角闪斜长片麻岩、黑云母石英片岩、绿泥石片岩，其磁化率范围在（879.65~2513.27）$\times10^{-5}$SI，其中角闪石和磁性矿物含量越高，其值相对越高，在总磁场的测量中会产生一定影响，但影响不大；高磁化率岩（矿）石为磁性矿物含量较高的岩石，主要有含磁铁矿黑云母石英片岩、条带状磁铁矿石、块状磁铁矿石等，其磁化率一般大于18849.55×10^{-5}SI，最大可达到182212.37×10^{-5}SI，是普通围岩的几百倍，此类岩（矿）石是引起高磁异常的主要原因。岩（矿）石间明显得物性差异，为推断解释航磁异常及利用磁法找磁铁矿提供了良好的地球物理基础。

表1 叶里克一带岩（矿）石物性参数统计表

岩性	样品数/块	磁化率/（10^{-5}SI）		
		几何均值	极小值	极大值
磁铁矿	60	110544.69	38350.05	182212.37
大理岩	12	115.91	41.47	344.32
含磁铁矿黑云母石英片岩	60	19148.27	1293.08	67050.38
黑云母石英片岩	133	1150.83	32.67	14666.21
角闪石英片岩	36	335.74	35.19	4390.69
绿泥石片岩	36	2230	1.26	13609.38
夕卡岩	12	160.28	64.09	368.19
角闪斜长片麻岩	54	900.53	43.98	12604.07

4.2 磁异常特征

4.2.1 叶里克矿区磁异常特征

叶里克矿区内的磁场特征总体表现为磁场变化较剧烈，异常呈NW向，走向有规律分布，异常位于升高的正磁场值上，多伴生有明显得负异常带、异常强度大，矿带与磁异常对应关系较好。矿区内共圈定了两个磁异常带，分别为北带及南带。

磁异常北带：位于矿区北部，新C－2008－1200航磁异常位于该异常带的北西部Ⅰ、Ⅱ、Ⅲ、Ⅴ号磁铁矿带位于异常带内。出露岩性主要为古元古界布伦阔勒群的黑云母石英片岩和阳起石绿帘石岩脉。从平面剖面图可见该带在矿区内的地磁异常长约4 km，宽700～1100 m，ΔT极大值一般在4500～8500 nT，极小值一般在1600～3600 nT。局部异常总体表现为强度较大以正异常为主的正负伴生异常。

磁异常南带：位于矿区中南部，新C－2008－1201异常位于该异常带的中南部。出露岩性主要为古元古界布伦阔勒群的黑云母石英片岩。异常带与Ⅳ、Ⅵ、Ⅶ号矿带完全吻合，向东、西两侧未封闭，向西延入协尔波力磁铁矿区，向东延入老并磁铁矿区。该带在矿区内的地磁异常长约6 km、宽20～210 m，ΔT极大值一般在1900～11000 nT，极小值一般在1900～2400 nT，正负异常梯度带与近地表矿体露头相对应（图2）。

4.2.2 塔辖尔矿区磁异常特征

塔辖尔矿区磁异常带总体呈NNE向或近E－W向走向，共圈定了6个异常带，最大异常为24453 nT、最小异常为2168 nT，其中有4个异常带具有重要找矿意义并且与已发现的地表矿化带吻合，异常带内出露岩性为古元古界布伦阔勒群的黑云母石英片岩和角闪石英片岩。

C1异常带：为工区最大异常，新C－2008－1204航磁异常位于C1异常带的东部。该异常峰形尖锐，东西两端峰值高，中间低缓连接。带长5.6 km，最宽为800 m，最窄为100 m，异常极大值为6380 nT。在近地表发现磁铁矿体露头，用SM30磁化率仪测得最大值为80000×10^{-5}SI。并在两端发现磁铁矿体，因此该异常为矿致异常引起，具有重要找矿意义。

C3异常带：为一宽缓异常，带长为6.91 km，最宽约为1.3 km，最窄为60 m，异常极大值为3844 nT，新C－2008－1205航磁异常位于C3异常带的中东部。此异常区有大量积雪覆盖，在河流及一些冲刷地带偶见磁铁矿石，因此该异常带也应为磁铁矿引起。

C4异常带：位于工区西南部，新C－2008－1198航磁异常位于C4异常带的北西部。因地形切割剧烈，多为自由网测线。带长870 m，最宽处为570 m，最窄为220 m，有6条测线穿过异常，异常峰形尖锐。工区异常最大值在915线处，极大值为24373 nT，并在高极值附近发现磁铁矿体出露，为矿致异常，往西异常未封闭。近地表矿体出露位置处于正负异常梯度带上。

C5异常带：位于C4异常带东部，新C－2008－1199磁异常位于C5异常带的北西部。带长

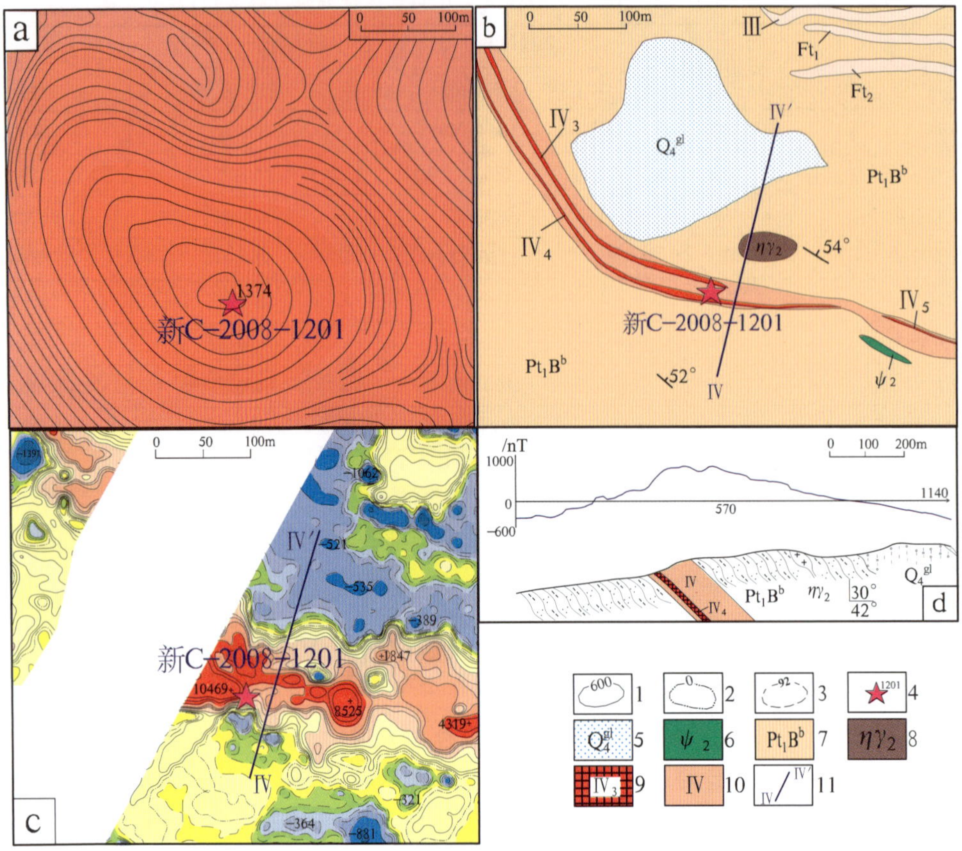

图2　新 C－2008－1201 磁异常剖析图

a—5 万航磁 ΔT 等值线平面图；b—地质矿产图；c—1 万磁法 ΔT 等值线平面图；d—Ⅳ－Ⅳ综合剖面图
1—正等值线；2—零等值线；3—负等值线；4—航磁异常位置及编号；5—冰川、积雪区；6—辉石岩；7—灰色黑云母石英片岩；8—二长花岗岩；9—矿体位置及编号；10—矿带位置及编号；11—剖面位置及编号

1.3 km，最宽处为 180 m，最窄为 120 m，异常极大值为 5442 nT，有 4 条测线在异常附近，峰值较高，并在近地表发现磁铁矿体露头，为矿致异常，往北未闭合。

4.2.3　*老并矿区磁异常特征*

老并矿区圈出 3 个磁异常带（C2、C3、C4），呈条带状、透镜状分布，矿区磁场较弱，大致可分为特征不同的两种类型，一种是 0～200 nT 的升高场，另一种是－200～0 nT 的降低场。C2 磁异常带分布于矿区东北部，磁异常呈条带状分布，连续性比较好，异常长轴为 NW 向，短轴为 NE 向，推测引起 C2 磁异常的磁性地质体走向 NW 向，倾向 SW 向，倾角较缓。按 500 nT 磁异常值圈定异常，异常长轴为 2670 m，短轴为 900 m，异常中心 ΔT 最高值可达 15917.4 nT。与矿体套合较好，在背斜轴部转折端部位，矿体厚大，埋藏较深，在向斜轴部仰起端，矿体较薄，埋藏较浅。C3 磁异常带分布于矿区西北部，磁异常呈条带状连续分布，异常长轴近 E－W 向，短轴近 S－N 向。异常等值线呈南部密集，北部稀疏，推测引起 C3 磁异常的磁性地质体走向近 E－W 向，倾向北，倾角较缓。按 500 nT磁异常值圈定异常，异常长轴为 4000 m，短轴为 600 m，异常中心 ΔT 最高值可达 12909.3 nT。该异常区已经发现了 5 条矿体，呈近 E－W 向展布。C4 磁异常带分布于矿区的南部，磁异常呈透镜状间断分布，由 C4－1、C4－2、C4－3 三个透镜状异常组成。C4－1、C4－2、C4－3 异常长轴均为 NW 向，短轴均为 NE 向，异常等值线呈南西密集，北东稀疏，推测引起 C4－1、C4－2、C4－3 磁异常的磁性地质体走向 NW 向，倾向 NE 向，倾角较陡。按 500 nT 磁异常值圈定异常，C4－1 异常长轴为 890 m，异常短轴为 500 m，异常中心 ΔT 高值为 5793.5 nT。C4－2异常长轴为 750 m，异常短轴为 350 m，异常中心 ΔT 高值为 4428.6 nT。C4－3 异常长轴为770 m，异常短轴为 300 m，异常中心 ΔT

最高值为6561 nT。该异常对应部位已经发现了矿体。以上特征说明 ΔT 异常反映的磁性地质体走向均为NW向。C2磁异常带反映的磁性地质体倾向南西，C3和C4磁异常带反映的磁性地质体倾向北东。矿区总体磁异常延伸比较长，规模比较大，强度比较高。

5 典型异常剖析

区内共分布有航磁异常11处，已发现铁矿床4个，笔者在两个矿区中各选择一个磁异常查证成果作为典型异常进行剖析。

5.1 叶里克矿区新C－2008－1201航磁异常

该异常为正磁场背景中的高磁异常，异常呈椭圆形，长轴方向131°（图2），形态较平缓，最大幅值1374 nT，为工区强度最大磁异常，向南东延伸与新C－2008－1202异常相连。异常区出露布伦阔勒岩群（Pt_1B），岩性主要为黑云母石英片岩，片麻理产状一般为倾向32°～45°，∠45°～48°。经地面磁法测量，异常点北西部明显存在一个较强磁异常带，ΔT 极大值一般在1900～11000 nT，极小值一般在1900～2400 nT，以正异常为主。从地质－物探综合剖面看，异常曲线形态呈正负伴生，在剖面457 m处为异常最大值920.817 nT，在1140 m处为异常最小值－473.849 nT；围岩磁化率：黑云母石英片岩为 1150.83×10^{-5}SI，磁铁矿的磁化率为 110544.69×10^{-5}SI，根据磁铁矿体与围岩之间磁参数对比可以确定此异常为矿致异常。在异常中心点北东约10 m处发现磁铁矿化蚀变带，该矿带与磁异常走向较一致，在蚀变带中见2条磁铁矿体（Ⅳ3、Ⅳ4），通过槽探控制，Ⅳ3地表出露长1849 m，平均厚度为16.78 m（年武强等，2012），TFe平均品位 36.24×10^{-2}；Ⅳ4地表出露长2194 m，平均厚度为12.18 m，平均品位 28.73×10^{-2}。矿化带地表呈黄褐色带状，岩石破碎，矿体中碳酸盐化及石膏化明显，矿石以中粗粒结构、稀疏浸染状构造为主，矿化虽不强烈但较均匀。

综上所述，该航磁异常为矿致异常，航磁异常与地面磁法测量圈定的磁异常位置较一致，磁异常与矿带走向较一致。

5.2 塔辖尔矿区新C－2008－1198航磁异常

该异常位于升高背景中的高磁异常中心部位，异常呈椭圆形，近E－W向，最大幅值808 nT（图3）。区内出露的地层主要为古元古界布伦阔勒岩群（Pt_1B），为一套中－深变质岩系，岩性主要有黑云母石英片岩夹斜长片麻岩、角闪石英片岩。根据地面磁法测量成果，在异常区圈出1个大的磁异常带，带长870 m，最宽处为570 m，最窄为220 m，有6条测线穿过异常，异常峰形尖锐，异常极大值为24373 nT。从地质－物探综合剖面看，在剖面130 m处为异常最大值2119.87 nT，在0 m处为异常最小值171.147 nT；围岩磁化率：黑云母石英片岩为 1150.83×10^{-5}SI、斜长片麻岩为 900.53×10^{-5}SI、角闪石英片岩为 335.74×10^{-5}SI，磁铁矿的磁化率为 110544.69×10^{-5}SI。根据磁铁矿体与围岩之间磁参数对比可以确定此异常为矿致异常。在异常极大值附近发现磁铁矿体出露，并对其进行了探槽控制，矿体地表出露长约306 m，走向NW向，倾角35°～55°，平均品位 31.45×10^{-2}，平均厚度为11.26 m。

6 磁法找矿效果综合分析

1）通过对区内分布的11个航磁异常进行查证，发现了3处铁矿床29条磁铁矿体（不含老并矿区），几乎均为矿致异常。通过工作，在 ΔT 极大值 >800 nT的航磁异常（如1198、1200、1201等）区均发现了铁矿（化）体，且产出的铁矿（床）点具有局部集中、成群成带分布的特征，反映利用磁法在叶里克一带找铁矿效果很好。

2）叶里克一带出露的各矿体矿石成分以磁铁矿为主，岩（矿）石间物性差异明显，利用磁法找铁矿具有良好的地球物理基础。

3）通过地面查证工作，所发现的铁矿（化）带或铁矿（化）体无论位置还是范围与正磁异常位

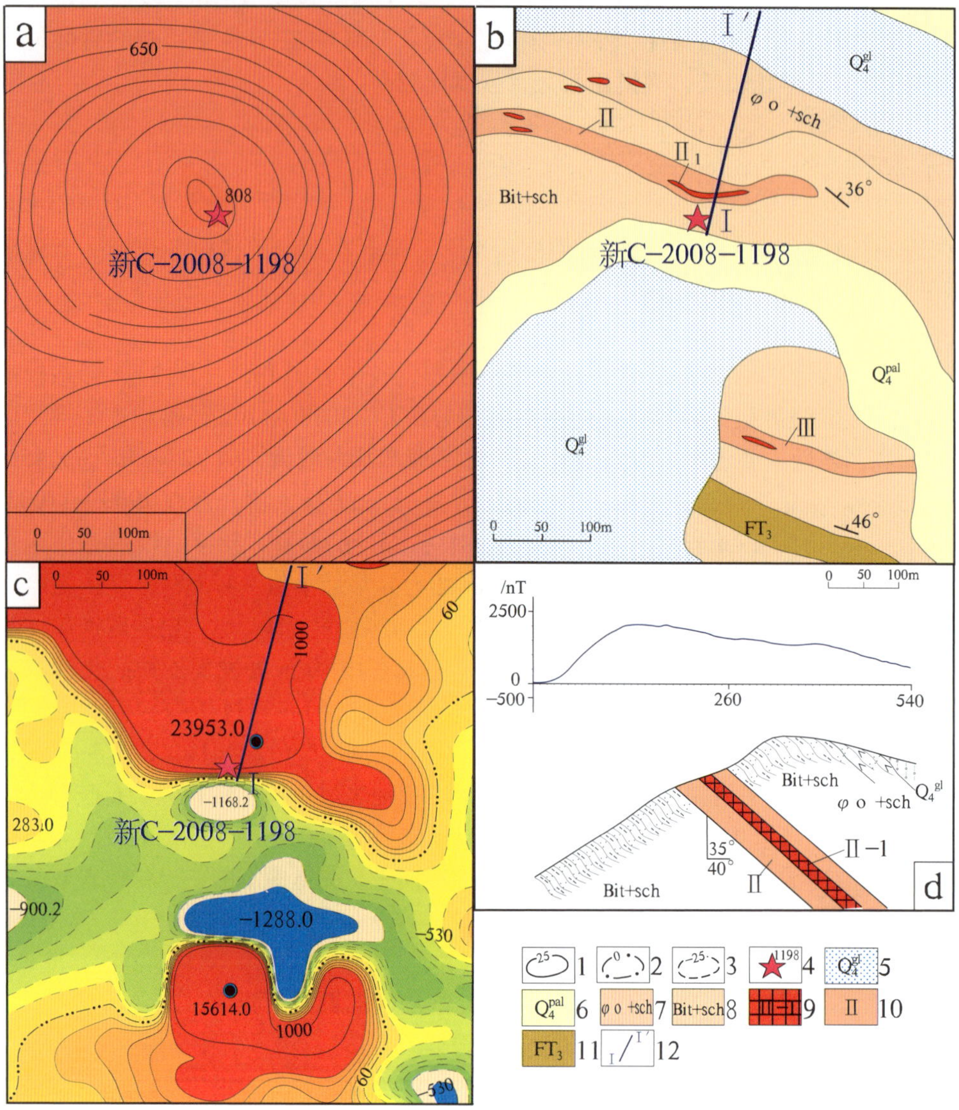

图 3 新 C－2008－1198 磁异常剖析图

a—5 万航磁 ΔT 等值线平面图；b—地质矿产图；c—1 万磁法 ΔT 等值线平面图；d—综合剖面图；1—正等值线；2—零等值线；3—负等值线；4—航磁异常位置及编号；5—冰川、积雪区；6—第四系冲洪积物；7—角闪石英片岩；8—黑云母石英片岩；9—矿体位置及编号；10—矿带位置及编号；11—蚀变带位置及编号；12—剖面位置及编号；

置对应性较好，显现磁异常（带）与磁铁矿化（带）之间的密切关系，规模较大的地磁异常中心与航磁异常中心位置基本一致，正磁异常的尖峰和正负异常梯度带对应地表或近地表铁矿体露头。

4）地磁异常宏观形态与航磁异常形态特征较为相似，且一般由多条磁异常带组成，多呈宽带状展布，说明利用磁异常指导找铁矿效果明显。

参考文献及资料

董连慧，冯京，刘德权，等．2010．新疆成矿单元划分方案研究[J]．新疆地质，28(1)：7－21．

年武强，查斌，聂新坤，等．2012．新疆塔什库尔干县叶里克铁矿区南带普查报告[R]．

乔春贵，刘伟．2008．新疆塔什库尔干县赞坎—苏巴什一带 1：5 万航磁勘查阶段性成果报告[R]．

王世炎，彭 松民，张彦启，等．2004．新疆 1：25 万塔什库尔干幅、克克吐鲁克幅区调报告[R]．

熊盛青，周伏洪，姚正熙，等. 2001. 青藏高原中西部航磁调查[M]. 北京：地质出版社.
查斌，石玉君，赖勇，等. 2012. 新疆塔什库尔干县塔哈希—叶里克一带航磁异常查证2012年度工作方案[R].

The magnetic method in the Yelike area of west kunlun mountains to find application in the process of iron mine

Zha Bin
(The Second Geological Team Xinjiang Bureau of Geology and Mineral Resources, Kashi, Xinjiang, 844002, China)

Abstract: The Yelike area is on the Muztagh-Aksai Chin Fe – Cu – Au – Pb – Zn – Muscovite – Gem Metallogenic belt and the middle of the Xinjiang West Kunlun Taxkorgan iron ore overall exploration area by The Ministry of land and resources to establish. The metallogenic geological conditions is predominant. The "AGRS" in the Zankan—Subashi area completed 1 ∶ 50000 aeromagnetic survey in the Yelike area Delineation 10 1 ∶ 50000 Aeromagnetic anomaly and one 1 ∶ 1000000 aeromagnetic anomaly, Combined with the ground Carried out 1 ∶ 10000 High-precision magnetic survey and 1 ∶ 10000 Profile measurement of magnetic. In the Yelike area found 4 iron deposits, Preliminary estimate of the resource quantity exceed 200 million tons. confirmed the aeromagnetic anomaly and ground magnetic anomaly caused by magnetite orebody, Illustrate the use of the aeromagnetic survey first choice of a large area, re-use ground magnetic verify in Yelike area looking for iron ore effect significant.

Key words: iron mine; magnetic method; yelike